Flexible Losgrößenplanung in Produktion und Beschaffung

Peter François

Flexible Losgrößenplanung in Produktion und Beschaffung

Mit 53 Abbildungen
und 49 Tabellen

Physica-Verlag
Ein Unternehmen
des Springer-Verlags

Dr. Peter François
Institut für Automation,
Informations- und Produktionsmanagement GmbH
Fernuniversität
Hochstrasse 13
D-58084 Hagen

ISBN 3-7908-1273-0 Physica-Verlag Heidelberg

Die Deutsche Bibliothek – CIP-Einheitsaufnahme
Flexible Losgrößenplanung in Produktion und Beschaffung / Peter François. – Heidelberg: Physica-Verl., 2000
ISBN 3-7908-1273-0

Dieses Werk ist urheberrechtlich geschützt. Die dadurch begründeten Rechte, insbesondere die der Übersetzung, des Nachdrucks, des Vortrags, der Entnahme von Abbildungen und Tabellen, der Funksendung, der Mikroverfilmung oder der Vervielfältigung auf anderen Wegen und der Speicherung in Datenverarbeitungsanlagen, bleiben, auch bei nur auszugsweiser Verwertung, vorbehalten. Eine Vervielfältigung dieses Werkes oder von Teilen dieses Werkes ist auch im Einzelfall nur in den Grenzen der gesetzlichen Bestimmungen des Urheberrechtsgesetzes der Bundesrepublik Deutschland vom 9. September 1965 in der jeweils geltenden Fassung zulässig. Sie ist grundsätzlich vergütungspflichtig. Zuwiderhandlungen unterliegen den Strafbestimmungen des Urheberrechtsgesetzes.

© Physica-Verlag Heidelberg 2000
Printed in Germany

Die Wiedergabe von Gebrauchsnamen, Handelsnamen, Warenbezeichnungen usw. in diesem Werk berechtigt auch ohne besondere Kennzeichnung nicht zu der Annahme, daß solche Namen im Sinne der Warenzeichen- und Markenschutz-Gesetzgebung als frei zu betrachten wären und daher von jedermann benutzt werden dürften.

Umschlaggestaltung: Erich Kirchner, Heidelberg

SPIN 10754944   88/2202-5 4 3 2 1 0 – Gedruckt auf säurefreiem Papier

Geleitwort

In dem vorliegenden Buch entwickelt Herr François ein neues einstufiges dynamisches Losgrößenverfahren, das der Verbesserung der Auflage- und Lagerhaltungsentscheidungen bei variablem Bedarf und zugleich ihrer flexibleren Handhabung innerhalb von Systemen der Produktionsplanung und -steuerung (PPS-Systemen) dient. Ausgangspunkt ist die interdisziplinäre Verbindung der entscheidungsorientierten betriebswirtschaftlichen Aufgabenstellung mit der in Betracht kommenden Methodik des Operations Research und den sich aus neuen EDV-Entwicklungen ergebenden Möglichkeiten der computergestützten Implementierung, wobei die praktische Entscheidungsunterstützung durch interaktive Lösungsprozeduren im Vordergrund steht. Methodische Basis ist die Verbindung der Matrizenrechnung mit dem Ansatz der begrenzten Enumeration, wobei nicht nur alle Optimallösungen (auch Mehrfachlösungen) für das einstufige dynamische Losgrößenproblem bestimmt werden können, sondern auch nächstbeste Lösungen bereitgestellt werden, die Flexibilisierungspotentiale in der praktischen Auflage- und Lagerhaltungsentscheidung innerhalb von PPS-Systemen schaffen.

Der bislang in PPS-Systemen am häufigsten implementierte statische Lösungsansatz von Harris zeichnet sich zwar durch Robustheit der Optimallösungen bei Datenänderungen und geringe Rechenzeiten aus, offenbart aber erhebliche Defizite, die darin liegen, daß nicht-ganzzahlige Loszyklen für den Planungszeitraum auftreten, vorgegebene Lieferzeitpunkte nicht eingehalten werden bzw. Fehlmengen im Zeitablauf vorkommen können. Mit denselben Mängeln sind naturgemäß alle dynamischen Heuristiken behaftet, die auf dem Harris-Modell basieren.

Das exakte Lösungsverfahren von Wagner und Whitin, das auf der dynamischen Programmierung basiert, wird trotz fortschreitender Verarbeitungskapazitäten moderner Rechenanlagen nur äußerst selten in PPS-Systemen implementiert. Ein wesentlicher Grund dafür ist wohl die in der wissenschaftlichen Literatur immer wieder vorgetragene Behauptung, daß die Rechenzeiten der dynamischen Programmierung mit der Anzahl der Teilperioden des Planungszeitraums drastisch ansteigen und schließlich sogar aus praktischer Sicht die Implementierung dieses exakten Ansatzes scheitern lassen. Mit diesem Vorurteil räumt François auf, indem er auf der Grundlage eigener Berechnungen eindrucksvoll vorführt, daß bereits heute mit Hilfe der neuen PC-Technologie 4000 Losgrößenprobleme mit einem Planungszeitraum von jeweils 12 Perioden mit dem Wagner-Whitin-Ansatz innerhalb von weniger als einer Sekunde Rechenzeit gelöst werden können, so daß der Einwand zu den Rechenzeiten im Vergleich zur Dateneingabe entkräftet wird.

Das von Herrn François entwickelte neue einstufige dynamische Losgrößenverfahren besteht aus einer Reihe von Konstruktionselementen:

- Ermittlung der Anzahl und Darstellung der Auflagekombinationen,
- Ermittlung der Lagerhaltungskosten bei einperiodiger Lagerung,

- Ermittlung der Rüsthäufigkeit und der Lagerungsdauer für die Auflagekombinationen, wobei die Rüstmatrix in blockweiser Anordnung der Auflagekombinationen bei sukzessiv erweitertem Planungshorizont bestimmt wird,
- Ermittlung der Gesamtkosten für die Auflagekombinationen,
- Ermittlung der optimalen Auflagekombinationen.

Die weiteren Erörterungen beschäftigen sich mit der interessanten Frage, welche Maßnahmen und Verarbeitungstechniken innerhalb des Lösungsalgorithmus vorgenommen werden können, um die Rechenzeiten und den Speicherplatzbedarf des Verfahrens zu reduzieren und es damit als exaktes Verfahren für den Einbau in PPS-Systeme praktisch attraktiv zu machen. Hierbei kommen zunächst Maßnahmen in Betracht, die durchzurechnenden Auflagevarianten durch eine vorgeschaltete Ermittlung der ersten Periode mit positivem Nettobedarf zu reduzieren, durch Elimination ihrer Koeffizienten die Lagerungsmatrix zu verkleinern, eine einheitliche Blockmatrix für Rüstvektor und Lagerungsmatrix zu erstellen und die Rechenzeit dadurch herabzusenken, daß die Auflagezeitpunkte direkt aus den Koeffizienten der Blockmatrix ermittelt werden. Durch spezielle Verarbeitungs- und Speicherungstechniken für dünn besetzte Matrizen können weitere Reduktionen in Rechenzeit und Speicherplatzbedarf erzielt werden. Diese Verarbeitungstechniken bestehen entweder in einer integrierten Ermittlung der Rüst- und Lagerungsmatrix oder in der speziellen Speicherungstechnik einer Blockmatrix für maximale Planungszeiträume, die dann eine zeilen- oder spaltenorientierte Transformation in eine Koordinaten- oder Listendarstellung erfährt.

Die Flexibilitätspotentiale des neuen Losgrößenverfahrens bestehen im wesentlichen darin, daß man sich durch eine interaktive Planung sehr sensibel an veränderte Planungsbedingungen anpassen kann, dies Fernwirkungen auf die Abstimmungsmöglichkeiten mit den nachgelagerten PPS-Modulen der Durchlaufterminierung, des Kapazitätsabgleichs, der Auftragsfreigabe sowie der Feintermin- und Reihenfolgeplanung hat und schnell auf Störungen in der Realisierung der Losgrößenentscheidung reagiert werden kann. Zusätzlich entwickelte Erweiterungsmöglichkeiten des neuen dynamischen Losgrößenverfahrens liegen in variablen Periodenlängen, schwankenden Rüst- und Lagerkostensätzen, der Einbeziehung von Beschaffungs-, Lager-, Transport- sowie Kapazitätsrestriktionen und schließlich in schwankenden Preisen bzw. veränderlichen variablen Stückherstellkosten. Diese Aspekte geben der praktischen Implementierung des neuen Verfahrens weitere innovative Impulse und wertvolle Orientierungen.

Hagen, im Dezember 1999   Günter Fandel

Vorwort

Mit diesem Buch, das während meiner Tätigkeit als wissenschaftlicher Mitarbeiter am Lehrstuhl für Betriebswirtschaftslehre, insbesondere Produktions- und Investitionstheorie, der FernUniversität in Hagen sowie als Geschäftsführer des Instituts für Automation, Informations- und Produktionsmanagement GmbH entstanden ist, möchte ich zur Weiterentwicklung der Losgrößenplanung und zur Flexibilisierung betrieblicher Auftragsgrößen- und Bestellmengenentscheidungen beitragen. Die Arbeit ist am Fachbereich Wirtschaftswissenschaft der FernUniversität als Dissertation angenommen worden.

Für die ausgezeichnete fachliche und persönliche Betreuung, für die ständige Unterstützung und Diskussionsbereitschaft im Rahmen der Entstehung dieser Arbeit sowie für die Übernahme des Erstgutachtens danke ich meinem verehrten akademischen Lehrer, Herrn Prof. Dr. Günter Fandel, sehr herzlich. Herrn Prof. Dr. Hermann Gehring danke ich vielmals für die eingehende Durchsicht der Arbeit, für hilfreiche Anregungen sowie für die Übernahme des Zweitgutachtens. Ebenso danke ich dem Drittprüfer im Promotionsverfahren, Herrn Prof. Dr. Wilhelm Rödder.

Meinen (ehemaligen) Kollegen und Freunden, Herrn Prof. Dr. Richard Lackes, Herrn Dr. Johannes Wolf, Herrn Wirtsch.-Inf. Hilger Kruse und Herrn Dr. Klaus-Martin Gubitz, gilt mein besonderer Dank für die gründliche Durchsicht des Manuskripts und die daraus resultierenden konstruktiven Anregungen. Für die Unterstützung bei den Programmierarbeiten danke ich Herrn Dipl.-Kfm. Thomas Siebel, Herrn Lothar Sowada, Herrn Dipl.-Inform. van Loi Nguyen sowie Herrn Dipl.-Ing. Markus Stammen. Für die Mithilfe bei der Erstellung der Abbildungen und bei der Formatierung des Textes bedanke ich mich bei Herrn Dipl.-Ing. Dipl.-Wirtsch.-Ing. Jürgen Ziola, Herrn Dipl.-Betriebsw. Dirk Richartz, Frau Gabriele Hartmann und Frau Estella Mirzaei. Ferner möchte ich mich für die konstruktive Zusammenarbeit bei der Veröffentlichung des Buches bei Herrn Dr. Werner A. Müller, Physica-Verlag, bedanken.

Mein besonderer Dank gilt aber vor allem meinen Eltern, die mir durch Ihre fortdauernde Unterstützung u. a. auch die akademische Laufbahn ermöglichten, sowie meiner Frau Renate und meinem Sohn Peter, die mir mit großem Verständnis zur Seite standen. Da die vorliegende Arbeit fast ausschließlich an Abenden, an Wochenenden und an Urlaubstagen entstanden ist, mußten sie auf viel gemeinsame Zeit sowie auch auf gemeinsame Urlaube weitgehend verzichten. Meinen Eltern, meiner Frau und meinem Sohn widme ich dieses Buch.

Hagen, im Dezember 1999 Peter François

Inhaltsverzeichnis

1 **Einleitung** 1

   1.1 Problemstellung 1

   1.2 Zielsetzung 2

   1.3 Vorgehensweise 3

2 **Zur Losgrößenplanung in der Produktionsplanung und -steuerung** 7

   2.1 Einordnung der Losgrößenplanung in die Produktionsplanung und -steuerung 7

   2.2 Zur Problematik der Ermittlung der relevanten Kosten in der Losgrößenplanung 42

   2.3 Klassifizierung und Anwendung der Losgrößenverfahren in der Produktionsplanung und -steuerung 57

3 **Analyse der bisherigen Verfahren zur Lösung dynamischer Losgrößenprobleme** 75

   3.1 Zur Anwendung statischer Losgrößenverfahren bei variablen Bedarfsmengen 75

   3.2 Zur Anwendung dynamischer Losgrößenverfahren bei variablen Bedarfsmengen 84

      3.2.1 Das Wagner-Whitin-Modell zur Beschreibung dynamischer Losgrößenprobleme 84

      3.2.2 Das Wagner-Whitin-Verfahren als exaktes Lösungsverfahren zur dynamischen Losgrößenplanung 88

      3.2.3 Heuristische Verfahren zur dynamischen Losgrößenplanung 103

         3.2.3.1 Das Stückkostenverfahren 104

         3.2.3.2 Das Kostenausgleichsverfahren 106

         3.2.3.3 Die Silver-Meal-Heuristik 108

         3.2.3.4 Die Groff-Heuristik 109

         3.2.3.5 Weitere Heuristiken 111

   3.3 Bewertung der bisherigen dynamischen Losgrößenplanung 112

4 Entwicklung und Einsatz eines neuen dynamischen Losgrößenverfahrens zur Flexibilisierung der Produktionsplanung und -steuerung 151

4.1 Ermittlung der Anzahl und Darstellung der relevanten Auflagekombinationen 154

4.2 Ermittlung der Lagerhaltungskosten bei einperiodiger Lagerung der Bedarfsmengen 163

4.3 Ermittlung der Rüsthäufigkeit und der Lagerungsdauer in Abhängigkeit von den Auflagekombinationen 164

    4.3.1 Ermittlung der Rüstmatrix 164

    4.3.2 Ermittlung des Rüstvektors 176

    4.3.3 Ermittlung der Lagerungsmatrix 180

    4.3.4 Ermittlung der Rüst- und Lagerungsmatrix 185

4.4 Ermittlung der relevanten Gesamtkosten in Abhängigkeit von den Auflagekombinationen 187

4.5 Ermittlung der optimalen Auflagekombination(en) 188

4.6 Beispiel zur Funktionsweise des neuen dynamischen Losgrößenverfahrens 192

4.7 Maßnahmen und Verarbeitungstechniken zur Reduzierung der Rechenzeit und des Speicherplatzbedarfs 197

    4.7.1 Konstruktion der benötigten Matrizen und Vektoren 200

    4.7.2 Integrierte Ermittlung der Rüst- und Lagerungsmatrix und der relevanten Gesamtkosten 206

    4.7.3 Ermittlung der relevanten Gesamtkosten auf der Basis spezieller Speicherungstechniken 222

        4.7.3.1 Anlegen und Verarbeiten einer Rüst- und Lagerungsmatrix für einen maximalen Planungszeitraum 222

        4.7.3.2 Transformation der Rüst- und Lagerungsmatrix in eine Koordinaten- und Listendarstellung 225

    4.7.4 Auswahl der Verarbeitungstechnik 244

4.8 Erhöhung der Flexibilität der Produktionsplanung und -steuerung durch die Verwendung des neuen dynamischen Losgrößenverfahrens 250

    4.8.1 Flexibilität hinsichtlich der Losgrößenentscheidung 250

    4.8.2 Flexibilität hinsichtlich der nachfolgenden Produktionsplanungs- und -steuerungsmodule 258

    4.8.3 Flexibilität bei Störungen in der Realisierungsphase der Losgrößenentscheidung 284

4.9 Bewertung des neuen Verfahrens gegenüber den bisherigen dynamischen Losgrößenverfahren 285

    4.9.1 Bewertung des neuen Losgrößenverfahrens hinsichtlich der Optimalität der Lösung 286

    4.9.2 Bewertung des neuen Losgrößenverfahrens hinsichtlich der Flexibilität 293

    4.9.3 Bewertung des neuen Losgrößenverfahrens hinsichtlich der Rechenzeit 296

5 Erweiterungen des neuen dynamischen Losgrößenverfahrens 301

5.1 Berücksichtigung von variablen Periodenlängen 301

5.2 Berücksichtigung von schwankenden Rüstkostensätzen bzw. schwankenden bestellfixen Kostensätzen 310

5.3 Berücksichtigung von schwankenden Lagerkostensätzen 317

5.4 Berücksichtigung von Beschaffungsrestriktionen 325

5.5 Berücksichtigung von Transport- und Lagerrestriktionen 336

5.6 Berücksichtigung von Fertigungsrestriktionen 343

5.7 Berücksichtigung von schwankenden Preisen und schwankenden variablen Stückherstellkosten 353

5.8 Beliebige Kombinierbarkeit der Erweiterungsansätze zur Losgrößenplanung 366

6 Zusammenfassung und Ausblick 397

Symbolverzeichnis 407
Abbildungsverzeichnis 413
Tabellenverzeichnis 417
Literaturverzeichnis 421
Stichwortverzeichnis 449

1 Einleitung

1.1 Problemstellung

In den Standard-Softwaresystemen zur Produktionsplanung und -steuerung sowie zur Beschaffung und Materialwirtschaft wird die dynamische Losgrößenplanung bisher im allgemeinen nur unzureichend unterstützt.[1] Die Entscheidung über den Umfang der Fertigungs- oder Beschaffungslose wird häufig "dem Disponenten überlassen", ohne daß ihm hierzu eine ausreichende bzw. angemessene methodische Hilfestellung durch die Software zur Verfügung gestellt wird. Vielfach werden zur Lösung von dynamischen Losgrößenproblemen lediglich statische Losgrößenverfahren oder Adaptionsverfahren (sogenannte Praktikerregeln) angeboten, die überhaupt keine Optimierung unter Berücksichtigung von Kostenaspekten beinhalten.[2]

Ebenso werden in der betrieblichen Praxis Verfahren zur Losgrößenplanung meist nur unzureichend eingesetzt. Auch dort werden Kostenaspekte explizit so gut wie nicht berücksichtigt und die Losgrößen fast ausschließlich (intuitiv bzw. willkürlich) auf der Basis von "festen Auftrags- und Bestellgrößen", "vorgegebenen Reichweiten" und "Erfahrungswerten" festgelegt.[3]

Ein wesentlicher Grund für den mangelnden Einsatz der Losgrößenverfahren in den Softwaresystemen und in den Unternehmen ist dadurch gegeben, daß die bisher vorhandenen Verfahren zu unflexibel sind. Mehrfachlösungen werden beispielsweise nicht angezeigt und können dem Disponenten auch im Bedarfsfall nicht als Alternative(n) zur Verfügung gestellt werden. Außerdem besteht keine Möglichkeit, in Ausnahmefällen[4] auf die jeweils "nächstbesten" Lösungen zuzugreifen. Eine dialogorientierte bzw. interaktive Losgrößenplanung, die die Stärken der EDV und des Dis-

---

[1] Vgl. Fandel, G., François, P., und Gubitz, K.-M., 1997, S. 216 und S. 221.

[2] Siehe hierzu im einzelnen Kapitel 2.3.

[3] Vgl. Glaser, H., Geiger, W., und Rohde, V., 1992, S. 343.

[4] Siehe hierzu die Beispiele in Kapitel 4.8.

ponenten miteinander verknüpft, um dadurch insgesamt in konkreten Entscheidungssituationen zu besseren Ergebnissen zu gelangen, ist deshalb mit den bisherigen Losgrößenverfahren nicht realisierbar.

Außerdem fehlt bei den bisher vorliegenden dynamischen Losgrößenverfahren die Möglichkeit, daß der Disponent praxisrelevante Restriktionen oder Erweiterungsmöglichkeiten (wie z.B. Beschaffungs-, Transport-, Lager- und Fertigungsrestriktionen, variable Periodenlängen, schwankende Rüstkostensätze bzw. schwankende bestellfixe Kostensätze, schwankende Lagerkostensätze sowie schwankende Preise bzw. Stückherstellkosten) nach den jeweiligen Erfordernissen des Losgrößenproblems beliebig auswählen und miteinander kombinieren kann.

1.2 Zielsetzung

Gemäß diesen Schwachstellen der bisherigen Verfahren soll in der vorliegenden Arbeit ein neues dynamisches Losgrößenverfahren entwickelt (und implementiert) werden, mit dessen Hilfe eine höhere Flexibilität bei Losgrößenentscheidungen erreicht werden kann. Ein weiteres Anliegen bei der Entwicklung und Anwendung des Verfahrens besteht darin, durch zusätzliche Flexibilitätspotentiale zu ermöglichen, daß die Lösungsgüte von computergestützten Produktionsplanungs- und -steuerungssystemen (PPS-Systeme) bzw. von Softwaresystemen zur Beschaffung und Materialwirtschaft verbessert werden kann.

Es handelt sich um ein einstufiges dynamisches Losgrößenverfahren, das methodisch auf der Matrizenrechnung und der begrenzten Enumeration basiert. Das Losgrößenverfahren ermittelt alle optimalen Lösungen (Mehrfachlösungen) und kann bei Bedarf auch die jeweils "nächstbesten" Lösungen des isolierten Losgrößenproblems als Entscheidungsalternativen bereitstellen. Diese neuen bzw. zusätzlichen Handlungsspielräume stellen die Flexibilitätspotentiale dar, die beispielsweise durch eine interaktive Beteiligung des Entscheidungsträgers oder durch speziell entwickelte Methoden zur Auswahl von Anpassungsmaßnahmen in den nachfolgenden Produktionsplanungs- und -steuerungsmodulen genutzt werden können.

1.3 Vorgehensweise

Die Zielsetzung dieser Arbeit legt es nahe, nach der Einführung im ersten Kapitel die Grundlagen und Problembereiche der Losgrößenplanung in der Produktionsplanung und -steuerung im zweiten Kapitel darzustellen. Dazu wird zunächst gezeigt, wie die Losgrößenplanung in das Konzept der Produktionsplanungs- und -steuerungssysteme eingeordnet werden muß und welche Beziehungen und Wechselwirkungen zwischen der Losgrößenentscheidung und den einzelnen Planungs- und Steuerungsmodulen zu beachten sind. Außerdem wird erläutert, welche Analogien bei der Festlegung der Losgrößen im Fertigungsbereich (Fertigungslosgrößen, Auftragsgrößen) und im Beschaffungsbereich (Beschaffungs- bzw. Bestellosgrößen) bestehen. Anschließend wird die Problematik der Ermittlung der relevanten Kosten behandelt, da diese Daten für die Losgrößenplanung von grundlegender Bedeutung sind. Zum Schluß dieses Kapitels erfolgt eine Klassifizierung der Losgrößenverfahren, wobei auch deren Anwendung in den PPS-Systemen untersucht wird.

Kapitel 3 konzentriert sich auf eine kritische Analyse der Losgrößenverfahren, die in den Standard-Softwaresystemen und in den Unternehmen zur Lösung von dynamischen Losgrößenproblemen eingesetzt werden. Eigentlich sollte man davon ausgehen, daß für dynamische Problemstellungen im allgemeinen nur Verfahren verwendet werden, die gemäß ihrer Prämissen für variable Bedarfsmengen geeignet sind. Dennoch wird das Harris-Verfahren,[1] das für statische Losgrößenprobleme konzipiert wurde und deshalb diese Voraussetzung nicht erfüllt, am häufigsten in den Standard-Softwaresystemen als Verfahren zur Lösung von dynamischen Losgrößenproblemen angeboten. Deshalb ist zu untersuchen, welche Gründe es für eine solche Vorgehensweise gibt und ob die Verwendung dieses statischen Verfahrens bei variablen Bedarfsmengen gerechtfertigt werden kann. Anschließend werden auch die dynamischen Losgrößenverfahren, die in den Softwaresystemen verwendet werden, kritisch analysiert. Neben dem exakten Verfahren von Wagner und Whitin sind dies das Stückkostenver-

---

[1] Das Harris-Verfahren wurde bereits 1913 entwickelt und wird auch als klassisches Losgrößenverfahren bezeichnet (Vgl. Harris, F. W., 1913, S. 135 f. und S. 152, sowie 1915, S. 47 ff.).

fahren, das Kostenausgleichsverfahren, das Silver-Meal- und das Groff-Verfahren, bei denen es sich um Heuristiken handelt. Kapitel 3 endet mit einer abschließenden Bewertung der bisherigen Verfahren, die zur Lösung von dynamischen Losgrößenproblemen eingesetzt werden. Die dabei aufgezeigten Defizite bilden schließlich die Motivation für die Entwicklung des neuen Losgrößenverfahrens.

In Kapitel 4 werden die Entwicklung des neuen dynamischen Losgrößenverfahrens und dessen Einsatzmöglichkeiten in der Produktionsplanung und -steuerung sowie im Beschaffungsbereich beschrieben. Zunächst wird die Ermittlung der Anzahl und die Darstellung der relevanten Auflagekombinationen bei einer Anwendung der begrenzten Enumeration und der Matrizen- bzw. Vektorenschreibweise untersucht. Die relevanten Gesamtkosten der Auflagekombinationen werden mit Hilfe der Matrizenrechnung ermittelt. Aus den Minima der relevanten Gesamtkosten werden die optimalen Auflagekombinationen und die dazugehörigen Losgrößen sowie deren Auflage- bzw. Beschaffungszeitpunkte abgeleitet. Die Vorgehensweise des neuen Losgrößenverfahrens wird anschließend mit Hilfe eines Beispiels verdeutlicht.

Nach der Darstellung des neuen Grundverfahrens zur dynamischen Losgrößenplanung werden computergestützte Maßnahmen und Verarbeitungstechniken mit dem Ziel analysiert, bei der Anwendung des Verfahrens eine Reduzierung der Rechenzeit und des Speicherplatzbedarfs zu erreichen. Im Hinblick auf die spezielle Struktur der benötigten Matrizen werden deshalb in der Literatur beschriebene Ansätze aus dem Bereich der dünn besetzten Matrizen (Sparse-Matrizen) angewendet und weiterentwickelt sowie darüber hinaus auch einige neue, speziell auf die Problemstellung angepaßte Verarbeitungstechniken hergeleitet, um diese Vorgehensweisen anschließend anhand der Kriterien Rechenzeit und Speicherplatzbedarf zu bewerten bzw. eine geeignete Verarbeitungstechnik auszuwählen.

Im Anschluß an die Darstellung des neuen dynamischen Losgrößenverfahrens und der Entwicklung und Auswahl einer geeigneten computergestützten Verarbeitungstechnik für die Matrizen und Vektoren wird gezeigt, wie durch das neue Verfahren eine höhere Flexibilität bei der Bestellmengen- und Auftragsgrößenplanung, den nachgelagerten

Produktionsplanungs- und -steuerungsmodulen sowie bei Störungen im Produktions- oder Beschaffungsvollzug erreicht werden kann. Die Flexibilitätspotentiale werden dadurch eröffnet, daß das Verfahren sowohl die optimale Lösung (bei Mehrfachlösungen alle optimalen Lösungen) als auch die jeweils "nächstbesten" Lösungen des isolierten Losgrößenproblems zur Verfügung stellen kann. Eine flexible Losgrößenplanung ist insbesondere dann von großem Nutzen, wenn keine speziellen Lösungsansätze für die vorliegenden Problemstellungen verfügbar sind, da man dann die zusätzlichen Entscheidungsalternativen durch eine interaktive Beteiligung des Entscheidungsträgers nutzen kann. Konkrete Fälle, bei denen eine solche Vorgehensweise für die Bestellmengen- und Auftragsgrößenplanung vorteilhaft ist, werden in diesem Kapitel beispielhaft erläutert.

Darüber hinaus wird - neben der interaktiven Entscheidungsunterstützung - für die nachfolgenden Produktionsplanungs- und -steuerungsmodule eine weitere Nutzungsmöglichkeit für die zusätzlichen Handlungsspielräume aufgezeigt, die durch das neue Losgrößenverfahren entstehen. Grundsätzlich besteht ein wesentliches Problem bei dem PPS-Konzept darin, daß man aufgrund der Sukzessivplanung schrittweise isolierte Entscheidungen erhält, die im allgemeinen nicht optimal sind und in nachgelagerten Planungsstufen zu Engpässen führen oder dort sogar - trotz der Ausschöpfung aller zur Verfügung stehender Anpassungsmaßnahmen - nicht durchführbar sind. Das neue Losgrößenverfahren bietet die Option, auf alternative Losgrößenkombinationen auszuweichen, um dadurch oder ggf. in Kombination mit den dort bereits vorhandenen Anpassungsmöglichkeiten eine durchführbare oder insgesamt kostengünstigere Lösung zu erzielen. Um diese Flexibilitätspotentiale in den einzelnen Planungsstufen systematisch nutzen zu können, werden spezielle Vorgehensweisen entwickelt und anhand von Beispielen für die Module Durchlaufterminierung, Kapazitätsabgleich, Auftragsfreigabe sowie Feintermin- und Reihenfolgeplanung verdeutlicht. Darüber hinaus wird dargestellt, welche Flexibilität das neue Losgrößenverfahren bei Störungen in der Realisierungsphase der Losgrößenentscheidung bereitstellt. Anschließend wird das neue Verfahren gegenüber den bisherigen dynamischen Losgrößenverfahren bewertet. Als Kriterien dienen dabei die Optimalität der Lösung(en) sowie die Flexibilität und der Rechenaufwand, der mit den verschiedenen Losgrößenverfahren verbunden ist.

Im fünften Kapitel dieser Arbeit werden Erweiterungen des neuen dynamischen Losgrößenverfahrens entwickelt, indem verschiedene Prämissen des Grundverfahrens aufgehoben werden. Auf diese Weise können folgende Sonderaspekte der Losgrößenplanung berücksichtigt werden: Variable Periodenlängen, schwankende Rüstkostensätze bzw. schwankende bestellfixe Kostensätze, schwankende Lagerkostensätze, Beschaffungsrestriktionen, Transport- und Lagerrestriktionen, Fertigungsrestriktionen, schwankende Preise und schwankende variable Stückherstellkosten.

Darüber hinaus wird in diesem Kapitel ein Verfahren entwickelt, das es ermöglicht, alle hergeleiteten Erweiterungen des Losgrößenverfahrens beliebig (frei nach den Erfordernissen des Losgrößenproblems bzw. den Anforderungen des Disponenten) miteinander zu kombinieren. Durch die freie Auswahl der Erweiterungsmöglichkeiten bzw. durch deren beliebige Kombinierbarkeit lassen sich zahlreiche verschiedene Arten von Problemstellungen der Losgrößenplanung, die aufgrund der jeweils zu berücksichtigenden Rahmenbedingungen auftreten können, abbilden und problemspezifisch lösen. Außerdem hat der Disponent den Vorteil, daß er in einer konkreten Entscheidungssituation frei entscheiden kann, welche Erweiterung er in das kombinierte Verfahren aufnehmen möchte, ohne daß er dazu selbst methodische Abhängigkeiten und Wechselwirkungen zwischen den verschiedenen Erweiterungsansätzen beachten muß. Der Vorteil des Grundverfahrens, daß die Mehrfachlösungen und die jeweils "nächstbesten" Lösungen bei Bedarf unmittelbar als weitere Handlungsalternativen zur Verfügung stehen, bleibt sowohl bei den einzelnen Erweiterungen als auch bei der beliebigen Kombinierbarkeit der Erweiterungen erhalten, so daß die entsprechenden Flexibilitätspotentiale auch weiterhin genutzt werden können.

Kapitel 6 faßt die wesentlichen Ergebnisse dieser Arbeit zusammen und gibt Hinweise auf weitere Forschungsperspektiven hinsichtlich des neuen dynamischen Losgrößenverfahrens.

2 Zur Losgrößenplanung in der Produktionsplanung und -steuerung

2.1 Einordnung der Losgrößenplanung in die Produktionsplanung und -steuerung

Computergestützte Produktionsplanungs- und -steuerungssysteme haben in der betrieblichen Praxis die schwierige Aufgabe zu erfüllen, die Güter- und Informationsströme der Industrieunternehmen so zu erfassen und zu verarbeiten, daß die entscheidungsrelevanten Daten verfügbar sind, eine "gewinnmaximierende" Produktion[1] realisiert werden kann und eine wirksame Kontrolle in allen betrieblichen Teilbereichen durchführbar ist.[2] Auf die Schwierigkeiten, die mit der Erfüllung dieser Aufgaben - insbesondere im Hinblick auf die Berücksichtigung von Gewinn- und Kostenaspekten bzw. die Erzielung einer optimalen Lösung - verbunden sind, wird im folgenden noch eingegangen.

Da die Produktionsplanung und -steuerung ein sehr komplexes Problem darstellt, zerlegen PPS-Systeme dieses üblicherweise in verschiedene Planungsstufen,[3] die sukzessive durchlaufen werden (Sukzessivplanungskonzept). Eine Sukzessivplanung liegt dann vor, wenn der Planungsprozeß nicht simultan durchgeführt wird, sondern eine Zerlegung in Teilbereiche erfolgt, die in einer vorgegebenen Reihenfolge nacheinander abgearbeitet werden. Das Sukzessivplanungskonzept wird auch als Stufenplanungs-

---

[1] Der Begriff "gewinnmaximierend" wird hier in Anführungszeichen verwendet, um hervorzuheben, daß die Produktionsplanungs- und -steuerungssysteme aufgrund des noch zu erläuternden sukzessiven Planungsansatzes (Vernachlässigung von Interdependenzen) und der nur teilweisen Berücksichtigung von monetären Zielen (Verwendung von zeitlichen oder mengenorientierten Ersatzzielen) im allgemeinen keine gewinnmaximale Gesamtlösung erzielen können.

[2] Vgl. u.a. Fandel, G., François, P., und Gubitz, K.-M., 1997, S. 1 ff.; Kernler, H., 1995, S. 11 ff.; Kurbel, K., 1998, S. 17 ff.; Lackes, R., 1988, S. 591 ff.

[3] Der Begriff Planung (im weiteren Sinne) soll im folgenden - sofern nicht ausdrücklich etwas anderes erwähnt wird - als Oberbegriff zur Planung und Steuerung gelten. Folglich umfaßt beispielsweise die Bezeichnung Planungsstufe auch die Teilbereiche der Produktionssteuerung.

konzept bezeichnet. Im Gegensatz zur Simultanplanung bietet die Sukzessivplanung den Vorteil, daß auch komplexe Planungsprobleme noch gelöst werden können. Dies ist jedoch nur dadurch möglich, daß zahlreiche sachliche und zeitliche Interdependenzen durch die Zerlegung in Teilprobleme nicht beachtet werden, wodurch ein Gesamtoptimum nicht mehr oder nur noch zufällig erzielt werden kann.[1]

Die Planungsstufen der Produktionsplanungs- und -steuerungssysteme werden häufig auch als Module bezeichnet. Module sind in sich geschlossene Teilbereiche, die funktional abgeschlossen und getrennt voneinander einsetzbar sind. Die Kommunikation der einzelnen Planungsbereiche wird dadurch geregelt, daß die Datenoutputs eines Moduls Dateninputs für andere Module darstellen. Die Modulunabhängigkeit wird jedoch dadurch eingeschränkt, daß die Teilbereiche der Produktionsplanung und -steuerung sequentiell hintereinander abgearbeitet werden müssen, so daß enge sachliche und zeitliche Abhängigkeiten zwischen den Planungsstufen bestehen.[2]

Mit Hilfe von Abbildung 1 sollen der modulare Aufbau und die Sukzessivplanung als grundlegende Merkmale der PPS-Systeme verdeutlicht werden.

---

[1] Zur Simultan- und Sukzessivplanung sowie zu einer Bewertung dieser Konzepte siehe u.a. Fandel, G., 1996, S. 19 f.; Kurbel, K., 1998, S. 42 ff.; Ossadnik, W., 1994, S. 221 f.; Reese, J., 1994, S. 827 ff.; Stadtler, H., 1988, S. 21 ff.

[2] Durch den modulweisen Aufbau ist im allgemeinen eine schrittweise Einführung des Gesamt-Softwarepaketes möglich. Außerdem besteht prinzipiell auch die Möglichkeit, Module eines Standard-PPS-Systems durch eigenerstellte Softwaremodule oder durch (spezielle) Standardsoftware anderer Hersteller zu ergänzen. Die Einschränkung der Modulunabhängigkeit durch die vorgegebene sukzessive Abfolge der Teilbereiche ist besonders für die Reihenfolge der Einführung der einzelnen Module relevant. Zum Modulbegriff und zur Vorgehensweise der Modularisierung siehe insbesondere Kurbel, K., 1983, S. 146 ff.; Schneider, H.-J., 1991, S. 514 f.; Stahlknecht, P., und Hasenkamp, U., 1997, S. 292 ff.; Würkert, M., 1997, S. 72 ff.

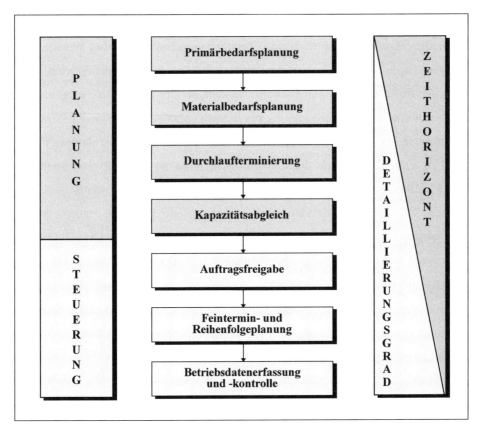

Abbildung 1: Stufenplanungskonzept der Produktionsplanungs- und -steuerungssysteme

Die ersten vier Stufen (Primärbedarfsplanung bis Kapazitätsabgleich) werden der Produktionsplanung zugeordnet, während die drei darauffolgenden Teilbereiche (Auftragsfreigabe bis Betriebsdatenerfassung und -kontrolle) zu den Aufgabengebieten der Produktionssteuerung zu rechnen sind.

Ausgehend von der Primärbedarfsplanung als erstem Modul der PPS-Systeme nimmt der Detaillierungsgrad der Planung immer weiter zu. Gleichzeitig nimmt der betrachtete Zeithorizont immer weiter ab. Diese Vorgehensweise dient dazu, dem Anstieg des sachlichen Detaillierungsgrades durch eine Reduzierung des Betrachtungszeitraumes entgegenzuwirken. Ziel ist eine Verminderung der Komplexität bzw. des Umfangs der zu lösenden Probleme. Während der Betrachtungszeitraum bei der Primärbedarfsplanung meist zwischen einem und zwei Jahren beträgt, berücksichtigt die Feintermin- und Reihenfolgeplanung nur noch einen Zeitraum von etwa ein bis zwei Wochen oder wenigen Tagen unmittelbar vor der Produktion. Die Betriebsdatenerfassung und -kontrolle findet in kurzen Zeitabständen während der Produktion oder zeitgleich mit der Produktion statt. Die Reduzierung des Betrachtungszeitraumes von der Primärbedarfsplanung bis zur Realisierung und Kontrolle der Produktion ist darüber hinaus damit zu begründen, daß eine detaillierte Planung meist nur innerhalb einer kurzfristigen Betrachtungsweise von besonderer Relevanz ist, da sich für die weiter in der Zukunft liegenden planungsrelevanten Daten ohnehin wieder vielfältige Änderungen bis zur Umsetzung der entsprechenden Entscheidungen ergeben können. Diese Problematik versucht man bei den Produktionsplanungs- und -steuerungssystemen mit Hilfe der rollenden (rollierenden) Planung zu berücksichtigen.[1] Im folgenden sollen die einzelnen Stufen der Produktionsplanung und -steuerung in ihren Grundzügen beschrieben werden, um die Einbettung der Losgrößenplanung in das PPS-Konzept zu verdeutlichen.

Die Einordnung der Losgrößenplanung in die Produktionsplanung und -steuerung und die kurze Erläuterung der einzelnen Planungsstufen ist u.a. auch deshalb erforderlich, da die Entwicklung des neuen Losgrößenverfahrens in dieser Arbeit vor dem Hintergrund der späteren Anwendung in der Produktionsplanung und -steuerung erfolgt. Deshalb wird in den Kapiteln, in denen das neue Losgrößenverfahren sowie die dazugehörigen Erweiterungen hergeleitet und deren Anwendungsmöglichkeiten erläutert werden, auch häufig auf diese Planungsbereiche Bezug genommen. In Kapitel 4.8.2 wird darüber hinaus eine spezielle Vorgehensweise entwickelt, mit deren Hilfe man

---

[1] Eine rollierende oder rollende Planung liegt dann vor, wenn der vorgegebene Planungszeitraum nach der Realisierung einer Entscheidung jeweils zeitlich in die Zukunft verschoben wird, um anschließend für den verschobenen Zeitraum erneut eine Planung durchzuführen. Man spricht auch von einem zeitlich sich verschiebenden Planungsfenster (vgl. u.a. Brink, A., 1988, S. 18 f.; Domschke, W., Scholl, A., und Voß, S., 1997, S. 3 und S. 129 ff.; Hopfenbeck, W., 1997, S. 352 f.; Horváth, P., 1996, S. 194; Küpper, H.-U., 1994, S. 914; Robrade, A. D., 1990, S. 20; Schneeweiß, C., 1981, S. 83 ff.; Stadtler, H., 1988, S. 56 ff. und S. 216 ff.; Tempelmeier, H., 1995, S. 163 und S. 337 f.).

die Flexibilitätspotentiale, die durch das neue Losgrößenverfahren gewonnen werden, konkret in den nachfolgenden Planungsstufen der PPS-Systeme nutzen kann, indem man die entsprechenden Dispositionsspielräume des Losgrößenverfahrens mit den Anpassungsmaßnahmen der jeweiligen Planungsstufe(n) kombiniert. Auch dort erfolgt dann im Hinblick auf die entsprechenden Grundlagen, Methoden oder Anpassungsmaßnahmen der Planungsstufen jeweils ein Verweis auf das hier vorliegende Kapitel.

Die Primärbedarfsplanung (Master Production Schedule, MPS) als erste Planungsstufe der Produktionsplanung und -steuerung bezieht ihre Informationen über die vorliegenden Lieferaufträge (Kundendaten, Produktdaten, Liefertermine und -mengen) von der Auftragsbearbeitung (Auftragsannahme, Vertrieb), die nicht zur Produktionsplanung und -steuerung gezählt wird, sondern ein ihr vorgelagerter Planungsbereich ist. Weitere Dateninputs sind die Primärbedarfsmengen der vergangenen Perioden und ggf. Deckungsbeitragssätze. Mit Hilfe der Übernahme der Kundenaufträge aus der Auftragsbearbeitung sowie unter Verwendung von Prognoseverfahren und ggf. der Linearen Programmierung berechnet die Primärbedarfsplanung, welche Endprodukte,[1] zum Verkauf bestimmte Zwischenprodukte sowie ggf. Handelsprodukte

---

[1] Der Begriff Produkt bzw. Produktart wird in dieser Arbeit als Oberbegriff für eigenerstellte Produkte (Zwischenprodukte, Endprodukte) und fremdbezogene Produkte (Vorprodukte, Handelsprodukte bzw. Handelsware) verwendet. Unter dem Gesichtspunkt der Produktion können die Begriffe Vor-, Zwischen- und Endprodukte wie folgt gegeneinander abgegrenzt werden. Ein Endprodukt besteht aus Vorprodukten oder aus Vor- und Zwischenprodukten und ist das Ergebnis der letzten Fertigungsstufe des Produktionsprozesses. Zwischenprodukte sind ebenfalls aus Vorprodukten oder aus Vor- und Zwischenprodukten zusammengesetzt, gehen aber selbst wieder in Zwischen- oder Endprodukte ein. Die Bezeichnung Vorprodukt wird für von außen bezogene Materialien verwendet, die zur Herstellung von Zwischen- oder Endprodukten verwendet werden sollen und noch keine Produktionsstufe des Unternehmens durchlaufen haben.

(Handelsware)[1] in welchen Mengen und Planungsperioden benötigt werden. Bis auf die Lagerbestandsveränderungen (z.B. Primärbedarf zur Aufstockung des Endproduktlagers) stimmt der Primärbedarf mit dem Absatzprogramm eines Unternehmens überein. Im Gegensatz dazu gibt das Produktionsprogramm an, welche Produkte in welchen Mengen und zu welchen Terminen hergestellt werden sollen.[2] Folglich besteht ein Unterschied zwischen dem Primärbedarf und dem Produktionsprogramm darin, daß das Produktionsprogramm keine Handelsware enthält. Im Produktionsprogramm sind jedoch zusätzlich die Zwischenprodukte enthalten, die nicht verkauft werden, sondern zur Herstellung der Endprodukte erforderlich sind.[3] Außerdem ist zu beachten, daß der Primärbedarf aufgrund der sukzessiven Vorgehensweise der Produktionsplanungs- und -steuerungssysteme erst dann zu einem Bestandteil des endgültigen Produktionsprogramms wird, wenn die Planungs- und Steuerungsmodule bis einschließlich der Feintermin- und Reihenfolgeplanung durchlaufen sind, denn erst zu diesem Zeitpunkt steht (in der Planung) fest, ob sich die zu produzierenden Primärbedarfsmengen, die zu Beginn des Planungsdurchlaufs in der Primärbedarfsplanung festgelegt werden, auch in diesem Umfang mit den verfügbaren Ressourcen realisieren lassen. Der Primärbedarf eines Produktes wird in der Produktionsplanung und

---

[1] Ein Handelsprodukt (Handelsware) wird nicht selbst von dem Unternehmen hergestellt, sondern ergänzt lediglich dessen Absatzprogramm. Die Bezeichnung unterscheidet sich wie folgt gegenüber den produktionsorientierten Produktbegriffen. Ein Handelsprodukt kann von seiner Zusammensetzung und von seinen Eigenschaften her mit Vor-, Zwischen- und Endprodukten eines Unternehmens übereinstimmen oder mit diesen vergleichbar sein. Es handelt sich aber nicht um ein eigenerstelltes Zwischen- oder Endprodukt des Unternehmens, kann allerdings mit einem Vorprodukt identisch sein, wenn das Handelsprodukt auch gleichzeitig im Unternehmen zur Herstellung von Zwischen- oder Endprodukten verwendet wird.

[2] Vgl. Adam, D., 1997, S. 103 ff. und S. 117 ff.; Gutenberg, E., 1983, S. 151; Kistner, K.-P., und Steven, M., 1993, S. 232 f.; Kurbel, K., 1983, S. 12 ff.; Reese, J., 1994, S. 812 ff.; Reichwald, R., und Dietel, B., 1991, S. 485 f.

[3] Das Beschaffungsprogramm setzt sich dagegen aus der Handelsware und aus Vorprodukten zusammen, die zur Herstellung der Zwischen- und Endprodukte benötigt werden.

-steuerung ebenso wie die weiteren im folgenden beschriebenen Bedarfsarten innerhalb eines Planungszeitraums nach Menge und Planungsperiode differenziert.[1)]

Bei der Bestimmung des Primärbedarfs auf der Grundlage von Prognoseverfahren wird zunächst mit Hilfe einer Zeitreihenanalyse untersucht, welche Art des Datenverlaufes bei den Absatzmengen der vergangenen Perioden vorliegt. In Abhängigkeit von dem Verlauf der Absatzmengen sollten dann geeignete Prognoseverfahren ausgewählt werden. Bei regelmäßigen Datenverläufen, bei denen kein Trend- oder Saisonverlauf erkennbar ist, kann die gleitende Mittelwertbildung oder die exponentielle Glättung erster Ordnung angewendet werden. Bei trendförmigem Datenverlauf eignet sich die Methode der kleinsten Quadrate oder die exponentielle Glättung zweiter Ordnung. Bei Saisonverläufen sowie bei gleichzeitigen Trend- und Saisonverläufen sind das Verfahren von Winters und die multiple lineare Regression zu empfehlen. Abbildung 2 verdeutlicht, welche Prognoseverfahren bei den unterschiedlichen Datenverläufen in Frage kommen. Zur genauen Darstellung der einzelnen Verfahren und zu ihren Vor- und Nachteilen sowie zu weiteren, weniger verbreiteten Verfahren sei auf die Literatur verwiesen.[2)]

[1)] Vgl. u.a. Fandel, G., François, P., und Gubitz, K.-M., 1997, S. 128 ff.
[2)] Vgl. Corsten, H., 1994, S. 687 ff.; Elsayed, A. E., und Boucher, T. O., 1985, S. 9 ff.; Fandel, G., François, P., und Gubitz, K.-M., 1997, S. 130 ff.; Gal, T., und Gehring, H., 1981, S. 37 ff.; Glaser, H., 1979, Sp. 1203 ff.; Glaser, H., Geiger, W., und Rohde, V., 1992, S. 108 ff.; Grochla, E., 1992, S. 61 ff.; Hillier, F. S., und Liebermann, G. J., 1997, S. 656 ff.; Küpper, H.-U., 1993, S. 228 ff.; Melzer-Ridinger, R., 1994, S. 99 ff.; Mertens, P., 1983, S. 469 ff.; Schläger, W., 1994, S. 42 ff.; Schröder, M., 1994, S. 15 ff.; Tempelmeier, H., 1995, S. 34 ff.; Weber, K., 1991, S. 2 ff.

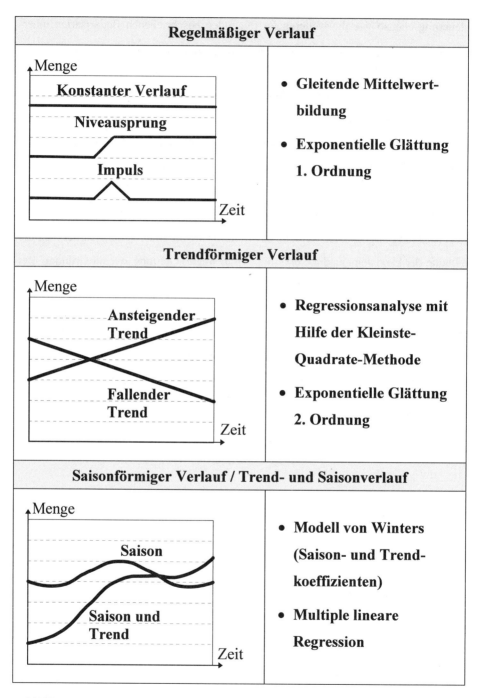

Abbildung 2: Auswahl geeigneter Prognoseverfahren in Abhängigkeit von dem Datenverlauf

Um bei der Berechnung des zukünftigen Primärbedarfs "gute" Prognoseergebnisse erzielen zu können, müssen einige Grundvoraussetzungen erfüllt sein. Prognosen sollten grundsätzlich nicht so zustande kommen, daß man unter Betrachtung der Vergangenheitswerte die zukünftigen Bedarfsmengen gefühlsmäßig oder nach "Erfahrungswerten" festlegt. Es ist notwendig, daß das Softwaresystem Verfahren zur Zeitreihenanalyse bereitstellt, mit deren Hilfe der Datenverlauf analysiert wird. Außerdem sollte die Software im Hinblick auf die Frage, welches Prognoseverfahren für den bisherigen Datenverlauf am besten geeignet ist, Vorschläge unterbreiten. Die Ermittlung der zukünftigen Primärbedarfsmengen soll dann auf der Basis dieses Prognoseverfahrens erfolgen. Hinsichtlich der erforderlichen Daten für eine Prognoserechnung muß beachtet werden, daß nur dann eine hohe Prognosequalität erzielt werden kann, wenn valide Daten vorhanden sind. Damit sind besondere Anforderungen im Hinblick auf die Sorgfalt der Dateneingabe und der Datenpflege zu stellen. Prognosen des Primärbedarfs von neueren Produkten bereiten Probleme, wenn noch nicht genügend Vergangenheitsdaten bereitstehen. Ebenso ist die Primärbedarfsprognose bei Produkten schwierig, die nur unregelmäßig (sporadisch) nachgefragt werden.[1]

Im Hinblick auf die Forderung, daß die Zeitreihenanalyse, die Auswahl des geeigneten Verfahrens und die Durchführung der Prognoserechnung automatisch durch die Software erfolgen sollen, muß beachtet werden, daß dies zum Ziel hat, den Disponenten von Berechnungstätigkeiten zu befreien. Es ist jedoch zu gewährleisten, daß dem Disponenten die erforderlichen Eingriffsmöglichkeiten zur Verfügung gestellt werden. So ist es beispielsweise notwendig, Zahlenreihen um einmalige Ausschläge (Artefakten) zu bereinigen, die sich bei den Primärbedarfsmengen der Vergangenheit beispielsweise durch Sonderaufträge oder Sonderkonditionen ergeben haben und sich im nächsten Planungszeitraum nicht mehr wiederholen (Änderung der Ausgangsdaten). Umgekehrt betrachtet muß es dem Disponenten auch möglich sein, die Prognose-

---

[1] Zu den Problemen und den Prognoseverfahren bei unregelmäßigen Bedarfsverläufen siehe u.a. Tempelmeier, H., 1995, S. 93 ff.

ergebnisse nach der (automatischen) Berechnung zu verändern, wenn er beispielsweise bereits feststehende oder erwartete Sondereffekte zusätzlich berücksichtigen möchte.[1]

Eine weitere Forderung, deren praktische Wirkung nicht unterschätzt werden sollte, besteht darin, daß die entsprechenden Funktionen der Datenverläufe graphisch dargestellt werden sollten, da dies wesentlich anschaulicher ist als die dazugehörigen Zahlenreihen. Eine "gute" Benutzeroberfläche bzw. eine graphische Verdeutlichung hat einen entscheidenden Einfluß auf die Akzeptanz der Software in den Unternehmen und wirkt sich deshalb unmittelbar auf die Verwendung der dahinterstehenden Prognosemethoden aus.

Bei der Anwendung von Prognoseverfahren sollte auch regelmäßig geprüft werden, ob das benutzte Verfahren den tatsächlichen Datenverlauf noch hinreichend gut abbildet. Ansonsten besteht die Gefahr, daß sich mit der Zeit bei anderen Bedarfsverläufen (Strukturbrüche) die Qualität der Primärbedarfsprognosen zunehmend verschlechtert. Um dies zu vermeiden, ist bei einer Änderung des Datenverlaufs eine (möglichst automatische) Anpassung der Parameter des bisherigen Verfahrens (z.B. Glättungsparameter, Trendfaktoren) oder sogar die Verwendung eines anderen Prognoseverfahrens erforderlich. Gründe für solche Strukturbrüche könnten beispielsweise Änderungen bei einem Konkurrenzprodukt (Produktänderungen, Preisänderungen) oder ein verändertes Käufer- bzw. Abnehmerverhalten sein. Die Messung der Prognosequalität erfolgt durch eine Analyse des Prognosefehlers, der jeweils der Differenz aus dem Prognosewert und dem Beobachtungswert einer Periode entspricht. Die Höhe des Prognosefehlers gibt im Zeitverlauf einen Aufschluß darüber, ob tendenziell ein überhöhter oder zu geringer Prognosewert errechnet wird. Bei geeigneten Verfahren schwankt der Prognosefehler mit geringer Schwankungsbreite um den Wert Null. Die

---

[1] Man spricht in diesem Zusammenhang auch von einem Rückgriff auf qualitative Urteile bzw. Aspekte, die nicht von einem Prognoseverfahren erfaßt werden können.

Streuung des Prognosefehlers liefert einen Anhaltspunkt dafür, mit welcher Zuverlässigkeit die zukünftigen Primärbedarfsmengen prognostiziert werden können.[1]

Kritisch anzumerken bleibt bei der Primärbedarfsplanung der Produktionsplanungs- und -steuerungssysteme, daß dort wegen der fehlenden Implementation entsprechender Ansätze im allgemeinen keine Möglichkeit besteht, den Gewinn- bzw. Deckungsbeitrag des Unternehmens innerhalb des Planungszeitraums unter Berücksichtigung der vorhandenen Ressourcenbeschränkungen (z.B. Kapazitäts-, Beschaffungs-, Finanzierungsrestriktionen) zu maximieren. Eine solche Möglichkeit wäre zum Beispiel bei einer Anwendung der Linearen Programmierung (Lineare Optimierung) gegeben.[2] Die simultane Planung mehrerer Planungsbereiche mit Hilfe der Linearen Programmierung stößt jedoch auf zahlreiche Probleme. Die Modelle werden bei umfangreicheren Problemstellungen sehr komplex, so daß sie schwierig zu erstellen und zu modifizieren sind. Hinzu kommt, daß mitunter auch nichtlineare Abhängigkeiten zu beachten sind. Außerdem ist es recht aufwendig, die für die Modelle benötigten Daten zu ermitteln. Auch die Rechenzeiten bereiten häufig Probleme, insbesondere wenn Ganzzahligkeitsbedingungen zu beachten sind oder zahlreiche Variablen und Nebenbedingungen in der Planung berücksichtigt werden müssen. Gewisse Verbesserungen dieser Situation versucht man mit Hilfe der Dekomposition oder durch Aggregation von Daten (Modellverdichtung) zu erreichen. Letztere Vorgehensweise führt jedoch zu Vereinfachungen, die zu Abweichungen von der optimalen Lösung führen. Obwohl sich die Leistungsfähigkeit der Rechner ständig erhöht, so daß sich das Rechenzeitproblem abschwächt, und auch immer leistungsfähigere Software zur Linearen Pro-

---

[1] Zur Beurteilung der Qualität eines Prognoseverfahrens siehe u.a. Harlander, N. A., und Platz, G., 1991, S. 181 ff.; Hartmann, H., 1993, S. 289 ff.; Tempelmeier, H., 1995, S. 36 ff.

[2] Zu dem Verfahren der Linearen Programmierung siehe u.a. Aigner, M., 1996, S. 256 ff.; Dinkelbach, W., 1992, S. 6 ff.; Gal, T., 1991, S. 56 ff.; Gal, T., und Gehring, H., 1981, S. 60 ff.; Hahn, D., und Laßmann, G., 1990, S. 259 ff.; Hauke, W., und Opitz, O., 1996, S. 76 ff.; Hillier, F. S., und Liebermann, G. J., 1997, S. 25 ff.; Homburg, C., 1998, S. 320 ff.; Meyer, M., und Hansen, K., 1996, S. 15 ff.; Papageorgiou, M., 1996, S. 376 ff.; Rödder, W., 1996, S. 173 ff.; Rödder, W., und Sommer, G., 1975, S. 51 ff. (Teile 1 bis 9).

grammierung verfügbar ist, wird dieses Verfahren aufgrund der hier skizzierten Schwierigkeiten nur selten in der Produktionsplanung und -steuerung eingesetzt. Bezieht man dies auf die Primärbedarfsplanung, muß man sich allerdings zumindest darüber bewußt sein, daß die Primärbedarfsmengen in diesem Fall ohne Berücksichtigung von Restriktionen festgelegt werden und auch im allgemeinen das Gewinnmaximum nicht erreicht wird. Die Nichtberücksichtigung der verfügbaren Ressourcen wird in der Regel in den nachfolgenden Planungsbereichen zu Engpässen führen, die dann entsprechend hohe Kosten für Anpassungsmaßnahmen oder - falls diese nicht ausreichen - Rückkopplungen zur Primärbedarfsplanung bzw. Modifikationen der Primärbedarfsmengen erfordern. Um die Kapazitätsrestriktionen wenigstens überschlägig zu berücksichtigen, berechnet man in zahlreichen PPS-Systemen mit Hilfe von Kennzahlen die Kapazitätsbelastungen in den einzelnen Bereichen, um dann gegebenenfalls die Primärbedarfsmengen auf der Basis dieser Kapazitätsgrobplanung (manuell) anzupassen. Kritisch anzumerken bei dieser Vorgehensweise ist allerdings die mangelnde Genauigkeit der Betrachtung und wiederum die fehlende Berücksichtigung von Gewinn- oder Deckungsbeitragsgesichtspunkten. Daraus folgt, daß die Entscheidung, ob und welche Primärbedarfsmengen in welchem Umfang vermindert werden sollen, nur intuitiv getroffen werden kann. Ein Abwägen zwischen den Kosten der kapazitätsmäßigen Anpassungsmaßnahmen und den entgangenen Deckungsbeiträgen bei einer Verminderung der Produktionsmengen - wie dies z.B. bei einer Anwendung der Linearen Programmierung möglich wäre - entfällt beispielsweise bei dieser Vorgehensweise vollständig.[1]

Der Primärbedarfsplanung schließt sich als nächste Planungsstufe die Materialbedarfsplanung (Material Requirements Planning, MRP I) an.[2] Neben dem Primärbedarf benötigt sie zusätzlich Informationen aus den Stücklisten bzw. Rezepturen über die Input-Output-Relationen (Produktionskoeffizienten) der Produkte oder alternativ An-

---

[1] Vgl. Fandel, G., François, P., und Gubitz, K.-M., 1997, S. 133 ff.

[2] Vgl. u.a. Fandel, G., und François, P., 1988, S. 43 ff.; Fandel, G., François, P., und Gubitz, K.-M., 1997, S. 158 ff.; Glaser, H., 1986, S. 5 ff. und S. 29 ff.; Reichwald, R., und Dietel, B., 1991, S. 498 ff.

gaben über die Bedarfsmengen der Vor- und Zwischenprodukte in den vergangenen Perioden. Darüber hinaus sind Informationen über die Eigenerstellung oder den Fremdbezug der Produktarten, den disponierbaren Lagerbestand, die Lagerkosten- und Rüstkostensätze bzw. bestellfixe Kostensätze, den zu erwartenden Ausschuß und über die Vor- und Durchlaufzeiten erforderlich.

Die Materialbedarfsplanung im weiteren Sinn umfaßt in den Produktionsplanungs- und -steuerungssystemen folgende Teilbereiche:

- Festlegung der Dispositionsart (Hilfsmittel: Kombinierte ABC- und RSU-Analyse)
- Bruttobedarfsrechnung (Verwendung der programmgebundenen bzw. der verbrauchsgebundenen Materialbedarfsplanung)
- Nettobedarfsrechnung (Berücksichtigung von disponierbaren Lagerbestandsmengen und erwarteten Ausschußmengen)
- Losgrößenplanung (Zusammenfassung der Nettobedarfsmengen zu Losen)
- Vorlaufzeitverschiebung (Berücksichtigung der groben terminlichen Zusammenhänge zwischen den Bedarfsmengen der über- und untergeordneten Produkte).

Zu Beginn der Materialbedarfsplanung muß entschieden werden, ob die Ermittlung des Materialbedarfs programmgebunden oder verbrauchsgebunden erfolgen soll (Festlegung der Dispositionsart). Die programmgebundene Materialbedarfsplanung[1] berechnet aus den Primärbedarfsmengen mit Hilfe der Input-Output-Relationen, die in

---

[1] Vgl. u.a. Bichler, K., 1997, S. 128 ff.; Fandel, G., François, P., und Gubitz, K.-M., 1997, S. 163 ff.; Glaser, H., Geiger, W., und Rohde, V., 1992, S. 46 ff.; Hahn, D., und Laßmann, G., 1990, S. 351 ff.; Hartmann, H., 1993, S. 237 ff.; Oeldorf, G., und Olfert, K., 1987, S. 112 ff.; Tempelmeier, H., 1995, S. 121 ff.

den Stücklisten bzw. Rezepturen enthalten sind,[1] die Sekundärbedarfsmengen.[2] Die verbrauchsgebundene Bedarfsermittlung[3] verwendet zur Berechnung der Sekundärbedarfsmengen dagegen die Zeitreihenanalyse und Prognoseverfahren. Auf der Basis der Verbrauchsmengen der vergangenen Perioden werden die Sekundärbedarfsmengen ermittelt, obwohl dort die Produktionskoeffizienten zwischen den übergeordneten und den untergeordneten Produkten bekannt sind. Für die Berechnung der Tertiärbedarfsmengen kommt nur die verbrauchsgebundene Bedarfsermittlung in Frage, da zwischen dem Primärbedarf und dem Tertiärbedarf[4] keine unmittelbaren Input-Output-Relationen vorliegen. Da die verbrauchsgebundene Bedarfsermittlung die gleichen Verfahren zur Zeitreihenanalyse und Prognoserechnung verwendet wie die Primärbedarfsplanung, sei hierzu auf die obigen Ausführungen verwiesen.

Im Hinblick auf die Ermittlung der Sekundärbedarfsmengen stellt sich die Frage, ob diese mit Hilfe der programmgebundenen oder verbrauchsgebundenen Bedarfsplanung erfolgen soll. Die programmgebundene Materialbedarfsermittlung ist bei einer großen

---

[1] Zu den verschiedenen Arten der Stücklisten siehe u.a. Adam, D., 1997, S. 496 ff.; Geitner, U. W., 1996, S. 143 ff.; Grupp, B., 1983, S. 41 ff.; Schulte, C., 1995, S. 210 ff.; Vahrenkamp, R., 1998, S. 133 ff.; Weber, H. K., 1996, S. 312 ff.; Wiendahl, H.-P., 1997, S. 155 ff. Zu den Rezepturen sowie zu den Unterschieden zwischen Stücklisten und Rezepturen siehe u.a. Loos, P., 1997, S. 173 ff.; Pressmar, D. B., 1996, Sp. 1923 ff.

[2] Unter dem Sekundärbedarf versteht man den Bedarf an Vor- und Zwischenprodukten, der sich unmittelbar aus dem Primärbedarf ableiten läßt.

[3] Vgl. u.a. Hahn, D., und Laßmann, G., 1990, S. 393 ff.; Harlander, N. A., und Platz, G., 1991, S. 174 ff.; Kurbel, K., und Meynert, J., 1991, S. 67 ff.; Oeldorf, G., und Olfert, K., 1987, S. 121 ff.; Reichwald, R., und Dietel, B., 1991, S. 504 f.; Rohde, V. F., 1991, S. 71 ff.; Tempelmeier, H., 1995, S. 34 ff.

[4] Der Tertiärbedarf ist der Bedarf an Vor- und Zwischenprodukten, der sich nicht unmittelbar aus dem Primärbedarf ableiten läßt. Es handelt sich meist um Hilfs- und Betriebsstoffe, die in den Kostenstellen zur Aufrechterhaltung der Betriebsbereitschaft oder zur Produktion benötigt werden, bei denen aber eine Herleitung von Input-Output-Relationen zum jeweils herzustellenden Produkt entweder zu aufwendig wäre oder nicht möglich ist (vgl. u.a. Bichler, K., 1997, S. 86; Fandel, G., und François, P., 1988, S. 45; Günther, H.-O., und Tempelmeier, H., 1997, S. 178; Hartmann, H., 1993, S. 229; Kilger, W., 1986, S. 229.).

Anzahl von Vor- und Zwischenprodukten, die zur Herstellung zahlreicher Endprodukte bzw. vieler übergeordneter Zwischenprodukte verwendet werden, zeitaufwendiger als die verbrauchsgebundene Bedarfsplanung, sie weist aber einen höheren Genauigkeitsgrad bei der Ermittlung der Bedarfsmengen auf. Dies läßt sich damit begründen, daß die programmgebundene Vorgehensweise die zu realisierenden Primärbedarfsmengen innerhalb des Planungszeitraumes nach Art und Menge genau kennt und verwendet, während die verbrauchsgebundene Ermittlungsmethode - mit den Sekundärbedarfsmengen der Vergangenheit - nur über unzureichende und schon veraltete Informationen verfügt. Um Fehlmengen möglichst zu vermeiden, muß man den Ungenauigkeiten der verbrauchsorientierten Vorgehensweise deshalb mit erhöhten Sicherheitsbeständen entgegenwirken, was zu erhöhten Kapitalbindungs- bzw. Lagerhaltungskosten führt.[1]

Tendenziell entsteht aufgrund der Fortschritte in der Datenverarbeitungstechnik die Möglichkeit, immer mehr Materialien programmgebunden und damit exakter zu planen. Da in Industriebetrieben jedoch häufig viele Zwischen- und Vorprodukte (auch für mehrere übergeordnete Zwischenprodukte und Endprodukte) verwendet werden, muß dennoch entschieden werden, für welche Materialarten mit direkt vom Primärbedarf abhängigem Bedarf der höhere Rechenaufwand der programmgebundenen Bedarfsermittlung lohnt und für welche Materialarten die verbrauchsgebundene Bedarfsermittlung - mit entsprechend höheren Lagerhaltungskosten - angewendet werden soll. Diese Entscheidung kann mit Hilfe der ABC- und RSU-Analyse getroffen werden.[2]

---

[1] Vgl. Fandel, G., und François, P., 1988, S. 46; Hartmann, H., 1993, S. 238; Kurbel, K., 1983, S. 57.

[2] Vgl. u.a. Corsten, H., 1994, S. 680 ff.; Ehlers, J. D., 1997, S. 76 ff.; Fandel, G., François, P., und Gubitz, K.-M., 1997, S. 159 ff.; Franken, R., 1984, S. 83 f.; Gottschalk, E., 1989, S. 92 ff.; Hansmann, K.-W., 1987, S. 150 f.; Hartmann, H., 1993, S. 142 ff.; Haupt, R., 1979, Sp. 1 ff.; Koppelmann, U., 1997, S. 48 ff.; Mertens, P., 1993, S. 72 ff.; Tersine, R. J., 1982, S. 438 ff.; Warnecke, H. J., 1984, S. 255 ff.

Die ABC-Analyse, die 1951 von Dickie erstmals veröffentlicht wurde, dient allgemein der Strukturierung der zu disponierenden Materialpositionen, um daraus Entscheidungen abzuleiten.[1)] Die Entstehung dieses Verfahrens resultierte aus der Erkenntnis, daß ein geringer Prozentsatz von Materialarten einen hohen Anteil an den Verbrauchswerten bzw. den Lagerkosten eines Unternehmens verursacht. Ziel der ABC-Analyse ist es, das Verhältnis zwischen Planungsaufwand und Planungsertrag zu steigern. Während der Planungsertrag von den Verbrauchs- bzw. Materialwerten (Wert pro Mengeneinheit · Menge) abhängig ist, steigt der Planungsaufwand mit der Anzahl der Materialpositionen. Bei der ABC-Analyse werden die Materialarten - gemäß der von Dickie gewählten Einteilung - in drei Klassen unterteilt. In Abhängigkeit von der Zugehörigkeit der Materialarten zu diesen Klassen erwartet man einen hohen (A-Materialien), mittleren (B-Materialien) oder geringen (C-Materialien) Einfluß auf den angestrebten Planungserfolg. Deshalb wird der Planungsaufwand auf die "wichtigeren" Materialarten konzentriert.[2)]

Setzt man die ABC-Analyse dazu ein, die Dispositionsart der Materialbedarfsermittlung festzulegen, wird als Kriterium zur Einteilung der Klassen A, B und C die Höhe

---

[1)] Vgl. Dickie, H. F., 1951, S. 92 ff., sowie u.a. Arnolds, H., Heege, F., und Tussing, W., 1996, S. 38 ff.; Bichler, K., 1997, S. 92 ff.; Harlander, N. A., und Platz, G., 1991, S. 84 ff.; Steinbuch, P. A., und Olfert, K., 1995, S. 195 ff.

[2)] Es soll hier allerdings angemerkt werden, daß die Vorgehensweise, sich im Hinblick auf den Planungsaufwand auf Materialarten zu konzentrieren, die einen hohen Verbrauchswert aufweisen, in der Materialwirtschaft schon vor der ABC-Analyse durchaus gebräuchlich war. So schreibt beispielsweise Stefanic-Allmayer (K., 1927, S. 506) im Zusammenhang mit der Verwendung der klassischen Losgrößenformel: "Betont sei, daß man die ganze Ermittlung ja auch nur für die Hauptmaterialien eines Betriebes bzw. die Hauptwaren eines Handelsgeschäftes anwenden wird, keinesfalls für alle die unzähligen Kleinigkeiten, die nebenhergehen und, jede für sich betrachtet, keine nennenswerten Beträge ausmachen". Die Besonderheit der Entwicklung der ABC-Analyse besteht allerdings in der Herleitung einer systematischen Vorgehensweise zur Festlegung der Intensität der Planung für die einzelnen Materialarten.

des bewerteten Materialverbrauchs der Planungsperiode verwendet.[1] Meist wird dabei ein Planungszeitraum von einem Jahr zugrunde gelegt.[2] Für alle Materialarten wird zunächst der bewertete Jahresverbrauch ermittelt, dann werden sie nach absteigenden Verbrauchswerten geordnet. Anschließend werden die Materialarten in Klassen A, B und C eingeteilt, die jeweils hohe, mittlere bzw. geringe Jahresverbrauchswerte aufweisen. Als Ergebnis kann man zum Beispiel folgende Verteilung erhalten, die in Abbildung 3 dargestellt wird:[3]

10 Prozent der Materialarten verursachen einen bewerteten Jahresverbrauch von 70 Prozent (Klasse A). Weitere 20 Prozent verursachen einen Jahresverbrauchswert von 20 Prozent (Klasse B) und die restlichen 70 Prozent der Materialarten entsprechen einem bewerteten Jahresverbrauch von 10 Prozent (Klasse C).

---

[1] Als Kriterium zur Einteilung der Materialklassen könnte man alternativ auch den Anteil am Gesamtwert der im Unternehmen gelagerten Materialwerte verwenden. Die Verbrauchswerte bieten allerdings im Vergleich zu den gelagerten Werten einen besseren Anhaltspunkt dafür, welcher Erfolg mit einer aufwendigeren Planung verbunden sein könnte, denn die gelagerten Materialwerte der Vergangenheit sind bereits das Ergebnis eines für manche Materialarten hohen und für andere Materialarten geringen Planungsaufwandes. Die Ergebnisse des unterschiedlich hohen Planungsaufwandes würden dann beispielsweise dazu führen, daß Materialarten, die in der vergangenen Planungsperiode sorgfältig geplant wurden und deshalb relativ geringe Lagerbestände verursacht haben, plötzlich als weniger bedeutend klassifiziert und mit weniger Aufwand geplant werden, obwohl sich ihr Verbrauchswert und damit ihre Bedeutung für das Unternehmen unter sonst gleichen Bedingungen nicht verändert hat. Analog dazu würden weniger aufwendig geplante Materialarten aufgrund der daraus resultierenden höheren Lagerbestände bei der jeweils nächsten Anwendung der ABC-Analyse wieder an Bedeutung gewinnen.

[2] Es empfiehlt sich allerdings, die ABC-Analyse in kürzeren Zeitabständen (z.B. quartalsweise, halbjährig) durchzuführen bzw. die Auswertung zu wiederholen, wenn sich die wertmäßigen Verbräuche der Materialarten - z.B. aufgrund von Modelländerungen oder durch Markttrends - häufiger verändern.

[3] Vgl. Greene, J. H., 1974, S. 220. Üblicherweise wird die ABC-Analyse - wie bereits in der Veröffentlichung von Dickie (H. F., 1951, S. 92) - in Form einer Lorenzkurve abgebildet. Siehe dazu auch die oben angegebenen weiteren Literaturstellen.

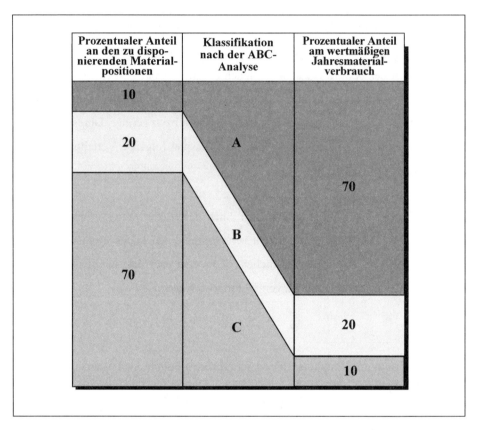

Abbildung 3: ABC-Analyse der Materialarten

Nachteile der ABC-Analyse bestehen darin, daß sowohl die Einteilung in drei Klassen als auch die Festlegung der Grenzen dieser Klassen subjektiv ist. Es gibt keine objektiven Entscheidungskriterien, um die Anzahl der Klassen oder die Prozentsätze, innerhalb derer die Klassen gelten sollen, zu bestimmen.

Im Gegensatz zur ABC-Analyse klassifiziert die RSU-Analyse die Materialarten nach regelmäßigem (R), (saisonal oder trendartig) schwankendem (S) und unregelmäßigem Bedarf (U). Kombiniert man die ABC- und die RSU-Analyse miteinander, so erhält man die in Abbildung 4 dargestellte Zuordnung der Materialarten in neun verschiedene Klassen.

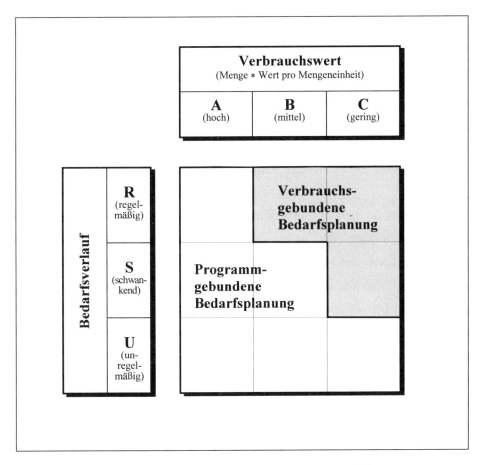

Abbildung 4: Festlegung der Dispositionsart der Materialbedarfsplanung

Da ungenaue Bedarfsplanungen für Materialien der Klasse A wegen ihres hohen Anteils an den Verbrauchswerten bei einer Lagerung zu hohen Lagerhaltungskosten führen, muß dort der Bedarf möglichst genau geplant werden. Um bei diesen Materialien Lagerbestände, die auf einer ungenauen Materialbedarfsplanung beruhen, möglichst zu vermeiden, soll deshalb für diese Klasse die programmgebundene Bedarfsermittlung verwendet werden.

Bei den B-Materialien kann man sich dagegen überlegen, ob ein bestimmter Anteil bereits mit der weniger aufwendigen verbrauchsgebundenen Bedarfsermittlung geplant werden sollte. Ein Grund, der für eine solche Vorgehensweise spricht, besteht darin, daß sich erhöhte Lagerbestände bei den B-Materialien nicht so stark auf die Lagerhaltungskosten des Unternehmens auswirken, wie dies bei den A-Materialien der Fall ist. Dabei muß allerdings beachtet werden, daß die Ungenauigkeiten bei den verbrauchsorientierten Bedarfsermittlungen nicht immer zu erhöhten Berechnungen für die Bedarfsmengen und entsprechend hohen Lagerbeständen führen, sondern daß sich natürlich auch zu geringe Berechnungen der Bedarfsmengen ergeben können, so daß die Gefahr besteht, daß Fehlmengen auftreten können.[1]

Die Gefahr, daß die verbrauchsgebundene Bedarfsermittlung zu hohen Ungenauigkeiten in der Vorhersage führt, ist bei regelmäßigen Bedarfsverläufen (R-Materialien) relativ gering, denn dort können die zukünftigen Bedarfswerte einer Materialart mit weitgehender Sicherheit aus den vergangenen Bedarfsmengen hergeleitet werden. Dagegen wird bei schwankenden Bedarfsverläufen (S-Materialien) die Anwendung von Prognoseverfahren schwieriger, während man bei unregelmäßigen Bedarfsverläufen (U-Materialien) kaum noch geeignete Prognoseergebnisse erzielen kann. Folglich kommt die verbrauchsgebundene Bedarfsermittlung für die Materialien der Klasse B-R in Frage, während für Materialien der Klassen B-S und B-U eine programmorientierte Vorgehensweise besser geeignet ist. Der Vorteil der programmgebundenen Vorgehensweise liegt bei diesen Materialarten darin, daß die Schwankungen oder Unregelmäßigkeiten in den Bedarfsverläufen ihren Ursprung in der Veränderung des Produktionsprogramms bzw. des Primärbedarfs haben und diese Verläufe sich deshalb verursachungsgerecht über eine Stücklisten- oder Rezepturauflösung aus dem Primärbedarf herleiten lassen. Gründe für schwankende oder unregelmäßige Bedarfsverläufe sind beispielsweise sich schnell verändernde Absatzmöglichkeiten, selten produzierte Varianten, Sonderanfertigungen oder Sonderaufträge.

---

[1] Außerdem können diese beide Effekte innerhalb eines Planungszeitraums für ein Produkt gleichzeitig auftreten. Bei zu geringen Bedarfsberechnungen ist außerdem zu beachten, daß die Gefahr der Verursachung von Fehlmengen (z.B. mit der Folge von Produktionsstillständen) unabhängig davon ist, ob die entsprechende Materialart zur A-, B-, oder C-Klasse zählt. Lediglich die Lagerhaltungskosten, die durch überhöhte Bedarfsermittlungen oder durch zusätzliche Sicherheitsbestände entstehen, die aufgrund der Ungenauigkeiten erforderlich werden, sind bei den B- und insbesondere bei C-Materialien geringer als bei den A-Materialien.

Für die Materialarten der Klasse C führt die Abwägung zwischen der geringeren Qualität der Bedarfsvorhersage bei einer verbrauchsgebundenen Vorgehensweise und dem höherem Planungsaufwand bei einer programmgebundenen Bedarfsermittlung schließlich dazu, daß man zusätzlich zu den Materialarten mit regelmäßigem Bedarf auch die Materialarten mit schwankendem Bedarf verbrauchsgebunden disponiert, denn erhöhte Lagerbestände wirken sich bei den C-Materialien am wenigsten auf die Lagerhaltungskosten des Unternehmens aus. Bei der Materialklasse C-U sollte allerdings die programmgebundene Bedarfsauflösung angewendet werden, da insbesondere sporadisch bzw. nur vereinzelt auftretende Bedarfsmengen sich nur aus dem Produktionsprogramm und nicht mit Hilfe von Prognosen bestimmen lassen. Deshalb wäre es nicht sinnvoll, für alle nur gelegentlich benötigten Materialien einen Lager- bzw. Sicherheitsbestand anzulegen, um Prognoseungenauigkeiten auszugleichen, denn die entsprechenden Produktmengen würden dann zu lange auf Lager liegen und unnötige Kapitalbindungskosten verursachen.[1] Für Materialarten, die nur gelegentlich, möglicherweise nur einmal oder überhaupt nicht innerhalb des Planungszeitraums benötigt werden, sollte ein Bedarf nur dann eingeplant werden, wenn die dazugehörigen Primärbedarfsmengen der übergeordneten Materialien bzw. Produkte tatsächlich vorliegen. Dies ist nur bei einer Verwendung der programmgebundenen Materialbedarfsplanung gewährleistet.

Zur Anwendung der kombinierten ABC- und RSU-Analyse soll hier angemerkt werden, daß die daraus abgeleiteten Empfehlungen nur einen generellen Vorschlagscharakter aufweisen. Bei einer steigenden Leistungsfähigkeit der verwendeten Hard- und Software und einer relativ geringen Anzahl von Materialarten wird man beispielsweise die programmgebundene Bedarfsplanung stärker einsetzen als dies bei einer geringen EDV-Unterstützung und einer hohen Anzahl von zu verwaltenden Materialarten realisierbar ist.

Darüber hinaus besteht die Notwendigkeit, die Klassifizierungen der ABC- und RSU-Analyse gelegentlich zu überprüfen bzw. die Auswertungen in regelmäßigen Abstän-

---

[1] Vgl. Fandel, G., und François, P., 1988, S. 47; Grochla, E., 1992, S. 31.

den zu wiederholen,[1] um im Hinblick auf die Zuordnung der Bedarfsermittlungsverfahren über eine aktuelle Entscheidungsgrundlage zu verfügen. Zusätzlich sollten bei der Einteilung der Materialarten in die verschiedenen Kategorien der ABC- und RSU-Analyse auch bereits absehbare relevante Änderungen hinsichtlich der Art der Bedarfsverläufe oder der Höhe der Verbrauchswerte berücksichtigt werden. So ist es beispielsweise möglich, daß für einige Materialien aus der Klasse B-R in dem nächsten Planungszeitraum kein regelmäßiger Bedarf mehr zu erwarten ist. Dies wäre z.B. dann der Fall, wenn Modelländerungen durchgeführt werden, die sich sowohl auf die Bedarfsmengen (verschiedener) übergeordneter Produktarten als auch auf die Input-Output-Relationen auswirken. Da die zukünftigen Bedarfsmengen sich dann nicht mehr mit ausreichender Sicherheit auf der Basis der Vergangenheitswerte prognostizieren lassen, würde man in dieser Situation die programmgebundene Bedarfsplanung für die bislang der Klasse B-R zugeordneten Materialarten anwenden. Ebenso können Modelländerungen, neue Produkte, Auslaufprodukte oder Nachfrageverschiebungen, die bereits bekannt sind, eine veränderte Zuordnung zu den wertmäßigen Kategorien A, B und C erfordern. Diese Anpassungen müßten dann ergänzend zur eigentlichen ABC- und RSU-Analyse durchgeführt werden, um die Entscheidungsgrundlage für die Festlegung der Dispositionsart zu verbessern.

Auf der Grundlage der Bestimmung der Dispositionsart wird die Bruttobedarfsermittlung durchgeführt.[2] Die Bruttobedarfsmengen sind die Mengen einer Produktart, die in einer bestimmten Periode - entweder durch Fremdbezug, durch Eigenerstellung oder mit Hilfe des verfügbaren Lagerbestandes - bereitgestellt werden müssen.[3] Man erhält die Bruttobedarfsmengen, wenn man zu den Primärbedarfsmengen die Sekundärbedarfsmengen und die Tertiärbedarfsmengen addiert, wobei nicht jede Bedarfsart

---

[1] Die Auswertung sollte dabei automatisch durch das Softwaresystem erfolgen.

[2] Zur Bruttobedarfsermittlung siehe u.a. Grupp, B., 1983, S. 167 ff.; Tempelmeier, H., 1995, S. 222 f.; Wiendahl, H.-P., 1997, S. 298 ff.

[3] Dabei ist es zunächst unerheblich, ob diese Bereitstellung auf der Basis eigenerstellter oder fremdbezogener Produkte oder aus dem disponierbaren Lagerbestand erfolgt.

für jede Produktart auftritt. In Abbildung 5 werden die Zusammenhänge zwischen der Produktart und dem Bruttobedarf verdeutlicht.

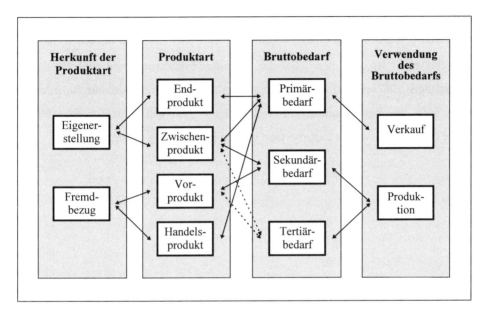

Abbildung 5:   Zusammenhänge zwischen der Produktart und dem Bruttobedarf

Bei der Verwendung des Bruttobedarfs wurde in der Abbildung die Lagerung ausgeklammert, da bei dieser Betrachtung die geplante, endgültige Verwendung von Bedeutung ist. Die gestrichelten Linien zwischen den Vor- und Zwischenprodukten und dem Tertiärbedarf sollen verdeutlichen, daß dieser Tertiärbedarf eher die Ausnahme darstellt, da man meist die Input-Output-Relationen (Produktionskoeffizienten) kennt und nur in selteneren Fällen kein unmittelbarer Bezug zu den übergeordneten Zwischen- und Endprodukten vorliegt bzw. aufgrund eines zu hohen Aufwandes nicht ermittelt wird.[1]

---

[1] Ein zu hoher Aufwand ist beispielsweise im allgemeinen bei einer Ermittlung des direkten Verbrauchs von Hilfs- und Betriebsstoffen in Abhängigkeit von den zu produzierenden Zwischen- und Endprodukten gegeben. Deshalb verzichtet man dort in der Regel auf die Ermittlung der Produktionskoeffizienten und verwendet die verbrauchsgebundene Bedarfsplanung, um die zukünftigen Bedarfsmengen zu berechnen.

Nach der Berechnung der Bruttobedarfsmengen wird die Nettobedarfsermittlung durchgeführt, die auch als Brutto-Netto-Rechnung bezeichnet wird.[1] Die Nettobedarfsmengen erhält man, indem man von den Bruttobedarfsmengen den disponierbaren Lagerbestand subtrahiert.[2] Falls bei der Produktion oder der Beschaffung mit Ausschuß gerechnet werden muß, ist ein entsprechender Zuschlag für den erwarteten Ausschußanteil vorzunehmen.[3] Bei der folgenden Erläuterung wird zunächst davon ausgegangen, daß vor der Einlagerung eine Qualitäts- oder Eingangskontrolle durchgeführt wird. Die Zusammenhänge zwischen der Brutto- und Nettobedarfsermittlung sowie dem disponierbaren Lagerbestand werden in Abbildung 6 dargestellt.

---

[1] Zur Nettobedarfsermittlung siehe u.a. Glaser, H., Geiger, W., und Rohde, V., 1992, S. 51 ff.; Grupp, B., 1983, S. 153 ff.; Mertens, P., 1993, S. 140 ff.; Scheer, A.-W., 1995, S. 148 f.; Schneeweiß, C., 1997, S. 202 ff.; Vahrenkamp, R., 1998, S. 140 ff.

[2] Zur Bestandsführung in der Lagerhaltung siehe u.a. Kernler, H., 1995, S. 63 ff.; Oeldorf, G., und Olfert, K., 1987, S. 169 ff.

[3] Der Ausschußprozentsatz gibt den Anteil der Produktmenge an der gesamten Produktmenge an, der aufgrund von Qualitätsmängeln nicht mehr in der nächsten Produktionsstufe oder zum Weiterverkauf verwendet werden kann. Er wird im allgemeinen aus Vergangenheitswerten abgeleitet und im Produktstammsatz (Artikelstammsatz, Teilestammsatz) gespeichert.

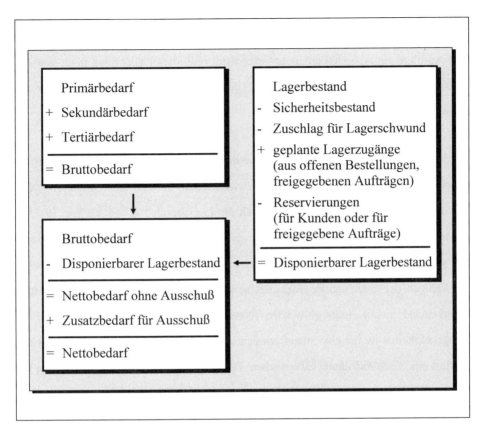

Abbildung 6: Zusammenhänge zwischen der Brutto- und Nettobedarfsrechnung sowie dem disponierbaren Lagerbestand

Der disponierbare (frei verfügbare) Lagerbestand wird auf der Basis des vorhandenen Lagerbestandes ermittelt. Der Sicherheitsbestand, der als Ausgleich für unvorhergesehene Bedarfsschwankungen oder Liefer- bzw. Produktionsverzögerungen für jedes Produkt berechnet werden muß, ist vom Lagerbestand zu subtrahieren. Ebenso sind Reservierungen für bereits freigegebene Aufträge übergeordneter Produkte sowie außerdem ggf. erwarteter Lagerschwund oder Verderb vom vorhandenen Lagerbestand abzuziehen. Eine Erhöhung des Lagerbestandes ist für bestimmte Perioden des Planungszeitraums zu berücksichtigen, wenn erwartet wird, daß in diesen Perioden Mengeneinheiten auf Lager gehen, die aus bereits getätigten Bestellungen oder aus bereits freigegebenen Fertigungsaufträgen resultieren.[1] Sofern für diese offenen Bestellungen oder Aufträge ein Ausschußanteil erwartet wird, muß dieser allerdings noch von der Auftragsgröße subtrahiert werden, um die geplanten Lagerzugangsmengen zu erhalten.[2]

Übersteigt der frei verfügbare Lagerbestand den Bruttobedarf, so ist der Nettobedarf in dieser Periode gleich Null. Die Differenz zwischen dem frei verfügbaren Lagerbestand und dem Bruttobedarf wird in diesem Fall als Lagerbestand in die nächste Periode übertragen, wobei der Sicherheitsbestand nicht erneut subtrahiert werden darf, da er sich sonst kumulieren würde. Als Ergebnis der Nettobedarfsermittlung steht fest, welche Mengen der einzelnen Produktarten in welchen Perioden über den verfügbaren Lagerbestand hinaus benötigt werden (Nettobedarf ohne Ausschuß) bzw. wieviel Mengeneinheiten für die einzelnen Perioden beschafft oder produziert werden müssen, um dort eine Bedarfsdeckung zu erreichen. Dieser Nettobedarf, der einen Zuschlag für den erwarteten Ausschußanteil enthält, ist für die weiteren Berechnungen relevant.

---

[1] Je nach der Durchlaufzeit bzw. Lieferzeit der bereits vor dem Planungsbeginn freigegebenen Aufträge oder getätigten Bestellungen treffen diese Materialmengen erst in den Perioden des aktuellen Planungszeitraums ein. Um die geplanten Zu- und Abgänge sowie die Sicherheitsbestände und Reservierungen zu verwalten, wird für jedes lagergeführte Produkt ein "dispositives Konto" geführt (vgl. dazu u.a. Gubitz, K.-M., 1994, S. 166 f.; Scheer, A.-W., 1995, S. 148 f.; Schneeweiß, C., 1997, S. 202 ff.; Weber, R., 1992, S. 55).

[2] Einige Autoren berücksichtigen den Mehrbedarf aufgrund von Ausschuß als sogenannten "Zusatzbedarf" bei der Ermittlung des Bruttobedarfs (vgl. u.a. Tempelmeier, H., 1995, S. 122). Dies setzt aber voraus, daß die entsprechenden Produkte vor der Einlagerung nicht einer Eingangs- bzw. Qualitätsprüfung unterzogen werden. Wenn diese Voraussetzung gegeben ist, muß man allerdings beachten, daß man die Reservierungen um den erwarteten Ausschußanteil erhöht, da sonst für den entsprechenden Auftrag oder Kunden zu wenige Mengeneinheiten vorgemerkt bzw. gesichert werden.

Der Nettobedarfsplanung schließt sich bei positiven Bedarfsmengen die Losgrößenplanung als weiterer Bestandteil der Materialbedarfsplanung an.[1] Aufgabe der Losgrößenplanung ist es, aus den berechneten Nettobedarfsmengen die Losgrößen festzulegen. Unter einer Losgröße versteht man die Menge einer Produktart, die - im Falle des Fremdbezugs - in einem Beschaffungsvorgang von außen bezogen wird (Bestellmenge, Beschaffungslosgröße) oder die - im Falle der Eigenerstellung - ohne umrüstbedingte Unterbrechung hintereinander auf einem Betriebsmittel[2] bzw. an einem Arbeitsplatz gefertigt wird (Auftragsgröße, Fertigungslosgröße).[3] Eine losweise Produktion wird auch als intermittierende Fertigung bezeichnet.[4]

Abbildung 7 verdeutlicht, wie die Fertigungs- oder Beschaffungsaufträge in der Materialbedarfsplanung aus den Nettobedarfsmengen ermittelt werden.

---

[1] Zur Losgrößenplanung siehe im einzelnen die nachfolgenden Kapitel sowie die dort angegebene Literatur.

[2] Betriebsmittel sind materielle Vermögensgegenstände, die als Gebrauchsgüter (Potentialfaktoren) eine mehrmalige Nutzungsmöglichkeit im Produktionsprozeß bereitstellen (im Gegensatz zu Verbrauchsgütern); vgl. hierzu u.a. Fandel, G., 1996, S. 34; Gutenberg, E., 1983, S. 70 ff.; Seicht, G., 1994, S. 329; Steinbuch, P. A., und Olfert, K., 1995, S. 101 ff.

[3] Vgl. u.a. Gutenberg, E., 1983, S. 70 f.; Hahn, D., und Laßmann, G., 1990, S. 299; Schweitzer, M., 1994, S. 682; Zwehl, W. v., 1979, Sp. 1163 f.

[4] Vgl. Gutenberg, E., 1983, S. 203, sowie Adam, D., 1969, S. 25, und 1990, S. 712; Fandel, G., François, P., und Gubitz, K.-M., 1997, S. 208; Kurbel, K., 1983, S. 62.

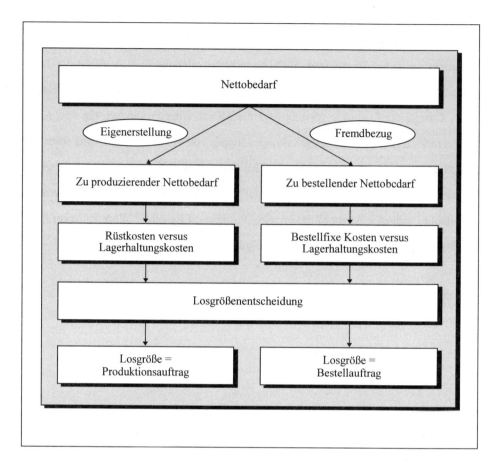

Abbildung 7:   Analogie von Losgrößenentscheidungen in Produktion und Beschaffung

Aufgrund der Entscheidung über die Eigenerstellung oder den Fremdbezug der benötigten Materialien,[1] die im allgemeinen bereits vor der Durchführung der Produktionsplanung und -steuerung im Rahmen der strategischen Planung der Materialwirtschaft getroffen wird, steht in der Materialbedarfsplanung fest, ob der entsprechende Nettobedarf produziert oder bestellt werden muß.[2] In Ausnahmefällen erfolgt die

---

[1] Siehe hierzu u.a. Adam, D., 1997, S. 187 ff.; Berg, C. C., 1979a, S. 12 ff.; Endler, D., 1992, S. 130 ff.; Harlander, N. A., und Platz, G., 1991, S. 57 ff.; Jacob, H., 1990, S. 551 ff.; Koppelmann, U., 1997, S. 62 f.; Picot, A., 1991, S. 336 ff.; Rössle, W., 1974, S. 905 ff.

[2] Das Ergebnis dieser Entscheidung wird üblicherweise in Form einer entsprechenden Kennung in den Produktstammsätzen gespeichert.

Make-or-Buy-Entscheidung jedoch auch kurzfristig, insbesondere bei kurzfristigen Engpässen im Produktions- oder Beschaffungsbereich. Wenn der Nettobedarf von dem Unternehmen selbst hergestellt werden soll, ist es Aufgabe der Losgrößenoptimierung, die Nettobedarfsmengen so zu Fertigungslosgrößen zusammenzufassen, daß die Summe der Rüst- und Lagerhaltungskosten - unter Beibehaltung der permanenten Materialverfügbarkeit - ihr Minimum annehmen. Falls der Nettobedarf der entsprechenden Produktart fremdbezogen werden soll, ist analog dazu die Summe aus bestellfixen Kosten und Lagerhaltungskosten zu minimieren. Aufgrund der Vergleichbarkeit der Problemstellungen bei der Beschaffung bzw. der Herstellung der Produkte werden in beiden Bereichen die gleichen Losgrößenverfahren verwendet.[1]

Jeweils im Anschluß an die Losgrößenentscheidungen für die Produktarten einer bestimmten Dispositions- bzw. Fertigungsstufe erfolgt bei einer Anwendung der programmgebundenen Bedarfsermittlung die Berechnung der Sekundärbedarfsmengen der untergeordneten Zwischen- bzw. Vorprodukte, indem man die Lose der übergeordneten Produkte mit den Produktionskoeffizienten multipliziert.[2] Dabei wird bereits unter Berücksichtigung der Vorlaufzeitverschiebungen eine grobe Terminierung innerhalb der vorgegebenen Periodeneinteilung der Produktionsplanungs- und -steuerungssysteme für die entsprechenden Bedarfsmengen - und damit auch für die wiederum daraus resultierenden Losgrößen - durchgeführt.[3]

---

[1] Zur Klärung der Grundbegriffe und zu Einzelheiten der Losgrößenplanung sei auf die nachfolgenden Kapitel verwiesen. Es soll hier bereits angemerkt werden, daß zur Losgrößenplanung allerdings nicht nur optimierende (kostenminimierende) Verfahren in den Produktionsplanungs- und -steuerungssystemen eingesetzt werden.

[2] Zu den verschiedenen Auflösungsverfahren der programmgebundenen Bedarfsplanung siehe u.a. Fandel, G., François, P., und Gubitz, K.-M., 1997, S. 163 ff.; Fries, H.-P., 1987, S. 189 ff.; Glaser, H., Geiger, W., und Rohde, V., 1992, S. 53 ff.; Grochla, E., 1992, S. 47 ff.; Kern, W., 1992, S. 222 ff.; Oeldorf, G., und Olfert, K., 1987, S. 112 ff.; Reichwald, R., und Dietel, B., 1991, S. 504 f.; Tempelmeier, H., 1995, S. 121 ff.

[3] Vgl. u.a. Dorninger, C., et al., 1990, S. 45 f.; Fandel, G., und François, P., 1988, S. 51; Glaser, H., 1986, S. 33 f.; Harlander, N. A., und Platz, G., 1991, S. 198 ff.; Kurbel, K., 1983, S. 146 ff.; Rohde, V. F., 1991, S. 64 ff.; Scheer, A.-W., 1995, S. 136 ff.

Die Weiterverarbeitung der Losgrößen nach der Materialbedarfsplanung ist davon abhängig, ob die entsprechenden Mengeneinheiten beschafft oder hergestellt werden müssen. Die Bestellosgrößen werden - außerhalb der eigentlichen Produktionsplanung und -steuerung - im Beschaffungsbereich bzw. -modul weiterverarbeitet. Dort werden (ggf. nach der kurzfristigen Lieferantenauswahl) unter Berücksichtigung der Lieferzeiten die Bestellungen veranlaßt und zu einem späteren Zeitpunkt die Einhaltung der Liefertermine und -mengen geprüft. Die Fertigungslose dienen als Input für die Durchlaufterminierung.

Die Aufgabe der Durchlaufterminierung besteht darin, zu überprüfen, ob sich die in der Materialbedarfsplanung ermittelten Fertigungslose bzw. Fertigungsaufträge so einplanen lassen, daß die vorgegebenen Fertigstellungszeitpunkte eingehalten werden können, wobei Kapazitätsengpässe i.d.R. nicht berücksichtigt werden. Außerdem müssen die Start- und Endtermine der Aufträge und Arbeitsgänge berechnet werden.[1] Unter der Durchlaufzeit versteht man dabei die Zeitspanne zwischen dem Fertigungsbeginn und der Fertigstellung eines Auftrages (Fertigungsloses) bzw. die Summe seiner Bearbeitungs- und Übergangszeiten.[2]

---

[1] Zur Durchlaufterminierung siehe u.a. Fandel, G., François, P., und Gubitz, K.-M., 1997, S. 278 ff.; Hackstein, R., 1989, S. 58; Kernler, H., 1995, S. 167 ff.; Reichwald, R., und Sachenbacher, H., 1996, Sp. 362 ff.; Mertens, P., 1993, S. 150 ff.; Scheer, A.-W., 1995, S. 234 ff.; Seelbach, H., 1996, Sp. 2061 ff.; Vahrenkamp, R., 1998, S. 150 ff.; Wiendahl, H.-P., 1997, S. 316 ff.; Zäpfel, G., 1996, S. 176 ff.

[2] Zu den einzelnen Komponenten der Durchlaufzeit und ihrer Ermittlung siehe u.a. Adam, D., 1990, S. 743 ff., sowie 1997, S. 569 ff.; Glaser, H., 1986, S. 70 f.; Glaser, H., Geiger, W., und Rohde, V., 1992, S. 141 ff.; Gubitz, K.-M., 1994, S. 178 und S. 182 ff.; Kern, W., 1992, S. 278 ff.; Kernler, H., 1995, S. 167 ff.; Nebl, T., 1997, S. 316 ff.; Steinbuch, P. A., und Olfert, K., 1995, S. 324 ff.; Reichwald, R., und Sachenbacher, H., 1996, Sp. 363 ff.; Stommel, H. J., 1976, S. 143; Wäscher, G., 1996, Sp. 2303 ff.; Weber, R., 1992, S. 197; Wiendahl, H.-P., 1997, S. 260 ff.; Zäpfel, G., 1996, S. 186 ff.

Zur Berechnung der Durchlaufzeiten und der damit verbunden Start- und Endtermine der Aufträge werden Verfahren der Netzplantechnik eingesetzt.[1]

Wenn sich bei der Durchlaufterminierung Terminprobleme ergeben, können verschiedene Methoden zur Durchlaufzeitverkürzung verwendet werden,[2] wie z.B. das Lossplitting,[3] die Überlappung,[4] die Nutzung von Alternativarbeitsplänen[5] oder die Reduzierung von Übergangszeiten.

Eine Aufgabe des Kapazitätsabgleichs (kurzfristige Kapazitätsplanung) besteht darin, die Start- und Endtermine der Aufträge und Arbeitsgänge unter Berücksichtigung des Kapazitätsangebots zu ermitteln. Als Basis der Berechnungen dienen Start- und End-

---

[1] Zu den verschiedenen Verfahren, die bei der Durchlaufterminierung eingesetzt werden, siehe u.a. Adam, D., 1997, S. 593 ff.; Altrogge, G., 1996, S. 2 ff.; Bedworth, D. D., und Bailey, J. E., 1987, S. 292 ff.; Blohm, H., et al., 1997, S. 335 ff.; Bücker, R., 1996, S. 442 ff.; Gal, T., und Gehring, H., 1981, S. 98 ff.; Hauke, W., und Opitz, O., 1996, S. 160 ff.; Homburg, C., 1998, S. 490 ff.; Küpper, W., 1996, Sp. 1263 ff.; Küpper, W., Lüder, K., und Streitferdt, L., 1975, S. 10 ff.; Neumann, K., 1992b, S. 165 ff.; Schwarze, J., 1994, S. 11 ff., und 1996, Sp. 1275 ff.; Suchowizki, S. I., und Radtschik, I. A., 1969, S. 1 ff.; Wagner, G., 1968, S. 11 ff.; Wille, H., Gewald, K., und Weber, H. D., 1972, S. 5 ff.

[2] Zu den Methoden der Durchlaufzeitverkürzung im allgemeinen siehe u.a. Dorninger, C., et al., 1990, S. 182 ff.; Glaser, H., Geiger, W., und Rohde, V., 1992, S. 153 ff.; Fandel, G., François, P., und Gubitz, K.-M., 1997, S. 281 ff.; Fogarty, D. W., und Hoffmann, T. R., 1983, S. 387 ff.; Kurbel, K., 1998, S. 153 ff.; Schulte, C., 1995, S. 231 ff.

[3] Auch: Lossplittung. Aufteilung eines Arbeitsganges auf mehrere gleichartige Betriebsmittel.

[4] Teilweise parallele Bearbeitung aufeinanderfolgender Arbeitsgänge. Bereits nach Fertigstellung einer Auftragsteilmenge wird diese mit Hilfe des nächsten Arbeitsgangs weiterverarbeitet.

[5] Überprüfung, ob die Termine bei der Nutzung von alternativen Arbeitsplänen mit anderen Arbeitsgängen oder Betriebsmittelzuordnungen eingehalten werden können. Zur Erstellung von Arbeitsplänen bzw. zur computergestützten Arbeitsplanung siehe u.a. Eversheim, W., et al., 1995a, S. 88 ff., und 1995b, S. 54 ff.; Eversheim, W., und Schneidewind, J., 1992, S. 411 ff.; Geitner, U. W., 1996, S. 175 ff.; Wiendahl, H.-P., 1997, S. 198 ff.

termine der Durchlaufterminierung, die aufgrund der Nichtbeachtung der Kapazitätsrestriktionen als vorläufig gelten. Eine weitere Aufgabe des Kapazitätsabgleichs ist das Ausgleichen von kapazitätsmäßigen Über- und Unterauslastungen (Kapazitätsnivellierungsproblem).[1] Falls sich bei der Gegenüberstellung von Kapazitätsangebot und Kapazitätsnachfrage Über- und Unterauslastungen ergeben, kann man entweder verschiedene Maßnahmen einsetzen, um die vorhandene Kapazität anzupassen (zeitliche, intensitätsmäßige oder quantitative Anpassung)[2] oder alternativ die entsprechenden Kapazitätsbelastungen verändern (z.B. durch zeitliches Verschieben oder das Splitten von Arbeitsgängen oder Aufträgen, den kurzfristigen Einsatz von Ausweichbetriebsmitteln, Fremdbezug oder Lohnarbeit).[3] Als Methoden zum Kapazitätsabgleich werden die Lineare Optimierung, die Simulation, spezielle Abgleichsheuristiken sowie das zeitliche Verschieben der Arbeitsgänge unter Nutzung der Pufferzeiten verwendet.[4]

---

[1] Vgl. u.a. Fandel, G., François, P., und Gubitz, K.-M., 1997, S. 306 ff.; Geitner, U. W., 1996, S. 135 ff.; Kurbel, K., 1998, S. 159 ff.; Vahrenkamp, R., 1998, S. 157 ff.; Wiendahl, H.-P., 1997, S. 321 ff.; Scheer, A.-W., 1995, S. 240 ff.; zur Ermittlung der verfügbaren Kapazität und zu den unterschiedlichen Kapazitätsbegriffen siehe u.a. Betge, P., 1996, Sp. 852 ff.; Kern, W., 1962, S. 27 ff., und 1992, S. 21 ff.; Kilger, W., 1973, S. 47 ff. und 1986, S. 372 ff.; Layer, M., 1979, S. 827 ff.; Nebl, T., 1997, S. 98 ff.; Reese, J., 1994, S. 751, und 1996, Sp. 862 ff.; Schneeweiß, C., 1997, S. 239 ff.; Seicht, G., 1994, S. 322 ff.; Steven, M., 1996, Sp. 874.

[2] Zu den Anpassungsmaßnahmen hinsichtlich des Kapazitätsangebots siehe u.a. Fandel, G., 1996, S. 106 ff.; Fandel, G., François, P., und Gubitz, K.-M., 1997, S. 307 ff.; Glaser, H., Geiger, W., und Rohde, V., 1992, S. 181 f.; Heß-Kinzer, D., 1979, Sp. 1989 ff.; Zäpfel, G., 1996, S. 191 ff.

[3] Zu den Anpassungsmaßnahmen hinsichtlich der Kapazitätsnachfrage siehe u.a. Fandel, G., François, P., und Gubitz, K.-M., 1997, S. 309 ff.; Glaser, H., Geiger, W., und Rohde, V., 1992, S. 180 f.

[4] Zu den Methoden des Kapazitätsabgleichs siehe u.a. Fandel, G., François, P., und Gubitz, K.-M., 1997, S. 307 ff.; Kurbel, K., 1998, S. 163 ff.; Zäpfel, G., 1982, S. 235 ff.

Während der Kapazitätsabgleich noch zur Produktionsplanung gerechnet wird, ist die Auftragsfreigabe bereits der Fertigungssteuerung zuzuordnen. Die Aufgabe der Auftragsfreigabe besteht darin, im Hinblick auf die kurzfristig zu fertigenden Aufträge zu entscheiden, ob diese zur Produktion freigegeben werden sollen oder noch zurückzustellen sind. Diese Entscheidung basiert auf der Verfügbarkeitsprüfung. Als Ergebnis der Auftragsfreigabe erhält man die freigegebenen Aufträge und die Reservierungen der benötigten Ressourcen.[1]

Die Aufgabe der Feintermin- und Reihenfolgeplanung besteht darin, für die in der Auftragsfreigabe freigegebenen Fertigungsaufträge und die benötigten Betriebsmittel eine optimale Bearbeitungsreihenfolge zu ermitteln.[2] Da die Reihenfolgeplanung bei einer steigenden Anzahl von Aufträgen und Betriebsmitteln sehr schnell komplexe Strukturen annimmt, können exakte Lösungsverfahren im wesentlichen nur für relativ kleine Problemstellungen herangezogen werden.[3] Als exakte Verfahren sind beispielsweise verschiedene Ansätze der Linearen Programmierung, der Dynamischen Programmierung sowie Branch and Bound-Ansätze zur Reihenfolgeplanung ent-

---

[1] Zur Auftragsfreigabe und zur Verfügbarkeitsprüfung siehe u.a. Fandel, G., François, P., und Gubitz, K.-M., 1997, S. 338 ff.; Kernler, H., 1995, S. 200 ff.; Kurbel, K., 1998, S. 170 ff.; Mertens, P., 1993, S. 163 ff.; Scheer, A.-W., 1995, S. 278 ff.

[2] Zur Reihenfolgeplanung siehe u.a. Biendl, P., 1984, S. 36; Domschke, W., Scholl, A., und Voß, S., 1997, S. 279 ff.; Fandel, G., François, P., und Gubitz, K.-M., 1997, S. 370 ff.; Kistner, K.-P., und Steven, M., 1993, S. 116 ff.; Neumann, K., 1996, S. 128 ff.; Seelbach, H., 1975, S. 22 f., und 1979, Sp. 12 ff.; Siegel, T., 1974, S. 27 ff.; Zäpfel, G., 1996, S. 202 ff.

[3] Vgl. u.a. Fleischmann, B., 1988, S. 359 f.; Reese, J., 1996, Sp. 870.

wickelt worden.[1] Als heuristische Methoden zur Festlegung der Fertigungsreihenfolgen werden die Simulation[2] und verschiedene Prioritätsregeln[3] eingesetzt.

Im Anschluß an die Feintermin- und Reihenfolgeplanung erfolgt die Realisierung der Fertigungsaufträge. Die geplanten Soll-Vorgaben der vorherigen Planungsstufen und die während des Fertigungsprozesses entstehenden Ist-Daten bilden dann den Input für die Betriebsdatenerfassung und -kontrolle (BDE), die das abschließende Modul der Produktionsplanung und -steuerung darstellt. Die Betriebsdatenerfassung und -kontrolle befaßt sich mit der Erfassung und Verarbeitung der für die Planung und Steuerung der Produktion benötigten Mengen-, Zeit- und Qualitätsangaben.[4] Die Ausgestaltung und die Integration der BDE ist für die Qualität der PPS-Systeme deshalb relevant, da nur durch die Bereitstellung von aktuellen Daten eine termingerechte

---

[1] Vgl. u.a. Domschke, W., Scholl, A., und Voß, S., 1997, S. 300 ff.; Dorninger, C., et al., 1990, S. 314 ff.; Fleischmann, B., 1988, S. 360 f.; Kistner, K.-P., und Steven, M., 1993, S. 123 ff.; Zäpfel, G., 1996, S. 211 ff.

[2] Zur Anwendung von Simulationsverfahren in der Reihenfolgeplanung siehe u.a. Dorninger, C., et al., 1990, S. 337 f.; Seelbach, H., 1975, S. 171 ff.

[3] Zu den verschiedenen Prioritätsregeln siehe u.a. Albach, H., 1965, S. 18 ff.; Berg, C. C., 1979b, Sp. 1425; Biendl, P., 1984, S. 73 ff.; Fandel, G., François, P., und Gubitz, K.-M., 1997, S. 374 ff.; Günther, H.-O., und Tempelmeier, H., 1997, S. 229 ff.; Haupt, R., 1989, S. 3 ff., und 1996, Sp. 1419 ff.; Kernler, H., 1995, S. 188 ff.; Kurbel, K., 1998, S. 174 ff.; Mertens, P., 1993, S. 171 ff.; Schweitzer, M., 1994, S. 699 ff.; Seelbach, H., 1975, S. 171 ff.; Weber, H. K., 1996, S. 253 ff.; Zäpfel, G., 1982, S. 273 f.; zur Problematik der Kombination von Prioritätsregeln siehe u.a. Adam, D., 1997, S. 585 ff.; Mertens, P., 1993, S. 173 f.; Pabst, H.-J., 1985, S. 158.

[4] Zur Betriebsdatenerfassung und -kontrolle siehe u.a. Brankamp, K., 1996, S. 26 ff.; Brankamp, K., und Poestges, A., 1985, S. 7 ff.; Czeguhn, K., und Franzen, H., 1987, S. 169 ff.; Fandel, G., François, P., und Gubitz, K.-M., 1997, S. 424 ff.; Kargl, H., 1994, S. 1035 ff.; Kunz, J., 1992, S. 387 ff.; Kurbel, K., 1998, S. 291 ff.; Mülder, W., und Strömer, W., 1995, S. 12 ff.; Roschmann, K., 1979, Sp. 330 ff., und 1996, Sp. 219 ff.; Roschmann, K., und Müller, P. E., 1997, S. 8 ff.; Scheer, A.-W., 1995, S. 336 ff.

und kostengünstige Planung, Steuerung und Kontrolle des Produktionsablaufes ermöglicht werden kann.[1]

Die betriebswirtschaftlichen Planungsaufgaben, die mit Hilfe der Produktionsplanungs- und -steuerungssysteme gelöst werden, erhalten im größeren Rahmen des CIM-Konzeptes (Computer Integrated Manufacturing, computerintegrierte Fertigung)[2] eine Ergänzung um die betriebswirtschaftlichen Zentralbereiche[3] und um die technisch orientierten CAx-Funktionen.[4] Aus der Sicht der Materialbedarfsplanung bzw. der Losgrößenplanung sind im Rahmen des CIM-Konzeptes insbesondere die Schnittstellen zum Beschaffungsbereich, zur Lagerverwaltung und zur Kostenrechnung relevant. Im Beschaffungsbereich werden unter anderem die Lieferantenauswahl und die damit

---

[1] Zu den technischen Methoden der Betriebsdatenerfassung (z.B. technische Erfassungsmöglichkeiten, Arten der Datenübertragung, zeitliche Verarbeitungsmöglichkeiten), zu den Methoden der Betriebsdatenkontrolle (Mengen-, Zeit-, Qualitäts- und Kostenüberwachung sowie Überwachung der Arbeitsbedingungen und Sicherheitsanforderungen) sowie zu den Abweichungsanalysen und Sicherungsmaßnahmen (z.B. Reservekapazitäten, Sicherheitsbestände) siehe u.a. Fandel, G., François, P., und Gubitz, K.-M., 1997, S. 426 ff.; Geitner, U. W., 1996, S. 463 ff.; Link, E., 1990, S. 38 ff.; Roschmann, K., 1996, Sp. 223 ff.; Roschmann, K., und Müller, P. E., 1997, S. 10 ff.).

[2] Zum CIM-Konzept und zur Erläuterung der einzelnen Teilbereiche siehe u.a. Becker, J., 1991, S. 3 ff.; Fandel, G., François, P., und Gubitz, K.-M., 1997, S. 708 ff., und 1995, S. 196 ff.; Kargl, H., 1994, S. 1056 ff.; Kurbel, K., 1998, S. 303 ff.; Mertens, P., 1993, S. 125 ff.; Scheer, A.-W., 1990a, S. 14 ff., und 1995, S. 348 ff.; im Zusammenhang mit dem CIM-Konzept wird von den Softwareanbietern und von den Industrieunternehmen auch zunehmend der Begriff integrierte betriebliche Softwaresysteme verwendet.

[3] Hierzu zählen die Bereiche Vertrieb, Beschaffung, Lagerverwaltung, Kostenrechnung und Controlling, Finanzbuchhaltung, Personalwesen und Investitionsrechnung.

[4] Der CAx-Bereich umfaßt die Funktionen CAD (Computer Aided Design, computergestützte Entwicklung und Konstruktion einschließlich der Berechnungs- und Versuchsaktivitäten bei der Produktentwicklung und Projektierung von Anlagen), CAP (Computer Aided Planning, computergestützte Arbeitsplanerstellung), CAM (Computer Aided Manufacturing, automatisierte Fertigung, rechnergestützte technische Steuerung und Überwachung der Betriebsmittel) und CAQ (Computer Aided Quality Assurance, computergestützte Planung und Durchführung der Qualitätssicherung).

verbunden Konditionen der Beschaffung (Preise, Rabatte, Mindestmengen, Lieferfristen usw.) festgelegt. Diese Konditionen können - wie in den nachfolgenden Kapiteln noch gezeigt wird - für die Losgrößenentscheidung von besonderer Relevanz sein. Aus dem Bereich der Lagerverwaltung erhält die Materialbedarfsplanung Informationen zur Berechnung des disponierbaren Lagerbestandes, der sich über die Ermittlung der Nettobedarfsmengen auf die Losgrößenplanung auswirkt. Der Bereich der Kostenrechnung stellt die für die Losgrößenentscheidung benötigten Kosteninformationen zur Verfügung. Im nachfolgenden Kapitel werden die erforderlichen Kostenangaben und die dabei auftretenden Problembereiche genauer analysiert.

2.2 Zur Problematik der Ermittlung der relevanten Kosten in der Losgrößenplanung

Innerhalb der Materialbedarfsplanung besteht die Aufgabe der Losgrößenplanung darin, eine Entscheidung darüber zu treffen, wieviel Mengeneinheiten einer Produktart jeweils ein Los bilden sollen. Diese Entscheidung hat Auswirkungen auf die Höhe der Kosten innerhalb des Planungszeitraums. Folgende Kostenbestandteile sind im Rahmen der Losgrößenplanung zu unterscheiden:

- Materialkosten bzw. Produktionskosten
- Losfixe Kosten
- Lagerhaltungskosten
- Fehlmengenkosten

Dabei ist zu beachten, daß einige der Kosten für die sachliche und personelle Ausstattung des Beschaffungs-, Produktions- und Lagerbereichs in bezug auf den kurzfristigen Planungszeitraum der Losgrößenplanung fixe (entscheidungsunabhängige, kalenderzeitproportionale) Kosten darstellen. Bei einer Verringerung bzw. Erhöhung der Auflagehäufigkeit läßt sich beispielsweise der Personal- oder Betriebsmittelbestand nicht kurzfristig abbauen oder vergrößern, so daß diese Kosten nicht in die Losgrößenentscheidung einzubeziehen sind. Für die kurzfristigen materialwirtschaftlichen

Betrachtungen sind deshalb nur die variablen Bestandteile der entsprechenden Kosten relevant.[1)]

Die Bestimmung der tatsächlichen Kosten einer Losgrößenentscheidung ist kein triviales Problem, "wie vielfach in Literatur und Praxis fälschlicherweise angenommen wird".[2)] Neben der Problematik der Aufteilung in entscheidungsrelevante und nicht entscheidungsrelevante Kosten sind Probleme bei der kostenrechnerischen Erfassung und Abgrenzung der einzelnen Kostenkomponenten sowie deren verursachungsgerechter Zuordnung bzw. Verrechnung im Hinblick auf die Losgrößenentscheidungen der verschiedenen Produktarten zu beachten.[3)] Deshalb sollen im folgenden die einzelnen Kostenbestandteile, die bei einer Losgrößenentscheidung von Bedeutung sein können, unter diesen Gesichtspunkten analysiert werden.

Die Materialkosten - die im Rahmen der Bestellmengenplanung relevant sein können - erhält man, indem man die Bedarfsmengen, die in der Planungsperiode benötigt werden, mit ihren Einstandspreisen bewertet. Die Einstandspreise setzen sich aus den Netto-Einkaufspreisen (Brutto-Einkaufspreise abzüglich Rabatte bzw. zuzüglich Mindermengenzuschläge) und den mengenvariablen Bezugskosten (wie z.B. mengenvariable Transportkosten, Versicherungskosten, Verpackungskosten oder Ein- und Auslagerungskosten) zusammen, sofern sie nicht bereits in den Brutto-Einkaufspreisen berücksichtigt wurden.[4)] Im allgemeinen werden die Einstandspreise keine konstanten Größen darstellen, da beispielsweise Rabatte oder Transportkosten häufig von der Bestellmenge abhängig sind und auch vielfach Preisschwankungen innerhalb des Pla-

---

[1)] Vgl. Kilger, W., 1973, S. 389, und 1986, S. 320; Kurbel, K., 1983, S. 65; Pack, L., 1970, Sp. 1139 f.

[2)] Schneeweiß, C., 1981, S. 66.

[3)] Siehe dazu insbesondere Olivier, G., 1977, S. 191 ff.; Schneeweiß, C., 1981, S. 66 ff., sowie die Ausführungen auf den hier folgenden Seiten.

[4)] Vgl. Hartmann, H., 1993, S. 349; Kottke, E., 1966, S. 51; ter Haseborg, F., 1979, S. 32.

nungszeitraums auftreten können.[1] Die Materialkosten bzw. Netto-Einkaufspreise sind in diesen Situationen unmittelbar in die Losgrößenentscheidung einzubeziehen. Wenn die Netto-Einkaufspreise nicht von der Bestellmenge abhängig sind, sind die Materialkosten im Hinblick auf die Losgrößenplanung nicht unmittelbar entscheidungsrelevant, denn die Bedarfsmengen werden der Losgrößenplanung als Daten vorgegeben. In diesem Fall bezeichnet man die Materialkosten auch als losvariable Kosten oder bestellmengenunabhängige Kosten. Mittelbar wirken die Materialkosten bzw. Netto-Einkaufspreise allerdings auf jeden Fall über den Wert der entsprechenden Produktarten auf die Lagerhaltungskosten und damit auf die Losgrößenentscheidung ein.[2]

Die Herstellkosten (Produktionskosten) - die bei einer Eigenerstellung der Bedarfsmengen relevant sind - setzen sich aus den Materialeinzelkosten, den Materialgemeinkosten, den Fertigungseinzelkosten, den Fertigungsgemeinkosten und den Sondereinzelkosten der Fertigung zusammen, wobei für die materialwirtschaftlichen Betrachtungen nur die variablen Bestandteile von Bedeutung sind.[3] Wenn die variablen Stückherstellkosten innerhalb des Planungszeitraums Schwankungen unterliegen, sind sie im Rahmen der Auftragsgrößenplanung - ebenso wie die Netto-Einkaufspreise im Beschaffungsfall - unmittelbar zu berücksichtigen.[4] Darüber hinaus wirken sie aber auf jeden Fall indirekt über die Lagerhaltungskosten auf die Losgrößenentscheidung. Wenn die variablen Produktionskosten weder zeitabhängig noch losgrößenabhängig sind, werden sie auch als losvariable oder auftragsgrößenunabhängige Kosten bezeichnet.[5]

---

[1] Vgl. Rohde, V. F., 1991, S. 79; Schmidt, A., 1985, S. 22.

[2] Vgl. ter Haseborg, F., 1979, S. 32.

[3] Vgl. Kilger, W., 1986, S. 320; Kurbel, K., 1983, S. 65; Pack, L., 1970, Sp. 1139.

[4] Vgl. Tempelmeier, H., 1995, S. 146.

[5] Im Hinblick auf eine Losgrößenplanung bei schwankenden Materialpreisen und schwankenden variablen Stückherstellkosten soll auf Kapitel 5.7 verwiesen werden.

Der Begriff der losfixen Kosten kann als Oberbegriff für die Bezeichnungen bestellfixe Kosten und Rüstkosten verwendet werden.[1] Losfixe Kosten sind unabhängig von der produzierten oder beschafften Menge und entstehen jeweils dann, wenn für eine bestimmte Produktart eine neue Materialbestellung durchgeführt oder eine neues Fertigungslos aufgelegt wird. Da sich bislang weder in der Literatur noch in den Unternehmen die Bezeichnung losfixe Kosten als Oberbegriff durchsetzen konnte, wird in dieser Arbeit im Hinblick auf die Darstellung der verschiedenen Losgrößenverfahren der Begriff Rüstkosten verwendet, wobei angemerkt werden soll, daß darunter auch die bestellfixen Kosten zu verstehen sind, wenn sich das entsprechende Losgrößenproblem nicht auf die Auftragsgrößenplanung, sondern auf die Bestellmengenplanung bezieht.

Die im Beschaffungsbereich zu berücksichtigenden bestellfixen Kosten erhält man durch eine Multiplikation der Anzahl der Bestellungen mit dem bestellfixen Kostensatz, der die variablen Kosten des Beschaffungs- und Lagerbereichs für die Angebotseinholung und -prüfung, Auftragserteilung (Erstellung und Übermittlung), Terminüberwachung, Warenannahme, Materialprüfung (Mengenkontrolle, Qualitätskontrolle), Buchen der Wareneingänge, Einlagerung, Rechnungskontrolle und Zahlungsanweisung enthält, sofern diese von der entsprechenden Bestellung und nicht von der Bestellmenge abhängig sind. Auch die Kosten des Transports können bestellfix sein, sofern sie für einen entsprechenden Liefervorgang unabhängig von der Bestellmenge gesondert entstehen bzw. vom Lieferanten in Rechnung gestellt werden.[2]

---

[1] Vgl. Bogaschewsky, R., 1996, Sp. 1143; Heinrich, C. E., 1987, S. 30; Kurbel, K., 1983, S. 62 f. Gelegentlich wird in der Literatur auch der Begriff der losgrößenfixen Kosten verwendet (Vgl. u.a. Olivier, G., 1977, S. 191 f.). In der englischsprachigen Literatur werden die losfixen Kosten mit "procurement costs", die Rüstkosten mit "set-up costs" und die bestellfixen Kosten mit "ordering costs" bezeichnet. Vgl. dazu u.a. Hadley, G., und Whitin, T. M., 1963, S. 10 ff.; Tersine, R. J., 1985, S. 584 ff.

[2] Vgl. Bogaschewsky, R., 1988, S. 19 f.; Grochla, E., 1992, S. 73 ff.; Kilger, W., 1986, S. 321; Kottke, E., 1966, S. 56; Mentzel, K., 1974, S. 779 f.; Olivier, G., 1977, S. 191 f.; Pack, L., 1970, Sp. 1139; ter Haseborg, F., 1979, S. 55 f.

Die Rüstkosten erhält man, wenn man die Anzahl der Auflagen (Fertigungslose) mit dem Rüstkostensatz (den Rüstkosten pro Auflage) multipliziert. Sie setzen sich aus den Umrüstkosten (Rüstkosten im engeren Sinn), die zwischen der Bearbeitung von zwei Losen auftreten, und den Anlaufkosten, die ggf. zu Beginn der Bearbeitung eines Loses entstehen, zusammen.[1] Bei den Umrüstkosten sind z.B. die Kosten zu beachten, die durch Umbau- und Einrichtungsarbeiten an den Betriebsmitten, durch das Auswechseln von Werkzeugen oder durch Reinigungsarbeiten entstehen, die nach jedem Wechsel der zu fertigenden Produktart erforderlich sind. Ebenso sind alle Kosten relevant, die mit der Vorbereitung des einzelnen Produktionsauftrages verbunden sind, wie beispielsweise die Bereitstellung der Arbeitspläne, Zeichnungen und Werkzeuge oder das Einweisen des Personals. Während direkte Rüstkosten durch den unmittelbaren Faktorverbrauch entstehen, der mit dem Umrüsten verbunden ist, werden indirekte Rüstkosten dadurch verursacht, daß die Betriebsmittel während dieser Zeit nicht für andere Zwecke verwendet werden können (Rüstleerzeiten). Folglich handelt es sich hierbei um Opportunitätskosten. Diese entsprechen den entgangenen Deckungsbeiträgen, die mit dem Stillstand des Betriebsmittels verbunden sind, bzw. den Kostenerhöhungen, die durch eventuelle Anpassungsmaßnahmen (z.B. Ausweichen auf Ausweichbetriebsmittel, intensitätsmäßige Anpassung usw.) verursacht werden. Stellt das Betriebsmittel keinen Engpaß dar, dann sind die Opportunitätskosten gleich Null.[2]

Da die Berechnung der entgangenen Deckungsbeiträge, die mit dem Umrüsten verbunden sind, kaum durchführbar ist und die Ermittlung der Kostenerhöhungen nur möglich wäre, wenn u.a. die Reihenfolgen und Maschinenbelegungen der Aufträge feststehen würden - was allerdings zuerst einmal eine Losgrößenentscheidung erfordert -, ist die Ermittlung von Opportunitätskosten nur auf der Basis eines simultanen

---

[1] Vgl. u.a. Adam, D., 1997, S. 489; Missbauer, H., 1996, Sp. 1806 ff.; Siepert, H. M., 1958, S. 58 ff.

[2] Vgl. u.a. Bogaschewsky, R., 1996, Sp. 1143; Dorninger, C., et al., 1990, S. 135; Heinrich, C. E., 1987, S. 30; Tempelmeier, H., 1995, S. 146; Zäpfel, G., 1982, S. 187.

Planungsansatzes möglich. Bei einer sukzessiven Durchführung der Planungsaufgaben, wie es in PPS-Systemen üblich ist, ist man deshalb darauf angewiesen, die indirekten Rüstkosten bzw. die dazugehörigen Opportunitätskosten weitgehend auf der Basis von Schätz- oder Erfahrungswerten zu bestimmen.

Anlaufkosten entstehen in den Fällen, in denen anfangs - aufgrund der Einarbeitung des Personals oder einer in der Anlaufphase erforderlichen Abstimmung des Produktionsprozesses - eine geringere Ausbringungsmenge, eine geringere Produktqualität (z.B. höherer Ausschuß, höhere Nachbearbeitungskosten) oder ein höherer Verbrauch an Vor- oder Zwischenprodukten zu beobachten ist.[1] Eine gesonderte Behandlung der Umrüst- und Anlaufkosten ist jedoch in der Losgrößenplanung nur in den (seltenen) Fällen erforderlich, in denen die Losgröße nicht ausreichen würde, um die Gesamthöhe der Anlaufkosten vollständig zu erreichen.[2] Da auch die Anlaufkosten sich nur schwer quantifizieren lassen, behilft man sich bei solchen Losgrößenentscheidungen meist pauschal mit einem entsprechenden Zuschlag auf die Umrüstkosten.[3]

Außerdem ist zu beachten, daß die Losgrößenentscheidung im allgemeinen auf der Basis von teile- bzw. produktorientierten Rüstkosten getroffen wird. In den Fällen, in denen die Vor-, Zwischen- oder Endprodukte von unterschiedlichen Betriebsmitteln bearbeitet werden, müssen die dort erforderlichen betriebsmittelorientierten Rüstkosten deshalb aggregiert werden.[4] Gelegentlich ist die Höhe der Rüstkosten auch von der Reihenfolge abhängig, mit der die Lose der verschiedenen Produktarten auf

---

[1] Siehe dazu u.a. Adam, D., 1990, S. 774 ff.; Hollander, R., 1981, S. 36 f.; Kurbel, K., 1983, S. 63; Love, S. F., 1979, S. 235 ff.; Missbauer, H., 1996, Sp. 1806 ff.

[2] Vgl. u.a. Adam, D., 1990, S. 775, sowie 1997, S. 489; Hollander, R., 1981, S. 36.

[3] Vgl. Dorninger, C., et al., 1990, S. 137.

[4] Vgl. Heinrich, C. E., 1987, S. 30; Scheer, A.-W., 1978, S. 199, und 1995, S. 147 f.

den Betriebsmitteln gefertigt werden (reihenfolgeabhängige bzw. lossequenzabhängige Rüstkosten).[1)]

Unter dem Begriff der Lagerhaltungskosten versteht man alle Kosten, die durch die Aufbewahrung und Pflege von Vor-, Zwischen- oder Endprodukten während der Lagerung entstehen.[2)] Aus der Perspektive der Losgrößenplanung entstehen Lagerhaltungskosten für die Bedarfsmengen, die aufgrund ihrer Einbeziehung in ein Fertigungs- oder Beschaffungslos vorzeitig bereitgestellt werden und für die deshalb eine Lagerung bis zu ihren Bedarfszeitpunkten erforderlich ist.[3)] Die Lagerhaltungskosten verhalten sich proportional zur Lagerungsdauer und entweder proportional zum Wert oder zur Menge der gelagerten Produkteinheiten. Mengen- und zeitabhängig sind die Lagerhaltungskosten in den (seltenen) Fällen, in denen beispielsweise eine gewisse Pflege für die Lagerbestände erforderlich ist. Dies kann zum Beispiel in der Lebensmittelindustrie der Fall sein, wenn die gelagerten Produkte regelmäßig umgeschichtet, aussortiert oder bewegt werden müssen.[4)] Meist liegen wert- und zeitabhängige Lagerhaltungskosten vor, wobei insbesondere Kapitalbindungskosten und darüber hin-

---

[1)] Zur Losgrößenplanung bei reihenfolgeabhängigen bzw. lossequenzabhängigen Rüstkosten (Sortenschaltungs- oder Kampagnenfertigungsproblem) siehe u.a. Adam, D., 1969, S. 117 ff.; Domschke, W., Scholl, A., und Voß, S., 1997, S. 90 ff.; Kiener, S., 1993, S. 150 ff.; Overfeld, J., 1990, S. 4 ff. Im Rahmen dieser Arbeit sollen nur Losgrößenprobleme mit reihenfolgeunabhängigen Rüstkosten behandelt werden.

[2)] Vgl. u.a. Bogaschewsky, R., 1988, S. 16; Brink, A., 1988, S. 43 ff.; Brink, A., und Büchter, D., 1990, S. 218 ff.; Lambert, D. M., 1975, S. 12 ff.; Mentzel, K., 1974, S. 778 f.; Meyer, M., und Hansen, K., 1996, S. 154 f.; Pfohl, H.-C., 1977, S. 106 ff.; Schmidt, A., 1985, S. 23. Zu den Motiven der Lagerhaltung siehe u.a. Gottschalk, E., 1989, S. 208 f.; Hartmann, H., 1993, S. 507 ff.; Kistner, K.-P., und Steven, M., 1993, S. 37; Melzer-Ridinger, R., 1994, S. 14 ff.; Vossebein, U., 1997, S. 31 f.

[3)] Vgl. Heinrich, C. E., 1987, S. 30 f.

[4)] Vgl. Kilger, W., 1973, S. 90, und 1986, S. 322.

aus Versicherungsprämien sowie Wertminderungen durch Verderb, Schwund und Veralterung relevant sind.[1]

Wertabhängige Steuern auf den Lagerbestand fallen nur am jährlichen Bilanzstichtag an. Deshalb sollten diese auch möglichst nur in dem entsprechenden Zeitraum in die Losgrößenentscheidung einbezogen werden.[2]

Bezieht man die Lagerhaltungskosten auf eine Mengeneinheit einer Produktart, so bezeichnet man dies als Lagerkostensatz, wobei als Maßeinheiten entweder "Geldeinheiten pro Mengeneinheit und Periode" oder "Prozent des Produktwertes pro Periode" verwendet werden. Der Produktwert entspricht im Falle der Eigenerstellung den Stückherstellkosten und im Falle des Fremdbezugs den Einstandspreisen des Produktes.

Aus dem Sachverhalt, daß die Lagerhaltungskosten und die losfixen Kosten in Abhängigkeit von der Losgröße gegenläufige Tendenzen aufweisen, ergibt sich die Notwendigkeit, die Losgrößen zu optimieren. Die Lagerhaltungskosten sinken, wenn möglichst kleine Lose aufgelegt oder bestellt werden. Die dazu erforderlichen häufi-

---

[1] Vgl. Grochla, E., 1992, S. 75 ff.; Heinrich, C. E., 1987, S. 31; Hollander, R., 1981, S. 38 ff.; Kottke, E., 1966, S. 63; Olivier, G., 1977, S. 192; Pack, L., 1964, S. 22; Rohde, V. F., 1991, S. 80. In der Literatur sind im Hinblick auf die Lagerhaltungskosten unterschiedliche Begriffsverwendungen üblich: Glaser (H., 1986, S. 13 f.) unterteilt die Lagerhaltungskosten in Kapitalbindungskosten und Lagerkosten, wobei er dem Begriff Lagerkosten die Kosten versteht, die im Zusammenhang mit der Erhaltung und Pflege der Materialien auftreten. Schmidt (A., 1985, S. 23) beschreibt die Lagerhaltungskosten als Summe aus Kapitalbindungskosten und Lagerungskosten. Olivier (G., 1977, S. 192) bezeichnet diese Kosten (Lagerungskosten bzw. Lagerkosten) als Materialpflegekosten. Heinrich (C., 1987, S. 31 ff.) verwendet für die Lagerhaltungskosten den Begriff Lagerkosten und Schneeweiß (C., 1981, S. 6 f. und S. 66 ff.) den Begriff Lagerungskosten, wobei er unter dem Begriff Lagerkosten die Summe aus den Lagerungskosten, Bestellkosten (bestellfixe Kosten und von der Bestellmenge abhängige Kosten (z.B. Mengenrabatte)) und Fehlmengenkosten versteht.

[2] Für Losgrößenentscheidungen, die über den Bilanzstichtag hinwegreichen, wäre demnach die Berücksichtigung von schwankenden Lagerkostensätzen erforderlich. In Kapitel 5.3 wird ein entsprechender Losgrößenansatz entwickelt.

gen Auflagen oder Bestellungen führen jedoch dazu, daß die losfixen Kosten steigen. Die Aufgabe der Losgrößenoptimierung besteht deshalb darin, einen kostengünstigen Ausgleich zwischen den mit steigenden Losgrößen steigenden Lagerhaltungskosten und den mit sinkenden Losgrößen steigenden losfixen Kosten zu finden.[1]

Einige Kostenbestandteile der Material- oder Produktionskosten, der Lagerhaltungskosten bzw. der losfixen Kosten lassen sich für die einzelnen Produktarten in den Unternehmen nur mit hohem Aufwand ermitteln (z.B. Kosten für Angebotseinholung, Wareneingangskontrolle, Rechnungskontrolle, Vorbereitung von Produktionsaufträgen, Terminüberwachung). Es handelt sich dabei meist um Einzelvorgänge, die den Verwaltungstätigkeiten zugeordnet werden können. Ihre Erfassung wäre aufwendig, da es sich um zahlreiche kostenverursachende Einzeltätigkeiten handelt und sich diese bei einzelner Betrachtungsweise meist betragsmäßig nur gering auswirken. Darüber hinaus können diese Tätigkeiten häufig nur sehr aufwendig gegeneinander abgegrenzt und einzelnen Kostenverursachern (Bestell- oder Fertigungslosgrößen) zugeordnet werden. In der Kostenrechnung werden diese Kostenbestandteile üblicherweise pauschal als Materialgemeinkosten oder Fertigungsgemeinkosten geführt.[2] Es wird deshalb in der Losgrößenplanung nicht zu umgehen sein, bei einigen dieser Kostenkomponenten auf Schätz- oder Erfahrungswerte zurückzugreifen.[3]

In einigen Fällen lassen sich darüber hinaus die ermittelten oder geschätzten Kostenbestandteile nicht verursachungsgerecht den einzelnen Produktarten zuordnen, da zwischen verschiedenen Produktarten Verbundbeziehungen bestehen (z.B. bei Sammelbestellungen oder bestimmten Rabattarten).

---

[1] Vgl. u.a. Dorninger, C., et al., 1990, S. 135; Fandel, G., François, P., und Gubitz, K.-M., 1997, S. 208; Hechtfischer, R., 1991, S. 41; Tempelmeier, H., 1995, S. 145 f.

[2] Zur Problematik der Aufteilung der Gemeinkosten in der Losgrößenplanung siehe u.a. Schneeweiß, C., 1981, S. 74 ff.

[3] Vgl. Arnolds, H., Heege, F., und Tussing, W., 1996, S. 58 ff.; Berg, C. C., 1979a, S. 72; Bogaschewsky, R., 1988, S. 79; Grochla, E., 1992, S. 75; Rohde, V. F., 1991, S. 79; Schneeweiß, C., 1981, S. 67 f.

Umstritten ist bisher auch der Ansatz der Kapitalbindungskosten bei der Ermittlung des Lagerkostensatzes. Für Unternehmen, bei denen keine Liquiditätsengpässe vorliegen, verwendet man üblicherweise den durchschnittlichen Zinssatz des Fremdkapitals. Bei Unternehmen, die Liquiditätsprobleme haben, ist dagegen für die Kapitalbindung der Lagerbestände die Grenzrentabilität der nicht mehr durchgeführten Investitionen als Ansatz zu verwenden. Da die Grenzrentabilität sich ständig verändert und praktisch nur schwierig berechnet werden kann, sollte man eine durchschnittliche oder geschätzte Grenzrentabilität verwenden.[1]

Aufgrund des hohen Aufwandes, der bei einer detaillierten Ermittlung und verursachungsgerechten Verteilung sowohl für die Kapitalbindungskosten als auch die sonstigen Kostenkomponenten der Lagerhaltungskosten in den Unternehmen entstehen würde, geht man in der Regel so vor, daß man den einheitlichen, durchschnittlichen Zinssatz für die Kapitalbindung um einen Zuschlag erhöht, mit dessen Hilfe die sonstigen Lagerhaltungskosten pauschal berücksichtigt werden. Die dabei entstehenden Ungenauigkeiten, die sich natürlich auch nachteilig auf die Qualität der Losgrößenentscheidungen auswirken, werden im Hinblick auf eine entsprechende Vereinfachung der Planungszusammenhänge in Kauf genommen.[2]

Eine weitere Kostenkomponente, die im Hinblick auf die Losgrößenentscheidung beachtet werden muß, sind die Fehlmengenkosten. Unter dem Begriff Fehlmengenkosten versteht man alle Gewinnschmälerungen, die dadurch entstehen, daß die benötigten Mengeneinheiten nicht rechtzeitig oder nicht in der erforderlichen Qualität im Produktionsbereich bereitgestellt oder dem Kunden des Unternehmens geliefert wer-

---

[1] Zur Problematik der Bestimmung der Kapitalbindungskosten vgl. u.a. Arnolds, H., Heege, F., und Tussing, W., 1996, S. 58 ff.; Bogaschewsky, R., 1988, S. 82 ff.; Grochla, E., 1992, S. 77; Schmidt, A., 1985, S. 27 ff.; Schneeweiß, C., 1981, S. 69; Zäpfel, G., 1982, S. 189.

[2] Vgl. Schneeweiß, C., 1981, S. 69; Grochla, E., 1992, S. 79; Rohde, F. V., 1991, S. 80.

den (direkte Fehlmengenkosten),[1] sowie alle Erhöhungen der bisherigen Kosten, die daraus resultieren, daß man mit gesonderten Maßnahmen versucht, unvorhergesehene zeitliche oder qualitative Probleme, die sich hinsichtlich der Materialbereitstellung oder der Belieferung des Kunden ergeben, kurzfristig zu vermeiden oder deren Auswirkungen zu vermindern (indirekte Fehlmengenkosten).[2] Effektiv eingetretene Fehlmengensituationen sowie kurzfristig zur Verfügung stehende Gegenmaßnahmen sollen im folgenden im Hinblick auf ihre Auswirkungen auf die Erlöse und Kosten eines Unternehmens analysiert werden.[3]

Reduzierte Erlöse aufgrund von Fehlmengen ergeben sich bei der Belieferung von Kunden dadurch, daß diese z.B. die entsprechenden Standardprodukte unmittelbar bei anderen Herstellern beziehen oder die kundenspezifisch angefertigten Produkte nicht mehr annehmen.[4] Außerdem sind aufgrund der Terminüberschreitungen oder Qualitätsmängel Preisabschläge sowie Goodwill-Verluste möglich, die sich wiederum negativ auf die zukünftigen Geschäftsbeziehungen auswirken können. Obwohl Goodwill-Verluste meist nur durch entsprechende Probleme bei einigen wenigen Produkten verursacht werden, wirken sie sich in der Regel auf zahlreiche Produkte oder das gesamte Sortiment des liefernden Unternehmens aus.[5] Hinsichtlich der Terminüber-

---

[1] Die Bezeichnung "direkte Fehlmengenkosten" resultiert daher, daß sie unmittelbar durch das tatsächliche Fehlen der Mengeneinheiten oder durch deren qualitative Mängel verursacht werden.

[2] Zur Unterscheidung der direkten und indirekten Fehlmengenkosten siehe u.a. Arnolds, H., Heege, F., und Tussing, W., 1996, S. 28.

[3] Vgl. Glaser, H., 1986, S. 14; Hollander, R., 1981, S. 53 ff.; Oeldorf, G., und Olfert, K., 1987, S. 216 f.; Schmidt, A., 1985, S. 28 f.; Weber, J., 1987, S. 13 ff., und 1995, S. 129 ff.

[4] Der Fall, daß Aufträge verlorengehen, wird auch als Verlust- oder lost sales-Fall bezeichnet. Besteht dagegen die Möglichkeit, bei Lieferverzug nachzuliefern, bezeichnet man dies als Vormerk- oder back order-Fall (vgl. u.a. Brink, A., 1988, S. 36 f.; Domschke, W., Scholl, A., und Voß, S., 1997, S. 82; Schmidt, A., 1985, S. 72; Zibell, R. M., 1990, S. 180).

[5] Vgl. Schneeweiß, C., 1981, S. 70.

schreitungen oder qualitativ mangelhafter Lieferungen kann im übrigen auch mit negativen Ausstrahlungseffekten auf andere Kunden bzw. potentielle Kunden gerechnet werden.

Zusätzliche Kosten aufgrund von Fehlmengen können im Planungs- und Verwaltungsbereich, im Transportbereich und in den Bereichen Beschaffung, Produktion und Absatz auftreten. Im Planungs- und Verwaltungsbereich können Kostenerhöhungen beispielsweise aus Umdisponierungen und Koordinierungstätigkeiten resultieren, die erforderlich sein können, wenn sich Fehlmengensituationen abzeichnen oder bereits eingetreten sind. Beim Transport sind Eilfrachten, Sonderfahrten und der Einsatz teurerer Transportmittel zu beachten. Die Auswirkungen können sich im Transportbereich auf den gesamten Materialfluß erstrecken, so daß die Transportvorgänge zur Beschaffung der Materialien von Lieferanten oder zur Belieferung der Kunden ebenso betroffen sein können wie der Transport innerhalb eines Unternehmens (z.B. zwischen verschiedenen Produktions- oder Betriebsstätten). Im Beschaffungsbereich können Preiszuschläge für sofort lieferbare (gleiche) Materialien anderer Lieferanten oder höhere Kosten durch teurere Alternativmaterialien relevant sein. Im Produktionsbereich können durch Fehlmengen zusätzliche Nachbearbeitungen erforderlich werden (z.B. um fehlerhafte Vor- und Zwischenprodukte doch noch in den entsprechenden Produktionsstufen einsetzen zu können oder um fehlerhafte Endprodukte nachzubessern). Außerdem sind in der Produktion Kostenerhöhungen aufgrund von Umdisponierungen bzw. zeitlichen Engpässen zu erwarten, die ihre Ursache in fehlenden oder qualitativ nicht verwendbaren Vor-, Zwischen- oder Endprodukten haben. Mögliche Auswirkungen sind zusätzliche Rüst- und Bearbeitungsvorgänge, der Einsatz von alternativen Betriebsmitteln, die zu höheren Kosten führen (z.B. wenn die zur Bearbeitung kostengünstigsten Betriebsmittel belegt sind oder wenn aus Zeitgründen parallel bearbeitet werden soll), intensitätsmäßige Anpassungen und Überstunden. Darüber hinaus sind im Absatzbereich häufig Konventionalstrafen und Schadensersatzzahlungen aufgrund von Fehlmengen zu beachten. Mit Hilfe von Abbildung 8 sollen die Auswirkungen der Fehlmengen verdeutlicht werden.

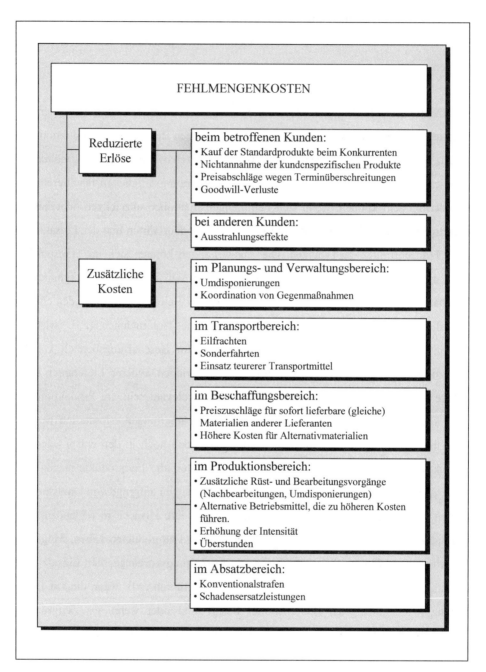

Abbildung 8: Klassifizierung der Fehlmengenkosten

Im Hinblick auf die Einbeziehung der Fehlmengenkosten in die Losgrößenplanung lassen sich in Abhängigkeit von der angestrebten Servicepolitik zwei grundsätzliche Vorgehensweisen unterscheiden.[1]

Eine grundsätzliche Vorgehensweise besteht darin, daß man versucht, eine ständige Bedarfsdeckung bzw. Lieferbereitschaft zu gewährleisten. Fehlmengen sind demnach nicht zugelassen, Bedarfsmengen sind grundsätzlich durch entsprechende Losgrößen bzw. durch Lagerbestände abzudecken.[2] Unvorhersehbare Änderungen der Planungsgegebenheiten (z.B. Störungen im Beschaffungs- oder Produktionsbereich, die dazu führen, daß die benötigten Mengeneinheiten nicht rechtzeitig bzw. nicht in der erforderlichen Qualität geliefert oder produziert werden) versucht man beispielsweise durch das Anlegen von Sicherheitsbeständen auszugleichen oder indem man bei der Bestimmung der Losgrößen Zuschlagssätze für Ausschuß oder Schwund berücksichtigt, wenn man schon im voraus weiß, daß diese Aspekte bei den entsprechenden Produkten relevant sind.[3]

Im Hinblick auf das Anlegen von Sicherheitsbeständen soll hier darauf hingewiesen werden, daß diese in den Unternehmen häufig auch dazu verwendet werden, um (grundsätzliche) Mängel in der Planung auszugleichen bzw. um die daraus resultierenden Fehlmengen nicht erkennbar bzw. wirksam werden zu lassen. Eine mangelhafte Planung sollte jedoch nicht mit Hilfe erhöhter Lagerbestände ausgeglichen bzw. verdeckt, sondern möglichst von vornherein vermieden werden. Im Hinblick auf die Losgrößenplanung bedeutet dies beispielsweise, daß keine Losgrößenverfahren angewendet werden dürfen, durch die Fehlmengen - ohne daß diese eingeplant sind - hervorgerufen werden können. Darauf wird in Kapitel 3.3 genauer eingegangen.

---

[1] Vgl. Popp, T., 1992, S. 50.

[2] Vgl. u.a. Glaser, H., 1986, S. 14 und S. 22; Heinrich, C. E., 1987, S. 31; Rohde, V. F., 1991, S. 80.

[3] Vgl. Bogaschewsky, R., 1988, S. 68; Kilger, W., 1986, S. 352 ff.; Rohde, V. F., 1991, S. 99; Schneeweiß, C., 1981, S. 100 ff.; Weber, R., 1992, S. 67 ff.

Die zweite grundsätzliche Vorgehensweise bei der Berücksichtigung von Fehlmengen in der Losgrößenplanung besteht darin, daß man die Möglichkeit, für einen bestimmten Zeitraum nicht lieferbereit zu sein, bewußt in die Losgrößenentscheidung mit einbezieht. Eine rechtzeitige Bedarfsdeckung wie bei der ersten Vorgehensweise ist also in diesem Fall nicht zwingend erforderlich bzw. angestrebt. Neben den Rüst- und Lagerhaltungskosten werden in den entsprechenden Losgrößenverfahren auch die Fehlmengenkosten als entscheidungsrelevante Größen berücksichtigt.[1] Die Problematik bei der Ermittlung der dazu erforderlichen Fehlmengenkostensätze besteht jedoch darin, daß - wie oben dargestellt - zahlreiche und von Fall zu Fall unterschiedliche Auswirkungsmöglichkeiten der Fehlmengen zu berücksichtigen sind. Einige Auswirkungen lassen sich außerdem kaum quantifizieren, wie beispielsweise der Goodwill-Verlust, die Ausstrahlungseffekte auf andere Kunden bzw. zukünftige Umsatzeinbußen. Insofern ist man bei der Ermittlung der Fehlmengenkosten in der Regel auf Schätzungen angewiesen, die aufgrund der dargestellten Problematik sicherlich in vielen Fällen sehr subjektiv sein werden.[2]

Da (zur Zeit) keine Planungsmodelle vorliegen, mit denen alle relevanten Kosten der Materialwirtschaft simultan minimiert werden können, ist man darauf angewiesen, die Lagerhaltungsmodelle weitgehend isoliert einzusetzen, damit diese operabel bleiben.[3] Dabei sollte man in Ausnahmefällen für ausgewählte Produktarten besonders relevante Restriktionen (z.B. Beschaffungs-, Fertigungs-, Transport-, Lagerrestriktionen) oder Kosten (z.B. schwankende Lagerkostensätze, schwankende Preise) in den entsprechenden Planungsansatz mit einbeziehen.[4]

---

[1] Zu den entsprechenden Losgrößenverfahren siehe u.a. Brunnberg, J., 1970, S. 144 f.; Domschke, W., Scholl, A., und Voß, S., 1997, S. 81 ff.; Kahle, E., 1996, S. 154 ff.; Hadley, G., und Whitin, T. M., 1963, S. 42 ff.; Inderfurth, K., 1996, Sp. 1030 ff.; Lewis, C. D., 1975, S. 163 ff.; Naddor, E., 1971, S. 66 ff.; Schmidt, A., 1985, S. 72 ff.; Weber, A., 1968, S. 30 ff.

[2] Vgl. Bogaschewsky, R., 1988, S. 22 f.; Hadley, G., und Whitin, T. M., 1963, S. 420 f.; Kahle, E., 1996, S. 155; Kottke, E., 1966, S. 20; Kurbel, K., 1983, S. 64; Weber, J., 1987, S. 13 ff.

[3] Vgl. Kilger, W., 1986, S. 323.

[4] Siehe Kapitel 3.2.

2.3 Klassifizierung und Anwendung der Losgrößenverfahren in der Produktionsplanung und -steuerung

Die Losgrößenverfahren, die in den Produktionsplanungs- und -steuerungssystemen bzw. in den Softwaresystemen zur Materialwirtschaft eingesetzt werden, lassen sich in deterministische und stochastische Verfahren unterscheiden. Deterministische Losgrößenverfahren verwenden die nach Perioden differenzierten Bedarfsmengen, die mit Hilfe der Prognoserechnung oder der programmgebundenen Bedarfsermittlung berechnet wurden. Insofern gehen sie davon aus, daß die Bedarfswerte bekannt sind.

Stochastische Losgrößenverfahren gehen dagegen von der Annahme aus, daß die Bedarfsmengen sowohl im Hinblick auf ihre Höhe als auch im Hinblick auf die Bedarfszeitpunkte unbekannt sind.[1] Ein charakteristisches Merkmal stochastischer Lagerhaltungsmodelle besteht deshalb darin, daß aufgrund dieser Datenunsicherheit eine laufende Kontrolle der Lagerbestände erforderlich ist, die entweder nach jeder Entnahme oder zu bestimmten diskreten Zeitpunkten (periodisch) erfolgt.[2] Neben den Bedarfsmengen und -zeitpunkten werden häufig auch die Lieferzeiten als unsichere Variablen berücksichtigt. Die risikobehafteten Größen werden bei den stochastischen Losgrößenpolitiken in Form von Wahrscheinlichkeitsverteilungen in die Modelle integriert. Wegen den Unsicherheiten auf der Bedarfs- und Lieferseite muß bei der Betrachtung stochastischer Lagerhaltungsmodelle auch die Möglichkeit von Fehlmengen bzw. die Einbeziehung von Fehlmengenkosten berücksichtigt werden. Hinsichtlich der mathematischen Formulierung von stochastischen Losgrößenmodellen und der Schwierigkeiten, die mit der Lösung "vollständig formulierter" stochastischer Losgrößenansätze verbunden sind, sei auf die Literatur verwiesen.[3] Aufgrund dieser

---

[1] Vgl. u.a. Bogaschewsky, R., 1988, S. 66 ff.; Corsten, H., 1994, S. 726 ff.; Fandel, G., François, P., und Gubitz, K.-M., 1997, S. 181 ff.; Grün, O., 1994, S. 487 ff.; Kilger, W., 1986, S. 349 ff.; Robrade, A. D., 1990, S. 78 ff.; Rohde, V. F., 1991, S. 79; Schneeweiß, C., 1981, S. 62 ff. und S. 100 ff.

[2] Vgl. u.a. Homburg, C., 1998, S. 315 ff.; Inderfurth, K., 1996, Sp. 1025 ff.; Kilger, W., 1986, S. 350 ff.; Zäpfel, G., 1996, S. 155 ff.

[3] Siehe hierzu u.a. Grochla, E., 1992, S. 116 ff.; Kilger, W., 1986, S. 353 ff.; Neumann, K., 1996, S. 62 ff.; Schneeweiß, C., 1981, S. 63 ff.

Schwierigkeiten werden meist vereinfachte Modelle vorgeschlagen, bei denen z.B. nur die Bedarfsmengen oder nur die Lieferzeiten als unsicher betrachtet werden.[1] Weitere Vereinfachungen der Lagerhaltungsmodelle ergeben sich, wenn man zum Ausgleich der Unsicherheiten Sicherheitsbestände anlegt, die aus einem vorgegebenen Servicegrad resultieren, oder dadurch, daß man bei der Berücksichtigung der Lieferzeit den durchschnittlich erwarteten Tagesverbrauch und die durchschnittlich erwartete Lieferzeit jeweils um Sicherheitszuschläge erhöht.[2] Im Zusammenhang mit stochastischen Losgrößenverfahren und den entsprechenden Modellvereinfachungen werden in der Literatur unterschiedliche Begriffe verwendet, wie beispielsweise verbrauchsorientierte Losgrößenverfahren, verbrauchsorientierte Lagerdispositionen, bestandsgesteuerte Dispositionen, Bestellsysteme, Bestellpolitiken, Meldebestandsverfahren, Lagerhaltungsstrategien und Lagerhaltungspolitiken.[3]

Mit Hilfe von Abbildung 9 soll anhand der Ergebnisse einer Marktstudie zu Produktionsplanungs- und -steuerungssystemen, in der 210 Standard-Softwareprodukte untersucht wurden, vergleichend gegenübergestellt werden, in welchem Umfang dort Lagerhaltungspolitiken und deterministische Losgrößenverfahren eingesetzt werden. 201 Softwareprodukte bzw. 96 Prozent der Systeme bieten eine Losgrößenplanung an, die übrigen Softwareprodukte weisen eine Spezialisierung auf die Fertigungssteuerung auf oder überlassen - obwohl ein Modul zur Materialwirtschaft vorhanden ist - dem Disponenten die Losgrößenentscheidung, ohne ihm dabei eine entsprechende Unterstützung zu bieten. Lagerhaltungspolitiken werden von 194 Systemen angeboten, 185 Softwareprodukte enthalten dagegen deterministische Losgrößenverfahren, wobei 178 Produkte über Verfahren aus beiden Bereichen der Losgrößenplanung verfügen.[4]

---

[1] Vgl. u.a. Schneeweiß, C., 1981, S. 63 f.; Zäpfel, G., 1996, S. 158 ff.

[2] Siehe hierzu u.a. Arnolds, H., Heege, F., und Tussing, W., 1996, S. 111 ff.; Bichler, K., 1997, S. 122 ff.; Grochla, E., 1992, S. 118 ff.; Kilger, W., 1986, S. 357 ff.; Neumann, K., 1996, S. 73 ff.

[3] Vgl. u.a. Arnolds, H., Heege, F., und Tussing, W., 1996, S. 103 ff.; Hartmann, H., 1993, S. 309 ff.; Schulte, C., 1995, S. 228 ff.; Zäpfel, G., 1996, S. 155 ff.

[4] Zu den Daten siehe Fandel, G., François, P., und Gubitz, K.-M., 1997, S. 188 ff.

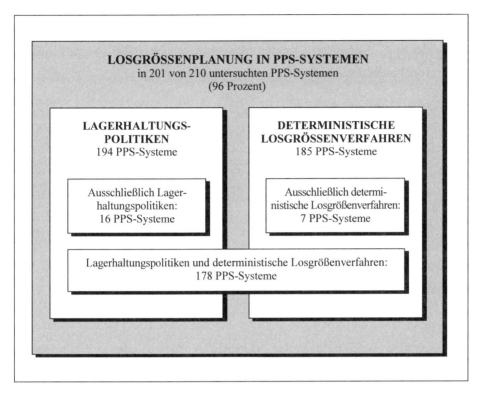

Abbildung 9: Implementierungen der Lagerhaltungspolitiken und der deterministischen Losgrößenplanung in PPS-Systemen

Bei den Lagerhaltungspolitiken lassen sich als Grundformen das Bestellpunktverfahren (Kontrollpunktverfahren) und das Bestellrhythmusverfahren (Kontrollrhythmusverfahren) unterscheiden.[1] Beim Bestellpunktverfahren[2] wird ein Bestellvorgang bzw. ein Fertigungsauftrag dann ausgelöst, wenn der Lagerbestand der betreffenden Produktart den Bestellpunkt s unterschreitet. Der Bestellpunkt wird auch als Kontrollpunkt, Warnmenge, Bestellgrenze, Melde- oder Bestellbestand bezeichnet. Er ist so festzulegen, daß er auf der Basis des geplanten Verbrauchsverlaufs den Bedarf inner-

---

[1] Zu den Lagerhaltungspolitiken siehe u.a. Grün, O., 1994, S. 487 ff.; Günther, H.-O., und Tempelmeier, H., 1997, S. 256 ff.; Weber, H. K., 1996, S. 338 ff.; Zäpfel, G., 1996, S. 155 ff.

[2] Vgl. u.a. Arnolds, H., Heege, F., und Tussing, W., 1996, S. 104 ff.; Hartmann, H., 1993, S. 312 ff.; Hertel, J., 1997, S. 240 ff.; Günther, H.-O., und Tempelmeier, H., 1997, S. 260 ff.; Trux, W. R., 1966, S. 101.

halb der Wiederbeschaffungszeit[1] abdeckt, ohne daß der Sicherheitsbestand verwendet werden muß, denn dieser ist dafür vorgesehen, erhöhte Bedarfswerte, Fehllieferungen oder Produktions- bzw. Lieferverzögerungen abzusichern.[2]

Beim Bestellrhythmusverfahren[3] erfolgt die Auslösung der Bestellung oder des Auftrages - nach einem vorbestimmten zeitlichen Rhythmus - entweder ohne Überprüfung des aktuellen Lagerbestandes alle T Zeiteinheiten (unmodifiziertes Bestellrhythmusverfahren) oder mit Überprüfung des aktuellen Lagerbestandes, wobei in diesem Fall nur dann ein Bestell- oder Fertigungsauftrag erteilt wird, wenn zu den Kontrollzeitpunkten der Meldebestand s unterschritten ist (modifiziertes Bestellrhythmusverfahren).

Die Verwendung des Bestellrhythmusverfahrens wird in der Regel für die Fälle vorgeschlagen, in denen Einzelbestellungen bzw. -beschaffungen teurer sind als Sammelbestellungen bzw. -lieferungen zu fest definierten Zeitpunkten oder in denen Bestell- oder Liefertermine allgemein durch den Lieferanten fest vorgegeben werden. Falls diese Voraussetzungen nicht vorliegen, ist jedoch im allgemeinen das Bestellpunktverfahren gegenüber dem Bestellrhythmusverfahren zu bevorzugen, da es wegen der mit jeder Entnahme verbundenen Kontrolle des Meldebestandes eine geringere Fehlmen-

---

[1] Unter der Wiederbeschaffungszeit versteht man die Zeit von der Bestellauslösung bis zum Lagerzugang.

[2] Zur Ermittlung des Meldebestandes und des Sicherheitsbestandes siehe u.a. Arnolds, H., Heege, F., und Tussing, W., 1996, S. 110 ff.; Bichler, K., 1997, S. 117 ff.; Corsten, H., 1994, S. 720 ff.; Grupp, B., 1983, S. 116 ff.; Hartmann, H., 1993, S. 314 ff. und S. 381 ff.; Inderfurth, K., 1996, Sp. 1034 ff.; Kernler, H., 1995, S. 141 ff.; Kilger, W., 1986, S. 352 ff.; Melzer-Ridinger, R., 1994, S. 125 ff. und S. 156 ff.; Mentzel, K., 1974, S. 759 ff.; Mertens, P., 1993, S. 78 ff.; Robrade, A. D., 1990, S. 82 ff.; Schneeweiß, C., 1981, S. 100 ff. und S. 108 ff.; Günther, H.-O., und Tempelmeier, H., 1997, S. 262 ff.

[3] Vgl. u.a. Arnolds, H., Heege, F., und Tussing, W., 1996, S. 106 ff.; Hartmann, H., 1993, S. 321 ff.; Günther, H.-O., und Tempelmeier, H., 1997, S. 267 ff.; Trux, W. R., 1966, S. 101 ff.

genwahrscheinlichkeit aufweist und deshalb auch geringere Sicherheitsbestände benötigt.[1)]

Sowohl bei einer Realisierung von Bestellpunktverfahren als auch bei einer Anwendung von Bestellrhythmusverfahren muß entschieden werden, wie die Bestellmenge bzw. Auftragsgröße festgelegt werden soll. Eine Möglichkeit besteht darin, eine Losgröße zu wählen, die der Differenz zwischen der Höchstlagermenge S, die auch als Soll- oder Grundbestand bezeichnet wird, und dem vorhandenen Lagerbestand entspricht. Eine weitere Alternative ist dadurch gegeben, daß man eine feste oder optimierte Losgröße Q bestimmt. Diese kann entweder nach Rabatt-, Verpackungs- oder Transportgesichtspunkten oder mit Hilfe von stochastischen oder deterministischen Losgrößenverfahren festgelegt werden, wobei im letzteren Fall meist das Harris-Verfahren[2)] angewendet wird.[3)]

Im Hinblick auf die unterschiedlichen Ausprägungen der Bestellpunkt- und Bestellrhythmusverfahren, die sich aus den Kombinationen der Alternativen "Auslösung der Bestellung" (Bestellgrenze s; Bestellzeitpunkt T; sowohl T als auch s) sowie "Festlegung der Bestellmenge" (Bestellmenge Q, Auffüllen bis zur Höchstlagermenge S) ergeben, sowie auf die Darstellung der entsprechenden Lagerbestandsverläufe soll auf die Literatur verwiesen werden.[4)]

[1)] Vgl. u.a. Bogaschewsky, R., 1988, S. 75; Fandel, G., François, P., und Gubitz, K.-M., 1997, S. 185; Hahn, D., und Laßmann, G., 1990, S. 411; Hartmann, H., 1993, S. 321; Oeldorf, G., und Olfert, K., 1987, S. 165.

[2)] Vgl. Harris, F. W., 1913, S. 135 f. und S. 152, sowie die in Kapitel 3.1 angegebene Literatur.

[3)] Zur Festlegung der Losgröße Q bei Lagerhaltungspolitiken siehe u.a. Kilger, W., 1986, S. 354 ff.; Neumann, K., 1996, S. 64 ff.; Rohde, V. F., 1991, S. 102.

[4)] Vgl. u.a. Bogaschewsky, R., 1988, S. 67 ff.; Fandel, G., François, P., und Gubitz, K.-M., 1997, S. 181 ff.; Grün, O., 1994, S. 487 ff.; Oeldorf, G., und Olfert, K., 1987, S. 155 f.

Insgesamt können die Lagerhaltungspolitiken wie folgt beurteilt werden. Als Vorteil dieser Verfahren wird im allgemeinen ihre einfache Anwendbarkeit betrachtet. Dies gilt allerdings nur, wenn man die oben erwähnten stark vereinfachten Modelle verwendet. Häufig werden auch die Aktionsparameter (Meldebestände, Losgrößen, Sollbestände, Kontrollzeitpunkte) für einen bestimmten Planungszeitraum festgelegt und erst danach wieder eine Anpassung durchgeführt. Der Aufwand, der für die Festlegung geeigneter Parameter erforderlich ist, darf allerdings nicht unterschätzt werden. In vielen Unternehmen wird zur Vermeidung dieses Aufwands häufig unter Verwendung von "Erfahrungswerten" ganz auf eine Optimierung bzw. Berechnung der Aktionsparameter verzichtet. Bei allen Vereinfachungen ist allerdings zu beachten, daß die festgelegten Meldebestände, Losgrößen, Sollbestände und Kontrollzeitpunkte einen entscheidenden Einfluß auf die Höhe der losfixen Kosten sowie der Lagerhaltungs- und Fehlmengenkosten haben. Eine vereinfachte, gefühlsmäßige oder oberflächliche Ermittlung dieser Parameter führt deshalb zwangsläufig zu erhöhten Kosten. Ein wesentlicher Nachteil der Lagerhaltungspolitiken besteht darin, daß die starre Festlegung der Parameter, die innerhalb des Planungszeitraums unverändert bleiben, zu schlechten Ergebnissen führt, wenn sich die relevanten Daten im Vergleich zur Vergangenheit schnell ändern.[1]

---

[1] Um besser auf Veränderungen der relevanten Daten reagieren zu können, wurden deshalb adaptive Verfahren entwickelt, bei denen die Parameter jeweils neu berechnet werden, wenn sich beispielsweise die bestellfixen Kostensätze, die Lagerkostensätze oder die erwarteten Werte für den Verbrauch oder die Wiederbeschaffungszeit verändern. Der Nachteil dieser erweiterten Verfahren ist allerdings darin zu sehen, daß mit ihnen ein höherer Aufwand verbunden ist, so daß der Vorteil der einfacheren Anwendbarkeit der Lagerhaltungspolitiken gegenüber den deterministischen Verfahren bei diesen Erweiterungen nicht mehr gilt. Aufgrund der größeren Genauigkeit der deterministischen Optimierungsverfahren, die insbesondere aus der Berücksichtigung der zeitlichen Verteilung der Bedarfsmengen resultiert, sollten diese deshalb im allgemeinen den adaptiven Lagerhaltungspolitiken vorgezogen werden. (Zu den adaptiven Lagerhaltungspolitiken siehe u.a. Arnolds, H., Heege, F., und Tussing, W., 1996, S. 109 f.; Bogaschewsky, R., 1988, S. 69 f. und S. 76 f.; Schneeweiß, C., 1981, S. 61 f.).

Die Lagerhaltungspolitiken kommen - aufgrund ihrer Vereinfachungen bzw. den damit verbundenen Ungenauigkeiten - lediglich für Produktarten mit mittleren oder eher geringen Verbrauchswerten (B- und C-Produktarten) in Frage. Zusätzlich ist bei der Auswahl von Produktarten, die für die Anwendung von Lagerhaltungspolitiken in Betracht kommen, zu beachten, daß diese Verfahren bei einer Verwendung von starren Parametern innerhalb der Planungsperiode Probleme damit haben, wenn sich die relevanten Daten ändern. Deshalb sind sie für Produktarten mit regelmäßigem bis schwankendem Bedarfsverlauf (R- und S-Produktarten) geeignet, während für Produktarten mit unregelmäßigem Bedarf (U-Produktarten) eher deterministische Losgrößenverfahren angewendet werden sollten.[1]

Darüber hinaus eignen sich Lagerhaltungspolitiken in den Fällen nicht, in denen schwankende Preise vorliegen oder Sonderrabatte zu bestimmten Zeitpunkten gewährt werden. Für diese Problemstellungen sind deterministische bzw. insbesondere dynamische Losgrößenverfahren besser geeignet als verbrauchsorientierte Lagerdispositionen, denn sie sind, wie wir in den folgenden Kapiteln noch genauer zeigen werden, in der Lage, diese Sonderaspekte in ihre Optimierungen mit einzubeziehen. Dagegen berücksichtigen Lagerhaltungspolitiken mit starr festgelegten Aktionsparametern diese Besonderheiten der Losgrößenplanung weder bei der Festlegung der Parameter noch durch eine entsprechende Anpassung innerhalb des Planungszeitraums.

Bei der deterministischen Losgrößenplanung, die im Gegensatz zu den verbrauchsorientierten Lagerhaltungsstrategien nach Perioden differenzierte Bedarfsmengen verwendet, die mit Hilfe der verbrauchs- bzw. programmgebundenen Bedarfsermittlung für den Planungszeitraum berechnet werden, unterscheidet man Verfahren mit und ohne Kostenminimierungsvorschrift. Deterministische Verfahren ohne Kostenminimierungsvorschrift, die man auch als Adaptionsverfahren oder "Praktikerregeln" bezeichnet, werden häufig in den Unternehmen eingesetzt. Aus Abbildung 10 ist

---

[1] Damit ergibt sich bei der Auswahl der Lagerhaltungspolitiken und der deterministischen Losgrößenverfahren eine analoge Abbildung bzgl. der kombinierten ABC- und RSU-Analyse, wie dies bereits oben für die Auswahl der programm- bzw. verbrauchsgebundenen Bedarfsplanung der Fall war.

ersichtlich, daß diese einfachen Losgrößenverfahren auch von den entsprechenden Softwaresystemen wesentlich häufiger unterstützt werden, als dies bei den Verfahren mit Kostenminimierungsvorschrift der Fall ist.[1] Da die Adaptionsverfahren damit in direkter Konkurrenz zu den deterministischen Losgrößenverfahren mit Kostenminimierungsvorschrift stehen bzw. diesen sogar häufig vorgezogen werden, wird im Rahmen dieser Arbeit die Notwendigkeit gesehen, die Adaptionsverfahren kurz zu erläutern und einer kritischen Analyse zu unterziehen.

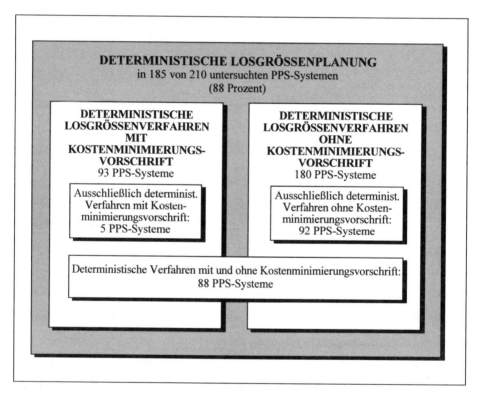

Abbildung 10: Implementierte Verfahren zur deterministischen Losgrößenplanung in PPS-Systemen

---

[1] Zu den Daten siehe Fandel, G., François, P., und Gubitz, K.-M., 1997, S. 224 ff.

Ein einfaches Adaptionsverfahren besteht darin, daß man für die Losgrößenfestlegung eine feste Reichweite vorgibt. Die Losgrößen werden dabei so festgelegt, daß sie jeweils den Bedarf einer fest vorgegebenen Anzahl von Perioden decken (Verfahren der festen Periodenzahl). Kostenüberlegungen spielen dabei keine Rolle oder werden höchstens durch den Disponenten intuitiv auf der Basis von durchschnittlichen Periodenbedarfen berücksichtigt.[1] Falls bei der Anwendung dieses Verfahrens relativ hohe Bedarfsmengen auftreten, können daraus überhöhte Gesamtkosten resultieren, denn bei entsprechend hohen Lagermengen wären häufigere Auflagen kostengünstiger. Wenn jedoch sehr geringe Bedarfsmengen vorliegen, kann diese Vorgehensweise ebenfalls zu überhöhten Gesamtkosten führen, denn es werden möglicherweise "Kleinstlose" gebildet, obwohl die Bedarfsmengen kostengünstiger mit anderen Bedarfsmengen zu Losen zusammengefaßt werden könnten. Da in der Regel bei der Losgrößenplanung schwankende Bedarfswerte vorliegen, ergeben sich durch die Festlegung von starren Reichweiten und aufgrund der fehlenden oder mangelhaften Berücksichtigung von Kostenaspekten weitere Kritikpunkte. Nachteilig ist, daß dieses Verfahren sich innerhalb des Planungszeitraums nicht an die unterschiedlichen Planungssituationen anpaßt, die z.B. aus den schwankenden Bedarfsmengen resultieren (keine dynamischen Reichweiten). Darüber hinaus werden in der Regel die Reichweiten zu selten angepaßt, so daß dadurch selbst eine grobe oder intuitive Reaktion auf zukünftig geänderte Rahmenbedingungen der Losgrößenplanung (Änderungen der relevanten Daten nach dem Planungszeitraum) entfällt.

Eine besondere Form der Vorgabe von festen Reichweiten liegt bei dem "Los für Los-Verfahren" vor, denn die Reichweite wird dort, wenn ein positiver Bedarfswert vorliegt, genau auf eine Periode festgelegt. Diese Vorgehensweise entspricht der Grundform der einsatzsynchronen Materialbereitstellung, bei der überhaupt keine Los-

---

[1] Vgl. Fandel, G., François, P., und Gubitz, K.-M., 1997, S. 215 f.; Hax, A. C., und Candea, D., 1984, S. 445; Kurbel, K., 1983, S. 66; Orlicky, J., 1975, S. 124 f.

größenbildung vorgenommen wird,[1] oder, falls sehr wenige Bedarfswerte auftreten, der Einzelbeschaffung bzw. -produktion im Bedarfsfall. Letztere kommt insbesondere bei teuren, großvolumigen, sporadisch benötigten bzw. nur begrenzt lagerfähigen Produktarten in Frage. Das "Los für Los-Verfahren" minimiert die Lagerhaltungskosten und führt deshalb in der Regel zu erhöhten losfixen Kosten innerhalb des Planungszeitraums.[2]

Ähnlichkeiten zu dem Adaptionsverfahren der festen Reichweite weist die Vorgehensweise der Vorgabe von festen Losgrößen auf. Während bei dem ersten Verfahren die Reichweite fest ist und die Losgröße bei schwankenden Bedarfsverläufen variiert, ist dies bei dem zweiten Verfahren genau umgekehrt. Die Vorgabe einer festen Losgröße erfolgt ebenfalls ohne eine explizite Berücksichtigung von Kostenaspekten, sie wird meist mit "Erfahrungswerten" oder der Einbeziehung von technischen Aspekten begründet. Wenn bei einer Anwendung dieses Adaptionsverfahrens relativ hohe Bedarfsmengen auftreten, kann es vorkommen, daß zu häufig aufgelegt wird oder daß es Nettobedarfsmengen gibt, die die vorgegebene feste Losgröße überschreiten. In diesem Fall müßte die Losgröße an die Nettobedarfsmenge angepaßt werden, um Fehlmengen zu vermeiden.[3] Falls relativ geringe Bedarfsmengen vorliegen, führt die Anwendung von festen Losgrößen in der Regel zu überhöhten Lagerkosten, da die letzten Bedarfsmengen, die in dem Los enthalten sind, zu lange gelagert werden. Außerdem ist die Vorgabe von festen Losgrößen im Gegensatz zur Festlegung von festen Reichweiten mit einem zusätzlichen Nachteil verbunden, denn es können Losgrößenentscheidungen getroffen werden, die den Bedarf einer Periode nur teilweise decken. In diesem Fall müßte der Anteil der Bedarfsmenge, der bereits zu der Periode

---

[1] Zur einsatzsynchronen Materialbereitstellung siehe u.a. Fandel, G., und François, P., 1988, S. 43 ff., sowie 1989, S. 531 ff.; Lackes, R., 1990a, S. 23 ff., und 1995, S. 7 ff.; Wildemann, H., 1987, S. 52 ff., 1995a, S. 41 ff., und 1995b, S. 3 ff.

[2] Vgl. Fandel, G., und François, P., 1988, S. 49; Hax, A. C., und Candea, D., 1984, S. 445; Orlicky, J., 1975, S. 124; Stevenson, W. J., 1986, S. 562.

[3] Vgl. Fandel, G., François, P., und Gubitz, K.-M., 1997, S. 215; Orlicky, J., 1975, S. 122.

gehört, in der ohnehin das nächste Los gebildet wird, unnötig gelagert werden. Die Einbeziehung dieses Anteils zu dem nächsten Los würde bei sonst gleichen Kosten dazu führen, daß sich die Lagerkosten vermindern.[1]

Eine weitere Möglichkeit, ein Adaptionsverfahren zur deterministischen Losgrößenplanung anzuwenden, besteht darin, daß man die Nettobedarfe auf der Basis von technischen Vielfachen zu Losen zusammenfaßt. Diese Vorgehensweise berücksichtigt Chargenaspekte in der Losgrößenplanung,[2] die beispielsweise in der chargenverarbeitenden Industrie[3] - z.B. aufgrund der Größe der Rührkessel, Reaktionsräume oder Brennöfen - eine große Rolle spielen. Sie treten jedoch auch bei Transportvorgängen - z.B. aufgrund der Kapazität von Transportfahrzeugen oder Containern - häufig auf. Ebenso lassen sich oft bestimmte Materialien nur in bestimmten Quantengrößen (z.B. größeren Verpackungs- oder Gewichtseinheiten, palettenweise) bestellen. Falls jedoch eine Wahlmöglichkeit dahingehend besteht, ob man eine bestimmte Chargengröße aus wirtschaftlichen Aspekten heraus unterschreiten sollte, um Lagerhaltungskosten - beispielsweise bei relativ selten benötigten Produktarten - einzusparen, ist eine Beantwortung dieser Frage mit Hilfe der Adaptionsverfahren nicht möglich, da dort keine Kostengesichtspunkte beachtet werden.

Weitere Adaptionsverfahren sind die Vorgabe von Mindestlosgrößen bzw. maximalen Losgrößen. Auf diese Weise lassen sich Restriktionen aus dem Beschaffungs-, Transport-, Lager- oder Produktionsbereich berücksichtigen. Nicht berücksichtigt werden

---

[1] Dieser Zusammenhang wurde erstmals von Wagner und Whitin für die Losgrößenplanung aufgezeigt und als Mengentheorem bezeichnet (vgl. Wagner, H. M., und Whitin, T. M., 1958a, S. 91). In dieser Arbeit wird das Mengentheorem in Kapitel 3.2.1 genauer erläutert.

[2] Zur Chargenverarbeitung siehe u.a. Aggteleky, B., 1990, S. 479 ff.; Hahn, D., und Laßmann, G., 1990, S. 46 f.; Riedelbauch, H., 1956, S. 22 ff.; Strebel, H., 1984, S. 159; Uhlig, R. J., 1987, S. 17 f.

[3] Chargenverarbeitung tritt z.B. bei der metallerzeugenden und -verarbeitenden Industrie, in weiten Teilen der chemischen und pharmazeutischen Industrie, der keramischen Industrie sowie der Nahrungs- und Genußmittelindustrie auf.

können damit allerdings Verbundbeziehungen, die beispielsweise bei einer gemeinsamen Nutzung der Kapazitäten zu berücksichtigen sind. Außerdem kann die Vorgabe der Mindestlosgrößen oder der Maximallosgrößen sowie die Berücksichtigung dieser Restriktionen durch die Software nur eine Unterstützung für die anderen Adaptionsverfahren oder für eine intuitive Festlegung von Losgrößen durch den Disponenten sein, da mit der Vorgabe der Minima und der Maxima noch keine Losgröße determiniert ist.

Insgesamt muß zu den Adaptionsverfahren kritisch angemerkt werden, daß sie infolge der fehlenden Kostenminimierungsvorschrift im allgemeinen zu erheblich höheren Kosten führen, als dies bei der optimalen Lösung der Fall ist. Die Verringerung des Planungs- und Rechenaufwandes, die durch eine starre, gefühlsmäßige oder willkürliche Festlegung von Losgrößen und die fehlende bzw. unzulängliche Berücksichtigung der Kostenaspekte herbeigeführt wird, kann aufgrund der mangelhaften Ergebnisse (deutlich höhere relevante Kosten der Losgrößenplanung), die mit den einfachen Adaptionsverfahren erzielt werden, den Einsatz dieser Verfahren nicht rechtfertigen. Es empfiehlt sich deshalb der Einsatz der deterministischen Verfahren mit Kostenminimierungsvorschrift.

Nach der Analyse der Adaptionsverfahren sollen nun die deterministischen Losgrößenverfahren mit Kostenminimierungsvorschrift untersucht werden. Als Grundformen lassen sich statische und dynamische Losgrößenverfahren unterscheiden. Die statische Losgrößenplanung geht von einem konstanten Materialbedarf pro Zeiteinheit aus und unterteilt den Planungszeitraum im Gegensatz zur dynamischen Losgrößenplanung nicht in einzelne Perioden (kontinuierliche Betrachtungsweise). Als Lösungsverfahren wird das Harris-Verfahren verwendet, das auch als klassisches Losgrößenverfahren bezeichnet wird.[1]

---

[1] Siehe dazu Kapitel 3.1 sowie die dort zitierte Literatur.

Die dynamischen Losgrößenverfahren sind für Planungsprobleme konzipiert, bei denen der Planungszeitraum in einzelne Perioden zerlegt ist (diskrete Betrachtungsweise) und in denen im allgemeinen variable Bedarfsverläufe vorliegen. Ein Modell für dynamische Losgrößenprobleme wurde erstmals von Wagner und Whitin hergeleitet.[1] Einstufige Einprodukt-Losgrößenprobleme bei deterministisch schwankendem Bedarf basieren also auf den Prämissen und der mathematischen Formulierung von Wagner und Whitin und werden deshalb auch als Wagner-Whitin-Probleme bezeichnet. Wagner und Whitin haben für dieses Modell auch ein exaktes Lösungsverfahren entwickelt, das auf der dynamischen Programmierung basiert.[2] Nach der Entwicklung des Wagner-Whitin-Verfahrens wurden zahlreiche heuristische Losgrößenverfahren für dynamische Losgrößenprobleme hergeleitet, um im Vergleich zu dem exakten Verfahren den Rechenaufwand zu reduzieren. Die bekanntesten dynamischen Näherungsverfahren sind das Stückkostenverfahren, das Kostenausgleichsverfahren, die Silver-Meal-Heuristik sowie das Groff-Verfahren.[3]

In Abbildung 11 ist die Klassifizierung der wichtigsten deterministischen Losgrößenverfahren in einer Übersicht zusammengefaßt.

---

[1] Siehe dazu Kapitel 3.2.1 sowie die dort zitierte Literatur.

[2] Siehe dazu Kapitel 3.2.2 sowie die dort zitierte Literatur.

[3] Siehe zu diesen und zu weiteren heuristischen Losgrößenverfahren Kapitel 3.2.3 sowie die dort zitierte Literatur.

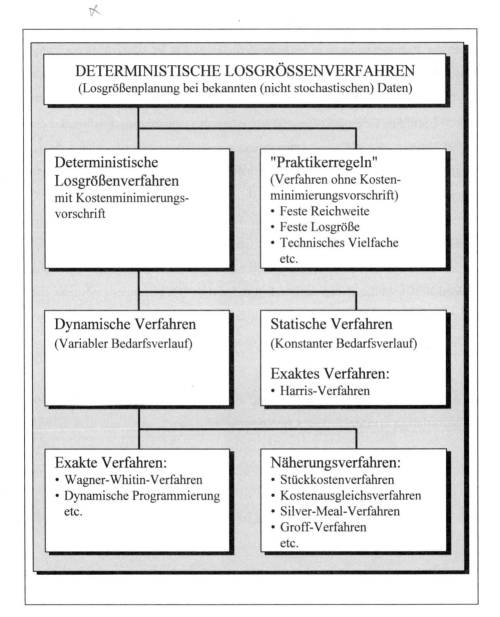

Abbildung 11: Klassifizierung der deterministischen Losgrößenverfahren

In Produktionsplanungs- und -steuerungssystemen bzw. in Softwaresystemen zur Materialwirtschaft liegen nach der programm- bzw. verbrauchsgebundenen Bedarfsplanung im allgemeinen nach Perioden differenzierte, schwankende Bedarfsmengen vor. Daraus folgt, daß für diese dynamischen Losgrößenprobleme eigentlich nur Verfahren zur Anwendung kommen dürften, für die die Prämissen des dynamischen Modells gelten. Erstaunlicherweise ergibt sich jedoch ein anderer Befund. Sowohl in den Unternehmen als auch in den Standard-Softwaresystemen wird sehr häufig das Harris-Verfahren für dynamische Problemstellungen verwendet, obwohl dieses statische Verfahren von völlig anderen Prämissen ausgeht, als dies bei den vorliegenden Losgrößenproblemen der Fall ist. Begründet wird der Einsatz des Harris-Verfahrens trotz nicht geltender Prämissen mit einer nur "relativ geringen" Abweichung zur optimalen Lösung, einer geringen Rechenzeit, geringen Anforderungen an die Datenbeschaffung und der einfachen Verständlichkeit sowie der daraus resultierenden hohen Akzeptanz in den Unternehmen. In Kapitel 3.3 wird diese Argumentation kritisch analysiert und gezeigt, daß man das Harris-Verfahren auf keinen Fall für dynamische Losgrößenprobleme anwenden sollte.

Abbildung 12 verdeutlicht, mit welcher Häufigkeit die verschiedenen Losgrößenverfahren in den Standard-Softwareprodukten implementiert sind, um dort dynamische Losgrößenprobleme zu bearbeiten.[1]

---

[1] Zu den Daten siehe Fandel, G., François, P., und Gubitz, K.-M., 1997, S. 224 ff.

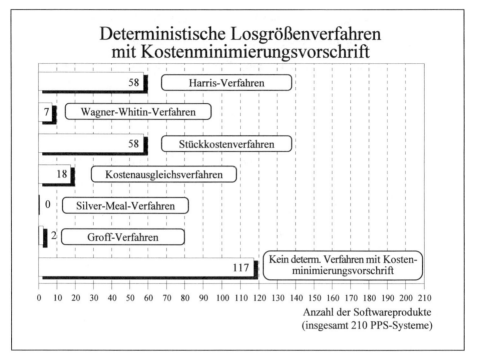

Abbildung 12: Einsatz von deterministischen Losgrößenverfahren mit Kostenminimierungsvorschrift zur dynamischen Losgrößenplanung in PPS-Systemen

Man erkennt, daß das Harris-Verfahren, obwohl die Grundvoraussetzungen einer statischen Losgrößenplanung überhaupt nicht gegeben sind, in diesen Standard-Softwaresystemen - mit gleicher Anzahl wie das Stückkostenverfahren - das am häufigsten implementierte Verfahren zur Lösung von dynamischen Losgrößenproblemen ist. Das exakte Wagner-Whitin-Verfahren ist dagegen nur in sieben Softwareprodukten zur Produktionsplanung und -steuerung enthalten. Interessant ist auch, daß bei den Heuristiken das Stückkostenverfahren und das Kostenausgleichsverfahren am häufigsten implementiert sind, während das Groff-Verfahren nur zweimal und das Silver-Meal-Verfahren überhaupt nicht implementiert wurde. Die beiden letzteren Verfahren erzielen bei entsprechenden Simulationsstudien regelmäßig bessere Ergebnisse als das Kostenausgleichsverfahren und als das Stückkostenverfahren, das jeweils am schlechtesten abschneidet.[1] Die häufige Implementierung des Stückkostenverfahrens und des Kostenausgleichsverfahrens kann vielleicht damit zu tun haben, daß es sich dabei um die älteren Heuristiken handelt, die möglicherweise deshalb - bei den Kunden der Softwareproduzenten oder bei den Anbietern selbst - einen größeren Bekanntheitsgrad erlangt haben als die in den nachfolgenden Jahren entwickelten Näherungsverfahren, und daß die Ergebnisse der in der Literatur enthaltenen Simulationsstudien offenbar nicht zur Kenntnis genommen wurden.[2] Bemerkenswert ist auch, daß in fast 56 Prozent der Softwareprodukte (117 von 210) überhaupt keine deterministischen Losgrößenverfahren mit einer Kostenminimierungsvorschrift zur Verfügung gestellt werden.

Betrachtet man die verbleibenden 93 Softwareprodukte, die Verfahren mit einer Kostenminimierungsvorschrift anbieten, so wird der hohe Anteil des Harris-Verfahrens besonders deutlich, wenn man die Anzahl der Produktionsplanungs- und -steuerungssysteme, die dieses Verfahren beinhalten, mit der Anzahl der Softwareprodukte vergleicht, in denen dynamische Losgrößenverfahren implementiert sind (Abbildung 13).[3]

---

[1] Vgl. Gaither, N., 1983, S. 10 ff.; Knolmayer, G., 1985b, S. 420 f.; Nydick, R. L., und Weiss, H. J., 1989, S. 41 ff.; Ritchie, E., und Tsado, A. K., 1986, S. 65 ff.; Wemmerlöv, U., 1982, S. 45 ff.; Zoller, K., und Robrade, A., 1987, S. 219 ff.

[2] Die Erstveröffentlichungen zu dem Stückkostenverfahren, dem Kostenausgleichsverfahren, der Silver-Meal-Heuristik sowie dem Verfahren von Groff stammen aus den Jahren 1965, 1968, 1969 und 1979. Siehe Kapitel 3.2.3 sowie die dort angegebene Literatur.

[3] Zu den Daten siehe Fandel, G., François, P., und Gubitz, K.-M., 1997, S. 224 ff.

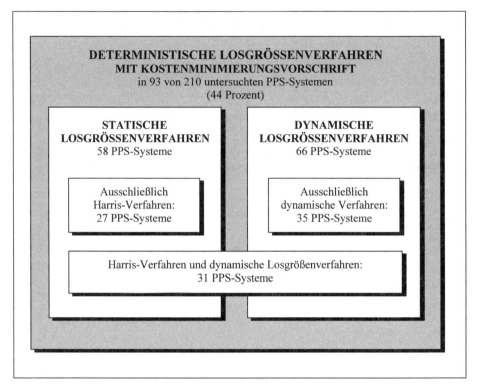

Abbildung 13: Implementierungen des Harris-Verfahrens und der dynamischen Losgrößenverfahren in PPS-Systemen

Der Anteil der Produktionsplanungs- und -steuerungssysteme, die das statische Losgrößenverfahren von Harris einsetzen, ist fast so hoch wie der Anteil der Softwareprodukte mit dynamischen Losgrößenverfahren. Da die Anwendung des Harris-Verfahrens auf dynamische Losgrößenprobleme nach der Ansicht des Verfassers ein enormes Defizit der heutigen PPS-Systeme darstellt, wird diese Problematik im folgenden gesondert behandelt.

3 Analyse der bisherigen Verfahren zur Lösung dynamischer Losgrößenprobleme

3.1 Zur Anwendung statischer Losgrößenverfahren bei variablen Bedarfsmengen

Das Grundmodell der Losgrößenplanung wurde 1913 von Harris[1] entwickelt. In der Literatur sind für das Verfahren von Harris auch die Begriffe klassisches Losgrößenverfahren, klassische Losgrößenformel, Wurzelformel und Quadratwurzelformel gebräuchlich.[2]

Darüber hinaus wird in deutschsprachigen Publikationen auch häufig der Begriff Andler-Verfahren verwendet bzw. die Entwicklung dieses Verfahrens auf Andler zurückgeführt.[3] Andler veröffentlichte das Losgrößenverfahren jedoch erst im Jahre

---

[1] Vgl. Harris, F. W., 1913, S. 135 f. und S. 152. Von zahlreichen Autoren wird eine spätere Quelle von Harris (Harris, F. W., 1915, S. 47 ff.) als erste Veröffentlichung zur statischen Losgrößenplanung genannt. Vgl. dazu auch Erlenkotter, D., 1989, S. 898 ff.

[2] Vgl. u.a. Adam, D., 1997, S. 494 ff.; Bichler, K., 1997, S. 105 ff.; Hahn, D., und Laßmann, G., 1990, S. 300 ff.; Hartmann, H., 1993, S. 357 ff.; Heinrich, C. E., 1987, S. 32 f.; Inderfurth, K., 1996, Sp. 1029 f.; Neumann, K., 1996, S. 28 ff.; Oeldorf, G., und Olfert, K., 1987, S. 218 ff. In der englischsprachigen Literatur werden für das Harris-Verfahren auch die Begriffe Economic Order Quantity (EOQ) und Economic Lot Size (ELS) benutzt (vgl. u.a. Erlenkotter, D., 1989, S. 898 ff.; Orlicky, J., 1975, S. 122 f.; Silver, E. A., und Meal, H. C., 1969, S. 51 ff.; Wight, O. W., 1974, S. 168 ff.; Yanasse, H. H., 1990, S. 633 ff.).

[3] Vgl. u.a. Alt, D., und Heuser, S., 1993, S. 57 ff.; Blohm, H., et al., 1997, S. 317 ff.; Geitner, U. W., 1995, S. 177 ff.; Grupp, B., 1983, S. 121 ff.; Glaser, H., Geiger, W., und Rohde, V., 1992, S. 130 ff.; Harlander, N. A., und Platz, G., 1991, S. 220 ff.; Hartmann, H., 1993, S. 358 ff.; Kiener, S., 1993, S. 149; Kurbel, K., 1983, S. 66 ff., und 1993, S. 129 ff.; Nebl, T., 1997, S. 143 ff. und S. 329 ff.; Olivier, G., 1977, S. 185; Roth, M., 1993, S. 67; Scheer, A.-W., 1995, S. 142 f.; Schulte, C., 1995, S. 227 f.; Schneeweiß, C., 1981, S. 49 ff.; Schuhmacher, G., 1969, S. 391 ff.; Singer, P., 1998, S. 71 ff.; Steinbuch, P. A., und Olfert, K., 1995, S. 316; Trux, W. R., 1966, S. 103, und 1972, S. 290 ff.; Vahrenkamp, R., 1998, S. 167 ff.; Voigt, G., 1993, S. 23 ff.; Vossebein, U., 1997, S. 25 ff.; Warnecke, H. J., 1995, S. 212; Weber, R., 1992, S. 80 ff.; Zeile, H., 1992, S. 116 ff.

1929.[1] Wie im folgenden gezeigt wird, ist die Verwendung des Begriffes "Andler-Verfahren" unzutreffend.

Andler hat das klassische Losgrößenverfahren nicht entwickelt. Er weist selbst auf die Beiträge von Taft,[2] Dobbeler[3] sowie eine weitere Veröffentlichung hin, in der kein Autor angegeben ist.[4] Da Andler die von ihm verwendeten Quellen zitiert hat, ist es erstaunlich, daß sich der Hinweis auf sein Buch als "Originalquelle" des klassischen Losgrößenverfahrens in der Literatur über Jahrzehnte halten konnte und bis zum heutigen Tage hält. Bemerkenswert ist auch, daß sich - nach den Recherchen des Verfassers - in der deutschsprachigen Losgrößenliteratur, die nach der Arbeit von Andler erschienen ist, keine Informationen darüber finden, daß dieser Autor selbst auf die Herkunft der entsprechenden Ausführungen hinweist.[5]

Diese auf die Veröffentlichung von Andler bezogene Argumentation läßt zumindest für den Bereich der Losgrößenplanung den Schluß zu, daß Originalquellen, oder sol-

---

[1] Vgl. Andler, K., 1929, S. 48 ff.

[2] Der Hinweis auf Taft (E. W., 1918, S. 1410-1412) befindet sich bei Andler (K., 1929) auf Seite 55.

[3] Dobbeler (C. v., 1920, S. 213-215), der mit Hilfe einer Fußnote in der Überschrift auf die Arbeit von Taft verweist (E. W., 1918, S. 1410-1412) und diese Quelle übersetzt und überarbeitet, wird von Andler (K., 1929) auf den Seiten 55 und 135 zitiert.

[4] Der Verweis auf diese Literaturstelle (o.V., 1924, S. 81-83) befindet sich bei Andler (K., 1929) auf Seite 53.

[5] Es wird in der Literatur lediglich darauf hingewiesen, daß die Veröffentlichung von Harris bereits entsprechend früher als die Veröffentlichung von Andler erschienen ist (vgl. u.a. Kistner, K.-P., und Steven, M., 1993, S. 45; Olivier, G., 1977, S. 185; Robrade, A. D., 1990, S. 22 f.).

che, die man dafür hält, offenbar seltener gelesen werden, als man aufgrund der Häufigkeit der Zitierungen annehmen sollte.[1]

Außerdem ist zu beachten, daß bereits vor der Arbeit von Andler zahlreiche englischsprachige[2] und mindestens vier deutschsprachige Veröffentlichungen[3] über die klassische Losgrößenformel vorlagen.[4] Insbesondere aufgrund der vielen deutschsprachigen Quellen ist es überraschend, daß gerade die Arbeit von Andler als Original benannt wurde und sich diese Auffassung über viele Literaturstellen hinweg bis zum heutigen Tage erfolgreich "fortgepflanzt" hat.

---

[1] Eine vergleichbare Feststellung konnte auch Erlenkotter (D., 1989, S. 898) im Hinblick auf eine (weit verbreitete) falsche Zitierweise der Veröffentlichung von Harris (F. W., 1915, S. 47-52) treffen. Er schrieb dazu: "Curiously, the citations to Harris's work over the past 35 years suggest that no one during this period has actually seen his paper".

[2] Als englischsprachige Beiträge zur Thematik der klassischen Losgrößenplanung können - ohne Anspruch auf Vollständigkeit - in der Reihenfolge ihrer Erscheinungsjahre genannt werden: Harris, F. W., 1913, S. 135 f. und S. 152; Harris, F. W., 1915, S. 47-52; Taft, E. W., 1918, S. 1410-1412; Davis, R. C., 1925, S. 353-356; Mellen, G. F., 1925, S. 155-156; Owen, H. S., 1925, S. 83-85; Clark, W. W. Jr., 1926, S. 85-88; Cooper, B., 1926, S. 228-233.

[3] Neben den bereits von Andler (K., 1929) genannten deutschsprachigen Quellen (Dobbeler, C. v., 1920, S. 213-215; o.V., 1924, S. 81-83) gab es weitere Veröffentlichungen zur klassischen Losgrößenplanung von Holzer (R. v., 1927, S. 548-552) im Produktionsbereich und von Stefanic-Allmayer (K., 1927, S. 504-508) im Beschaffungsbereich, die beide von Andler nicht berücksichtigt wurden.

[4] Es ist nach dem bisherigen Erkenntnisstand davon auszugehen, daß auch die deutschsprachigen Beiträge - entweder direkt oder indirekt - auf den Arbeiten von Harris (F. W., 1913 und 1915) beruhen. Stefanic-Allmayer (K., 1927) zitiert beispielsweise Holzer (R. v., 1927). Holzer weist lediglich darauf hin, daß in der amerikanischen Literatur "eine ganze Reihe von Methoden zur wissenschaftlichen Bestimmung der Werkstattaufträge" zu finden ist (Holzer, R. v., 1927, S. 549). Ursprungsquellen von Andler (K., 1929) sind die Beiträge von Dobbeler (C. v., 1920) und Taft (E. W., 1918). Bei der Arbeit von Dobbeler handelt es sich lediglich um eine deutschsprachige Überarbeitung der Veröffentlichung von Taft. Taft selbst gibt keine Quelle für seine Ausführungen an. Da jedoch die beiden Veröffentlichungen von Harris 3 bzw. 5 Jahre älter sind als die Arbeit von Taft und es sich jeweils um amerikanische Quellen handelt, kann man wohl davon ausgehen, daß Taft die Arbeiten von Harris gekannt haben müßte.

Folgende Prämissen liegen dem klassischen Losgrößenmodell zugrunde:[1]

- Alle Daten sind deterministisch.
- Der Materialbedarf pro Zeiteinheit (bzw. die Lagerabgangsrate) ist konstant.
- Der Rüstkostensatz bzw. der bestellfixe Kostensatz (der losfixe Kostensatz), der Lagerkostensatz und die Herstellkosten pro Mengeneinheit (Einstandspreise) sind konstant.
- Die Produktions- bzw. Beschaffungsmengen sind beliebig teilbar.
- Die Produktions- bzw. Beschaffungszeitpunkte sind beliebig bestimmbar.
- Die Produktions- bzw. Wiederbeschaffungszeit ist gleich Null, und die Losgrößen gehen dem Lager als Ganzes zu, d.h. die Lagerzugangsrate ist unendlich (aus dieser Prämisse folgt, daß keine Fehlmengen auftreten können).
- Die Kapazitäten (Produktions- bzw. Beschaffungskapazitäten, Lagerkapazitäten, Finanzierungsmöglichkeiten etc.) sind nicht begrenzt.
- Die Lagerhaltungskosten verhalten sich proportional zum Wert der gelagerten Produktmenge und zur Lagerdauer.
- Es gibt keine Auswirkungen der Losgrößenentscheidung auf übergeordnete oder untergeordnete Produkte (einstufiges Modell).
- Es bestehen zwischen den Losgrößenentscheidungen der verschiedenen Produkte keine Verbundbeziehungen (Einprodukt-Modell: Es fallen also beispielsweise für jedes Produkt isoliert Rüstkosten bzw. bestellfixe Kosten an, die Einstandspreise verschiedener Produkte beeinflussen sich nicht gegenseitig).

Während diese Prämissen hier so formuliert wurden, daß sie sowohl für den Beschaffungs- als auch für den Produktionsbereich gelten, soll die weitere Erläuterung auf der Basis der Bezeichnungen aus der Produktion erfolgen, um die entsprechenden Be-

---

[1] Vgl. Harris, F. W., 1913, S. 135 f. und S. 152, sowie 1915, S. 47 ff., außerdem Bichler, K., 1997, S. 107; Fandel, G., François, P., und Gubitz, K.-M., 1997, S. 209; Glaser, H., 1981, S. 1158; Hax, A. C., und Candea, D., 1984, S. 133; Hechtfischer, R., 1991, S. 42 f.; Kahle, E., 1996, S. 138; Kilger, W., 1986, S. 323 f.; Schmidt, A., 1985, S. 34 ff.; Schweitzer, M., 1994, S. 683; Zwehl, W. v., 1973, S. 6 ff.

zeichnungen aus dem Beschaffungsbereich nicht ständig mit aufführen zu müssen.

Ziel der Losgrößenplanung ist die Minimierung der relevanten Kosten der Materialwirtschaft.[1] Im statischen Grundmodell sind dies:

(1) $K_M = x \cdot p + \dfrac{x}{q} \cdot k_R + \dfrac{q}{2} \cdot k_L \cdot T$.

Dabei seien:

K_M Relevante Kosten der Materialwirtschaft im Planungszeitraum

x   Nettobedarf einer Produktart im Planungszeitraum

p   Herstellkosten pro Mengeneinheit oder Einstandspreis der Produktart

q   Losgröße (Auftragsgröße)

k_R Rüstkosten pro Umrüstvorgang

k_L Lagerkostensatz (gemessen in Geldeinheiten pro gelagerter Mengeneinheit und Zeiteinheit bzw. Periode)

T   Länge des Planungszeitraums (gemessen in Zeiteinheiten bzw. Perioden).

Zur Ermittlung der optimalen Losgröße q^* differenziert man die Gesamtkostenfunktion nach der Losgröße und setzt die erste Ableitung gleich Null (notwendige Bedingung für ein Minimum):

(2) $\dfrac{dK_M}{dq} = -\dfrac{x}{q^2} \cdot k_R + \dfrac{1}{2} \cdot k_L \cdot T = 0$.

Löst man diese Gleichung nach q auf, so resultiert daraus als optimale Losgröße:

(3) $q^* = \sqrt{\dfrac{2 \cdot k_R \cdot x}{k_L \cdot T}}$.

---

[1] Zu den einzelnen Bestandteilen der relevanten Kosten siehe Kapitel 2.2.

Da für die zweite Ableitung der Gesamtkostenfunktion nach q gilt

(4) $\quad \dfrac{d^2 K_M}{dq^2} = \dfrac{2x}{q^3} \cdot k_R > 0, \quad \text{für } q > 0,$

ist auch die hinreichende Bedingung für ein Kostenminimum erfüllt.

Mit Hilfe von Abbildung 14 wird die Bestimmung der optimalen Losgröße im Harris-Modell graphisch dargestellt. Die Visualisierung der relevanten Gesamtkosten, der Rüstkosten und der Lagerhaltungskosten in Abhängigkeit von der Losgröße dient in Kapitel 3.2.3 dazu, die Eigenschaften des Harris-Modells zu verdeutlichen, die jeweils als Basis zur Entwicklung der entsprechenden dynamischen Losgrößenheuristiken verwendet wurden.

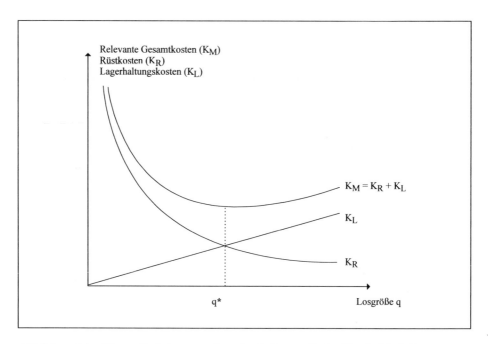

Abbildung 14: Kostenfunktionen und optimale Losgröße im Harris-Modell

Man erkennt in der Abbildung, daß die Rüstkosten innerhalb der Planungsperiode mit zunehmender Losgröße (degressiv) fallen und daß die Lagerhaltungskosten innerhalb der Planungsperiode (linear) steigen.[1] Unter diesen gegenläufigen Tendenzen ergibt sich die optimale Losgröße q^* genau an der Stelle, an der sich der Schnittpunkt dieser beiden Funktionen befindet. Dies kann man nachprüfen, indem man die Gleichung (5), in der die Lagerhaltungskosten und die Rüstkosten gegenübergestellt sind, durch Umformen in die Gleichung (7) überführt.

(5) $\quad \dfrac{q}{2} \cdot k_L \cdot T = \dfrac{x}{q} \cdot k_R \,.$

(6) $\quad q^2 \cdot k_L \cdot T = 2 \cdot x \cdot k_R \,.$

(7) $\quad q^* = \sqrt{\dfrac{2 \cdot k_R \cdot x}{k_L \cdot T}}\,.$

Bei einer Realisierung der optimalen Losgröße q^* erhält man einen durchschnittlichen Lagerbestand in Höhe von $1/2 \cdot q^*$ und eine Auflage- bzw. Bestellhäufigkeit von $h = x/q^*$. Als Zeitspanne zwischen zwei Losen (Auflage- bzw. Bestellzyklus) ergibt sich $(q^*/x) \cdot T$.

Für das Harris-Verfahren wurden zahlreiche Erweiterungsansätze entwickelt, bei denen jeweils eine oder mehrere Prämissen des Grundmodells aufgehoben wurden. So wurden beispielsweise statische Losgrößenverfahren zur Berücksichtigung von folgenden Bedingungen vorgestellt:

---

[1] Eine von den Verläufen her analoge Abbildung erhält man, wenn man die entsprechenden Funktionen auf der Basis der Stückkosten darstellt (vgl. u.a. Harris, F. W., 1913, S. 135).

- Endliche Produktionsgeschwindigkeiten (kontinuierlicher Lagerzugang im Beschaffungsfall) und endliche Absatzgeschwindigkeiten (offene Produktweitergabe)[1)]
- Produktions-, Lager- und Finanzierungsrestriktionen[2)]
- Lossequenz- bzw. Seriensequenzprobleme[3)]
- (Geplante) Fehlmengen (Verzugsmengen)[4)]
- Erwartete Preisänderungen[5)]

[1)] Vgl. u.a. Blohm, H., et al., 1997, S. 318 f.; Bogaschewsky, R., 1996, Sp. 1146 ff.; Dobbeler, C. v., 1920, S. 213 ff.; Domschke, W., Scholl, A., und Voß, S., 1997, S. 79 ff.; Hadley, G., und Whitin, T. M., 1963, S. 51 ff.; Hahn, D., und Laßmann, G., 1990, S. 303 ff.; Neumann, K., 1996, S. 36 ff.; Taft, E. W., 1918, S. 1410 ff.; Zeile, H., 1992, S. 118.

[2)] Vgl. u.a. Adam, D., 1975, Sp. 2554 ff., sowie 1997, S. 496 ff.; Bogaschewsky, R., 1989, S. 545 ff., und 1996, Sp. 1154 ff.; Churchman, C. W., Ackoff, R., und Arnoff, E. L., 1966, S. 235 f.; Kilger, W., 1986, S. 333 ff.; Naddor, E., 1971, S. 78 ff.; Neumann, K., 1996, S. 38 ff.; Schmidt, A., 1985, S. 47 ff.; Wissebach, B., 1977, S. 138 ff.; Zwehl, W. v., 1973, S. 16 ff.

[3)] Vgl. Adam, D., 1975, Sp. 2551 ff.; Bogaschewsky, R., 1996, Sp. 1152 ff.; Dellmann, K., 1975, S. 209 ff.; Domschke, W., Scholl, A., und Voß, S., 1997, S. 90 ff.; Kiener, S., 1993, S. 150 ff. Ein Los- bzw. Seriensequenzproblem, das auch als Sortenwechselproblem, Losgrößen- und Reihenfolgeproblem bei Sortenfertigung, Problem der optimalen Sortenschaltung oder in der englischsprachigen Literatur als Economic Lot Scheduling Problem (ELSP) bekannt ist, liegt vor, wenn die ermittelten Losgrößen im Hinblick auf einen zeitlich durchführbaren Maschinenbelegungsplan um knappe Fertigungskapazitäten konkurrieren.

[4)] Vgl. u.a. Berens, W., 1982, S. 354 ff.; Brunnberg, J., 1970, S. 144 f.; Buffa, E. S., und Taubert, W. H., 1972, S. 76 ff.; Domschke, W., Scholl, A., und Voß, S., 1997, S. 81 ff.; Hadley, G., und Whitin, T. M., 1963, S. 42 ff.; Hammann, P., 1969, S. 375 f.; Hillier, F. S., und Liebermann, G. J., 1997, S. 608 ff.; Lewis, C. D., 1975, S. 163 ff.; Naddor, E., 1971, S. 66 ff.; Neumann, K., 1996, S. 32 ff.; Schmidt, A., 1985, S. 72 ff.; Soom, E., 1976, S. 19 ff.; Weber, A., 1968, S. 30 ff.

[5)] Vgl. u.a. Bogaschewsky, R., 1989, S. 543 f.; Bourier, G., und Schwab, H., 1978, S. 81 ff.; Buzacott, J. A., 1975, S. 553 ff.; Glaser, H., 1973, S. 47 ff.; Kilger, W., 1986, S. 331 ff.; Lackes, R., 1990b, S. 1 ff.; Naddor, E., 1971, S. 98 f.; Pack, L., 1964, S. 35 ff., und 1975, S. 247 ff.; Schmidt, A., 1985, S. 58 ff.; Weiss, K., 1967, S. 386 ff.; Yanasse, H. H., 1990, S. 633 ff.

- Rabatte[1)]
- Verbund- oder Sammelbestellungen.[2)]

Wie oben bereits gezeigt wurde, läßt sich feststellen, daß es sich bei dem Harris-Verfahren um den Losgrößenansatz handelt, der in den betrieblichen Standard-Softwareprodukten zur Produktionsplanung und -steuerung bzw. zur Materialwirtschaft - mit gleicher Anzahl wie das Stückkostenverfahren - am häufigsten implementiert ist, obwohl in diesen Softwaresystemen die Bedarfsmengen im allgemeinen zeitlich differenziert werden und das klassische Losgrößenverfahren für statische Problemstellungen konzipiert wurde. Damit wird offenbar bewußt in Kauf genommen, daß die Anwendungsvoraussetzungen dynamischer Losgrößenprobleme, bei denen in der Regel von Periode zu Periode unterschiedlich hohe Bedarfsmengen zu planen sind, nicht erfüllt sind. Begründet wird die Anwendbarkeit und die hohe Akzeptanz dieses Losgrößenverfahrens mit der geringen Sensitivität des Losgrößenproblems im Optimalbereich, mit der Einfachheit bzw. leichten Verständlichkeit des Verfahrens, den

---

[1)] Vgl. u.a. Arnold, U., 1997, S. 170 ff.; Arnolds, H., Heege, F., und Tussing, W., 1996, S. 69 ff.; Churchman, C. W., Ackoff, R., und Arnoff, E. L., 1966, S. 219 ff.; Corsten, H., 1994, S. 713 ff.; Domschke, W., Scholl, A., und Voß, S., 1997, S. 82 f.; Goebel, G., und Kleinsteuber, W., 1966, S. 578 ff.; Hadley, G., und Whitin, T. M., 1963, S. 62 ff.; Hax, A. C., und Candea, D., 1984, S. 140 ff.; Hillier, F. S., und Liebermann, G. J., 1997, S. 610 ff.; Homburg, C., 1998, S. 320 ff.; Kilger, W., 1986, S. 329 ff.; Klingst, A., 1971, S. 291 ff.; Meyer, M., und Hansen, K., 1996, S. 178 ff.; Müller-Manzke, U., 1987, S. 503 ff.; Müller-Merbach, H., 1963, S. 231 ff.; Naddor, E., 1971, S. 96 ff.; Roth, M., 1993, S. 71 ff.; Tersine, R. J., und Toelle, R. A., 1985, S. 1 ff.; Whitin, T. M., 1953, S. 35 ff.; Wissebach, B., 1977, S. 117 ff. Bezüglich der Rabatte wird zwischen durchgerechneten Rabatten (all units discounts), bei denen die Vergünstigung auf alle Mengeneinheiten der Produktart gewährt wird, und angestoßenen Rabatten (incremental discounts) unterschieden, bei denen sich die Preisnachlässe nur auf die Einheiten beziehen, die die Rabattgrenzen überschreiten.

[2)] Vgl. u.a. Domschke, W., Scholl, A., und Voß, S., 1997, S. 85 ff.; Kaspi, M., und Rosenblatt, M. J., 1983, S. 264 ff., und 1991, S. 107 ff.; Meyer, M., und Hansen, K., 1996, S. 169; Schmidt, A., 1985, S. 61 ff.; Weber, A., 1968, S. 17 ff.

geringen Anforderungen an die Datenbeschaffung und mit der geringen Rechenzeit, die bei seiner Anwendung erforderlich ist.[1]

In dem nachfolgenden Kapitel werden exakte und heuristische Losgrößenverfahren vorgestellt, die (unmittelbar) für den Fall der dynamischen Losgrößenplanung entwickelt wurden. Anschließend erfolgt in Kapitel 3.3 eine kritische, vergleichende Beurteilung dieser Verfahren sowie der Anwendung des Harris-Verfahrens auf dynamische Losgrößenprobleme. Durch Vergleiche mit den exakten Lösungen der dynamischen Losgrößenprobleme sowie durch gesonderte Überlegungen zur Verwendung des Harris-Verfahrens bei variablen Bedarfsverläufen kann dort u.a. gezeigt werden, daß das klassische Losgrößenverfahren - im Gegensatz zu der weit verbreiteten Auffassung in der Literatur und in der betrieblichen Praxis - auf solche Problemstellungen keinesfalls angewendet werden sollte.

3.2 Zur Anwendung dynamischer Losgrößenverfahren bei variablen Bedarfsmengen

3.2.1 Das Wagner-Whitin-Modell zur Beschreibung dynamischer Losgrößenprobleme

Losgrößenprobleme mit schwankendem, deterministischem Bedarfsverlauf (dynamische Losgrößenprobleme) wurden 1958 erstmals von Wagner und Whitin in einem Modell abgebildet, dem - hier formuliert für den Produktionsbereich - folgende Prämissen zugrunde liegen:[2]

---

[1] Vgl. Alt, D., und Heuser, S., 1993, S. 57 ff.; Domschke, W., Scholl, A., und Voß, S., 1997, S. 79; Hammer, E., 1977, S. 158; Kilger, W., 1986, S. 328 f. und S. 337; Kistner, K.-P., und Steven, M., 1993, S. 51; Olivier, G., 1977, S. 176 f. und S. 195; Schneeweiß, C., 1981, S. 51 f.; Stevenson, W. J., 1986, S. 481 und S. 562 f.; Voigt, G., 1993, S. 23 ff.; eine ausführliche Kritik zu dieser Argumentation befindet sich in Kapitel 3.3.

[2] Vgl. Wagner, H. M., und Whitin, T. M., 1958a, S. 89 ff., und 1958b, S. 53 ff., sowie außerdem Bogaschewsky, R., 1988, S. 31 f.; Neumann, K., 1996, S. 48 ff.; Salomon, M., 1991, S. 29 ff.; Schneeweiß, C., 1981, S. 52 ff.; ter Haseborg, F., 1979, S. 89 ff.

- Der Planungszeitraum ist endlich und wird in T (ganzzahlige) gleichlange Perioden (t = 1,...,T) zerlegt.
- Das Material ist zeitlich unbegrenzt lagerfähig und hinreichend teilbar.
- Der Materialbedarf pro Periode (x_t) ist bekannt und kann schwankend sein.
- Der Materialbedarf jeder Periode muß spätestens zu Beginn der entsprechenden Periode verfügbar sein.
- Die Lagerentnahme und die Einlagerung erfolgen pulsartig, d.h. die Lagerentnahmezeit und die Lagerauffüllzeit betragen null Zeiteinheiten.
- Zu Beginn und am Ende des Planungszeitraumes ist kein Lagerbestand vorhanden.
- Fehlmengen sind nicht zugelassen, der Lagerbestand muß deshalb immer nichtnegativ sein.
- In jeder Periode kann entweder produziert oder nicht produziert werden. Jede Auflage (q_t) erfordert konstante Rüstkosten (k_R) in der entsprechenden Auflageperiode.
- Bei den Rüstkosten bestehen keine Verbundbeziehungen, d.h. die Rüstkosten sind nicht losgrößensequenzabhängig.
- Die Lagerhaltungskosten verhalten sich proportional zum Wert der gelagerten Produktmenge und zur Lagerdauer.
- In einer Periode fallen Lagerhaltungskosten für den am Ende der Periode vorhandenen Lagerbestand an.
- Für die in einer Periode verbrauchte Produktmenge fallen keine Lagerhaltungskosten an.
- Die Zahl der Auflagen im Planungszeitraum ist ganzzahlig.
- Eine Auflage kann jeweils zu Beginn einer Periode erfolgen.
- Die Produktionsmenge enthält keinen Ausschuß.
- Die Produktions- und Lagerkapazitäten sind nicht begrenzt.
- Die Finanzmittel sind nicht begrenzt.
- Zinseffekte schlagen sich lediglich in dem Lagerkostensatz nieder. Die Rüst- und Lagerhaltungskosten der einzelnen Perioden werden nicht abdiskontiert.

Im Modell von Wagner und Whitin fallen Rüstkosten in Höhe von k_R an, wenn in einer bestimmten Periode eine Auflage erfolgt ($q_t > 0$). Die Rüstkosten K_{Rt} einer Periode t betragen

(8) $\quad K_{Rt} = k_R \cdot \delta(q_t),$

mit

$$\delta(q_t) = \begin{cases} 1 & \text{falls } q_t > 0 \\ 0 & \text{falls } q_t = 0. \end{cases}$$

Neben den Rüstkosten gehören die Lagerhaltungskosten zu den relevanten Gesamtkosten. Die Lagerhaltungskosten (K_{Lt}) einer Periode berücksichtigen den am Ende der Periode vorhandenen Lagerbestand (b_t) und lassen sich wie folgt berechnen:[1]

(9) $\quad K_{Lt} = k_L \cdot b_t,$

mit $b_t = b_{t-1} + q_t - x_t \qquad$ (Lagerbilanzgleichung)

und $b_0 = 0.$

Zur Ermittlung der optimalen Auflagepolitik sind die Auflagen so zu bestimmen, daß die relevanten Kosten der Materialwirtschaft im Planungszeitraum (K_M) ihr Minimum annehmen.

---

[1] Es soll hier darauf aufmerksam gemacht werden, daß das Symbol für den Lagerkostensatz k_L nur dann (gleichzeitig) für den statischen und den dynamischen Fall verwendet werden kann, wenn sich der Lagerkostensatz in beiden Fällen auf die gleichen Zeiteinheiten bzw. Periodeneinteilungen bezieht. Würde man beispielsweise den Lagerkostensatz bei der statischen Losgrößenplanung auf den gesamten Planungszeitraum T und nicht auf die einzelnen Perioden $t = 1,...,T$ beziehen, wie dies vielfach in der Literatur üblich ist, so müßte der Term $k_L \cdot T$ (im statischen Fall) durch ein anderes Symbol für den Lagerkostensatz ersetzt werden.

(10) Min $K_M = \sum_{t=1}^{T} (k_R \cdot \delta(q_t) + k_L \cdot b_t)$,   (Zielfunktion)

unter den Nebenbedingungen

(11) $b_t = b_{t-1} + q_t - x_t$ (t = 1,...,T),   (Lagerbilanzgleichung)

(12) $b_0 = 0, b_T = 0$ (Lageranfangs- und -endbestand)

(13) $b_t \geq 0$ (t = 1,...,T-1),   (Nichtnegativitätsbedingung)

(14) $\delta(q_t) = \begin{cases} 1 & \text{falls } q_t > 0 \\ 0 & \text{falls } q_t = 0 \end{cases}$ (Binärbedingung)

Damit liegt eine mathematische Formulierung des einstufigen Einprodukt-Losgrößenproblems bei deterministisch schwankendem Bedarf vor, die in der Literatur als Wagner-Whitin-Modell bezeichnet wird. Alle Losgrößenverfahren, die auf den oben angegebenen Prämissen und auf dieser Beschreibung des dynamischen Losgrößenproblems basieren, gehören zu der Modellklasse der dynamischen Losgrößenverfahren. Losgrößenprobleme dieser Modellklasse werden auch Wagner-Whitin-Probleme genannt.[1]

Zur Lösung der Wagner-Whitin-Losgrößenprobleme stehen zahlreiche exakte Verfahren und Heuristiken zur Verfügung. Am bekanntesten sind als exaktes Verfahren der Algorithmus von Wagner und Whitin sowie als Heuristiken das Stückkostenverfahren, das Kostenausgleichsverfahren, das Silver-Meal-Verfahren und das Groff-Verfahren. Diese Ansätze sollen in den folgenden Kapiteln beschrieben und im Hinblick auf ihre Vor- und Nachteile untersucht werden.

---

[1] Vgl. Bogaschewsky, R., 1988, S. 31; Heinrich, C. E., 1987, S. 35; Schenk, H. Y., 1991, S. 14; Tempelmeier, H., 1995, S. 152.

3.2.2 Das Wagner-Whitin-Verfahren als exaktes Lösungsverfahren zur dynamischen Losgrößenplanung

Das Verfahren von Wagner und Whitin wurde im Jahre 1958 als Lösungsverfahren für das dynamische Losgrößenmodell entwickelt, das von diesen beiden Autoren erstmals in der gleichen Veröffentlichung hergeleitet wurde.[1] Das Lösungsverfahren basiert auf der 1957 von Bellman entwickelten Dynamischen Optimierung, die auch als Dynamische Programmierung bezeichnet wird,[2] und stellt eine problemspezifische Anwendung dieses Ansatzes dar.[3]

Die grundsätzliche Idee der Dynamischen Programmierung ist es, ein Entscheidungsproblem in mehrere, einfacher zu lösende Teilprobleme so zu unterteilen, daß das sequentielle Lösen dieser Teilprobleme das Optimum des ursprünglichen Entscheidungsproblems liefert. Bei der Lösung der Teilprobleme basiert die jeweils nächste Entscheidung auf der bis dorthin optimalen Entscheidung des vorher gelösten Teilproblems. Mathematisch wird diese Idee durch die Bellmansche Funktionalgleichung, die den Zusammenhang zwischen der optimalen Lösung für das Teilproblem t und das Teilproblem t+1 herstellt, wiedergegeben.[4]

Methodisch gehört die Dynamische Optimierung zu den Entscheidungsbaumverfahren. Die Vorgehensweise der Dynamischen Optimierung läßt sich in drei Phasen

---

[1] Vgl. Wagner, H. M., und Whitin, T. M., 1958a, S. 89 ff., und 1958b, S. 53 ff., sowie außerdem Heinrich, C. E., 1987, S. 35 ff.; Kistner, K.-P., und Steven, M., 1993, S. 52 ff.; Schenk, H. Y., 1991, S. 14 ff.; Schmidt, A., 1985, S. 122 f.

[2] Vgl. Bellman, R., 1957, S. 19 ff., sowie u.a. Adam, D., 1997, S. 232 f.; Aigner, M., 1996, S. 182 ff.; Berens, W., und Delfmann, W., 1995, S. 343 ff.; Bitz, M., 1981, S. 329 ff.; Papageorgiou, M., 1996, S. 368 ff.

[3] Vgl. u.a. Hillier, F. S., und Liebermann, G. J., 1997, S. 316 ff.; Schmidt, A., 1985, S. 101 ff.; Vahrenkamp, R., 1998, S. 172 ff.; Zimmermann, W., 1997, S. 397 ff.

[4] Vgl. Bellman, R., 1957, S. 81 ff., und 1967, S. 89 ff., sowie außerdem Aigner, M., 1996, S. 184; Fandel, G., 1996, S. 298 ff.; Hillier, F. S., und Liebermann, G. J., 1997, S. 322; Homburg, C., 1998, S. 560 f.; Papageorgiou, M., 1996, S. 376 ff.; Schneeweiß, C., 1974, S. 4 ff.

unterteilen. Die erste Phase wird als Dekomposition bezeichnet. Das Entscheidungsproblem wird dort so in zeitliche oder räumliche Teilprobleme (Stufen, Schritte, Intervalle) zerlegt, daß diese sich anschließend getrennt analysieren und wieder zusammenfassen lassen. Dabei sind auf jeder Stufe nur die dort existierenden Entscheidungsalternativen zu beachten.[1]

Hinsichtlich der nächsten beiden Phasen bietet die Dynamische Programmierung zwei grundsätzlich Alternativen, die zum gleichen Ergebnis führen:[2]

1. Wenn man mit der Vorwärtsrechnung beginnt, die auch als Vorwärtsrekursion bezeichnet wird, startet man mit dem Anfangszustand des Prozesses und analysiert die Teilprozesse schrittweise bis zum angestrebten Endzustand. Auf der Basis der mit Hilfe der Vorwärtsrechnung ermittelten "relativ-optimalen" Entscheidungen der Teilprozesse werden anschließend mit Hilfe der Rückwärtsrechnung die im Sinne der Zielfunktion "endgültig-optimalen" Entscheidungen bestimmt.

2. Falls man mit der Rückwärtsrechnung beginnt, die auch als Rückwärtsrekursion bezeichnet wird, startet man mit dem angestrebten Endzustand des Prozesses und ermittelt für die einzelnen Teilprobleme rückwärtsschreitend die relativ optimalen Entscheidungen. Mit Hilfe der sich daran anschließenden Vorwärtsrechnung ermittelt man dann die "endgültig-optimalen" Entscheidungen für das Gesamtproblem.

Das von Wagner und Whitin veröffentlichte Losgrößenverfahren nutzt die besondere Struktur des dynamischen Lagerhaltungsmodells und stellt eine für diese Problem-

---

[1] Vgl. Zimmermann, W., 1997, S. 184 ff. Aufgrund der schrittweisen Vorgehensweise und der Tatsache, daß die Dynamische Optimierung nicht nur auf dynamische (zeitabhängige), sondern beispielsweise auch auf räumliche Problemstellungen anwendbar ist, weist Zimmermann darauf hin, daß eigentlich die Bezeichnung Stufen-Optimierung oder sequentielle Optimierung geeigneter wäre.

[2] Vgl. u.a. Berens, W., und Delfmann, W., 1995, S. 344 ff.; Hechtfischer, R., 1991, S. 61 f.; Zimmermann, W., 1973, S. 205 f., und 1997, S. 184.

stellung speziell angepaßte Vorgehensweise dar, bei der die Anzahl der zu berechnenden Losgrößenpolitiken und damit der Rechenaufwand der Dynamischen Programmierung vermindert wird.[1] Wagner und Whitin verwenden zur Lösung des Losgrößenproblems eine Vorwärtsrekursion mit anschließender Rückwärtsrechnung.[2] Analog zur grundsätzlichen Vorgehensweise der Dynamischen Optimierung kann man das Wagner-Whitin-Verfahren alternativ auch mit einer Rückwärtsrekursion und anschließender Vorwärtsrechnung anwenden.[3]

Die Vereinfachungen, die beim Wagner-Whitin-Verfahren im Vergleich zum allgemeinen Ansatz der Dynamischen Optimierung erzielt werden, wurden durch die Herleitung der folgenden Theoreme ermöglicht.[4]

Das Zeitpunkttheorem (Theorem 1 von Wagner und Whitin)[5] basiert auf der Prämisse, daß der Lagerbestand zu Beginn des Planungszeitraumes gleich Null ist.[6] Bei einer Zugrundelegung des Wagner-Whitin-Modells können nach diesem Theorem lediglich solche Losgrößenpolitiken optimal sein, bei denen in Periode t nur dann aufgelegt wird, wenn in Periode t-1 kein Lagerbestand verfügbar ist:

---

[1] Vgl. u.a. Bogaschewsky, R., 1988, S. 37 ff.; Inderfurth, K., 1996, Sp. 1028; Schmidt, A., 1985, S. 130.

[2] Vgl. Wagner, H. M., und Whitin, T. M., 1958a, S. 93 ff., und 1958b, S. 58 ff.

[3] Vgl. hierzu Glaser, H., 1973, S. 156 ff.

[4] Vgl. Wagner, H. M., und Whitin, T. M., 1958a, S. 91 f.; dort befinden sich auch die Beweise zu diesen Modelltheoremen.

[5] Vgl. Wagner, H. M., und Whitin, T. M., 1958a, S. 91.

[6] Diese Prämisse ist im praktischen Einsatz unproblematisch, wenn man von Nettobedarfsmengen ausgeht und damit die Auswirkungen von eventuell vorhandenen Lagerbeständen bereits vor der Losgrößenplanung berücksichtigt. Bezogen auf die Nettobedarfsmengen ist nämlich kein (disponierbarer) Lagerbestand mehr zu beachten bzw. vorhanden.

(15) $q_t \cdot b_{t-1} = 0$ $\quad\quad\quad\quad\quad\quad$ (t = 1,...,T),

mit $b_0 = 0$.

Mit Hilfe des Zeitpunkttheorems erfolgt die Bedarfsdeckung also zunächst über den Lagerbestand. Bei Losgrößenkombinationen, die dieses Theorem nicht erfüllen, entstehen vergleichsweise höhere Lagerhaltungskosten, da die Lagerbestände nicht frühestmöglich reduziert werden, und gegebenenfalls höhere losfixe Kosten, wenn dadurch zusätzliche Auflagen bzw. Beschaffungen erforderlich werden. Losgrößenpolitiken, bei denen ein Los gebildet wird, obwohl ein verfügbarer Lagerbestand vorhanden ist, werden mit Hilfe dieses Theorems aus der Betrachtung ausgeschlossen.

Das Mengentheorem (Theorem 2 von Wagner und Whitin)[1] dient dazu, den Rechenaufwand des Losgrößenverfahrens weiter zu reduzieren. Gemäß dieser Überlegung kann eine Losgrößenpolitik nur dann optimal sein, wenn die Losgrößen jeweils entweder gleich Null sind (keine Auflage) oder wenn eine ganzzahlige Anzahl von Bedarfsmengen der Teilperioden zusammengefaßt wird. Formal bedeutet dies:

(16) $q_t = 0 \quad \text{oder} \quad q_t = \sum_{\tau=t}^{m} x_\tau$ $\quad\quad\quad\quad$ (t = 1,...,T und $t \leq m \leq T$).

Das Mengentheorem schließt alle Losgrößenpolitiken aus der Betrachtung aus, die den Bedarf einer Periode nur teilweise decken, denn bei diesen Entscheidungen müßte der Anteil des Loses, der bereits zur Nettobedarfsmenge der nächsten Auflageperiode gehört, unnötig gelagert werden.

Diese beiden Theoreme ermöglichen im Vergleich zur Dynamischen Optimierung eine vereinfachte Vorwärtsrekursion. Bei der Bestimmung der optimalen Lösung, bei der man schrittweise den Betrachtungszeitraum um eine Periode erhöht, kommen im Hinblick auf die Deckung eines Bedarfes von Periode t zwei grundsätzliche Strategien in

---

[1] Vgl. Wagner, H. M., und Whitin, T. M., 1958a, S. 91.

Frage. Entweder man deckt den Materialbedarf der Periode t dadurch, daß man die Auflage einer Periode j < t um die Bedarfsmenge der Periode t erhöht, oder man bildet in der Periode t eine neue Auflage.[1]

Der obere Term der nachfolgenden Gleichung[2] gibt die Vorgehensweise an, den Bedarf der Periode durch eine Auflage in einer früheren Periode (j < t) zu decken. Um die Periode j zu ermitteln, bei der es am günstigsten ist, den Bedarf der Periode t mit aufzulegen, müssen die entsprechenden Kosten berechnet und miteinander verglichen werden. Zu berücksichtigen sind dabei die bis zur Periode j-1 optimalen Kosten K^*_{j-1}, die Rüstkosten k_R, die in Periode j entstehen, und die Lagerhaltungskosten für eine Lagerung der Bedarfsmengen der Perioden j+1 bis t. Aus dem Minimum dieser Kosten ergibt sich die Periode j, bei der die Einbeziehung von x_t in das entsprechende Los zu den geringsten Kosten führt.

$$(17) \quad K^*_t = \min \begin{cases} \min_{0<j<t} \left\{ K^*_{j-1} + k_R + \sum_{\tau=j+1}^{t} (\tau - j) \cdot x_\tau \cdot k_L \right\} \\ K^*_{t-1} + k_R \end{cases} \quad (t = 1,\ldots,T),$$

mit $K^*_0 = 0$ \hfill (Anfangsbedingung).

Der darunter stehende Term der Gleichung (17) entspricht einer Bedarfsdeckung durch eine neue Auflage in Periode t, so daß zu den Kosten (K^*_{t-1}) der optimalen Auflagepolitik der Perioden 1,...,t-1 die Rüstkosten (k_R) für diese Auflage hinzuzuaddieren sind.

Vergleicht man die minimalen Kosten, die sich bei einer Bedarfsdeckung von x_t mit Hilfe einer Auflage in einer früheren Periode j ergeben (oberer Term der Gleichung),

---

[1] Vgl. Wagner, H. M., und Whitin, T. M., 1958a, S. 92. Dort wurden auch schwankende Lagerkostensätze mit in die entsprechenden Berechnungen einbezogen.

[2] Vgl. u.a. Heinrich, C. E., 1987, S. 38; Kistner, K.-P., und Steven, M., 1993, S. 60.

mit den Kosten, die insgesamt bei einer zusätzlichen Auflage in Periode t entstehen (unterer Term der Gleichung), so steht fest, ob der Bedarf x_t durch eine Auflage in j oder in t gedeckt werden soll. K^*_t gibt die minimalen Kosten bezüglich dieser Entscheidung an.

Bei der Vorwärtsrekursion von Wagner und Whitin wird der Betrachtungszeitraum beginnend mit der ersten Teilperiode schrittweise um eine Periode erweitert, bis der gesamte Planungszeitraum abgearbeitet ist. Die Kosten K^*_T stellen gleichzeitig die minimalen Kosten des Gesamtproblems dar. Mit Hilfe der Rückwärtsrechnung werden anschließend die optimalen Auflageperioden und Losgrößen ermittelt.

Wenn man den oberen Term der Gleichung (17) genauer betrachtet, so erkennt man, daß hier noch Vereinfachungen möglich sind. Bei jeder Erweiterung des Betrachtungszeitraums wird zur Ermittlung eines neuen Kostenwertes für j < t auf den Wert K^*_{j-1} zurückgegriffen, der Rüstkostensatz für die Periode j wird erneut addiert und die Lagerhaltungskosten für die Bedarfsmengen der Perioden j+1 bis t werden berechnet. Insofern unterscheidet sich die Ermittlung der Rüst- und Lagerhaltungskosten einer Losgrößenentscheidung, bei der in Periode j < t letztmalig aufgelegt wird, bei jeder Erweiterung des Betrachtungszeitraums - im Vergleich zur entsprechenden Losgrößenentscheidung des vorherigen Betrachtungszeitraums - nur um die zusätzliche Berücksichtigung der Lagerhaltungskosten, die durch die Lagerung der Bedarfsmenge x_t von Periode j bis Periode t - aufgrund der Erweiterung des Betrachtungszeitraums - neu hinzukommen.

Seien $K_{j,t}$ die minimalen Kosten aller Losgrößenentscheidungen innerhalb eines Betrachtungszeitraums von t Perioden, bei denen in der Periode j zum letzten Mal aufgelegt wird (mit $K_{j,0} = 0$ als Anfangswert), dann gilt gemäß dem oberen Term der Gleichung (17):

$$(18) \quad K_{j,t-1} = K^*_{j-1} + k_R + \sum_{\tau=j+1}^{t-1}(\tau - j) \cdot x_\tau \cdot k_L \qquad (0 < j < t;\ t = 1,...,T),$$

bzw.

(19) $$K_{j,t} = K_{j-1}^* + k_R + \sum_{\tau=j+1}^{t}(\tau-j)\cdot x_\tau \cdot k_L$$

$$= K_{j-1}^* + k_R + \sum_{\tau=j+1}^{t-1}(\tau-j)\cdot x_\tau \cdot k_L + (t-j)\cdot x_t \cdot k_L$$

$(0 < j < t; t = 1,...,T).$

Daraus folgt:

(20) $\quad K_{j,t} = K_{j,t-1} + (t-j)\cdot x_t \cdot k_L \qquad (0 < j < t; t = 1,...,T),$

mit $K_{j,0} = 0$ \hfill (Anfangsbedingung).

Aus Gleichung (17) kann man mit Hilfe von Gleichung (20) die nachfolgende Rekursionsbeziehung zur Ermittlung der minimalen Kosten des Wagner-Whitin-Verfahrens herleiten:

(21) $\quad K_t^* = \min \begin{cases} K_{j,t} = K_{j,t-1} + (t-j)\cdot x_t \cdot k_L & (0 < j < t) \\ K_{j,t} = K_{t-1}^* + k_R & (j = t) \end{cases} \quad (t = 1,...,T),$

mit $K_0^* = 0$ \hfill (Anfangsbedingung).

Der wesentliche Vorteil dieser Rekursionsformel im Vergleich zu Gleichung (17) besteht darin, daß sich die Kostenwerte $K_{j,t}$ für $0 < j < t$ mit weniger Rechenschritten ermitteln lassen, denn zu ihrer Berechnung kann hier immer unmittelbar auf den entsprechenden Kostenwert $K_{j,t-1}$ zugegriffen werden, der für den vorhergehenden Betrachtungszeitraum ermittelt wurde. Bis auf die Lagerhaltungskosten der neu hinzugekommenen Bedarfsmenge x_t stehen damit - im Vergleich zur obigen Rekursionsformel - schon alle sonstigen Rüst- und Lagerhaltungskosten dieser Losgrößenentscheidungen unmittelbar zur Verfügung. Mehrfachberechnungen dieser Kosten entfallen somit.

Die oben erläuterten Zeitpunkt- und Mengentheoreme wurden von Wagner und Whitin durch das Entscheidungshorizonttheorem ergänzt, das dazu dient, die Anzahl der zu untersuchenden Auflagepolitiken des Wagner-Whitin-Verfahrens weiter zu vermindern.[1] Da in der Literatur häufig unterschiedliche Begriffe für die verschiedenen Zeiträume verwendet werden, die für die Losgrößenplanung mit Hilfe der Dynamischen Optimierung bzw. des Wagner-Whitin-Verfahrens relevant sind, soll hier folgende begriffliche Abgrenzung erfolgen:

- Ein Planungszeitraum umfaßt die Planungsperioden $t = 1,...,T$, auf die sich das Optimierungsproblem bezieht.

- Ein Betrachtungszeitraum ist der Zeitraum eines dynamischen Problems, der gerade untersucht wird. Er beinhaltet mindestens die Planungsperiode $t = 1$ und wird sukzessive erhöht, bis er den gesamten Planungszeitraum (alle Planungsperioden $t = 1,...,T$) umfaßt.

- Ein Entscheidungshorizont[2] ist das Ende eines Zeitraumes, für den unabhängig von den Daten der weiteren Perioden Entscheidungen getroffen werden können. Die Lösung für diesen Zeitraum wird auch als stabiles Teilprogramm bezeichnet,

---

[1] Vgl. Wagner, H. M., und Whitin, T. M., 1958a, S. 92.

[2] Der Begriff Planungshorizont, der bei Wagner und Whitin im Zusammenhang mit dem Entscheidungshorizonttheorem ("Planning Horizon Theorem") und bei vielen anderen Literaturstellen zu diesem Verfahren Verwendung findet, wird hier vermieden, da zahlreiche Autoren den Begriff Planungshorizont - vor allem im Bereich der strategischen Planung, aber auch bei anderen betriebswirtschaftlichen Fragestellungen - für die Länge des Planungszeitraumes verwenden (vgl. u.a. Bitz, M., 1984, S. 187 ff., und 1993, S. 481; Domschke, W., Scholl, A., und Voß, S., 1997, S. 3 und S. 71; Horváth, P., 1996, S. 177 ff.; Kern, W., 1996, Sp. 2286; Kilger, W., 1986, S. 109 f.; Kistner, K.-P., und Steven, M., 1993, S. 13; Küpper, H.-U., 1994, S. 914; Reese, J., 1996, Sp. 864; Tempelmeier, H., 1995, S. 389).

da die Änderungen der Daten außerhalb dieses Zeitraums keinen Einfluß auf Entscheidungen innerhalb dieses Zeitraums haben.[1]

Wagner und Whitin untersuchen im Rahmen des Entscheidungshorizonttheorems die Abhängigkeiten zwischen den verschiedenen Losgrößenentscheidungen:

- Wenn sich der Betrachtungszeitraum bis zur Periode $t = m$ erstreckt und sich dabei herausstellt, daß eine Losgrößenentscheidung, die als letzte Auflage die Periode t^α (mit $t^\alpha \leq t$) aufweist, innerhalb des Betrachtungszeitraumes zu den geringsten Kosten führt, dann kann es für weiter in der Zukunft liegende Bedarfsmengen $x_{t\beta}$ (mit $t^\beta > t^\alpha$) nicht vorteilhaft sein, diese in ein Los einzubeziehen, das vor der Periode t^α liegt, da hierdurch nur zusätzliche Lagerhaltungskosten entstehen würden. Bei einer erneuten Erweiterung des Betrachtungszeitraums ist es deshalb nicht mehr erforderlich, die Perioden 1 bis $t^\alpha-1$ in die Berechnungen einzubeziehen. Dadurch reduziert sich der Berechnungsaufwand des Verfahrens. Diese Eigenschaft des dynamischen Losgrößenproblems wird auch als Monotonieeigenschaft bezeichnet.[2]

- Wenn sich herausstellt, daß bei einem Betrachtungszeitraum bis zur Periode $t = m$ eine Auflage in Periode m zu den geringsten Kosten führt ($t^\alpha = m$), dann müssen bei einer Erweiterung des Betrachtungszeitraums (für $t > m$) nur jeweils die Auflagepolitiken mit einer Auflage in Periode m weiter berücksichtigt werden, um die optimale Lösung des gesamten Losgrößenproblems zu finden. Die Periode m wird in diesem Fall als Entscheidungshorizont bezeichnet, da eine optimale Losgrößenentscheidung für die Perioden 1 bis m-1 unabhängig von den nachfolgenden Bedarfsmengen bzw. Bedarfsperioden festgelegt werden kann. Dies hat den Vorteil, daß eine stabile Lösung vorliegt, denn Änderungen der Daten nach der Periode m haben keinen Einfluß auf diese Entscheidung.

---

[1] Vgl. Schenk, Y. H., 1990, S. 11.

[2] Vgl. Wagner, H. M., und Whitin, T. M., 1958a, S. 92, sowie Schenk, Y. H., 1990, S. 28.

Wendet man - wie in der Produktionsplanung und -steuerung üblich - eine rollierende Planung an, so wird durch das Entscheidungshorizonttheorem sichergestellt, daß in den Fällen, in denen sich die prognostizierten Daten bis zum ersten Entscheidungshorizont als richtig erweisen, auf jeden Fall optimale Losgrößen realisiert werden. Im nächsten Planungslauf besteht dann für die nachfolgenden Perioden, deren Daten ohnehin schwieriger zu prognostizieren sind, da sie weiter in der Zukunft liegen, die Möglichkeit, eine entsprechende Anpassung der Daten und eine Ergänzung um weitere Perioden durchzuführen, bevor das Wagner-Whitin-Verfahren auf dieses neue Losgrößenproblem angewendet wird.

Die Vorgehensweise des Wagner-Whitin-Verfahrens soll mit Hilfe von Tabelle 1 an einem Beispiel erläutert werden.

Die Ausgangsdaten des Zahlenbeispiels werden im oberen Teil der Tabelle angegeben. In der darunter stehenden Matrix werden die Berechnungen des Verfahrens verdeutlicht, wobei die unterste Zeile einem Betrachtungszeitraum von einer Periode entspricht und die oberste Zeile einem Betrachtungszeitraum von 6 Perioden. Die Betrachtungszeiträume bis zu den Perioden $t = 1,...,T$ sollen im folgenden als Betrachtungszeiträume $1,...,T$ bezeichnet werden.

Tabelle 1: Beispiel für die Vorgehensweise des Wagner-Whitin-Verfahrens

	t = 1	t = 2	t = 3	t = 4	t = 5	t = 6
x_t	400	300	250	100	600	100
k_L	0,2	0,2	0,2	0,2	0,2	0,2
k_R	90	90	90	90	90	90

Betrachtungs-zeitraum bis zur Periode						
t = 6					370*	440
t = 5				500	440	350*
t = 4			270	260*	320	
t = 3		250	230*	240		
t = 2	150*	180				
t = 1	90*					

Dabei seien:

x_t Nettobedarf einer Produktart in Periode t

k_L Lagerkostensatz pro Periode (gemessen in Geldeinheiten pro gelagerter Mengeneinheit und Periode)

k_R Rüstkosten pro Umrüstvorgang

Betrachtungszeitraum 1:

$K^*_1 = \min \{K_{1,1} = K^*_0 + k_R\} = 90$.

Bei einem Betrachtungszeitraum von einer Periode gibt es keine Wahlmöglichkeiten. Da dort eine Auflage erfolgen muß, entsprechen die relevanten Kosten K^*_1 den Rüstkosten. Die relevanten Kosten in Höhe von 90 Geldeinheiten (GE) werden in der Tabelle mit * markiert.

Betrachtungszeitraum 2:

$K^*_2 = \min \{(K_{1,2} = K_{1,1} + 1 \cdot x_2 \cdot k_L),$ \hfill $(j = 1)$

$(K_{2,2} = K^*_1 + k_R)\}$ \hfill $(j = 2)$

$= \min \{150, 180\} = 150.$

Erhöht man den Betrachtungszeitraum auf zwei Perioden, so kann man entweder den Bedarf der zweiten Periode zu dem Los der Periode 1 hinzufügen ($j = 1$) oder eine neue Auflage in Periode 2 für diese Bedarfsmenge bilden ($j = 2$). Bei einer Auflage in Periode 1 entstehen Rüstkosten in Höhe von 90 Geldeinheiten (entspricht $K_{1,1}$) und Lagerhaltungskosten für die Bedarfsmenge x_2 in Höhe von 60 GE, insgesamt also relevante Gesamtkosten in Höhe von 150 GE. Bei einer zusätzlichen Auflage in Periode 2 fallen sowohl für die Periode 1 als auch für die Periode 2 Rüstkosten an, somit betragen die relevanten Gesamtkosten 180 GE (entspricht $K^*_1 + k_R$). Das Minimum der Kosten wird wiederum mit * in der Tabelle gekennzeichnet.

Betrachtungszeitraum 3:

$K^*_3 = \min \{(K_{1,3} = K_{1,2} + 2 \cdot x_3 \cdot k_L),$ \hfill $(j = 1)$

$(K_{2,3} = K_{2,2} + 1 \cdot x_3 \cdot k_L),$ \hfill $(j = 2)$

$(K_{3,3} = K^*_2 + k_R)\}$ \hfill $(j = 3)$

$= \min \{250, 230, 240\} = 230.$

Erweitert man den Betrachtungszeitraum auf drei Perioden, so werden für diesen Zeitraum die minimalen Kosten der Losgrößenpolitiken berechnet, bei denen in Periode $j = 1, 2$ bzw. 3 die jeweils letzte Auflage erfolgt. Die Kosten der Losgrößenentscheidung, bei der in Periode 1 das letzte Los gebildet wird ($K_{1,3}$), unterscheiden sich von den Kosten der entsprechenden Losgrößenentscheidung des vorherigen Betrachtungszeitraums ($K_{1,2}$) nur im Hinblick auf die Lagerhaltungskosten der Bedarfsmenge der dritten Periode, die neu in den Betrachtungszeitraum aufgenommen wurde ($2 \cdot x_3 \cdot k_L$). Analog dazu erhält man die Kosten der Losgrößenentscheidung, bei der in Periode 2 die letzte Auflage erfolgt ($K_{2,3}$), indem man zu den Kosten der entsprechenden Losgrößenentscheidung des vorherigen Betrachtungszeitraums ($K_{2,2}$) die Lagerhaltungskosten für die Bedarfsmenge der dritten Periode addiert ($x_3 \cdot k_L$). Zur Berechnung der minimalen Kosten der Losgrößenentscheidungen, bei denen innerhalb eines Betrachtungszeitraums von 3 Perioden in Periode j = 3 zum letzten Mal aufgelegt wird ($K_{3,3}$), verwendet man die Kosten der Auflagepolitik, die bisher für den Betrachtungszeitraum der ersten beiden Perioden optimal war (K^*_2) und addiert hierzu die Rüstkosten für die neue Auflage in Periode 3. Die Alternative mit der letzten Auflage in Periode 2 weist die geringsten Kosten auf und wird in der Tabelle mit * markiert.

Mit $K_{1,3}$, $K_{2,3}$ und $K_{3,3}$ hat man nun die minimalen Kosten aller Losgrößenentscheidungen innerhalb des Betrachtungszeitraums von 3 Perioden ermittelt, bei denen in den Perioden 1, 2 bzw. 3 zum letzten Mal aufgelegt wird. Außerdem gilt für die entsprechenden Losgrößenentscheidungen, daß diese auch bei Erweiterungen des Betrachtungszeitraums nicht mehr von Losgrößenentscheidungen dominiert werden können, die bei sonst gleichen Auflageentscheidungen in den nachfolgenden Perioden innerhalb der ersten drei Perioden andere Auflageentscheidungen aufweisen. So kann in dem hier vorliegenden Beispiel eine Losgrößenentscheidung, bei der in 1, 2 und in 3 aufgelegt wird, weder für den Betrachtungszeitraum der ersten drei Perioden noch für nachfolgende Betrachtungszeiträume optimal sein, denn sie unterscheidet sich von der Losgrößenentscheidung, die zur Ermittlung von $K_{3,3}$ berücksichtigt wurde (Auflage in 1 und in 3) nur hinsichtlich der Auflageentscheidungen der ersten beiden Perioden. Für den Betrachtungszeitraum von 2 Perioden haben wir aber bereits für dieses Beispiel gezeigt, daß eine Auflage in Periode 1 zu geringeren Kosten führt, als dies bei Auflagen in den Perioden 1 und 2 der Fall ist ($K_{1,2} < K_{2,2}$). Deshalb wird in diesem Beispiel eine Losgrößenentscheidung mit Auflagen in den Perioden 1, 2 und 3 immer von der Losgrößenentscheidung dominiert, die bei sonst gleichen Auflageentscheidungen auf eine Auflage in Periode 2 verzichtet.

Nach der Berechnung der minimalen Kosten für den Betrachtungszeitraum 3 wirkt sich nun zum ersten Mal die Monotonieeigenschaft des Wagner-Whitin-Verfahrens aus. Da eine Auflage in den Perioden 1 und 2 für den Betrachtungszeitraum der ersten drei Perioden vorteilhafter ist als eine Losgrößenpolitik, bei der nur in 1 aufgelegt wird, ist diese Losgrößenentscheidung auch bei einer Berücksichtigung von weiteren Perioden immer kostengünstiger als die andere Alternative. Daraus folgt, daß immer dann, wenn ein Minimum in einer Zeile ermittelt wird, die Elemente mit einer höheren Zeilen- und einer geringeren Spaltenzahl nicht mehr für die folgenden Betrachtungszeiträume berechnet werden müssen, da sie dort als Zeilenminimum nicht mehr in Frage kommen. In unserem Beispiel können also bei allen nachfolgenden Betrachtungszeiträumen die Kostenwerte für $j < 2$ unberücksichtigt bleiben.

Betrachtungszeitraum 4:

$K^*_4 = \min \; \{(K_{2,4} = K_{2,3} + 2 \cdot x_4 \cdot k_L)$, $(j = 2)$
     $(K_{3,4} = K_{3,3} + 1 \cdot x_4 \cdot k_L)$, $(j = 3)$
     $(K_{4,4} = K^*_3 + k_R)\}$ $(j = 4)$
$= \min \; \{270, 260, 320\} = 260.$

Dieser Effekt tritt ebenfalls bei dem Betrachtungszeitraum von vier Perioden auf. Nach der Berechnung der Kosten für die Losgrößenpolitiken, bei denen jeweils in den Perioden 2, 3 bzw. 4 die letzte Auflage erfolgt, stellt sich heraus, daß die Losgrößenentscheidung innerhalb des Betrachtungszeitraums 4 zu den geringsten Kosten führt, bei der in Periode 3 zum letzten Mal aufgelegt wird. Aufgrund der Monotonieeigenschaft des Wagner-Whitin-Verfahrens entfällt deshalb für die nachfolgenden Betrachtungszeiträume die Berechnung der Kostenwerte, die sich in der Matrix links oberhalb von diesem Feld befinden ($j < 3$, $t > 4$).

Betrachtungszeitraum 5:

$K^*_5 = \min \; \{(K_{3,5} = K_{3,4} + 2 \cdot x_5 \cdot k_L)$, $(j = 3)$
     $(K_{4,5} = K_{4,4} + 1 \cdot x_5 \cdot k_L)$, $(j = 4)$
     $(K_{5,5} = K^*_4 + k_R)\}$ $(j = 5)$
$= \min \; \{500, 440, 350\} = 350.$

Erweitert man den Betrachtungszeitraum auf 5 Perioden, so werden die Alternativen untersucht, bei denen die jeweils letzten Auflagen in den Perioden 3, 4 bzw. 5 erfolgen. Die geringsten Kosten sind bei einer Losbildung in Periode 5 gegeben ($K_{5,5}$). Damit ist gemäß dem Entscheidungshorizonttheorem ein Entscheidungshorizont erreicht. In der Tabelle erkennt man diesen Fall daran, daß ein Feld, das auf der

Hauptdiagonalen liegt, die minimalen Kosten der entsprechenden Zeile aufweist. Aufgrund des Entscheidungshorizonttheorems werden - unabhängig von der Anzahl und von der Ausgestaltung der nachfolgenden Daten - die Auflagen in 1, 3, und 5, die zu dem Kostenwert $K_{5,5}$ geführt haben, auf jeden Fall Bestandteil der optimalen Lösung sein. Hinzukommen können dabei gegebenenfalls noch spätere Auflageperioden, was allerdings in diesem Beispiel nicht der Fall ist. Die Tatsache, daß der Kostenwert $K_{5,5}$ innerhalb dieses Betrachtungszeitraums zu den geringsten Kosten führt, bewirkt außerdem, daß für den nachfolgenden Betrachtungszeitraum aufgrund der Monotonieeigenschaft die erforderlichen Berechnungen weiter eingeschränkt werden, indem nur noch Auflageperioden j ≥ 5 zu berücksichtigen sind.

Betrachtungszeitraum 6:

$K^*_6 = \min\ \{(K_{5,6} = K_{5,5} + 1 \cdot x_6 \cdot k_L),$ (j = 5)
$\qquad\qquad (K_{6,6} = K^*_5 + k_R)\}$ (j = 6)
$\quad = \min\ \{370, 440\} = 370.$

Auch bei einer Ausweitung des Betrachtungszeitraums auf 6 Perioden erweist es sich als kostengünstiger, das letzte Los in der fünften Periode zu bilden ($K_{5,6}$). Da der Planungszeitraum hier endet, handelt es sich bei den Auflagen in 1, 3 und 5 gleichzeitig um die optimale Lösung für das gesamte Losgrößenproblem. Man erhält damit als optimale Losgrößen $q^*_1 = 700$, $q^*_3 = 350$ und $q^*_5 = 700$ Mengeneinheiten und relevante Gesamtkosten in Höhe von 370 Geldeinheiten.

Um den Rechenaufwand abzuschätzen, der in Abhängigkeit von der Länge des Planungszeitraums - bei unterschiedlichen Konstellationen der Daten - mit dem Wagner-Whitin-Verfahren verbunden ist, soll hier angegeben werden, wieviele Kostenwerte mindestens und höchstens berechnet werden müssen und wieviele Kostenwerte jeweils miteinander verglichen werden müssen, um eine optimale Lösung zu erhalten.

Unter der Annahme, daß bei jeder Erweiterung des Betrachtungszeitraums um eine Periode eine Auflage in dieser Periode innerhalb des Betrachtungszeitraums zum Kostenminimum führt, erhält man mit

(22)   2T - 1

den Wert für die minimale Anzahl der zu berechnenden Kostenwerte beim Verfahren von Wagner und Whitin, wobei T die Anzahl der Planungsperioden ist. In diesem für das Wagner-Whitin-Verfahren günstigsten Fall sind außerdem insgesamt T-1 Kostenvergleiche durchzuführen.

Geht man davon aus, daß bei jeder Erweiterung des Betrachtungszeitraums um eine Periode die Periode 1 die optimale Auflageperiode ist, so erhält man mit

(23) $\dfrac{T \cdot (T+1)}{2}$

die maximale Anzahl der zu berechnenden Kostenwerte des Wagner-Whitin-Verfahrens. Dies entspricht der Anzahl der Komponenten der Dreiecksmatrix einer T x T-Matrix.[1] Die Anzahl der durchzuführenden Kostenvergleiche beträgt in diesem für das Wagner-Whitin-Verfahren ungünstigsten Fall $0{,}5 \cdot T \cdot (T-1)$.

Nach der Darstellung des exakten Lösungsverfahrens von Wagner und Whitin werden in den folgenden Kapiteln die bekanntesten heuristischen Verfahren zur Bestimmung der optimalen Losgrößen bei variablem Bedarf erläutert.

3.2.3 Heuristische Verfahren zur dynamischen Losgrößenplanung

Die Näherungsverfahren wurden entwickelt, um den Rechenaufwand, der zur Lösung von dynamischen Losgrößenverfahren erforderlich ist, im Vergleich zum Wagner-Whitin-Verfahren zu vermindern. Die Heuristiken, die in der Praxis starke Verbreitung gefunden haben, basieren auf den Prämissen des Wagner-Whitin-Modells, benutzen jedoch bestimmte Eigenschaften des (statischen) Harris-Modells als Basis für ihre Entscheidungskriterien. Die Verminderung des Rechenaufwandes wird dadurch

---

[1] Vgl. Bogaschewsky, R., 1988, S. 42; Olivier, G., 1977, S. 203.

erzielt, daß - unter Verwendung dieser Eigenschaften - vereinfachte Zielfunktionen unterstellt werden. In den nachfolgenden Kapiteln werden die bekanntesten Heuristiken vorgestellt:

- Das Stückkostenverfahren
- das Kostenausgleichsverfahren
- das Silver-Meal-Verfahren und
- das Groff-Verfahren.

Die dazugehörigen Eigenschaften des Harris-Modells, aus denen diese Heuristiken ihre Entscheidungskriterien ableiten und die deshalb die Grundlage für diese Verfahren bilden, werden jeweils kurz angegeben. Daß sich die Eigenschaften des Harris-Verfahrens - insbesondere wegen der kontinuierlichen Betrachtungsweise und der Prämisse des konstanten Bedarfsverlaufs - keinesfalls auf dynamische Losgrößenprobleme übertragen lassen (diskrete Betrachtungsweise, i.d.R. schwankende Bedarfsverläufe) und welche Fehler aus dieser Vorgehensweise resultieren können, wird in Kapitel 3.3 sowohl für die - nicht zulässige aber häufig zu beobachtende - Anwendung des Harris-Verfahrens auf dynamische Losgrößenprobleme als auch hinsichtlich der nicht zulässigen Übertragung der Eigenschaften des statischen Grundverfahrens auf dynamische Losgrößenverfahren (Näherungsverfahren) analysiert.

3.2.3.1 Das Stückkostenverfahren

Das Stückkostenverfahren[1], das auch als Verfahren der gleitenden wirtschaftlichen Losgröße, gleitende Bestellmengenoptimierung, dynamisches Bestellmengenverfahren und Least-Unit-Cost-Verfahren bezeichnet wird, basiert auf folgender Eigenschaft:

---

[1] Vgl. Gahse, S., 1965, S. 4 ff., sowie Bichler, K., 1997, S. 114 f.; Bogaschewsky, R., 1988, S. 51 ff.; Glaser, H., 1973, S. 54 ff.; Glaser, H., Geiger, W., und Rohde, V., 1992, S. 64 ff.; Hoitsch, H.-J., 1993, S. 402 f.; Kilger, W., 1986, S. 344 ff.; Ohse, D., 1969, S. 316 ff., und 1970, S. 84 f.; Orlicky, J., 1975, S. 126 f.; Schmidt, A., 1985, S. 188 ff.; Tempelmeier, H., 1995, S. 165 ff.; Trux, W. R., 1966, S. 103 ff.

- Die relevanten Stückkosten nehmen im Harris-Modell an der Stelle der optimalen Losgröße ihr Minimum an.

Diese Eigenschaft läßt sich veranschaulichen, indem man die relevanten Stückkosten der Materialwirtschaft (k_M) des klassischen Losgrößenmodells (Gleichung (24)) nach der Losgröße q ableitet und gleich 0 setzt. Formt man die so entstandene Gleichung (25) um, so erhält man die optimale Losgröße nach Harris (Gleichung (26)).

(24) $\quad k_M = \dfrac{K_M}{x} = p + \dfrac{1}{q} \cdot k_R + \dfrac{q}{2x} \cdot k_L \cdot T.$

(25) $\quad \dfrac{dk_M}{dq} = -\dfrac{1}{q^2} \cdot k_R + \dfrac{1}{2x} \cdot k_L \cdot T \stackrel{!}{=} 0.$

(26) $\quad q^* = \sqrt{\dfrac{2 \cdot k_R \cdot x}{k_L \cdot T}}.$

Durch die Übertragung dieser Eigenschaft auf das dynamische Losgrößenproblem wird von dem Stückkostenverfahren unterstellt, daß die Stückkosten eines Loses auch bei variablem Bedarf zunächst sinken, wenn man weitere Teilperioden mit einbezieht, und dann, nachdem sie ihr Minimum erreicht haben, wieder ansteigen. Die Stückkosten ($k_{t,t'}$) eines Loses, das in Periode t aufgelegt wird und die Bedarfsmengen von t bis einschließlich Periode t' beinhaltet, werden für den dynamischen Fall mit Hilfe von Gleichung (27) ermittelt.

(27) $\quad k_{t,t'} = \dfrac{k_R + k_L \cdot \sum\limits_{\tau=t+1}^{t'}(\tau - t) \cdot x_\tau}{\sum\limits_{\tau=t}^{t'} x_\tau}.$

Ziel des Stückkostenverfahrens ist es, die Stückkosten des jeweils zu bildenden Loses zu minimieren. Die "optimale" Losgröße[1] entspricht daher der Summe der Bedarfsmengen aller Perioden t bis t'-1, wobei t' die Periode ist, für die erstmals die Bedingung

(28) $k_{t,t'} > k_{t,t'-1}$

gilt.

Nach der Bestimmung der "optimalen" Losgröße

(29) $q_t = \sum_{\tau=t}^{t'-1} x_\tau$

wird die Periode t' zur neuen Periode t und diese Vorgehensweise wird solange wiederholt, bis das Ende des Planungszeitraums erreicht ist.

3.2.3.2 Das Kostenausgleichsverfahren

Das Kostenausgleichsverfahren[2], das auch als Cost-Balancing-Verfahren, Part-Period-Verfahren und Stückperiodenausgleichsverfahren bezeichnet wird, macht sich die folgende Eigenschaft des statischen Grundmodells zunutze:

---

[1] Durch die Anführungszeichen bei dem Begriff "optimal" soll verdeutlicht werden, daß es sich lediglich um die Lösung eines Näherungsverfahrens handelt. Es ist deshalb nicht - wie bei einem exakten Verfahren - sichergestellt, daß die Lösung auch tatsächlich optimal ist.

[2] Vgl. DeMatteis, J. J., 1968, S. 30 ff., und Mendoza, A. G., 1968, S. 39 ff., sowie außerdem Bichler, K., 1997, S. 116 f.; Bogaschewsky, R., 1988, S. 54 ff.; Busse von Colbe, W., 1990, S. 646 ff.; Glaser, H., 1975, S. 536 ff.; Heinrich, C. E., 1987, S. 39 ff.; Knolmayer, G., 1985b, S. 411 ff.; Orlicky, J., 1975, S. 127 ff.; Schmidt, A., 1985, S. 150 ff.; Schneeweiß, C., 1981, S. 60 f.; Tempelmeier, H., 1995, S. 166 ff.

- Die Lagerhaltungskosten und die Rüstkosten stimmen im Harris-Modell an der Stelle der optimalen Losgröße überein.

Diese Übereinstimmung wurde in Kapitel 3.1 bereits gezeigt, indem die Gleichung (5), in der die Lagerhaltungskosten und die Rüstkosten gegenübergestellt sind, in die Gleichung zur Ermittlung der optimalen Losgröße q* überführt wurde (Gleichung (7)).

Beim Kostenausgleichsverfahren werden - ausgehend von dieser Eigenschaft des statischen Grundmodells - im dynamischen Fall die Mengeneinheiten der Perioden t bis t'-1 zusammengefaßt, wobei t' die Periode ist, in der die kumulierten Lagerhaltungskosten die Rüstkosten erstmals übersteigen.

(30) $\quad k_R < k_L \cdot \sum_{\tau=t+1}^{t'} (\tau - t) \cdot x_\tau$

oder

(31) $\quad \dfrac{k_R}{k_L} < \sum_{\tau=t+1}^{t'} (\tau - t) \cdot x_\tau$.

Aus Bedingung (30) leitet sich der Begriff Kostenausgleichsverfahren ab, da die Rüstkosten auf der linken Seite der Bedingung und die kumulierten Lagerhaltungskosten auf der rechten Seite im Idealzustand genau gleich groß sein sollen. Bedingung (31) führte zu dem Begriff Stückperiodenausgleichsverfahren beziehungsweise Part-Period-Algorithmus, da die Dimension der Ungleichung Mengeneinheit (part) mal Teilperiode (period) lautet.

3.2.3.3 Die Silver-Meal-Heuristik

Die Silver-Meal-Heuristik[1] geht von folgender Eigenschaft des klassischen Losgrößenmodells aus:

- Die relevanten Kosten pro Zeiteinheit nehmen im Harris-Modell an der Stelle der optimalen Losgröße ihr Minimum an.

Diese Eigenschaft ist im statischen Grundmodell trivial. Die optimale Losgröße bestimmt sich aus dem Minimum der Funktion der relevanten Gesamtkosten. Dividiert man diese Funktion durch eine positive Zahl (Anzahl der Zeiteinheiten) so bleibt die optimale Losgröße unverändert.

Im dynamischen Fall können die durchschnittlichen Kosten pro Periode für ein Los, das die Bedarfsmengen der Perioden t bis t' umfaßt, nach Gleichung (32) ermittelt werden.

$$(32) \quad k_{t,t'}^{Per} = \frac{k_R + k_L \cdot \sum_{\tau=t+1}^{t'}(\tau-t)\cdot x_\tau}{t'-t+1}.$$

Der Zähler gibt die Rüst- und Lagerhaltungskosten und der Nenner die Anzahl der Perioden an, deren Bedarfsmengen zu einem Los zusammengefaßt werden. Der einzige Unterschied zwischen der Silver-Meal-Heuristik und dem Stückkostenverfahren resultiert aus dem Nenner, der beim Stückkostenverfahren die Bedarfsmengen enthält, aus denen jeweils ein Los gebildet wird, während die Silver-Meal-Heuristik die entsprechende Anzahl von Perioden verwendet.

---

[1] Vgl. Silver, E. A., und Meal, H. C., 1969, S. 51 ff., und 1973, S. 64 ff., sowie außerdem Heinrich, C. E., 1987, S. 41 f.; Hoitsch, H.-J., 1993, S. 404 f.; Kistner, K.-P., und Steven, M., 1993, S. 68 f.; Neumann, K., 1996, S. 51 ff.; Robrade, A. D., 1990, S. 33 ff.; Tempelmeier, H., 1995, S. 168 ff.; Wemmerlöv, U., 1981, S. 172.

Die "optimale" Losgröße setzt sich bei der Silver-Meal-Heuristik aus Bedarfsmengen aller Perioden t bis t'-1 zusammen, wobei t' die Periode ist, für die erstmals gilt:

(33) $k_{t,t'}^{Per} > k_{t,t'-1}^{Per}$.

3.2.3.4 Die Groff-Heuristik

Die Heuristik von Groff[1] basiert auf der folgenden Eigenschaft des statischen Grundmodells:

- Die Steigung der Lagerhaltungskosten stimmt im Harris-Modell an der Stelle der optimalen Losgröße betragsmäßig mit der Steigung der Rüstkosten überein.

Diese Eigenschaft des klassischen Losgrößenmodells läßt sich erkennen, indem man die Steigung der Lagerhaltungskosten und die betragsmäßige Steigung der Rüstkosten in einer Gleichung gegenüberstellt und diese Gleichung anschließend zur Bestimmungsgleichung der optimalen Losgröße des Harris-Modells umformt:

(34) $\dfrac{dK_L}{dq} = \dfrac{1}{2} k_L \cdot T = \left| -\dfrac{x}{q^2} \cdot k_R \right| = \left| \dfrac{dK_R}{dq} \right|$.

(35) $\dfrac{1}{2} \cdot k_L \cdot T = \dfrac{x}{q^2} \cdot k_R$.

(36) $q^* = \sqrt{\dfrac{2 \cdot k_R \cdot x}{k_L \cdot T}}$.

---

[1] Vgl. Groff, G. K., 1979, S. 47 ff., sowie außerdem Heinrich, C. E., 1987, S. 42 ff.; Hoitsch, H.-J., 1993, S. 405 f.; Kistner, K.-P., und Steven, M., 1993, S. 69 ff.; Neumann, K., 1996, S. 53 ff.; Tempelmeier, H., 1995, S. 176 ff.; Günther, H.-O., und Tempelmeier, H., 1997, S. 208 ff.

Das Groff-Verfahren überträgt diese Eigenschaft der statischen Losgrößenplanung auf dynamische Losgrößenprobleme. Ausgehend von Periode t wird jeweils der Bedarf einer weiteren Periode (t+τ) in die Losgröße einbezogen. Dadurch steigen die durchschnittlichen Lagerhaltungskosten pro Periode im Vergleich zum vorherigen Betrachtungszeitraum. Groff approximiert dies, indem er unterstellt, daß der Lagerabgang im Betrachtungszeitraum (t bis t+τ) konstant ist. Der Anstieg der durchschnittlichen Lagerhaltungskosten pro Periode beträgt folglich:

(37) $\quad \dfrac{x_{t+\tau}}{2} \cdot k_L$.

Während die durchschnittlichen Lagerhaltungskosten pro Periode steigen, verringern sich die durchschnittlichen Rüstkosten pro Periode um

(38) $\quad \dfrac{k_R}{\tau} - \dfrac{k_R}{\tau+1} = \dfrac{k_R}{\tau \cdot (\tau+1)}$,

da sich die Rüstkosten nun nicht mehr auf τ, sondern auf τ+1 Perioden beziehen.

Die "optimale" Losgröße nach Groff faßt die Bedarfsmengen aller Perioden t bis t+τ-1 zusammen, wobei t+τ die Periode ist, für die erstmals die Verringerung der durchschnittlichen Rüstkosten pro Periode kleiner ist als die Erhöhung der durchschnittlichen Lagerhaltungskosten pro Periode:

(39) $\quad \dfrac{k_R}{\tau \cdot (\tau+1)} < \dfrac{x_{t+\tau}}{2} \cdot k_L$.

Schreibt man die Konstanten auf die linke Seite der Ungleichung, so erhält man als Entscheidungskriterium:

(40) $\quad 2 \cdot \dfrac{k_R}{k_L} < x_{t+\tau} \cdot \tau \cdot (\tau+1)$.

3.2.3.5 Weitere Heuristiken

Neben den hier erläuterten Näherungsverfahren zur dynamischen Losgrößenplanung sind zahlreiche weitere Heuristiken entwickelt worden, die allerdings weniger häufig genannt werden als die hier dargestellten Ansätze:

- Horest-Verfahren (Handelsorientierte Einkaufsdisposition mit Saison- und Trendberichtigung)[1]

- Selim-Verfahren oder Verfahren der selektiven Bestellmenge von Trux[2]

- Losgrößen-Saving-Verfahren oder Axsäter-Saving-Verfahren[3]

- Verfahren von Gaither oder Incremental-Order-Algorithmus[4]

- Verfahren von Freeland und Colley, das auch als Incremental Part-Period-Verfahren bezeichnet wird.[5]

---

[1] Vgl. Glaser, H., 1975, S. 542; Kilger, W., 1986, S. 347; Steiner, J., 1975, S. 42 ff.

[2] Vgl. Trux, W. R., 1972, S. 337 ff., sowie Bogaschewsky, R., 1988, S. 59 ff.; Glaser, H., 1975, S. 537 ff., und 1986, S. 55 ff.; Glaser, H., Geiger, W., und Rohde, V., 1992, S. 64 ff.; Melzer-Ridinger, R., 1994, S. 189 ff.; Schmidt, A., 1985, S. 160 ff.

[3] Vgl. Axsäter, S., 1980, S. 395 ff., sowie Hechtfischer, R., 1991, S. 134 ff.; Heinrich, C. E., 1987, S. 44 f.; Tempelmeier, H., 1995, S. 170 ff.

[4] Vgl. Gaither, N., 1981, S. 75 ff., und 1983, S. 10 ff., sowie die kritischen Anmerkungen von Robrade, A. D., 1990, S. 46; Silver, E. A., 1983, S. 115 f.; Wemmerlöv, U., 1983, S. 117 ff.

[5] Vgl. Freeland, J. R., und Colley, J. L., 1982, S. 15 ff., sowie Tersine, R. J., 1982, S. 173 f.

Zu weiteren Heuristiken, die größtenteils aus der Kombination von bereits bekannten Näherungsverfahren oder aus Varianten dieser Verfahren bestehen, sei auf die Literatur verwiesen.[1] Diese weiteren Näherungsverfahren sollen jedoch hier in der Arbeit nicht erläutert bzw. analysiert werden.[2] Für sie gilt prinzipiell die gleiche Kritik bzgl. der Erzielung von suboptimalen Lösungen, die für die oben dargestellten heuristischen Losgrößenverfahren in dem nächsten Kapitel ausgeführt und im Vergleich zu den Vorteilen von Näherungsverfahren allgemein bewertet wird.

3.3 Bewertung der bisherigen dynamischen Losgrößenplanung

Nachdem die Verfahren dargestellt wurden, die in der Literatur häufig zur Lösung von dynamischen Losgrößenproblemen empfohlen bzw. üblicherweise in Softwaresystemen zur Materialwirtschaft oder zur Produktionsplanung und -steuerung eingesetzt werden, sollen diese Ansätze nun im Hinblick auf ihre Vor- und Nachteile untersucht werden.

Das Harris-Verfahren ist trotz der Prämisse konstanter Bedarfsmengen und der statischen Betrachtungsweise das Losgrößenverfahren, das in den entsprechenden Standard-Softwaresystemen - mit gleicher Anzahl wie das Stückkostenverfahren - am häufigsten zur Lösung von Losgrößenproblemen mit schwankendem Bedarfsverlauf und festen Bereitstellungszeitpunkten implementiert ist. Auch in den Unternehmen herrscht vielfach die Auffassung, daß das statische Grundverfahren zur Lösung von dynamischen Losgrößenproblemen geeignet ist. Ebenso wird in der Literatur zur Losgrößenplanung häufig dieser Standpunkt vertreten.

---

[1] Vgl. Knolmayer, G., 1985a, S. 223 ff., und 1985b, S. 411 ff.; Robrade, A. D., 1990, S. 35 ff.; Zoller, K., und Robrade, A., 1987, S. 219 ff.

[2] Im Vergleich zu den Verfahren, die in den vorherigen Kapiteln beschrieben wurden, haben diese Verfahren nur einen relativ geringen Bekanntheitsgrad erreicht. Für den Bereich der Standard-Softwareprodukte zur Produktionsplanung und -steuerung konnte überhaupt keine Verwendung dieser Losgrößenheuristiken festgestellt werden (vgl. Fandel, G., François, P., und Gubitz, K.-M., 1997, S. 224 ff.).

So findet beispielsweise nach Kistner und Steven das klassische Losgrößenmodell in der Praxis großen Anklang, da es leicht verständlich und einfach herleitbar sei sowie darüber hinaus einen geringen Datenbedarf erfordere. Da im Optimum nur eine geringe Sensitivität gegenüber Veränderungen der Kostenparameter existiert, würden die Ergebnisse des Harris-Verfahrens oft "eine hinreichend gute Approximation realer Gegebenheiten" darstellen.[1]

Ähnlich argumentiert auch Olivier. Er gibt als Grund für die Anwendbarkeit des Harris-Modells ebenfalls die geringe Sensitivität im Optimalbereich an und behauptet, daß bei Losgrößenproblemen sogar "ziemlich rücksichtslose Vereinfachungen gegenüber der Realität dennoch nahezu in das Kostenoptimum führen".[2] Würde man sich hinsichtlich des Lagerkostensatzes, des Rüstkostensatzes oder des Gesamtbedarfs um 50 Prozent nach unten oder um 100 Prozent nach oben verschätzen, so würde dies nur zu Mehrkosten in Höhe von 6,1 Prozent führen. Man bräuchte "deshalb keine Bedenken zu haben, die Andlersche Losgrößenformel mit nur näherungsweise richtigen Eingabewerten zu benutzen".[3]

Gemäß Kilger zeigt sich aufgrund der Sensitivitätsanalyse, daß die relevanten Kosten im Bereich der optimalen Losgröße relativ flach verlaufen bzw. daß sie auf Abweichungen von der optimalen Losgröße nur schwach reagieren. Hieraus schließt er, daß

---

[1] Vgl. Kistner, K.-P., und Steven, M., 1993, S. 51. Es soll an dieser Stelle darauf hingewiesen werden, daß bereits Harris (F. W., 1913, S. 136 und S. 152) - hinsichtlich seiner Losgrößenformel - auf die geringe Sensitivität der relevanten Gesamtkosten bei Abweichungen von der optimalen Losgröße hingewiesen und diese anhand von mehreren Zahlenbeispielen erläutert hat, die sich auf verschiedene Beispielprodukte beziehen. Dabei hat er auch festgestellt, daß bei den Sensitivitätsaussagen zu beachten ist, daß die relevanten Gesamtkosten sich bei einer Erhöhung der Losgröße weniger erhöhen, als dies bei einer entsprechenden Verminderung der Losgröße der Fall ist. Allgemeine mathematische Berechnungen bzw. Begründungen zu den Sensitivitätsaussagen sind allerdings bei Harris noch nicht zu finden.

[2] Olivier, G., 1977, S. 176 f.

[3] Olivier, G., 1977, S. 195.

das klassische Losgrößenverfahren "auch dann in die Nähe des Optimums führt, wenn die Daten nicht ganz genau sind und die Prämisse des konstanten Bedarfs nur näherungsweise erfüllt ist".[1] Er geht davon aus, daß statische Lagerhaltungsmodelle bei relativ geringen Bedarfsschwankungen in der Praxis zu "guten" Lösungen führen, während er bei größeren Schwankungen dynamische Verfahren empfiehlt.[2]

Eine ähnliche Auffassung vertritt auch Singer, der sich für die Anwendung des klassischen Losgrößenverfahrens bei Bedarfsverläufen einsetzt, die "weitgehend konstant" sind.[3]

Stevenson hält den Einsatz der Harris-Formel gelegentlich bei Einzelteilen mit Mehrfachverwendung auf "niedrigen" Dispositionsstufen und bei Rohmaterialien für akzeptabel, da diese oft nur geringe Bedarfsschwankungen aufweisen würden.[4]

Domschke, Scholl und Voß geben an, daß aus einer Überschreitung der optimalen Losgröße um 20 Prozent lediglich eine Kostensteigerung von 1,7 Prozent resultiert und daß bei einer Unterschreitung der optimalen Losgröße um 20 Prozent eine Kostensteigerung von 2,5 Prozent entsteht. Ebenso würde sich zeigen lassen, daß auch bei Schätzfehlern bezüglich der Rüst- und Lagerkostensätze bzw. des Gesamtbedarfs nur relativ geringe Kostensteigerungen gegenüber der optimalen Lösung entstehen. Sie folgern daraus, daß aus diesen Gründen trotz der restriktiven Annahmen eine weite Verbreitung des Harris-Verfahrens und seiner Erweiterungen verständlich ist.[5]

Ähnliche Aussagen zu den Sensitivitätsanalysen, die häufig auch als Sensibilitätsanalysen bezeichnet werden, finden sich beispielsweise bei Hammer. Auch er weist

---

[1] Kilger, W., 1986, S. 328 f.

[2] Vgl. Kilger, W., 1986, S. 337.

[3] Vgl. Singer, P., 1998, S. 71.

[4] Vgl. Stevenson, W. J., 1986, S. 562 f.

[5] Vgl. Domschke, W., Scholl, A., und Voß, S., 1997, S. 79.

darauf hin, daß kleinere Abweichungen von der zu errechnenden optimalen Losgröße in der Praxis nicht sehr ins Gewicht fallen. Hammer gibt hinsichtlich der Losgrößenentscheidung einen Toleranzbereich von minus 10 bis plus 20 Prozent an.[1]) Laut Stevenson sind sogar Abweichungen von minus 20 Prozent bis plus 30 Prozent von der optimalen Losgröße noch akzeptabel.[2]) Kurbel gibt an, daß eine Erhöhung der Losgröße um 50 Prozent ebenso wie eine Verringerung um ein Drittel nur zu einem Anstieg der Kosten von etwa 8 Prozent führt.[3]) Hinsichtlich weiterer bzw. vergleichbarer Aussagen zu dem Bereich der Sensitivitätsanalysen sei auf die Literatur verwiesen.[4])

Schneeweiß hält das Harris-Modell vor allem deshalb für geeignet, da man mit diesem Ansatz relativ bequem in der Lage sei, Restriktionen zu berücksichtigen. Dieser Vorteil würde manchen Nachteil ausgleichen, "den man wegen der restriktiven Annahme der Konstanz der Nachfrage hinnehmen muß".[5])

Nach Voigt hat diese "einfache Losgrößenformel" auch heute noch Ihre Berechtigung. Für hinreichend kurze Zeiträume könne man von einer "(Quasi-)Konstanz" der eingehenden Größen ausgehen. Dynamische Losgrößenverfahren würden in der Praxis auf Schwierigkeiten stoßen, weil sie im Hinblick auf die Datenbeschaffung und vor allem auf die Rechenzeiten zu aufwendig seien. Er gibt an, daß er diese Erkenntnisse bzw. Erfahrungen aus zahlreichen Projekten aus Handel und Industrie gewonnen habe. Da

---

[1]) Vgl. Hammer, E., 1977, S. 158.

[2]) Vgl. Stevenson, W. J., 1986, S. 481.

[3]) Vgl. Kurbel, K., 1998, S. 133.

[4]) Vgl. u.a. Arnolds, H., Heege, F., und Tussing, W., 1996, S. 67 ff.; Czeranowsky, G., 1989, S. 3 ff.; Eilon, S., 1962, S. 244; Kahle, E., 1996, S. 140 ff.; Magee, J. F., und Boodman, D. M., 1986, S. 65 ff.; Meyer, M., und Hansen, K., 1996, S. 164 ff.; Müller-Merbach, H., 1962, S. 79; Naddor, E., 1966, S. 52, und 1971, S. 71 ff.; Silver, E. A., und Peterson, R., 1985, S. 180 ff.; Trux, W. R., 1972, S. 294 ff.

[5]) Schneeweiß, C., 1981, S. 51 f.

es darum gehe, "einen vernünftigen Kompromiß zwischen Aufwand und Ergebnis zu finden", sei es sinnvoll, die klassische Losgrößenformel anzuwenden.[1]

Alt und Heuser präferieren die klassische Losgrößenformel, da neuere Algorithmen und Heuristiken für Losgrößenberechnungen aus ökonomischer Sicht in kleinen und mittelständischen Unternehmen nicht anwendbar seien. Sie wären zu komplex und würden lange Rechenzeiten benötigen. Außerdem wären oft die erforderlichen Daten nicht vorhanden.[2]

Insgesamt läßt sich feststellen, daß in der Literatur meist die geringe Sensitivität des Losgrößenproblems im Optimalbereich, die geringen Rechenzeiten, die einfache Datenbeschaffung und die Einfachheit des Modells sowie die daraus resultierende hohe Akzeptanz in der Praxis als wesentliche Gründe für eine Anwendung des Harris-Verfahrens bei dynamischen Losgrößenproblemen genannt werden.

Diesen Argumentationen kann sich der Autor jedoch nicht anschließen. Die Verwendung des Harris-Verfahrens bei dynamischen Losgrößenproblemen verletzt die Prämissen dieses Verfahrens und sollte auf jeden Fall vermieden werden, da die daraus entstehenden negativen Auswirkungen hinsichtlich der Qualität der erzielten Ergebnisse teilweise gravierend sind. Es wird in diesem Kapitel gezeigt, daß die Anwendung des klassischen Losgrößenverfahrens bei dynamischen Problemstellungen im allgemeinen völlig ungeeignet ist.

Für das Scheitern des Harris-Verfahrens bei dynamischen Losgrößenproblemen sind im wesentlichen zwei Gründe verantwortlich. Erstens wurde das statische Losgrößenverfahren nicht für schwankende Bedarfsverläufe konzipiert.[3] Zweitens liegen den dynamischen Losgrößenproblemen - analog zu den Produktionsplanungs- und -steue-

---

[1] Vgl. Voigt, G., 1993, S. 23 ff.

[2] Vgl. Alt, D., und Heuser, S., 1993, S. 57 ff.

[3] Es gilt die Prämisse, daß der Materialbedarf (bzw. die Lagerabgangsrate) konstant ist.

rungssystemen - vorgegebene Lieferzeitpunkte bzw. Periodeneinteilungen zugrunde (diskrete Betrachtungsweise). Beim Harris-Verfahren liegt dagegen eine kontinuierliche Betrachtungsweise vor, so daß fest vorgegebene Zeitpunkte dort nicht als Restriktionen in die Optimierung einbezogen werden, sondern nur indirekt - über die Auflage- und Bestellhäufigkeit bzw. den Loszyklus - ein Ergebnis der Losgrößenentscheidung sind.[1] Daraus folgt, daß feststehende Bereitstellungszeitpunkte diesem Verfahren Probleme bereiten.

Um Mißverständnisse zu vermeiden, soll hier deutlich hervorgehoben werden, daß sich die nachfolgende Kritik nicht gegen das Harris-Verfahren selbst richtet, sondern gegen die häufig praktizierte und in der Literatur häufig empfohlene, fehlerhafte Verwendung dieses statischen Verfahrens auf dynamische Problemstellungen.

Folgende Kritikpunkte können im Hinblick auf die Tauglichkeit des Harris-Verfahrens bei dynamischen Losgrößenproblemen angeführt werden:

- Die Verwendung des Harris-Verfahrens für dynamische Losgrößenprobleme verursacht erhöhte Rüst- und Lagerhaltungskosten.

Diese Aussage soll mit Hilfe eines Zahlenbeispiels verdeutlicht werden. In Tabelle 2 ist ein Beispiel aufgeführt, bei dem zunächst ein konstanter Bedarfsverlauf vorliegt und das im folgenden weiter variiert wird, um die entsprechenden kritischen Aussagen zur Verwendbarkeit des Harris-Verfahrens zu belegen.[2]

---

[1] Gemäß den Prämissen des klassischen Losgrößenverfahrens sind die Produktions- bzw. Beschaffungszeitpunkte beliebig bestimmbar.

[2] Obwohl die Bedarfsmengen in diesem Beispiel (Tabelle 2) konstant sind, liegt hier ein dynamisches Losgrößenproblem vor, denn die Produktions- bzw. Beschaffungszeitpunkte sind nicht beliebig bestimmbar, sondern müssen sich an fest vorgegebenen Zeitpunkten orientieren.

Tabelle 2: Anwendung des Harris-Verfahrens auf ein dynamisches Losgrößenproblem (Beispiel 1)

Ausgangsdaten						
Bedarfsperiode t	1	2	3	4	5	6
Nettobedarfsmenge x_t (Mengeneinheiten pro Periode)	150	150	150	150	150	150
Lagerkostensatz k_L	0,50 (Geldeinheiten pro Mengeneinheit und Periode)					
Rüstkostensatz k_R	150,00 (Geldeinheiten pro Rüstvorgang)					
Lösung nach Harris						
Losgröße q^*_t (Mengeneinheiten pro Periode)	300	0	300	0	300	0
Lagerbestand b^*_t (Mengeneinheiten pro Periode)	150	0	150	0	150	0

Setzt man die Ausgangsdaten (T = 6, x = 6 · x_t = 900, k_L = 0,50, k_R = 150) in die klassische Losgrößenformel ein, so erhält man als optimale Losgröße q^* = 300. Daraus ergibt sich ein Loszyklus von (q^*/x) · T = 2. Folglich wird zu Beginn der ersten, der dritten und der fünften Periode jeweils ein neues Los gebildet. Aufgrund der drei Auflagen und der 450 Mengeneinheiten, die insgesamt gelagert werden müssen, entstehen relevante Kosten in Höhe von 675 Geldeinheiten.

Ausgehend von diesem Beispiel wird jetzt der Bedarf der ersten Periode um 10 Mengeneinheiten vermindert und der Bedarf der sechsten Periode um 10 Mengeneinheiten erhöht. Der Gesamtbedarf x beträgt also weiterhin 900. Da sich aus der Sicht des Harris-Verfahrens die Daten nicht verändert haben, wird, wie in Tabelle 3 ersichtlich, die gleiche Losgrößenentscheidung getroffen.

Zusätzlich zur Lösung des klassischen Losgrößenverfahrens wird in Tabelle 3 die Lösung angegeben, die sich bei einer Anwendung des exakten Verfahrens von Wagner und Whitin ergibt. Vergleicht man das Ergebnis des Harris-Verfahrens mit der optimalen Lösung des dynamischen Problems, so erkennt man, daß in den ersten 4 Perioden jeweils 10 Mengeneinheiten zuviel gelagert werden.[1] Folglich entstehen durch diese

---

[1] Dies wird in der Tabelle durch eine Unterstreichung der entsprechenden Lagerbestandsmengen hervorgehoben.

Vorgehensweise unnötige Lagerhaltungskosten in Höhe von 20 Geldeinheiten. Die relevanten Gesamtkosten betragen bei einer Anwendung des Harris-Verfahrens auf das dynamische Losgrößenproblem 700 Geldeinheiten[1] und bei Wagner und Whitin 680 Geldeinheiten.[2]

Tabelle 3: Anwendung des Harris-Verfahrens auf ein dynamisches Losgrößenproblem (Beispiel 2)

Ausgangsdaten						
Bedarfsperiode t	1	2	3	4	5	6
Nettobedarfsmenge x_t (Mengeneinheiten pro Periode)	140	150	150	150	150	160
Lagerkostensatz k_L	0,50 (Geldeinheiten pro Mengeneinheit und Periode)					
Rüstkostensatz k_R	150,00 (Geldeinheiten pro Rüstvorgang)					
Lösung nach Harris						
Losgröße q^*_t (Mengeneinheiten pro Periode)	300	0	300	0	300	0
Lagerbestand b^*_t (Mengeneinheiten pro Periode)	160	10	160	10	160	0
Lösung Wagner-Whitin						
Losgröße q^*_t (Mengeneinheiten pro Periode)	290	0	300	0	310	0
Lagerbestand b^*_t (Mengeneinheiten pro Periode)	150	0	150	0	160	0

Nachdem gezeigt wurde, daß die Anwendung des Harris-Verfahrens bei dynamischen Losgrößenproblemen zu unnötigen Lagerhaltungskosten führen kann, soll jetzt verdeutlicht werden, daß mit dieser Vorgehensweise auch zusätzliche Rüstkosten verbunden sein können. Erhöhte Rüstkosten innerhalb des Planungszeitraums sind in den Fällen möglich, in denen sich nicht-ganzzahlige Loszyklen ergeben.

Um dies zu veranschaulichen, werden ausgehend von dem vorliegenden Beispiel die Nettobedarfsmengen der einzelnen Perioden um 10 Mengeneinheiten erhöht. Das

---

[1] $K_R = 3 \cdot 150 = 450$; $K_L = (160+10+160+10+160) \cdot 0,5 = 250$.

[2] $K_R = 3 \cdot 150 = 450$; $K_L = (150+150+160) \cdot 0,5 = 230$.

daraus resultierende Zahlenbeispiel befindet sich in Tabelle 4. Setzt man den neuen Gesamtbedarf von 960 Mengeneinheiten zusammen mit den übrigen Daten in die Wurzelformel ein, so erhält man nach Harris eine optimale Losgröße von $q^* = 309{,}84$. Gerundet ergibt sich also eine Losgröße von 310 und daraus folgend ein Loszyklus von $(310/960) \cdot 6 = 1{,}9375$. Da nicht-ganzzahlige Loszyklen nicht in das Zeitraster bzw. die Periodeneinteilung der dynamischen Losgrößenplanung passen, ist es erforderlich, die entsprechenden Auflagezeitpunkte jeweils auf den Beginn der einzelnen Perioden umzurechnen. Dabei müssen nicht-ganzzahlige Periodenangaben abgerundet werden, um eine fristgerechte Bereitstellung der Materialien zu den Periodenanfängen in jedem Fall zu gewährleisten. In unserem Beispiel muß also zu Beginn der ersten und zweiten Periode $(1+1{,}9375 = 2{,}9375)$ sowie zu Beginn der vierten $(2{,}9375 + 1{,}9375 = 4{,}875)$ und sechsten Periode $(4{,}875+1{,}9375 = 6{,}8125)$ ein Los gebildet werden.

Bei einer Anwendung des Harris-Verfahrens müssen - bei 4 Auflagen - insgesamt 1340 Mengeneinheiten gelagert werden. Es entstehen dabei relevante Gesamtkosten in Höhe von $(4 \cdot 150) + (1340 \cdot 0{,}5) = 1270$ Geldeinheiten.[1] Die optimale Lösung nach Wagner und Whitin verursacht dagegen nur Rüst- und Lagerhaltungskosten in Höhe von $(3 \cdot 150) + (490 \cdot 0{,}5) = 695$ Geldeinheiten.

Es zeigt sich also, daß durch das Harris-Verfahren - für diese Problemstellung - im Vergleich zur exakten Lösung unnötig hohe Rüst- und Lagerhaltungskosten entstehen. Die Verwendung des Ansatzes von Harris würde in diesem Beispiel die relevanten Kosten um über 82 Prozent erhöhen.

---

[1] Diese Kosten ließen sich natürlich - wie auch in den nachfolgenden Beispielen mit nicht-ganzzahlige Loszyklen - durch weitere Überlegungen bzw. Anpassungen der Vorgehensweise reduzieren. So könnte man z.B. Lossplitting hinsichtlich benachbarter Perioden durchführen oder neue Auflagen nur dann zulassen, wenn der Lagerbestand in den entsprechenden Perioden nicht mehr zur Bedarfsdeckung ausreicht. Bei solchen Überlegungen oder Anpassungen würde jedoch nicht mehr eine einfache Anwendung des Harris-Verfahrens auf dynamische Losgrößenprobleme vorliegen sondern eine weitere Heuristik auf der Basis des Harris-Verfahrens. Im Hinblick auf eine kritische Analyse von Näherungsverfahren für dynamische Losgrößenprobleme sei auf die weiteren Ausführungen in diesem Kapitel verwiesen (vgl. insbesondere S. 132 ff.).

Tabelle 4: Anwendung des Harris-Verfahrens auf ein dynamisches Losgrößenproblem (Beispiel 3)

Ausgangsdaten						
Bedarfsperiode t	1	2	3	4	5	6
Nettobedarfsmenge x_t (Mengeneinheiten pro Periode)	150	160	160	160	160	170
Lagerkostensatz k_L	0,50 (Geldeinheiten pro Mengeneinheit und Periode)					
Rüstkostensatz k_R	150,00 (Geldeinheiten pro Rüstvorgang)					
Lösung nach Harris						
Losgröße q^*_t (Mengeneinheiten pro Periode)	310	310	0	310	0	310
Lagerbestand b^*_t (Mengeneinheiten pro Periode)	160	310	150	300	140	280
Lösung Wagner-Whitin						
Losgröße q^*_t (Mengeneinheiten pro Periode)	310	0	320	0	330	0
Lagerbestand b^*_t (Mengeneinheiten pro Periode)	160	0	160	0	170	0

Ausgehend von der Betrachtung der festen Lieferzeitpunkte bzw. Periodeneinteilung läßt sich sogar über diese Feststellungen hinaus folgende Aussage formulieren:

- Die Verwendung des Harris-Verfahrens kann bei dynamischen Losgrößenproblemen bzw. bei fest vorgegebenen Lieferzeitpunkten selbst dann zu erhöhten Rüst- und Lagerhaltungskosten führen, wenn ein konstanter Bedarfsverlauf vorliegt.

Diese Behauptung kann illustriert werden, indem man das Beispiel in Tabelle 4 so modifiziert, daß man die Bedarfsmenge der ersten Periode um 10 Mengeneinheiten erhöht und die Bedarfsmenge der sechsten Periode um 10 Mengeneinheiten vermindert. Dadurch liegt (wiederum) ein konstanter Bedarf vor (Tabelle 5). Da die Gesamtbedarfsmenge x weiterhin 960 Mengeneinheiten beträgt, verändert sich die Losgrößenentscheidung des Harris-Verfahrens im Vergleich zu Tabelle 4 nicht.

Tabelle 5: Anwendung des Harris-Verfahrens auf ein dynamisches Losgrößenproblem (Beispiel 4)

Ausgangsdaten						
Bedarfsperiode t	1	2	3	4	5	6
Nettobedarfsmenge x_t (Mengeneinheiten pro Periode)	160	160	160	160	160	160
Lagerkostensatz k_L	0,50 (Geldeinheiten pro Mengeneinheit und Periode)					
Rüstkostensatz k_R	150,00 (Geldeinheiten pro Rüstvorgang)					
Lösung nach Harris						
Losgröße q^*_t (Mengeneinheiten pro Periode)	310	310	0	310	0	310
Lagerbestand b^*_t (Mengeneinheiten pro Periode)	150	300	140	290	130	280
Lösung Wagner-Whitin						
Losgröße q^*_t (Mengeneinheiten pro Periode)	320	0	320	0	320	0
Lagerbestand b^*_t (Mengeneinheiten pro Periode)	160	0	160	0	160	0

Ein Vergleich mit dem Ergebnis des Wagner-Whitin-Verfahrens zeigt, daß unnötig hohe Lagerbestände erforderlich sind und daß häufiger aufgelegt werden muß. Die Rüst- und Lagerhaltungskosten betragen bei einer Anwendung des Harris-Verfahrens $(4 \cdot 150) + (1290 \cdot 0,5) = 1245$ Geldeinheiten. Bei einer Realisierung der optimalen Lösung nach Wagner und Whitin entstehen dagegen nur relevante Kosten in Höhe von $(3 \cdot 150) + (480 \cdot 0,5) = 690$ Geldeinheiten. Würde man das Harris-Verfahren für diese Problemstellung einsetzen, so wären damit Mehrkosten in Höhe von über 80 Prozent verbunden.

Bei der Anwendung des klassischen Losgrößenverfahrens auf Losgrößenprobleme mit fest vorgegebenen Bereitstellungsterminen ist also - aufgrund der Periodeneinteilung - nicht einmal bei konstantem Bedarfsverlauf sichergestellt, daß ein optimales Ergebnis erzielt wird.

Die in der Literatur häufig vorzufindende Auffassung, daß das Harris-Verfahren bei konstantem Bedarfsverlauf und diskreter Betrachtungsweise die optimale Lösung errechnet, kann mit Hilfe dieses Zahlenbeispiels als widerlegt gelten.[1]

Darüber hinaus konnte mit Hilfe dieses Zahlenbeipiels gezeigt werden, daß die unzulässige Anwendung des klassischen Losgrößenverfahrens, dem eine kontinuierliche Betrachtungsweise zugrunde liegt, auf Losgrößenprobleme mit diskreter Betrachtungsweise (dynamisches Losgrößenmodell) selbst dann zu erheblichen Kostenerhöhungen führen kann, wenn die Bedarfsmengen der fest vorgegebenen Bedarfszeitpunkte konstant sind. Der in der Literatur häufig geäußerten Empfehlung bzw. Auffassung, daß eine Verwendung des Harris-Verfahrens für dynamische Losgrößenprobleme geeignet sei, bei denen der Bedarf annähernd konstant ist,[2] muß deshalb hier deutlich widersprochen werden.

In der Literatur wird außerdem im Hinblick auf den Einsatz des Harris-Verfahrens bei dynamischen Losgrößenproblemen häufig die Auffassung vertreten, daß die zu erwartenden Kostenabweichungen aufgrund der geringen Sensitivität des Losgrößenproblems in der Praxis nur gering sind und die Ergebnisse deshalb eine hinreichend gute Approximation realer Gegebenheiten darstellen.[3] Dieser Ansicht kann hier ebenfalls nicht zugestimmt werden.

Unter Zugrundelegung der hohen Kostenunterschiede, die in den obigen Beispielen dargelegt wurden und die sich selbst bei konstanten Bedarfsverläufen ergeben können, wird folgender Befund formuliert:

---

[1] Als Beispiel für die in der Literatur zu dieser Thematik vorzufindende Auffassung soll hier Singer (P., 1998, S. 71) zitiert werden: "Die Andler-Formel ... führt bei konstantem Bedarf zu einem exakten Optimum. In diesem Fall liefern der Wagner-Whitin-Algorithmus und die Andler-Formel identische Ergebnisse."

[2] Vgl. u.a. Arnolds, H., Heege, F., und Tussing, W., 1996, S. 68; Kilger, W., 1986, S. 328 f.; Stevenson, W. J., 1986, S. 562 f.

[3] Vgl. u.a. Kistner, K.-P., und Steven, M., 1993, S. 51; Meyer, M., und Hansen, K., 1996, S. 168; Schmidt, A., 1985, S. 223.

- Die Aussagen bezüglich einer geringen Sensitivität des Harris-Verfahrens bei statischen Losgrößenproblemen können nicht auf die Anwendung des Harris-Verfahrens bei dynamischen Losgrößenproblemen bzw. bei fest vorgegebenen Lieferzeitpunkten übertragen werden. Das Harris-Verfahren kann dort zu erheblichen Kostensteigerungen führen.

Der Hauptgrund für die Nichtübertragbarkeit der Sensitivitätsaussagen liegt in den Unterschieden der beiden Losgrößenmodelle begründet. Erkenntnisse, die in einem Losgrößenmodell gewonnen werden, lassen sich deshalb nicht unmittelbar in einem anderen Losgrößenmodell verwerten, da dort andere Prämissen und Eigenschaften gelten.

Außerdem ist zu beachten, daß sich die Sensitivitätsaussagen des statischen Falls auf Kostenerhöhungen beziehen, die durch eine Variation des Rüstkostensatzes, des Gesamtbedarfs oder des Lagerkostensatzes bzw. - bei umgekehrter Betrachtung - durch eine Abweichung von der optimalen Losgröße hervorgerufen werden.[1] Bei der Anwendung des Harris-Verfahrens auf den dynamischen Fall sind jedoch Kostenerhöhungen von Bedeutung, die aufgrund von schwankenden Bedarfsmengen oder durch fest vorgegebene Bereitstellungszeitpunkte hervorgerufen werden können. Zu diesen beiden Sachverhalten können dagegen die statischen Sensitivitätsbetrachtungen keinerlei Aussagen liefern, da diese Gegebenheiten im statischen Fall überhaupt nicht vorliegen und deshalb im Sinne einer Sensitivitätsbetrachtung auch nicht variiert werden können. Diese Argumentation läßt deshalb nur den Schluß zu, daß die Sensitivitätsaussagen des klassischen Losgrößenverfahrens auf keinen Fall im Hinblick auf dynamische Losgrößenprobleme verwendet werden dürfen.[2]

---

[1] Siehe hierzu u.a. Brunnberg, J., 1970, S. 155 ff.; Czeranowsky, G., 1989, S. 2 ff.; Müller-Merbach, H., 1962, S. 79 ff.; Olivier, G., 1977, S. 193; Schmidt, A., 1985, S. 38 ff.; Zwehl, W. v., 1973, S. 115 ff.

[2] Möglicherweise hat die - offenbar stark verbreitete und langjährig fortwährende - fehlerhafte Interpretation der statischen Sensitivitätsergebnisse bzw. die fehlerhafte Übertragung der entsprechenden Erkenntnisse auf die dynamische Losgrößenplanung entscheidend dazu beigetragen, daß sich die Softwareindustrie anscheinend bis zum heutigen Tag dazu veranlaßt sieht, das Harris-Verfahren als "bevorzugtes" Verfahren für dynamische Losgrößenprobleme anzubieten.

Zu fehlerhaften Aussagen würde es darüber hinaus auch führen, wenn man im Rahmen von Sensitivitätsbetrachtungen die Bedarfsmengen des dynamischen Problems variiert und anschließend die Auswirkungen auf die Kosten nicht nach dem dynamischen Modell, sondern mit Hilfe der statischen Betrachtungsweise berechnen würde. Im Zusammenhang mit den Kostenaussagen zum Harris-Verfahren kann folgende Feststellung getroffen werden:

- Verwendet man bei dynamischen Losgrößenproblemen neben dem Harris-Verfahren auch die Formel zur Berechnung der relevanten Gesamtkosten von Harris, so werden - zusätzlich zu den hier erwähnten Nachteilen - die aus der Losgrößenentscheidung resultierenden relevanten Kosten falsch berechnet bzw. (im allgemeinen) in unzutreffender Höhe ausgewiesen.

Im klassischen Losgrößenverfahren werden die Rüstkosten ermittelt, indem man die Auflage- bzw. Bestellhäufigkeit ($h = x/q$) mit dem Rüstkostensatz (k_R) multipliziert. In den obigen Beispielen und den dazugehörigen Erläuterungen wurde bereits gezeigt, daß sich die Auflagehäufigkeiten des Harris-Verfahrens bei einer Anwendung auf den dynamischen Fall nicht gemäß dieser Gleichung berechnen lassen. Bei nicht-ganzzahligen Loszyklen können sich beispielsweise hiervon abweichende Auflagehäufigkeiten ergeben, da die Periodeneinteilungen des dynamischen Problems zu beachten sind und die benötigten Produktmengen gemäß den Prämissen spätestens zu Beginn der Bedarfsperiode verfügbar sein müssen.

Auch die Messung der Lagerhaltungskosten ($K_L = (q/2) \cdot k_L \cdot T$) erfolgt bei einer Verwendung der statischen Vorgehensweise nicht mit der erforderlichen Genauigkeit, denn die durchschnittlichen Lagerbestände können nicht mit $q/2$ angegeben werden. Während man im statischen Fall davon ausgeht, daß ein sukzessiver Lagerabgang erfolgt - die Bedarfsrate beträgt $r = x/T$ - geht man im dynamischen Losgrößenmodell davon aus, daß die Bedarfsmengen jeweils zu Beginn der entsprechenden Perioden unmittelbar benötigt werden. Außerdem beträgt die Lagerentnahmezeit null Zeiteinheiten. In einer Periode entstehen deshalb keine Lagerhaltungskosten für die in dieser Periode verbrauchten Produkteinheiten, sondern nur für den Lagerbestand, der am

Ende der Periode vorhanden ist. Hinzu kommt, daß sich aufgrund der in der Regel schwankenden Bedarfsmengen des dynamischen Losgrößenproblems und der nichtganzzahligen Loszyklen, die bei einer Anwendung des klassischen Losgrößenverfahrens häufig auftreten, Schwankungen in den Lagerbeständen ergeben. Insofern wäre es ein Zufall, wenn die durchschnittliche Lagerbestandsmenge im dynamischen Fall den Wert q/2 annehmen würde.

Betrachtet man die in diesem Kapitel dargestellten Zahlenbeispiele, so läßt sich leicht zeigen, daß sowohl die Rüstkosten als auch die Lagerhaltungskosten - aus den hier dargelegten Gründen - nicht richtig ermittelt werden, wenn man im dynamischen Fall die Kosten mit Hilfe der statischen Vorgehensweise von Harris berechnet.

Gemäß Harris würden die relevanten Gesamtkosten für das oben angeführte erste Beispiel (Tabelle 2) 900 Geldeinheiten betragen.[1] Tatsächlich führen die mit Hilfe des Harris-Verfahrens errechneten Losgrößen jedoch unter den Prämissen des dynamischen Losgrößenmodells zu relevanten Gesamtkosten in Höhe von 675 Geldeinhciten.[2]

In dem in Tabelle 3 dargestellten zweiten Zahlenbeispiel würde eine Kostenermittlung nach Harris ebenfalls 900 Geldeinheiten ausweisen, da trotz geänderter Ausgangssituation die gleiche Losgrößenentscheidung getroffen wird. Tatsächlich werden aber im Vergleich zur vorhergehenden Lösung insgesamt 50 Mengeneinheiten zusätzlich gelagert. Dies kann die statische Kostenermittlung des klassischen Losgrößenverfahrens jedoch nicht mit einbeziehen. Die tatsächlichen Kosten des dynamischen Los-

---

[1] $K_R + K_L = x/q \cdot k_R + q/2 \cdot k_L \cdot T = 900/300 \cdot 150 + 300/2 \cdot 0{,}50 \cdot 6 = 900$ Geldeinheiten.

[2] $K_R + K_L = 3 \cdot 150 + (150+150+150) \cdot 0{,}5 = 450 + 225 = 675$ Geldeinheiten. Zu beachten ist, daß das statische Grundmodell hier - aus den oben erläuterten Gründen (unterschiedliche Prämissen) - andere Kosten (900 Geldeinheiten) ermittelt, als dies bei einer exakten dynamischen Losgrößenplanung (675 Geldeinheiten) der Fall ist, obwohl konstante Bedarfsmengen vorliegen und in diesem Beispiel die gleichen Losgrößen ermittelt werden.

größenproblems betragen bei einer Losgrößenentscheidung nach Harris in diesem Beispiel 700 Geldeinheiten.[1]

Analog dazu würden in den beiden weiteren Beispielen, die sich in den Tabellen 4 und 5 befinden, Kosten in Höhe von jeweils 929,52 Geldeinheiten gemäß Harris ausgewiesen, während tatsächlich 1270 beziehungsweise 1245 Geldeinheiten für die Rüst- und Lagerhaltungskosten des dynamischen Losgrößenproblems entstehen, wenn man die nach Harris ermittelten Losgrößen realisieren würde.

Als weiterer Kritikpunkt zur Anwendung des klassischen Losgrößenverfahrens auf dynamische Losgrößenprobleme läßt sich folgende Aussage formulieren:

- Die Verwendung des Harris-Verfahrens für dynamische Losgrößenprobleme kann Fehlmengen verursachen.

Um diese Aussage begründen zu können, soll das in Tabelle 2 verwendete Zahlenbeispiel variiert werden. Der dort vorliegende konstante Bedarfsverlauf wird dadurch verändert, daß der Bedarf der ersten Periode um 10 Mengeneinheiten erhöht und der Bedarf der sechsten Periode um 10 Mengeneinheiten vermindert wird. Aufgrund des unveränderten Gesamtbedarfs erhält man bei einer Anwendung des Harris-Verfahrens wiederum die gleiche Losgrößenentscheidung ($q^* = 300$).

---

[1] $K_R + K_L = 3 \cdot 150 + (160+10+160+10+160) \cdot 0,5 = 450 + 250 = 700$ Geldeinheiten.

Tabelle 6: Anwendung des Harris-Verfahrens auf ein dynamisches Losgrößenproblem (Beispiel 5)

Ausgangsdaten						
Bedarfsperiode t	1	2	3	4	5	6
Nettobedarfsmenge x_t (Mengeneinheiten pro Periode)	160	150	150	150	150	140
Lagerkostensatz k_L	0,50 (Geldeinheiten pro Mengeneinheit und Periode)					
Rüstkostensatz k_R	150,00 (Geldeinheiten pro Rüstvorgang)					
Lösung nach Harris						
Losgröße q^*_t (Mengeneinheiten pro Periode)	300	0	300	0	300	0
Lagerbestand b^*_t (Mengeneinheiten pro Periode)	140	-10	140	-10	140	0
Lösung Wagner-Whitin						
Losgröße q^*_t (Mengeneinheiten pro Periode)	310	0	300	0	290	0
Lagerbestand b^*_t (Mengeneinheiten pro Periode)	150	0	150	0	140	0

Aufgrund der höheren Bedarfsmenge in der ersten Periode entstehen jedoch zwangsläufig Fehlmengen. Für die zweite und vierte Periode reichen die Losgrößen nicht aus, um den Bedarf zu decken. Erst ab Periode 5 sind die kumulierten Losgrößen wieder größer als der kumulierte Bedarf, so daß ab dort eine Bedarfsdeckung gewährleistet ist.

Die Tatsache, daß die Anwendung des Harris-Verfahrens zu Fehlmengen führt, obwohl das Beispiel nur deterministische Daten enthält, läßt - ebenso wie die bereits vorher erläuterten Kostenargumente - den Schluß zu, daß eine Verwendung dieses Verfahrens für dynamische Losgrößenprobleme nicht geeignet ist.[1]

Noch deutlicher können die Nachteile der Anwendung des Harris-Verfahrens bei die-

---

[1] Es soll hier darauf hingewiesen werden, daß die in der Losgrößenplanung üblichen Sicherheitsbestände nur zum Ausgleich für unvorhergesehene Änderungen der Planungssituation bereitgehalten werden sollten. Es ist unter wirtschaftlichen Gesichtspunkten nicht zu vertreten, Sicherheitsbestände mit dem Ziel anzulegen, untaugliche Losgrößenplanungen (von vornherein) abzusichern oder zu verdecken.

sen Problemstellungen dokumentiert werden, wenn man zeigt, daß die beschriebenen Defizite auch parallel auftreten können:

- Die Verwendung des Harris-Verfahrens bei dynamischen Losgrößenproblemen kann gleichzeitig zu erhöhten Rüst- und Lagerhaltungskosten und zu Fehlmengen führen.

Diese Aussage wird mit Hilfe eines Beispiels verdeutlicht, das in Tabelle 7 wiedergegeben ist. Das Harris-Verfahren wird dort auf das Zahlenbeispiel angewendet, das bereits (in Tabelle 1) zur Erläuterung des Wagner-Whitin-Verfahrens diente. Während bei Wagner und Whitin bei 3 Auflagen insgesamt 500 Mengeneinheiten innerhalb des Planungszeitraums gelagert werden müssen, sind es bei einer Verwendung des Harris-Verfahrens bei 4 Auflagen insgesamt 1294 Mengeneinheiten. Obwohl bei dem klassischen Losgrößenverfahren mehr als 2,5 mal so viele Mengeneinheiten gelagert werden müssen, entstehen in der fünften Periode Fehlmengen.

Tabelle 7: Anwendung des Harris-Verfahrens auf ein dynamisches Losgrößenproblem (Beispiel 6)

Ausgangsdaten						
Bedarfsperiode t	1	2	3	4	5	6
Nettobedarfsmenge x_t (Mengeneinheiten pro Periode)	400	300	250	100	600	100
Lagerkostensatz k_L	0,20 (Geldeinheiten pro Mengeneinheit und Periode)					
Rüstkostensatz k_R	90,00 (Geldeinheiten pro Rüstvorgang)					
Lösung nach Harris						
Losgröße q^*_t (Mengeneinheiten pro Periode)	512	512	0	512	0	512
Lagerbestand b^*_t (Mengeneinheiten pro Periode)	112	324	74	486	-114	298
Lösung Wagner-Whitin						
Losgröße q^*_t (Mengeneinheiten pro Periode)	700	0	350	0	700	0
Lagerbestand b^*_t (Mengeneinheiten pro Periode)	300	0	100	0	100	0

Bei einer Realisierung des Wagner-Whitin-Verfahrens erhält man relevante Kosten in Höhe von (500 · 0,2) + (3 · 90) = 370 Geldeinheiten. Eine Anwendung des Harris-Verfahrens führt zu Rüst- und Lagerhaltungskosten in Höhe von (1294 · 0,2) + (4 · 90) = 618,80 Geldeinheiten. Darüber hinaus wären dann auch noch zusätzlich die entsprechenden Fehlmengenkosten zu beachten.

Die kritische Analyse der Anwendbarkeit des klassischen Losgrößenverfahrens im Hinblick auf dynamische Losgrößenprobleme hat gezeigt, daß das Harris-Verfahren zur Bewältigung dieser Aufgaben völlig ungeeignet ist. Es wurde nachgewiesen, daß eine solche Vorgehensweise bzw. eine fehlerhafte Verwendung dieses statischen Verfahrens - selbst bei konstanten Bedarfsverläufen - zu deutlich erhöhten Rüst- und Lagerhaltungskosten führen kann. Ebenso konnte gezeigt werden, daß die Aussagen bezüglich der geringen Sensitivität im Bereich der optimalen Lösung nicht vom statischen Fall auf dynamische Losgrößenprobleme übertragbar sind. Darüber hinaus wurde durch Zahlenbeispiele belegt, daß bei schwankenden Bedarfsverläufen Fehlmengen und sogar gleichzeitig Fehlmengen und erhöhte Rüst- und Lagerhaltungskosten auftreten können. Diese Gründe sollten dazu führen, daß sowohl in der Literatur als auch in den Unternehmen erkannt und berücksichtigt wird, daß das Harris-Verfahren auf keinen Fall für dynamische Losgrößenprobleme verwendet werden sollte.

Nur aus Gründen der Vollständigkeit soll hier noch auf die weiteren Begründungen eingegangen werden, die in der Literatur als Argumente für eine Anwendung des Harris-Verfahrens verwendet werden. Im Hinblick auf das Datenbeschaffungsargument kann festgestellt werden, daß die Ermittlung von periodenorientierten Bedarfsmengen über die Stücklisten- bzw. Rezepturauflösung (programmgebundene Bedarfsplanung) oder über Prognoseverfahren (verbrauchsgebundene Bedarfsplanung) bei der derzeit zur Verfügung stehenden Rechnertechnologie kein Problem mehr darstellt, so daß die für die dynamischen Losgrößenverfahren erforderliche zeitliche Differenzierung ohnehin vorliegt bzw. ohne größeren Aufwand bereitgestellt werden kann. Da die Rüst- und Lagerkostensätze auch bei einer Anwendung des Harris-Verfahrens ermittelt werden müssen, ist es kein wesentlicher Vorteil, daß man bei diesem Verfahren auf eine zeitliche Differenzierung der Bedarfsmengen verzichten könnte, denn diese Mengen müssen in ihrer Gesamtheit beim klassischen Losgrößenverfahren ebenfalls berechnet werden. Der Verzicht auf die Periodeneinteilung wäre auch deshalb nicht sehr ergiebig, weil die Softwaresysteme zur Produktionsplanung und -steuerung bzw. zur Materialwirtschaft auch für ihre sonstigen Aufgabenstellungen im allgemeinen von einem zeitlich differenzierten Bedarf ausgehen.

Das häufig genannte Argument der geringen Komplexität des klassischen Losgrößenverfahrens gilt ebenfalls nur für statische Problemstellungen. Bei dynamischen Losgrößenproblemen ist über die Ermittlung der Losgrößen hinaus noch eine Berechnung der Auflageperioden erforderlich, so daß das Harris-Verfahren beispielsweise gegenüber den dynamischen Heuristiken keine Vorteile im Hinblick auf einen geringeren Schwierigkeitsgrad besitzt. Aufgrund der Umrechnung der ermittelten Losgrößen auf die Bedarfszeitpunkte bzw. die dazugehörigen Bedarfsperioden ergeben sich gegenüber den dynamischen Näherungsverfahren außerdem auch kaum Rechenzeitvorteile, wie im folgenden anhand von konkreten Vergleichsmessungen noch genauer gezeigt wird.

Es kann also festgestellt werden, daß weder das Argument der geringen Komplexität noch der geringen Rechenzeit oder der einfachen Datenbeschaffung zutreffend bzw. stichhaltig ist. Da demgegenüber die oben dargestellten methodischen Schwächen der Anwendung des Harris-Verfahrens auf dynamische Problemstellungen derart offenkundig sind, müssen diese im Hinblick auf die Auswahl eines geeigneten Verfahrens auf jeden Fall als K.o.-Kriterium gewertet werden.

Es wäre erfreulich, wenn die in diesem Kapitel vorgetragenen Feststellungen und Begründungen insbesondere auch dazu beitragen könnten, daß das klassische Losgrößenverfahren in Zukunft nicht mehr oder zumindest nicht mehr in diesem Ausmaß in Softwaresystemen zur Materialwirtschaft bzw. zur Produktionsplanung und -steuerung als Lösungsverfahren für dynamische Problemstellungen angeboten wird. Dieses Ansinnen gilt natürlich in besonderem Maße für Softwareprodukte, die das Harris-Verfahren als einziges Verfahren zur Lösung der dynamischen Losgrößenprobleme anbieten. Dort sollte das klassische Losgrößenverfahren auf jeden Fall durch ein leistungsfähiges dynamisches Verfahren ersetzt werden.[1] Ebenso sollte aber auch in den Softwaresystemen, in denen neben dem Harris-Verfahren dynamische Losgrößenverfahren implementiert sind, das klassische Losgrößenverfahren möglichst schnell aus dem Lieferumfang zur dynamischen Losgrößenplanung entfernt werden. Bereits der Sachverhalt, daß das Harris-Verfahren weiterhin in Softwaresystemen vorhanden ist, führt zu der Gefahr, daß sich Anwender finden, die dieses Verfahren trotz allem für dynamische Losgrößenprobleme anwenden, weil sie beispielsweise die in diesem Kapitel erarbeiteten Nachteile dieser Vorgehensweise nicht kennen.

Nachdem die Verwendbarkeit des klassischen Losgrößenverfahrens für dynamische Problemstellungen analysiert wurde, sollen nun das Wagner-Whitin-Verfahren sowie die vorgestellten dynamischen Näherungsverfahren im Hinblick auf ihre Eignung zur Lösung von dynamischen Losgrößenproblemen untersucht werden.

Die vorgestellten heuristischen Losgrößenverfahren für den variablen Bedarf basieren alle auf Eigenschaften des statischen Grundmodells, die jedoch nur (zwingend) gelten, wenn die Bedarfsmengen im Zeitablauf tatsächlich konstant sind und keine festen Bestell- bzw. Auflagezeitpunkte vorgegeben werden. Deshalb nimmt die Lösungsgüte der Heuristiken mit zunehmenden Schwankungen der Bedarfsmengen ab. Während Wagner und Whitin die Auswirkungen einer Losgrößenbildung auf die nachfolgenden Losgrößenentscheidungen berücksichtigen, werden bei den Näherungsverfahren die Interdependenzen bei der Zusammenfassung von Losen vernachlässigt, um dadurch einen geringeren Rechenzeitbedarf zu erzielen. Es wird bei den Heuristiken lediglich eine Vorwärtsbetrachtung durchgeführt und dabei unmittelbar eine Entscheidung getroffen, was entsprechend negative Auswirkungen auf die Lösungsgüte der Heuristiken hat. Die Vorgehensweise der Näherungsverfahren, immer nur jeweils eine zusätzliche Periode in ihre verbindliche Planung einzubeziehen, ohne dabei die Aus-

---

[1] Siehe dazu die weiteren Aussagen in diesem Kapitel sowie insbesondere die Ausführungen in Kapitel 4.9, in dem das in dieser Arbeit entwickelte dynamische Losgrößenverfahren gegenüber den bisherigen Verfahren bewertet wird.

wirkungen einer Entscheidung auf die Folgeperioden bzw. den gesamten Planungszeitraum zu betrachten, wird als kurzsichtig oder myopisch bezeichnet.[1] In der Literatur gibt es zahlreiche Untersuchungen darüber, welche der vorgestellten Heuristiken unter bestimmten Annahmen über den Bedarfsverlauf zu geringeren Rüst- und Lagerhaltungskosten führt. Aufgrund der Ergebnisse von Simulationsstudien hat sich gezeigt, daß das Silver-Meal-Verfahren und das Groff-Verfahren bessere Ergebnisse erzielen als die anderen Näherungsverfahren.[2]

Häufig wird in der Literatur die Auffassung vertreten, daß man statt des Wagner-Whitin-Verfahrens Heuristiken zur Lösung von dynamischen Losgrößenproblemen einsetzen sollte.[3] Die Verwendung des Wagner-Whitin-Verfahrens wird vielfach aufgrund seiner Komplexität oder seines "hohen" Rechenzeitbedarfs abgelehnt. Außerdem wird häufig bemängelt, daß sich die optimale Lösung des Wagner-Whitin-Verfahrens bei einer Anwendung im Rahmen der rollierenden Planung nachträglich als nicht optimal erweisen könne. Diese Argumente sollen im folgenden diskutiert werden.

Das Wagner-Whitin-Verfahren ermittelt für einen vorgegebenen Planungszeitraum die optimalen Losgrößenentscheidungen bzw. die minimalen Kosten eines Losgrößenproblems. Bei dem Modell von Wagner und Whitin bzw. bei der Modellklasse der dynamischen Losgrößenverfahren wird dabei davon ausgegangen, daß nach dem Planungszeitraum kein neuer Bedarfswert auftritt. Deshalb wird aufgrund der Optimierungsvorschrift die Losgrößenentscheidung so getroffen, daß nach der letzten Periode

---

[1] Vgl. u.a. Dorninger, C., et al., 1990, S. 152; Inderfurth, K., 1996, Sp. 1028; Mertens, P., 1993, S. 85; myopisch (griechisch): kurzsichtig.

[2] Vgl. Gaither, N., 1983, S. 10 ff.; Knolmayer, G., 1985b, S. 420 f.; Nydick, R. L., und Weiss, H. J., 1989, S. 41 ff.; Ritchie, E., und Tsado, A. K., 1986, S. 65 ff.; Wemmerlöv, U., 1982, S. 45 ff.; Zoller, K., und Robrade, A., 1987, S. 219 ff.

[3] Vgl. u.a. Axsäter, S., 1982, S. 339; Dorninger, C., et al., 1990, S. 151; Robrade, A. D., 1990, S. 27 und S. 74; Tempelmeier, H., 1995, S. 164; Zibell, R. M., 1990, S. 181; Zoller, K., und Robrade, A., 1987, S. 232 f., sowie die weiter unten zusätzlich angegebenen Literaturstellen.

kein losgrößenbedingter Lagerbestand vorhanden ist. Verschiebt man im Rahmen der rollierenden Planung den Planungszeitraum in die Zukunft, wird sich meist herausstellen, daß neue Bedarfsperioden bzw. -mengen hinzukommen und daß sich möglicherweise bisherige Bedarfsmengen vor allem gegen Ende des Planungszeitraums (z.B. aufgrund von neuen Prognosen oder Kundenaufträgen) geändert haben.[1]

Wenn nach dem bisher betrachteten Planungszeitraum noch weitere Bedarfswerte existieren, besteht in bestimmten Fällen die Möglichkeit, daß sich die mit Hilfe des Wagner-Whitin-Verfahrens ermittelte Lösung insgesamt bzw. bei nachträglicher Betrachtungsweise als nicht optimal erweist.[2] Es könnte nämlich in der Summe günstiger sein, neue Bedarfsmengen gemeinsam mit einem Los aus dem bisherigen Planungszeitraum aufzulegen. Dies könnte im günstigsten Fall dazu führen, daß gegen Ende des bisherigen Planungszeitraums eine Losgröße erhöht werden muß. Im ungünstigsten Fall könnte es aber auch möglich sein, daß sich andere Auflageperioden als optimal erweisen und daß sogar in Ausnahmefällen die Höhe der ersten Losgröße, die bei der rollierenden Planung verbindlich ist, nachträglich betrachtet nicht optimal war.[3]

Bei einer rollierenden Planung können Heuristiken deshalb, wenn relativ kurze Planungszeiträume verwendet werden und spezielle Datenkonstellationen vorliegen,

---

[1] Eine Ausnahme kann bei Auslaufprodukten bzw. bei Produktarten bestehen, die zur Herstellung von Auslaufprodukten verwendet werden, und darüber hinaus bei Produktarten, die einen unregelmäßigen Bedarfsverlauf aufzeigen. Bei diesen Problemstellungen könnte es möglich sein, daß bei einer Verschiebung des Planungsfensters keine neuen Bedarfswerte auftreten.

[2] Vgl. Domschke, W., Scholl, A., und Voß, S., 1997, S. 129 ff.; Schneeweiß, C., 1981, S. 83 ff.

[3] Änderungen der Losgrößenentscheidungen, die durch eine Verschiebung des Planungszeitraums im Rahmen der rollierenden Planung oder durch nachträglich geänderte Bedarfsplanungen hervorgerufen werden, werden in der Produktionsplanung und -steuerung als Nervosität der Planung bezeichnet. In der englischsprachigen Literatur spricht man von "System Nervousness". Siehe dazu u.a. Aucamp, D. C., 1985, S. 1 ff.; Blackburn, J. D., und Millen, R. A., 1980, S. 691 ff.; De Bodt, M. A., Gelders, L. F., und van Wassenhove, L. N., 1984, S. 179 f.; Domschke, W., Scholl, A., und Voß, S., 1997, S. 129; Kropp, D. H., und Carlson, R. C., 1984, S. 240 ff.; Robrade, A. D., 1990, S. 27 f.; Tempelmeier, H., 1995, S. 163 f.

sogar zufällig bessere Ergebnisse erzielen als das Wagner-Whitin-Verfahren. Einige Autoren schließen daraus, daß es bei der rollierenden Planung sinnvoll ist, auf eine optimale Losgrößenplanung nach Wagner und Whitin zu verzichten und statt dessen von vornherein Näherungsverfahren zu verwenden.[1]

Dieser Auffassung kann der Autor sich jedoch nicht anschließen. Bei der Anwendung des Wagner-Whitin-Verfahrens ist eine Unabhängigkeit einer Losgrößenentscheidung zu weiter in der Zukunft liegenden relevanten Daten der Losgrößenplanung bzw. den daraus resultierenden Losgrößenentscheidungen dann gegeben, wenn das Entscheidungshorizont-Theorem Gültigkeit erlangt. Bei einer Anwendung der rollierenden Planung wird durch das Entscheidungshorizonttheorem sichergestellt, daß auf jeden Fall optimale Losgrößen realisiert werden, wenn sich die Daten bis zum ersten Entscheidungshorizont (auch bei nachträglicher Betrachtungsweise) als richtig erweisen. Dies ist vor allem deshalb wichtig, weil im allgemeinen die Informationen über die erste(n) Losgrößenentscheidung(en) für den Disponenten von besonderem Interesse sind. Zwar enthalten die nachfolgenden Planungsschritte auch die weiteren Losgrößenentscheidungen, sie werden jedoch - bei einer rollierenden Planung - nicht unmittelbar realisiert, insbesondere weil sich in der Zwischenzeit die Daten für die weiteren Perioden geändert haben könnten. Nach der Realisierung der ersten Losgröße, die bei einer rollierenden Planung verbindlich ist, wird das Planungsfenster verschoben. Die Daten der weiteren Perioden, die ohnehin schwieriger vorhersagbar sind, da sie weiter in der Zukunft liegen, werden aktualisiert und zusätzliche Perioden werden hinzugefügt, um auf dieses Losgrößenproblem das Wagner-Whitin-Verfahren erneut anzuwenden.

Die Tatsache, daß bei der Verwendung des Wagner-Whitin-Verfahrens nicht von vornherein für jedes Losgrößenproblem bekannt ist, ob das Entscheidungshorizonttheorem Gültigkeit erlangt, kann jedoch nicht dazu führen, daß man sich deshalb mit Näherungsverfahren zufrieden gibt, denn bei diesen ist schon vorab bekannt, daß sie nicht die optimale Lösung gewährleisten bzw. daß die optimale Lösung nur zufällig erreicht werden kann. Ebenso ist zu beachten, daß die Heuristiken nicht in der Lage

---

[1] Vgl. u.a. Robrade, A. D., 1990, S. 27 f.; für Robrade ist das Wagner-Whitin-Verfahren bei realen Planungsaufgaben deshalb nur "eine Heuristik unter vielen". Allerdings hält er andererseits den Einsatz dieses Losgrößenverfahrens zur Beurteilung von Heuristiken für unverzichtbar.

sind, sich veränderten Planungssituationen, die durch eine Verschiebung des Planungsfensters hervorgerufen werden, ausreichend anzupassen, denn - aufgrund der bereits oben erwähnten "Kurzsichtigkeit" - können sich zusätzliche Bedarfswerte maximal auf das jeweils letzte Los (und nicht auf vorhergehende Lose) des alten Planungszeitraums auswirken.[1]

Aus diesen Gründen wird hier folgende Vorgehensweise empfohlen: Es muß darauf geachtet werden, daß der Planungszeitraum bei einer Anwendung des Wagner-Whitin-Verfahrens nicht zu kurz gewählt wird. Leider ist bislang keine Vorgehensweise verfügbar, mit der man von vornherein die ausreichende Länge des Planungszeitraums ermitteln könnte.[2] Deshalb sollte man zunächst sicherstellen, daß man den Planungszeitraum bis zu dem Zeitpunkt wählt, bis zu dem "einigermaßen zuverlässige Progno-

---

[1] Auch eine Änderung des Bedarfswertes der letzten Periode wirkt sich wegen der myopischen Vorgehensweise der Heuristiken maximal auf das davor liegende Los aus. Änderungen der Bedarfsmengen von Perioden, die vor dem letzten Los liegen, können dagegen das Los vor diesen Perioden und alle nachfolgenden Lose betreffen. Befürworter der Näherungsverfahren sehen die im Vergleich zum Wagner-Whitin-Verfahren geringere Anpassungsfähigkeit dieser Verfahren an veränderte Planungssituationen als Vorteil an, da sie zu einer geringen "Nervosität der Planung" führen würde. Dem muß allerdings entgegnet werden, daß eine mangelnde oder nur begrenzte Anpassungsfähigkeit zwar für eine unveränderte oder kaum veränderte Planung sorgt, daß diese Starrheit aber bei veränderten Planungssituationen eher als Nachteil gewertet werden muß.

[2] Die Gültigkeit des Entscheidungshorizont-Theorems ist innerhalb eines bestimmten Planungszeitraums von der numerischen Struktur der Bedarfsmengen und von dem Rüst- und Lagerkostensatz-Verhältnis abhängig. Genaue Aussagen darüber, wie diese Daten die Zahl der notwendigen Perioden beeinflussen, fehlen allerdings bislang in der Literatur. Man versucht statt dessen eine Abschätzung des Planungszeitraums vorzunehmen, ab der die Lösungen des Wagner-Whitin-Verfahrens bessere Ergebnisse erzielen sollen als die Heuristiken. Die Planungszeiträume werden dazu als Vielfache der erwarteten durchschnittlichen Reichweiten angegeben, die wiederum auf der Basis von durchschnittlichen Bedarfswerten errechnet werden. Die Angaben zu den Vielfachen differieren bei den verschiedenen Autoren (vgl. dazu u.a. Aucamp, D. C., 1985, S. 8 ff.; Blackburn, J. D., und Millen, R. A., 1980, S. 692 ff.; Robrade, A. D., 1990, S. 66 ff.; Zoller, K., und Robrade, A., 1987, S. 227 ff.). Diese Vorgehensweise wird hier nicht verfolgt. Sie müßte vor der Losgrößenplanung für jede Produktart gesondert durchgeführt werden und hätte darüber hinaus den entscheidenden Nachteil, daß, wegen der Verwendung von durchschnittlichen Bedarfsmengen bzw. der Nichtberücksichtigung der Bedarfsstruktur, immer noch nicht sichergestellt wäre, ob die Aussagen auch tatsächlich zutreffend sind.

sen (insbesondere über Nachfragemengen) abgegeben werden können".[1] Auf dieses Losgrößenproblem sollte man anschließend das Wagner-Whitin-Verfahren anwenden. In den Fällen, in denen das Entscheidungshorizonttheorem bis zum Ende des Planungszeitraums keine Gültigkeit erlangt, empfiehlt es sich, den Planungszeitraum (bis zu einer vorgegebenen Höchstzahl von Perioden) zu verlängern. Die dazu erforderlichen Bedarfswerte sollten mit Hilfe von geeigneten Prognoseverfahren ermittelt werden.[2] Durch die zusätzlichen Bedarfswerte könnte es sein, daß das Entscheidungshorizonttheorem nach der Verlängerung Gültigkeit erlangt. In diesem Fall würden für den Zeitraum bis zum (spätesten) Entscheidungshorizont stabile Losgrößenentscheidungen getroffen, die nicht mehr von Änderungen der Daten nach dieser Periode beeinflußt werden könnten.[3] Aber auch in den Ausnahmefällen, in denen das Entscheidungshorizonttheorem dann immer noch keine Gültigkeit erlangt, bewirkt eine Verlängerung des Planungszeitraums, daß die Wahrscheinlichkeit dafür sinkt, daß sich bei nachträglicher Betrachtungsweise andere Losgrößenentscheidungen innerhalb des ursprünglichen Planungszeitraums als optimal herausstellen, denn die neu prognostizierten Bedarfswerte sind sicherlich realistischer bzw. stimmen stärker mit den Werten überein, die zu einem späteren Zeitpunkt für diese Perioden in der Planung verwendet werden, als dies bei einem Bedarf von null Mengeneinheiten der Fall

---

[1] Domschke, W., Scholl, A., und Voß, S., 1997, S. 129.

[2] Vgl. u.a. Fandel, G., François, P., und Gubitz, K.-M., 1997, S. 128 ff.; Tempelmeier, H., 1995, S. 34 ff.

[3] Es soll jedoch hier angemerkt werden, daß die zusätzlich prognostizierten Bedarfswerte natürlich eine größere Unsicherheit aufweisen als die bisher im Planungszeitraum befindlichen Bedarfswerte.

wäre.[1] Diese Vorgehensweise sollte auf jeden Fall gegenüber einer Verwendung von Näherungsverfahren bevorzugt werden, denn bei einer Anwendung von Heuristiken würden bereits von vornherein suboptimale Lösungen in Kauf genommen.

Weitere Kritikpunkte, die in der Literatur im Zusammenhang mit der Diskussion um das Wagner-Whitin-Verfahren genannt werden, sind der hohe Rechenzeitbedarf sowie die Tatsache, daß das Wagner-Whitin-Verfahren schwieriger zu verstehen sei als die Näherungsverfahren. Nachfolgend eine Aufzählung der in der Literatur vertretenen Meinungen (ohne Anspruch auf Vollständigkeit):

- Gemäß Tersine ist der Einsatz der heuristischen Losgrößenverfahren eine hervorragende Näherung für die Anwendung des "unhandlichen" Wagner-Whitin-Verfahrens.[2]

- Olivier befürwortet zwar den Einsatz des Wagner-Whitin-Verfahrens für A-Produktarten und für Produktarten mit stark schwankendem Bedarf, da der Rechenzeitvorteil der Heuristiken im allgemeinen mit schlechteren Planungsergebnissen erkauft wird. Für alle anderen Produktarten empfiehlt er jedoch eine dynamische Losgrößenplanung mit Hilfe von Heuristiken, weil der generelle Ein-

---

[1] Ein teilweise vergleichbarer Vorschlag zur Verlängerung des Planungszeitraums wurde bereits von Kilger formuliert (vgl. Kilger, W., 1986, S. 340 ff.). Seine Empfehlungen weisen jedoch zwei wesentliche Unterschiede zur hier gewählten Vorgehensweise auf. Kilger verwendet keine Prognoserechnung, sondern setzt die bisherigen Bedarfswerte des ursprünglichen Planungszeitraums einfach zur Verlängerung des Planungszeitraums ein, da er einen in etwa ähnlichen Bedarfsverlauf erwartet. Ein weiterer Unterschied besteht darin, daß er generell vor der Losgrößenplanung für jedes Losgrößenproblem zusätzliche Perioden hinzufügt, um die Abhängigkeit der Lösung des Wagner-Whitin-Verfahrens von der Länge des Planungszeitraums zu berücksichtigen, bzw. um zu erreichen, daß das Verfahren "auch an der Grenze des Planungszeitraums noch zu richtigen Dispositionen führt" (Kilger, W., 1986, S. 344). In seinem Beispiel, das sich dort auf Seite 342 befindet, verlängert er beispielsweise ein Planungsproblem, das 12 Perioden umfaßt, von vornherein auf 18 Perioden. Er verwendet dabei jedoch die Entscheidungshorizontüberlegungen nicht, die in seinem Beispiel in den Perioden 3, 6, 7, 8 und 9 (sowie 16 und 18) zutreffen. Folglich würden in seinem Beispiel auch ohne eine Verlängerung des Planungszeitraumes bis zur Periode 9 stabile Losgrößenentscheidungen bzw. Teilpolitiken vorliegen.

[2] Vgl. Tersine, R. J., 1982, S. 122.

satz des Wagner-Whitin-Verfahrens in der Praxis wegen zu langer Rechenzeiten nicht zu vertreten sei. Die wesentlichen Vorteile der Näherungsverfahren im Vergleich zu dem Wagner-Whitin-Verfahren sieht Olivier darin, daß die Näherungsverfahren leichter zu verstehen seien und einen geringeren Rechenaufwand erfordern würden.[1]

- Hartmann empfiehlt die Anwendung der heuristischen Losgrößenverfahren für alle Produktarten. Er vertritt die Auffassung, daß Näherungsverfahren zur dynamischen Losgrößenplanung für die Praxis völlig ausreichend sind, zumal die größere Genauigkeit des Wagner-Whitin-Verfahrens mit einem erheblichen Rechenaufwand verbunden sei.[2]

- Auch Mertens legt dar, daß das Wagner-Whitin-Verfahren sich wohl deshalb kaum in der Praxis gegenüber den Heuristiken durchsetzen konnte, weil dieses Verfahren "sehr rechenaufwendig" sei.[3]

- Mitra et al. geben an, daß die Berechnungskomplexität und die Kosten für die Bestimmung der Lösung des Wagner-Whitin-Verfahrens seine relativen Einsparungen, die durch die optimale Lösung erzeugt werden, oft wieder aufheben.[4]

- Auch Kernler setzt sich für den Einsatz der dynamischen Näherungsverfahren ein. Gemäß seinen Ausführungen rechtfertigen die Ergebnisverbesserungen, die sich mit dem Wagner-Whitin-Verfahren erzielen lassen, den "enormen Rechenaufwand" nicht, der mit diesem Verfahren im Vergleich zu den Näherungsverfahren verbunden ist.[5]

---

[1] Vgl. Olivier, G., 1977, S. 214.

[2] Vgl. Hartmann, H., 1993, S. 371.

[3] Vgl. Mertens, P., 1993, S. 85.

[4] Vgl. Mitra, A., et al., 1983, S. 477.

[5] Vgl. Kernler, H., 1995, S. 85.

- Ebenso kritisieren Eisenhut sowie Landis und Herriger den "zu hohen" Rechenaufwand des Wagner-Whitin-Verfahrens.[1]

- Nach Heinrich dominieren in der Praxis heuristische Losgrößenverfahren, die zwar nur Näherungslösungen erreichen, aber aufgrund ihres geringen Rechenzeitbedarfs und ihrer Verständlichkeit vom Praktiker bevorzugt werden.[2]

- Auch Dorninger et al. geben an, daß das Wagner-Whitin-Verfahren in der Praxis nur wenig Akzeptanz findet. Sie verweisen ebenfalls auf die leichtere Verständlichkeit der Näherungsverfahren. Außerdem werden nach ihrer Ansicht die Heuristiken bevorzugt, obwohl sie keine optimale Lösung garantieren, da sie wesentlich geringere Rechenzeiten benötigen würden.[3]

- Zibell behauptet, daß dynamische Losgrößenprobleme aufgrund der hohen Komplexität exakter Lösungsverfahren fast nur mit Näherungsverfahren lösbar sind. Die Ermittlung der optimalen Losgrößen wäre so rechenaufwendig, daß exakte Losgrößenverfahren in den gängigen PPS-Systemen keine Anwendung finden würden.[4]

- Nach der Auffassung von Nydick und Weiss sind viele Heuristiken deshalb entwickelt worden, weil das Wagner-Whitin-Verfahren zu schwer zu verstehen sei.[5]

- Axsäter bevorzugt ebenfalls die Näherungsverfahren. Nach seiner Ansicht kann zwar die optimale Lösung bei einer Anwendung des Wagner-Whitin-Verfahrens gefunden werden. Trotzdem würde sich eine generelle Verwendung verbieten; in den meisten praktischen Situationen seien die Näherungsverfahren vorteilhafter,

---

[1] Vgl. Eisenhut, P. S., 1975, S. 172; Landis, W., und Herriger, H., 1969, S. 429.

[2] Vgl. Heinrich, C. E., 1987, S. 39.

[3] Vgl. Dorninger, C., et al., 1990, S. 151.

[4] Vgl. Zibell, R. M., 1990, S. 181.

[5] Vgl. Nydick, R. L., und Weiss, H. J., 1989, S. 41.

denn sie seien für den Anwender besser zu verstehen und würden Rechenzeit sparen.[1]

Dem Argument der schwierigen Verständlichkeit kann in dieser Arbeit nicht gefolgt werden. Zwar ist das Wagner-Whitin-Verfahren zweifelsohne schwieriger zu verstehen als die dynamischen Losgrößenheuristiken, aber dies darf nicht dazu führen, daß man sich deshalb mit suboptimalen Lösungen zufrieden gibt. Außerdem ist es auch nicht zwingend erforderlich, daß jeder Anwender die formale Vorgehensweise des Wagner-Whitin-Verfahrens einschließlich der Theoreme in allen Einzelheiten kennt. Es genügt sicherlich, wenn man als Benutzer der entsprechenden Software die Arbeitsweise des Verfahrens mit Hilfe eines Beispiels erläutert bekommt, so daß man die prinzipielle Vorgehensweise versteht, und zusätzlich die Information erhält, daß dieses Verfahren für das jeweilige Losgrößenproblem zur optimalen Lösung führt.[2]

Auch das Argument der zu langen Rechenzeit des Wagner-Whitin-Verfahrens ist bei der heutigen Leistungsfähigkeit der Computer nicht mehr stichhaltig. Aufgrund der fortgeschrittenen und weiter fortschreitenden Computertechnologie wird in dieser Arbeit die Ansicht vertreten, daß anstatt der Näherungsverfahren exakte Verfahren zur dynamischen Losgrößenplanung eingesetzt werden sollten. Die Verwendung von heuristischen Losgrößenverfahren wäre nämlich nur dann wirtschaftlich zu vertreten, wenn der Vorteil des verringerten Lösungsaufwandes höher zu bewerten ist als die Kostenerhöhungen, die durch die Abweichungen von der optimalen Lösung entstehen.

Um die Vorteile des verminderten Lösungsaufwandes zu untersuchen bzw. um beurteilen zu können, ob es sich tatsächlich lohnt, aufgrund der kürzeren Rechenzeiten der Heuristiken auf eine exakte Losgrößenplanung zu verzichten, sind die oben vorgestellten Näherungsverfahren und das Wagner-Whitin-Verfahren programmiert und

---

[1] Vgl. Axsäter, S., 1982, S. 339.

[2] Das Zahlenbeispiel könnte beispielsweise im Demonstrations-Teil der Software zur Materialwirtschaft bzw. zur Produktionsplanung und -steuerung erläutert werden. Zusätzlich könnte man dann weitere Einzelheiten zu dem Verfahren für den interessierten Anwender im Handbuch bzw. im Hilfe-Menü (Help-Text) aufbereiten. Insbesondere wären auch Hinweise darauf erforderlich, daß der Planungszeitraum nicht zu kurz gewählt werden soll.

entsprechende Rechenzeitvergleiche durchgeführt worden.[1] Aus Gründen der Vollständigkeit wurden - wie bei der Bewertung des klassischen Losgrößenverfahrens bereits angedeutet - auch die Rechenzeiten des Harris-Verfahrens ermittelt. Zusätzlich zu den Losgrößenverfahren und zu dem Programmteil zur Ermittlung der Rechenzeiten wurde ein Simulationsmodul programmiert, das es erlaubt, Schwankungen der Rechenzeiten in Abhängigkeit von der Ausprägung der Zahlenbeispiele zu untersuchen. Die Ergebnisse der Rechenzeitanalysen werden in Tabelle 8 und in den nachfolgenden Abbildungen zusammengefaßt und sollen nun erläutert werden.

Tabelle 8: Rechenzeiten der Losgrößenverfahren (in Millisekunden) für T = 6,...,12 Perioden auf einem Personal-Computer, Prozessor: Intel Pentium II, Taktfrequenz: 300 MHz

Planungshorizont Verfahren	T = 6	T = 7	T = 8	T = 9	T = 10	T = 11	T = 12
Harris-Verfahren	0,0218	0,0220	0,0227	0,0228	0,0232	0,0237	0,0242
Stückkostenverfahren	0,0301	0,0356	0,0408	0,0460	0,0510	0,0565	0,0617
Kostenausgleichsverfahren	0,0174	0,0204	0,0233	0,0263	0,0292	0,0320	0,0349
Silver-Meal-Verfahren	0,0310	0,0366	0,0417	0,0474	0,0523	0,0576	0,0625
Groff-Verfahren	0,0162	0,0191	0,0213	0,0239	0,0261	0,0282	0,0303
Wagner-Whitin-Verfahren (minimale Rechenzeit)	0,0342	0,0413	0,0484	0,0558	0,0632	0,0707	0,0786
Wagner-Whitin-Verfahren (maximale Rechenzeit)	0,0904	0,1242	0,1632	0,2076	0,2575	0,3142	0,3771
Wagner-Whitin-Verfahren ("durchschnittliche" Rechenzeit)	0,0721	0,0932	0,1214	0,1412	0,1719	0,2062	0,2393

Um zu gewährleisten, daß man zu möglichst korrekten Zeitmessungen gelangt, ist es erforderlich, daß man die Anzahl der zu untersuchenden Losgrößenprobleme nicht zu

---

[1] Unter der Rechenzeit soll hier die Zeit verstanden werden, die der Prozessor zur Lösung des Losgrößenproblems benötigt. Die Zeit zur Suche und zum Laden des entsprechenden Datensatzes oder zum Speichern des Ergebnisses soll hier nicht berücksichtigt werden, da dieser Zeitbedarf unabhängig vom verwendeten Losgrößenverfahren und damit nicht entscheidungsrelevant ist.

gering wählt, denn einerseits unterliegen die benötigten Rechenzeiten in Abhängigkeit von der Ausprägung der Ausgangsdaten gewissen Schwankungen, wie im folgenden noch genauer erläutert wird, und andererseits finden die Messungen hier in einem Meßbereich statt, der nur Bruchteile von Millisekunden beträgt, so daß die in den (handelsüblichen) Rechnern verwendeten Zeitmessungen aufgrund einer gröberen Zeitrasterung Ungenauigkeiten (jeweils nach oben oder nach unten) aufweisen, die nur durch eine hohe Anzahl von Messungen mit entsprechender Durchschnittsbildung ausgeglichen werden können. Um die in der Tabelle enthaltenen Ergebnisse zu erhalten, wurden für jeden der insgesamt 56 Meßwerte 500.000 Losgrößenprobleme gelöst, insgesamt also 28 Millionen Losgrößenprobleme. Die Rechenzeitergebnisse in Abhängigkeit von den verschiedenen Verfahren werden im folgenden analysiert, wobei auch auf die Durchschnittsbildung bzw. den Begriff "durchschnittliche" Rechenzeit beim Wagner-Whitin-Verfahren noch genauer eingegangen wird. Zunächst werden mit Hilfe von Abbildung 15 die Rechenzeitergebnisse für das Harris-Verfahren und für die Losgrößenheuristiken erläutert.

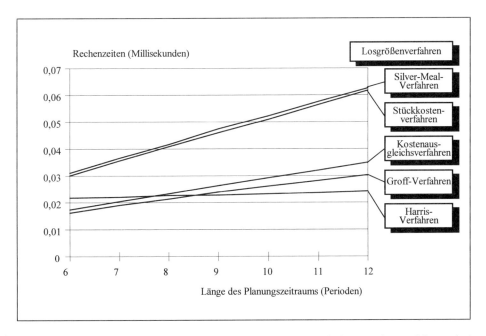

Abbildung 15: Rechenzeiten der Näherungsverfahren und des Harris-Verfahrens bei dynamischen Losgrößenproblemen (Prozessor: Pentium II, 300 MHz)

Für das Harris-Verfahren läßt sich bei einer Anwendung auf dynamische Losgrößenprobleme feststellen, daß die Rechenzeiten in Abhängigkeit von der Anzahl der Planungsperioden nur gering ansteigen und daß erst ab einem Planungszeitraum von 9 Perioden Rechenzeitvorteile gegenüber der schnellsten dynamischen Heuristik (dem Groff-Verfahren) bestehen.[1] Da allerdings alle gemessenen Rechenzeiten wesentlich geringer sind als eine Millisekunde, sind diese Vorteile nicht von Bedeutung und können - wie oben bereits erwähnt - nicht für eine Rechtfertigung der Verwendung des Harris-Verfahrens bei dynamischen Losgrößenproblemen herangezogen werden.

Auch für die dynamischen Näherungsverfahren kann auf der Basis dieser Rechenzeitergebnisse ein ähnlicher Befund formuliert werden.[2] Bei dem Stand der heutigen Rechnertechnologie liegen die Rechenzeiten der Heuristiken für praxisrelevante Problemstellungen bereits bei Personal-Computern unterhalb einer Millisekunde. Deshalb spielt es keine Rolle, daß das Groff-Verfahren schneller ist als das Kostenausgleichsverfahren, das Stückkostenverfahren bzw. das Silver-Meal-Verfahren, denn man würde, falls man aus Rechenzeitgründen keine optimale Losgrößenplanung realisieren könnte, auf jeden Fall die Heuristik auswählen, von der man sich die besten Ergebnisse verspricht. Hier wird jedoch aufgrund der Rechenzeitergebnisse die Auffassung vertreten, daß eine Auswahl einer Heuristik nicht erforderlich ist, da auch das Wagner-Whitin-Verfahren bei den heutigen Rechnerleistungen nur Rechenzeiten im Millisekundenbereich benötigt.

Es soll hier erwähnt werden, daß es sich bei den Rechenzeiten des Harris-Verfahrens und der dynamischen Heuristiken um Durchschnittswerte handelt, denn diese Zeiten unterliegen - wie man auch mit Hilfe von Simulationen feststellen kann - gewissen Schwankungen, die von den Datenausprägungen der Losgrößenprobleme bzw. den daraus resultierenden Auflagehäufigkeiten abhängig sind. Der Rechenzeitbedarf steigt (sinkt) bei diesen Verfahren bei steigender (sinkender) Auflagehäufigkeit. Auf eine

---

[1] Es soll hier darauf hingewiesen werden, daß die Linearisierung der Graphen in Abbildung 15 nur aus Darstellungsgründen erfolgt ist. Aufgrund der Verwendung diskreter Planungszeiträume wären z.B. Balkendiagramme erforderlich gewesen, diese wären aber bei dieser Anzahl der Beobachtungswerte unübersichtlicher.

[2] Vgl. auch Fandel, G., und François, P., 1993a, S. 246, sowie 1994, S. 99.

Darstellung der ermittelten Schwankungen wurde hier jedoch aus zwei Gründen verzichtet. Erstens sind die Unterschiede in den Rechenzeiten nur relativ gering, zweitens liegen die Rechenzeiten dieser fünf Losgrößenverfahren ohnehin schon in einem Bereich, der bei der heutigen Rechnertechnologie auch bei längeren Planungszeiträumen nicht mehr relevant ist.

Bei der Analyse der Rechenzeiten des Wagner-Whitin-Verfahrens ist zu beachten, daß die Anzahl der Alternativen, die von diesem Verfahren zu berechnen sind, in einem hohen Maße von der Problemstruktur abhängt. Je nach der Ausgestaltung der Daten der Losgrößenprobleme können die Rechenzeiten dieses Losgrößenverfahrens - im Gegensatz zu den Heuristiken oder zum Harris-Verfahren - um ein Vielfaches schwanken. In Kapitel 3.2.2 wurde bereits festgestellt, daß die Anzahl der zu ermittelnden Kostenwerte des Wagner-Whitin-Verfahrens im günstigsten Fall $2T - 1$ beträgt und daß dabei $T-1$ Kostenvergleiche durchzuführen sind. Im ungünstigsten Fall beträgt die Anzahl der zu berechnenden Kostenwerte bei diesem Verfahren $0{,}5 \cdot T \cdot (T+1)$ und die Anzahl der durchzuführenden Kostenvergleiche $0{,}5 \cdot T \cdot (T-1)$. Diese Erkenntnisse müssen in die Rechenzeitanalyse eingebracht werden, denn es könnte sonst leicht passieren, daß man lediglich Beispiele auswählt, die in Richtung der minimalen oder maximalen Rechenzeit tendieren oder sogar mit diesen übereinstimmen. Eine Verallgemeinerung dieser Meßergebnisse wäre dann falsch und würde sicherlich auch zu fehlerhaften Bewertungen führen.

Der minimale Rechenzeitbedarf des Wagner-Whitin-Verfahrens liegt in den Fällen vor, in denen nach jeder Erweiterung des Betrachtungszeitraums unmittelbar festgestellt wird, daß erneut aufgelegt werden muß, um die optimale Lösung zu erhalten. Geht man beispielsweise von einem Losgrößenproblem mit 12 Perioden aus, bei dem die Bedarfsmengen jeweils 100 Mengeneinheiten, der Rüstkostensatz 90 Geldeinheiten und der Lagerkostensatz 1 Geldeinheit pro Mengeneinheit und Periode betragen, so ist es bei jeder Ausweitung des Betrachtungszeitraums günstiger, den Bedarf der zusätzlichen Periode erneut aufzulegen (90 Geldeinheiten) als die 100 Mengeneinheiten zu dem Los der vorherigen Auflageperiode hinzuzufügen und dann eine Periode zu lagern (100 Geldeinheiten). Der maximale Rechenzeitbedarf des Wagner-Whitin-Verfahrens tritt dagegen in den Fällen auf, in denen insgesamt nur eine Auflage für das gesamte Losgrößenproblem optimal ist. Dies ist beispielsweise dann der Fall, wenn bei dem genannten Beispiel der Rüstkostensatz auf 1000 Geldeinheiten und der Lagerkostensatz auf 0,10 Geldeinheiten pro Mengeneinheit und Periode geändert werden.[1)]

Ein weiterer Wert, den man bei dem Wagner-Whitin-Verfahren ermitteln sollte, ist die "durchschnittliche" Rechenzeit. Sie wird hier mit Hilfe der Simulation berechnet. Die Bedarfsmengen werden zufallsabhängig (Gleichverteilung) zwischen 0 und 200 Mengeneinheiten variiert, wobei in der ersten und in der letzten Periode nur positive Bedarfsmengen zugelassen werden, damit sich die Länge des Planungszeitraums nicht durch die Simulation der Bedarfsmengen verändern kann.[2)] Der Rüstkostensatz wird zwischen 90 und 1000 Geldeinheiten und der Lagerkostensatz zwischen 0,10 und 1,00 Geldeinheiten variiert.[3)] Um möglichst zutreffende Angaben über die "durchschnitt-

---

[1)] Es soll hier noch angemerkt werden, daß sich der minimale und maximale Rechenzeitbedarf der Heuristiken und des Wagner-Whitin-Verfahrens tendenziell genau gegensätzlich zueinander verhalten. Wenn sich beim Wagner-Whitin-Verfahren die kürzesten (längsten) Rechenzeiten ergeben, erhält man bei den Heuristiken die längsten (kürzesten) Rechenzeiten, sofern diese ebenfalls die optimale Lösung errechnen. Dies läßt sich wie folgt begründen: Wenn nur in Periode 1 aufgelegt werden muß, sind beim Wagner-Whitin-Verfahren - wie oben bereits erläutert - die meisten Kostenwerte zu berechnen ($0,5 \cdot T \cdot (T+1)$) und die meisten Kostenvergleiche durchzuführen ($0,5 \cdot T \cdot (T-1)$). Näherungsverfahren müssen in diesem Fall hingegen nur insgesamt T Kostenwerte ermitteln und T-1 Vergleiche bzgl. der Kostenwerte durchführen. Wenn dagegen in jeder Periode aufgelegt wird und deshalb beim Wagner-Whitin-Verfahren die wenigsten Kostenwerte zu berechnen (2T - 1) und die wenigsten Kostenvergleiche (T-1) durchzuführen sind, müssen die Heuristiken zwar ebenfalls wie in dem anderen Fall T-1 Vergleiche durchführen, aber insgesamt (aufgrund der ständigen Erfüllung der Abbruchkriterien) 2T-2 Kostenwerte ermitteln.

[2)] Im Vergleich zu den beiden Beispielen mit minimaler und maximaler Rechenzeit für das Wagner-Whitin-Verfahren, wo die Bedarfsmengen aus Gründen der Übersichtlichkeit mit konstant 100 Mengeneinheiten angenommen wurden, sollen diese also in der Simulation mit einer Schwankungsbreite von 100 Mengeneinheiten nach oben und nach unten um die Bedarfsmenge (den Mittelwert) 100 schwanken.

[3)] Der gewählte Simulationsbereich der Rüst- und Lagerkostensätze beinhaltet also die Werte der beiden Beispiele mit minimaler und maximaler Rechenzeit und die dazwischenliegenden Datenausprägungen dieser Kostensätze.

liche" Rechenzeit zu erhalten, empfiehlt es sich, für jeden Planungszeitraum ausreichend viele Losgrößenprobleme zu simulieren.[1] Der Begriff "durchschnittlich" wird hier dennoch mit Anführungszeichen verwendet, da dieser Mittelwert sehr stark davon abhängt, ob die simulierten Daten mehr Losgrößenprobleme umfassen, die zur maximalen oder zur minimalen Rechenzeit tendieren. Analog dazu wird auch die durchschnittliche Rechenzeit des Wagner-Whitin-Verfahrens in einem Unternehmen - neben der Länge des Planungszeitraums und der zur Verfügung stehenden Prozessorleistung - davon abhängig sein, ob dort mehr rüstkostenintensive Produktarten bzw. Prozesse oder mehr lagerkostenintensive Produktarten zu disponieren sind. Insofern kann die "durchschnittliche" Rechenzeit in Abhängigkeit von der Länge des Planungszeitraums nur als ungefährer Richtwert verstanden werden, während sich der minimale und maximale Rechenzeitbedarf des Wagner-Whitin-Verfahrens jeweils exakt ermitteln läßt.

Die Ergebnisse der Rechenzeitmessungen zum Wagner-Whitin-Verfahren werden mit Hilfe der nachfolgenden Abbildungen verdeutlicht. Man erkennt in Abbildung 16, daß die minimalen Rechenzeiten linear und die maximalen Rechenzeiten in Abhängigkeit von der Länge des Planungszeitraumes progressiv steigen. Für praxisrelevante Planungszeiträume liegt jedoch auch das exakte Losgrößenverfahren nach Wagner und Whitin unterhalb einer Millisekunde. So sind beispielsweise "durchschnittlich" nur knapp 0,24 Millisekunden erforderlich, um ein Losgrößenproblem mit 12 Planungsperioden zu lösen.

---

[1] In dem vorliegenden Fall wurden pro Planungszeitraum 500.000 Losgrößenprobleme erzeugt.

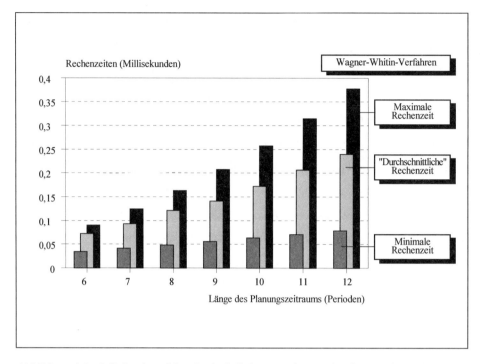

Abbildung 16: Minimale, "durchschnittliche" und maximale Rechenzeiten des Wagner-Whitin-Verfahrens (Prozessor: Pentium II, 300 MHz)

Wie gering diese Rechenzeiten für eine exakte Losgrößenplanung bereits auf der Basis der heutigen PC-Technologie sind, wird besonders deutlich, wenn man sich die Anzahl der Losgrößenprobleme veranschaulicht, die ein PC-Prozessor in einer Sekunde Rechenzeit durchschnittlich bei einer Verwendung des Wagner-Whitin-Verfahrens lösen könnte (Abbildung 17).[1] Da man zur Ermittlung der optimalen Lösungen von über 4000 Losgrößenproblemen mit einem Planungszeitraum von jeweils 12 Perioden nur eine Rechenzeit (Prozessorzeit) von weniger als einer Sekunde benötigen würde, kann das Rechenzeitargument bei der heutigen Rechnertechnologie nicht mehr verwendet werden, um eine exakte Losgrößenoptimierung auszuschließen. Selbst

---

[1] Dabei wird weiterhin nur die Zeit zur Berechnung der Lösung betrachtet, denn die Zeiten zum Laden der Daten und zum Speichern der Ergebnisse fallen unabhängig vom gewählten Losgrößenverfahren ohnehin bei jedem dynamischen Losgrößenproblem an, so daß diese Zeiten nicht durch die Auswahl eines geeigneten Verfahrens beeinflußt werden können.

wenn man von einer sehr großen Anzahl von Produktarten ausgehen würde, die im Rahmen der dynamischen Losgrößenplanung zu disponieren wären, würden sich durch den Übergang zu heuristischen Verfahren keine sinnvollen zeitlichen Einsparungen erzielen lassen, denn mit Hilfe des Wagner-Whitin-Verfahrens können in einer Rechenzeit (Prozessorzeit) von einer Minute über 250.000 Losgrößenprobleme mit 12 Perioden gelöst werden. Bei einer Dialogverarbeitung würde der Benutzer nicht einmal feststellen können, ob überhaupt eine Wartezeit bzw. Bearbeitungszeit vorgelegen hat, denn die Rechenzeit des Wagner-Whitin-Verfahrens für ein Losgrößenproblem mit 12 Perioden ist schon jetzt auf handelsüblichen Personal-Computern um ein Vielfaches schneller (hier: über 400 mal) als die Wahrnehmungszeit des Menschen (ca. 0,1 Sekunden).

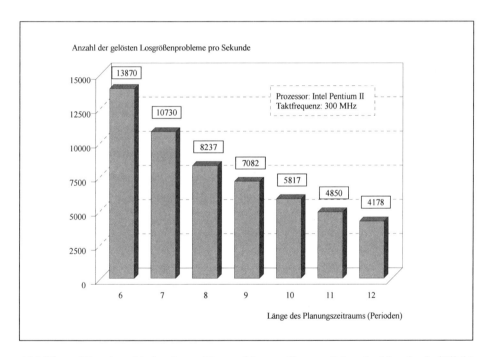

Abbildung 17: Anzahl der Losgrößenprobleme, die pro Sekunde "durchschnittlich" mit Hilfe des Wagner-Whitin-Verfahrens gelöst werden können (Prozessor: Pentium II, 300 MHz)

Die kritische Analyse der Losgrößenverfahren, die zur Zeit für dynamische Losgrößenprobleme in den Produktionsplanungs- und -steuerungssystemen und in der

Software zur Materialwirtschaft verwendet werden, hat gezeigt, daß das Harris-Verfahren auf keinen Fall für diese Problemstellungen eingesetzt werden darf und daß es keine stichhaltigen Gründe gibt, zugunsten von Näherungsverfahren auf das exakte Wagner-Whitin-Verfahren zu verzichten.

Kritisch anzumerken bleibt jedoch bei den bisher verwendeten dynamischen Losgrößenverfahren, daß Mehrfachlösungen nicht angezeigt werden, daß nächstbeste Lösungen nicht vom Disponenten abgerufen werden können und daß keine interaktive Losgrößenbestimmung möglich ist.[1] Da Losgrößenverfahren im allgemeinen nicht alle Sonderfälle berücksichtigen können, die in der betrieblichen Praxis möglich sind, fehlt diesen Verfahren damit die erforderliche Flexibilität. Der Entscheidungsträger ist beispielsweise nur in der Lage, die (modell-)optimale Lösung des (isolierten) Losgrößenproblems zu akzeptieren, er kann Sonderfälle der Losgrößenplanung (fehlende Erweiterungsansätze) oder Sonderaspekte aus anderen Planungsbereichen nicht selbst in die Losgrößenentscheidung bzw. in die Auswahl einer Lösung mit einbeziehen. Erweiterungsansätze, die für die Losgrößenverfahren entwickelt wurden (z.B. Berücksichtigung von schwankenden Preisen oder von verschiedenen Restriktionen), können außerdem nicht beliebig miteinander kombiniert werden. Es soll deshalb im folgenden ein flexibles Losgrößenverfahren entwickelt werden, das diese Nachteile der bisherigen dynamischen Losgrößenplanung behebt.

---

[1] Siehe dazu und zur nachfolgenden Kritik auch Kapitel 4.8.

4 Entwicklung und Einsatz eines neuen dynamischen Losgrößenverfahrens zur Flexibilisierung der Produktionsplanung und -steuerung

In diesem Kapitel soll ein neues, einstufiges dynamisches Losgrößenverfahren auf Basis der Matrizenrechnung entwickelt werden. Ziel des Verfahrens ist es, sowohl die optimale Lösung (bei Mehrfachlösungen alle optimalen Lösungen) als auch die jeweils "nächstbesten" Lösungen des isolierten Losgrößenproblems als Entscheidungsalternativen in akzeptabler Rechenzeit bereitzustellen, um durch diese zusätzlichen Informationen eine höhere Flexibilität bei der Losgrößenplanung, den nachgelagerten Produktionsplanungs- und -steuerungsmodulen und bei Störungen im Produktions- oder Beschaffungsvollzug zu ermöglichen.

Unter Flexibilität soll dabei die Fähigkeit verstanden werden, sich unvorhergesehenen Veränderungen bestmöglich anpassen zu können.[1] Die Bewertung der Anpassungsfähigkeit eines Losgrößenverfahrens muß sich sowohl auf Disparitäten beziehen, die nach einer beliebigen Losgrößenentscheidung auftreten können, als auch auf Veränderungen der Planungssituation, die - nach dem Entwurf und der Implementierung eines Losgrößenverfahrens - für einen konkreten Entscheidungsfall der Losgrößenplanung oder der nachgelagerten Planungsbereiche der Produktionsplanung und -steuerung von Bedeutung sein könnten.

Die Grundlage für eine flexiblere Entscheidungsmöglichkeit bei dem hier entwickelten Losgrößenverfahren besteht darin, daß man - im Gegensatz zu den bisherigen Verfahren - im Bedarfsfall auf die jeweils "nächstbesten" Lösungen unmittelbar zugreifen kann, ohne daß eine Neuberechnung des Losgrößenproblems oder sogar eine Änderung des Losgrößenmodells mit den sich daran anschließenden Anpassungs- oder Neuprogrammierungen erforderlich wäre.

---

[1] Vgl. Geitner, U. W., 1987, S. 210; Schneeweiß, C., 1992, S. 141 und S. 143; Gottschalk, E., 1989, S. 66 ff. und S. 72 ff.; Grün, O., 1994, S. 720 ff.; Günther, H.-O., und Tempelmeier, H., 1997, S. 3; Hopfenbeck, W., 1997, S. 352 ff. und S. 530 f.; Horváth, P., und Mayer, R., 1986, S. 69 ff.

Bei den bisherigen Losgrößenverfahren[1], die ohne interaktive Beteiligung des Entscheidungsträgers arbeiten, ist es nicht möglich, Besonderheiten einer konkreten Planungssituation in die Entscheidungsfindung zu integrieren, ohne vorher eine Änderung der entsprechenden Prämissen beziehungsweise des Losgrößenmodells vorzunehmen. Da es im allgemeinen nicht gelingen wird, sämtliche Besonderheiten, die bei einer Losgrößenentscheidung relevant sein könnten, in einem Losgrößenmodell zu beachten, soll es dem Disponenten in dem hier zu entwickelnden Verfahren ermöglicht werden, Änderungen der Planungssituation, deren Veränderbarkeit nicht explizit in dem Losgrößenmodell berücksichtigt wurde, oder bestimmte Änderungen der Zielvorstellungen selbst in die Entscheidung mit einfließen zu lassen. Diese Einbeziehung soll aus der Sicht des Entscheidungsträgers spontan in einem interaktiven Prozeß mit der Losgrößensoftware erfolgen, die das Losgrößenverfahren enthält. Dadurch wird die Planungsflexibilität innerhalb der isolierten Losgrößenplanung und der nachfolgenden Produktionsplanungs- und -steuerungsmodule erhöht. Außerdem werden Flexibilitätspotentiale geschaffen, die bei später eintretenden Situationsänderungen beziehungsweise Störungen kurzfristig genutzt werden können.[2]

Das zu entwickelnde Losgrößenverfahren gehört zu der Modellklasse der deterministischen dynamischen Losgrößenverfahren. Die Prämissen stimmen - bis auf eine Ausnahme - mit denen der deterministischen Verfahren bei variablem Bedarf überein.[3] Die Bedingung, daß jeweils zu Beginn und am Ende eines Planungszeitraums

---

[1] Siehe Kapitel 3.
[2] Vgl. Kapitel 4.8.
[3] Vgl. Kapitel 3.2.

die Lagerbestände gleich Null sein müssen, ist hier nicht erforderlich. Das Verfahren kann für beliebige (nicht negative) Bedarfsmengen angewendet werden.[1)]

Das vorzustellende Losgrößenverfahren basiert mathematisch auf der Matrizenrechnung und der begrenzten Enumeration. Die begrenzte Enumeration führt zu einer Reduzierung der möglichen Auflagekombinationen und bewirkt damit Einsparungen bezüglich der Rechenzeit und des Speicherplatzbedarfs. Zusätzlich wird durch betriebswirtschaftliche Überlegungen bei der Konstruktion der benötigten Matrizen und Vektoren erreicht, daß ihr Umfang beziehungsweise ihr Speicherplatz- und Rechenzeitbedarf möglichst gering sind.

Weitere Zeiteinsparungen, die sich in der entsprechenden Losgrößensoftware auswirken, werden durch programmtechnische Maßnahmen erzielt, die auf einer speziellen blockweisen Anordnung der Auflagekombinationen beruhen. Bei der computergestützten Verarbeitung wird durch diese Anordnung ermöglicht, daß beim Programmaufruf nur eine einzige Matrix für einen maximalen Planungszeitraum in den Arbeitsspeicher geladen werden muß und das Programm dann unmittelbar für jedes zu berechnende Losgrößenproblem auf die Koeffizienten, die es aus dieser Matrix benötigt, zugreifen kann. Aufgrund der direkten Verfügbarkeit der jeweils benötigten Matrix im Arbeitsspeicher entfällt die ständige Neuberechnung beziehungsweise der Zugriff auf externe Speichermedien. Zusätzliche Zeitersparnisse lassen sich schließlich dadurch

---

[1)] In der Produktionsplanung und -steuerung bezieht sich die Losgrößenplanung auf die Nettobedarfsmengen, die bei mehrstufiger Fertigung im Rahmen der Stücklistenauflösung ermittelt werden (siehe dazu u.a. Fandel, G., und François, P., 1988, S. 48 ff.; Kistner, K.-P., und Steven, M., 1995, S. 223 ff.; Tempelmeier, H., 1995, S. 124 ff.). Falls der verfügbare Lagerbestand zu Beginn des Planungszeitraums den Bruttobedarf übersteigt, ist der Nettobedarf für eine oder auch mehrere Perioden gleich Null. Da dieser Fall in der Losgrößenplanung von PPS-Systemen häufig auftritt, soll er bei dem zu entwickelnden Losgrößenverfahren nicht durch Prämissen ausgeschlossen werden.

erzielen, daß man diese spezielle blockweise Anordnung der Matrizen datenverarbeitungstechnisch mit einer Koordinaten- und Listenverarbeitung kombiniert.[1]

4.1 Ermittlung der Anzahl und Darstellung der relevanten Auflagekombinationen

Um das Losgrößenverfahren auf Basis der Matrizenrechnung und der begrenzten Enumeration zu erläutern, muß zunächst der Begriff der Auflagekombination definiert werden. Mit $h_t \in \{0,1\}$ sei die Auflagehäufigkeit in Periode t für ein bestimmtes Produkt beschrieben. Eine Auflagekombination, Auflagevariante oder Auflagepolitik gibt für jede Periode t, t = 1,...,T, innerhalb des Planungszeitraums T an, ob in dieser Periode eine Auflage erfolgt ($h_t = 1$) oder nicht ($h_t = 0$). Eine mögliche Darstellungsweise für eine Auflagekombination ist der Vektor der Auflageperioden (APV). Im Falle der vollständigen Enumeration[2] gilt:[3]

(41) $APV = (h_t)'_{t = 1,...,T,}$

$$\text{mit } h_t = \begin{cases} 1, & \text{wenn in Periode t ein Los aufgelegt wird,} \\ 0, & \text{sonst} \end{cases}$$

und $h_t = 1$ für mindestens ein $t \in \{1,...,T\}$.

---

[1] Die Maßnahmen zur Reduzierung der Rechenzeiten und des Speicherplatzbedarfs werden in Kapitel 4.7 detailliert erläutert.

[2] Bei einer vollständigen Enumeration werden sämtliche Lösungen berechnet, die möglich sind. Daraus wird anschließend die beste Lösung ausgewählt.

[3] Vgl. Crowston, W. B., und Wagner, M. H., 1973, S. 15; Crowston und Wagner bezeichnen diesen Vektor als Produktionsprofil. Beispielsweise gilt im 3-Periodenfall für den Vektor der Auflageperioden:
$APV \in \{(1,0,0),(0,1,0),(0,0,1),(1,1,0),(1,0,1),(0,1,1),(1,1,1)\}$.

Die Darstellungsweise dieses Zeilenvektors soll im folgenden bei Rechenoperationen verwendet werden. Alternativ dazu kann man die Auflagekombinationen auch als Vektor der Auflageperioden darstellen, indem man alle Perioden $t \in \{1,...,T\}$ in den Vektor APV^- aufnimmt, in denen für das entsprechende Produkt ein Los gebildet wird:[1]

(42) $\quad APV^- = (t)'_{t \in \{1,...,T\} \land h_t = 1}$,

mit $h_t = 1$ für mindestens ein $t \in \{1,...,T\}$.

Der Vorteil dieser Schreibweise besteht darin, daß sie dem Leser eine größere Übersichtlichkeit bietet, da er hier die Auflageperioden - ohne nachzuzählen - unmittelbar erkennen kann. Die Darstellung der Auflagekombinationen als Vektor APV^- soll deshalb im folgenden zur Verdeutlichung in Tabellen und Abbildungen und in den verbalen Erläuterungen Verwendung finden, wobei bei Rechenoperationen die Darstellungsweise als Vektor APV bevorzugt wird.

Als Vorbetrachtung zur Entwicklung des Verfahrens ist die Frage zu klären, wie viele Auflagekombinationen bei dynamischen einstufigen Losgrößenproblemen mit deterministischen Bedarfsmengen in Produktionsplanungs- und -steuerungssystemen existieren. Anschließend wird analysiert, ob es eine Möglichkeit gibt, die Anzahl der entscheidungsrelevanten Auflagekombinationen zu reduzieren.

Die Losgrößenplanung wird innerhalb der PPS-Systeme für die Nettobedarfsmengen der Perioden $t = 1,...,T$ durchgeführt. Dabei ist es möglich, daß für ein bestimmtes Produkt in der ersten Periode oder den ersten Perioden ein Nettobedarf von Null auftritt, falls keine Bruttobedarfe für diese Perioden vorliegen oder in der Nettobedarfs-

---

[1] Im 3-Periodenfall würde als Schreibweise der Auflagekombinationen für den Vektor APV^- gelten:
$APV^- \in \{(1),(2),(3),(1,2),(1,3),(2,3),(1,2,3)\}$.

planung eine Bedarfsdeckung durch Lagerbestände oder bereits eingeplante Lagerzugänge besteht.

Bei der Ermittlung der Auflagekombinationen gehen wir davon aus, daß mindestens ein positiver Nettobedarf im Planungszeitraum vorliegt, da sonst keine Losgrößen festgelegt werden können.[1] Alle Auflagekombinationen enthalten also mindestens eine Auflageperiode, so daß der Vektor $APV^- = ()$ unzulässig ist.

Die Anzahl der möglichen Auflagekombinationen bei der Losgrößenplanung läßt sich berechnen, indem man für jede Periode $t = 1,...,T$ jeweils die beiden Möglichkeiten multiplikativ miteinander verknüpft, die dadurch entstehen, daß die betrachtete Periode entweder in der Auflagekombination enthalten oder nicht enthalten ist. Diese Anzahl der 2^T Auflagekombinationen muß um 1 vermindert werden, da die Auflagepolitik, die bei positivem Nettobedarf vorsieht, daß in keiner Periode aufgelegt wird, nicht zulässig ist.[2]

Die Berücksichtigung von 2^T-1 Auflagekombinationen in der Losgrößenentscheidung würde einer vollständigen Enumeration entsprechen. Da diese - in Abhängigkeit von der Länge des Planungszeitraums - mit einem erheblichen Rechenaufwand verbunden

---

[1] Falls im Planungszeitraum keine positive Nettobedarfsmenge für das entsprechende Produkt vorliegt, werden die Losgrößenoptimierung und die nachfolgenden PPS-Planungsschritte (wie beispielsweise die Stücklistenauflösung) nicht gestartet.

[2] Eine alternative Berechnungsmöglichkeit besteht in der Ermittlung der Mächtigkeit der Potenzmenge der Planungsperioden $\wp\{1,...,T\}$, wobei die leere Menge ausgeschlossen wird. Für die Anzahl der Teilmengen einer Menge M von T Elementen ohne die leere Menge erhält man

$$\begin{bmatrix}T\\1\end{bmatrix}+\begin{bmatrix}T\\2\end{bmatrix}+...+\begin{bmatrix}T\\T\end{bmatrix}=\begin{bmatrix}T\\0\end{bmatrix}+\begin{bmatrix}T\\1\end{bmatrix}+\begin{bmatrix}T\\2\end{bmatrix}+...+\begin{bmatrix}T\\T\end{bmatrix}-1=2^T-1$$

relevante Auflagekombinationen. Wahrscheinlichkeitstheoretisch entspricht dies einer Aneinanderreihung von ungeordneten Stichproben (d.h.: unterschiedliche Anordnungen von Perioden werden nicht berücksichtigt) ohne Zurücklegen (d.h.: Perioden dürfen nicht mehrfach in einer Auflagekombination auftreten) für $t = 1,...,T$ Perioden.

sein kann, ist es zweckmäßig, die Anzahl der zu berücksichtigenden Fälle zu reduzieren, indem man von folgenden Überlegungen ausgeht.

Ermittelt man die Periode μ, in der erstmals ein positiver Nettobedarf ($x_\mu = x_t > 0$) auftritt, so kann man dies dazu nutzen, die Anzahl der entscheidungsrelevanten Auflagekombinationen zu vermindern.[1] Es wird im folgenden gezeigt, daß nur noch solche Auflagekombinationen in Betracht kommen, die mit der Periode μ beginnen.

Falls Perioden $t < \mu$ existieren, deren Bedarfsmengen gleich Null sind, ist keine Berechnung der Alternativen, die diese Perioden enthalten, notwendig. Würde man eine dieser Perioden in die Auflagekombinationen aufnehmen, so würden bei deren Realisierung unnötige Lagerhaltungskosten entstehen, da die entsprechenden Mengeneinheiten dann bereits zu einem Zeitpunkt bereitgestellt würden, zu dem noch kein Bedarf vorhanden ist. Andererseits muß jede Auflagekombination die Periode μ enthalten, um Fehlmengen zu vermeiden. Damit scheiden auch sämtliche Auflagekombinationen aus der Betrachtung als unzulässig aus, die mit Perioden $t > \mu$ beginnen.[2] Dies führt selbst dann zu einer Reduzierung der Anzahl der Auflagevarianten, wenn in der ersten Periode ein positiver Bedarf vorhanden ist ($\mu = 1$), da alle Auflagekombinationen, die nicht mit Periode 1 beginnen, nicht mehr betrachtet werden müssen.[3]

Diese Überlegungen ermöglichen es, die vollständige Enumeration durch eine begrenzte Enumeration zu ersetzen, indem man eine vorgeschaltete Ermittlung der ersten Periode mit positivem Nettobedarf durchführt. Während bei einer vollständigen

---

[1] Die Situation, daß erst in späteren Perioden ein Nettobedarf entsteht, tritt in PPS-Systemen aufgrund von verfügbaren Lagerbeständen häufiger auf.

[2] Zu beachten ist, daß die Auflageperioden der Losgrößenplanung im weiteren Verlauf der Produktionsplanung und -steuerung noch revidiert werden können, wenn Verfügbarkeitsprobleme, terminliche, kapazitäts- oder reihenfolgebedingte Engpässe dies erfordern. Solche zeitlichen Verschiebungen der Auflagezeitpunkte werden jedoch im Rahmen der Losgrößenplanung noch nicht berücksichtigt, sondern sind Planungsgegenstand der PPS-Module, die nach der Losgrößenentscheidung aktiviert werden.

[3] Siehe hierzu auch das Beispiel in der nachfolgenden Tabelle 1.

Enumeration alle Lösungen berechnet werden müssen, die realisierbar sind, und daraus die beste ausgewählt wird, entfällt bei der begrenzten Enumeration die Berechnung der Alternativen, bei denen bereits feststeht oder ermittelt wurde, daß sie zu schlechteren Zielfunktionswerten führen als andere Alternativen.[1]

Die Übertragung des Prinzips der begrenzten Enumeration auf die Losgrößenplanung für den hier vorliegenden dynamischen Fall bedeutet, daß man für ein konkret anstehendes Losgrößenproblem - nach der Ermittlung von μ - die Anzahl der Auflagekombinationen der vollständigen Enumeration für $\mu > 1$ um die unwirtschaftlichen und nicht entscheidungsrelevanten Alternativen (Auflagekombinationen, die Perioden $t < \mu$ enthalten) und für alle μ um die unzulässigen Alternativen (Auflagekombinationen, die mit $t > \mu$ beginnen) reduzieren kann. Die Potenzmenge der Auflagekombinationen bei der vollständigen Enumeration $\wp\{APV\}$ vermindert sich also bei der begrenzten Enumeration wie folgt: $\wp\{APV\}^\mu = \wp\{APV\} / \wp\{APV\}^{t<\mu} / \wp\{APV\}^{t>\mu}$.

Berechnet man die Anzahl der Auflagekombinationen bei der begrenzten Enumeration mit der ersten Auflageperiode μ, so muß man für jede Periode $\mu+1$ bis T jeweils die beiden Möglichkeiten multiplikativ miteinander verbinden, die sich daraus ergeben, daß die entsprechende Periode entweder in der Auflagekombination enthalten oder nicht enthalten ist. In Periode μ muß auf jeden Fall aufgelegt werden, da es die Periode des ersten positiven Nettobedarfs ist. Die Variationsmöglichkeiten beschränken sich daher auf die verbleibenden Perioden $t > \mu$, woraus $2^{T-\mu}$ mögliche Auflagekombina-

---

[1] Zu dem allgemeinen Verfahren der begrenzten Enumeration siehe u.a. Müller-Merbach, H., 1992, S. 341 ff.; Zimmermann, W., 1997, S. 154 ff.

tionen resultieren.[1] Für den Vektor der Auflageperioden gilt im Falle der begrenzten Enumeration:

(43) $APV = (h_t)'_{t = \mu,...,T}$,

mit

$$h_t = \begin{cases} 1, & t = \mu \text{ sowie für} \\ & t > \mu, \text{ wenn in Periode } t > \mu \text{ ein Los aufgelegt wird,} \\ 0, & \text{sonst.} \end{cases}$$

Analog erhält man bei der begrenzten Enumeration für den Vektor APV^-:

(44) $APV^- = (\mu,t)'_{t \in \{\mu+1,...,T\} \wedge h_t = 1}$.

Die Ermittlung der Periode μ reduziert die Anzahl der möglichen Auflagekombinationen gegenüber der vollständigen Enumeration um $2^T-1-2^{T-\mu}$.[2]

---

[1] Bezüglich der alternativen Berechnungsmöglichkeit der Anzahl der möglichen Auflagekombinationen mit Hilfe der Potenzmenge ist bei der begrenzten Enumeration im Gegensatz zur vollständigen Enumeration nur die Potenzmenge einer Menge M von T-μ Elementen zu berechnen, wobei die leere Menge hier nicht ausgeschlossen wird. Sie bedeutet, daß bei der entsprechenden Auflagekombination nur einmal - und zwar in Periode μ - aufgelegt wird. Die Periode μ muß in jeder Auflagekombination enthalten sein. Deshalb beschränken sich die Variationsmöglichkeiten nur auf die Perioden, für die t > μ gilt. Die Menge M enthält folglich T-μ Elemente. Die Anzahl der relevanten Auflagekombinationen ergibt sich als

$$\begin{bmatrix} T-\mu \\ 0 \end{bmatrix} + \begin{bmatrix} T-\mu \\ 1 \end{bmatrix} + \begin{bmatrix} T-\mu \\ 2 \end{bmatrix} + ... + \begin{bmatrix} T-\mu \\ T-\mu \end{bmatrix} = 2^{T-\mu}.$$

[2] Entsprechend vermindern sich bei der computergestützten Verarbeitung der Hauptspeicherbedarf und der Rechenaufwand des Verfahrens.

In Tabelle 9 wird durch ein Beispiel für die Planungszeiträume T = 2, 3 und 4 verdeutlicht, daß sich bereits dann, wenn in der ersten Periode ein positiver Nettobedarf festgestellt wird (μ = 1), der Aufwand der Losgrößenplanung vermindert, da Kombinationen, die mit einer Auflageperiode t > μ beginnen, nicht mehr als entscheidungsrelevant berücksichtigt werden müssen.

Tabelle 9: Beispiel für die Anzahl der Auflagekombinationen APV' bei vollständiger und bei begrenzter Enumeration für μ = 1 und T = 2, 3 und 4

Vollständige Enumeration			Begrenzte Enumeration für μ = 1		
Auflagekombinationen in Abhängigkeit von T			Auflagekombinationen in Abhängigkeit von T		
T = 2	T = 3	T = 4	T = 2	T = 3	T = 4
(1)	(1)	(1)	(1)	(1)	(1)
(2)	(2)	(2)	(1,2)	(1,2)	(1,2)
(1,2)	(3)	(3)		(1,3)	(1,3)
	(1,2)	(4)		(1,2,3)	(1,4)
	(1,3)	(1,2)			(1,2,3)
	(2,3)	(1,3)			(1,2,4)
	(1,2,3)	(1,4)			(1,3,4)
		(2,3)			(1,2,3,4)
		(2,4)	Σ = 2	Σ = 4	Σ = 8
		(3,4)	Anzahl der Auflagekombinationen: $2^{T-\mu}$		
		(1,2,3)			
		(1,2,4)			
		(1,3,4)			
		(2,3,4)			
		(1,2,3,4)			
Σ = 3	Σ = 7	Σ = 15			
Anzahl der Auflagekombinationen: 2^T-1					

Umfangreicher werden diese Einsparungen, falls μ > 1 ist. In diesen Fällen können zusätzlich solche Kombinationen unberücksichtigt bleiben, die mit einer Auflageperiode t < μ beginnen. Dadurch verkürzt sich der Planungszeitraum von T Perioden auf den für das Verfahren relevanten Planungszeitraum von T' = T-μ+1 Perioden. Die Reduzierung der Anzahl der Auflagekombinationen (2^T-1-$2^{T-\mu}$) durch vorgeschaltete Ermittlung von μ ist, beginnend mit μ = 1, um so größer, je später der erste positive

Bedarf auftritt und je größer die Anzahl der Planungsperioden ist. Tabelle 10 gibt einen Überblick über die Verminderung der Anzahl der entscheidungsrelevanten Auflagekombinationen, die durch die Ermittlung der ersten Periode mit positivem Bedarf erreicht werden kann.

Tabelle 10: Reduzierung der Anzahl der entscheidungsrelevanten Auflagekombinationen APV^- für $\mu = 1,...,6$ und $T = 2,...,12$

T	Einsparung: $2^T-1-2^{T-\mu}$					
	$\mu = 1$	$\mu = 2$	$\mu = 3$	$\mu = 4$	$\mu = 5$	$\mu = 6$
2	1	2	--	--	--	--
3	3	5	6	--	--	--
4	7	11	13	14	--	--
5	15	23	27	29	30	--
6	31	47	55	59	61	62
7	63	95	111	119	123	125
8	127	191	223	239	247	251
9	255	483	547	579	595	603
10	611	767	895	959	991	1007
11	1023	1443	1799	1928	1991	2023
12	2055	3087	3499	3855	3983	4047

Da das Verfahren auf einem Rechner implementiert werden soll, werden im folgenden die wesentlichen Programmteile als Programmablaufplan dargestellt. Die Programmlogik zur Ermittlung der Periode μ, in der erstmals ein positiver Nettobedarf ($x_\mu > 0$) auftritt, wird in Abbildung 18 verdeutlicht.

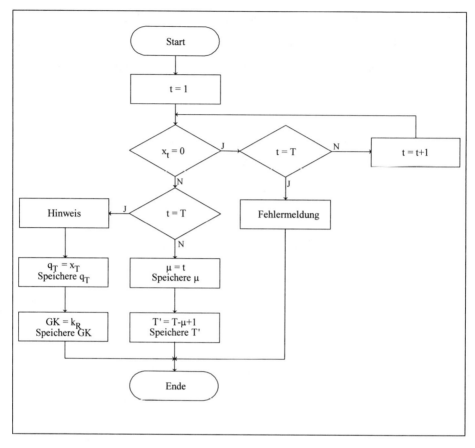

Abbildung 18: Programmlogik zur Ermittlung der ersten Periode μ mit positivem Nettobedarf

Beginnend mit $t = 1$ wird t solange um 1 erhöht, bis man einen positiven Nettobedarf ($x_t > 0$) der Produktart, für die die Losgrößenplanung durchgeführt wird, ermittelt hat oder der Planungszeitraum abgearbeitet ist ($t = T$).[1] Falls kein positiver Nettobedarf $x_t > 0$ für $t = 1,...,T$ gefunden wird, erfolgt eine Fehlermeldung, die darauf hinweist,

---

[1] Negative Nettobedarfsmengen können nicht auftreten, da diese durch die Prämissen des Losgrößenverfahrens ausgeschlossen werden. In PPS-Systemen wird dieser Fall bereits bei der Nettobedarfsplanung dadurch abgefangen, daß der Nettobedarf gleich Null gesetzt wird, sobald der verfügbare Lagerbestand den Bruttobedarf übersteigt. Deshalb ist eine entsprechende Abfrage für $x_t < 0$ in der Losgrößenplanung nicht erforderlich.

daß kein positiver Nettobedarf innerhalb des Planungszeitraums für das entsprechende Produkt vorliegt und deshalb keine Losgrößenplanung möglich ist.

Findet man eine Periode mit positivem Nettobedarf, so wird geprüft, ob es sich um die letzte Planungsperiode handelt (t = T). Wenn dies der Fall ist, erfolgt ein Hinweis, daß keine Losgrößenoptimierung notwendig ist, da lediglich ein positiver Nettobedarf für das entsprechende Produkt existiert. Deshalb bestehen keine Wahlmöglichkeiten bei den Auflagekombinationen und $q_T = x_T$ kann unmittelbar als Losgröße verwendet beziehungsweise abgespeichert werden. Die optimale Auflagepolitik beinhaltet lediglich die Auflageperiode $\mu = T$, und die relevanten Gesamtkosten GK entsprechen den Rüstkosten pro Rüstvorgang k_R.

Falls für eine Periode t < T ein positiver Nettobedarf ($x_t > 0$) existiert, ist eine Losgrößenoptimierung erforderlich. Der Wert von $\mu = t \neq T$ wird gespeichert, um im späteren Verlauf des Verfahrens jeweils auf die erste Periode mit positivem Nettobedarf zugreifen zu können. Außerdem wird die Anzahl der relevanten Planungsperioden T' = T-μ+1 ermittelt und gespeichert, da T' im folgenden häufig als Abbruchkriterium der Teilprogramme benötigt wird und deshalb dort nicht ständig neu berechnet werden soll.

4.2 Ermittlung der Lagerhaltungskosten bei einperiodiger Lagerung der Bedarfsmengen

Nach der Ermittlung der ersten Periode mit positivem Bedarf werden die Bedarfsmengen x_t für t = μ+1,...,T als Komponenten in den Bedarfsmengenvektor (BMV) aufgenommen. Für den Bedarfsmengenvektor BMV gilt:

(45) $BMV = (x_t)_{t = \mu+1,...,T}$

Der Bedarf der Periode t = μ ist nicht im Bedarfsmengenvektor enthalten, da die Bedarfsmenge der ersten Auflageperiode nicht gelagert wird. Deshalb ist die genaue

Höhe der (positiven) Nettobedarfsmenge dieser Periode für das Losgrößenproblem nicht entscheidungsrelevant.

Durch Multiplikation des Bedarfsmengenvektors (BMV) mit dem Lagerkostensatz k_L erhält man den Vektor der Lagerkosten bei einperiodiger Lagerung der Bedarfsmengen (LEV).

(46) $\quad \text{LEV} = \text{BMV} \cdot k_L = (l_t)_{t = \mu+1,...,T}$

Die Komponenten l_t des Vektors der Lagerhaltungskosten bei einperiodiger Lagerung der Bedarfsmengen (LEV) geben an, welche Lagerhaltungskosten entstehen, wenn die Bedarfsmengen x_t der Perioden $t = \mu+1,...,T$ jeweils eine Periode gelagert werden. Zur Ermittlung der Lagerhaltungskosten l_t werden die Bedarfsmengen x_t, beginnend mit Periode $t = \mu+1$, mit dem Lagerkostensatz k_L multipliziert, bis der relevante Planungszeitraum abgearbeitet ist ($t = T$).

4.3 Ermittlung der Rüsthäufigkeit und der Lagerungsdauer in Abhängigkeit von den Auflagekombinationen

Zur Ermittlung der relevanten Gesamtkosten benötigt das hier zu entwickelnde Losgrößenverfahren einen Rüstvektor und eine Lagerungsmatrix, die beide aus einer Rüstmatrix hergeleitet werden können. Die Koeffizienten der Rüstmatrix beziehungsweise des Rüstvektors geben die Rüsthäufigkeiten in Abhängigkeit von den Auflagekombinationen an. Die entsprechenden Lagerungszeiten sind als Koeffizienten in der Lagerungsmatrix enthalten.

4.3.1 Ermittlung der Rüstmatrix

Mit Hilfe der Rüstmatrix (RM) kann man die Rüstkosten in Abhängigkeit von den Auflagekombinationen bestimmen. Die Matrix RM beinhaltet alle entscheidungsrelevanten Vektoren APV der Auflageperioden.[1] Die Zeilen dieser Matrix geben also an, ob bei einer bestimmten Auflagekombination in einer Periode eine Auflage erfolgt oder nicht. Für die Rüstmatrix (RM) gilt:

(47) $\quad RM = [h_{z,s}]_{z=1,\ldots,2^{T'-1} \text{ und } s=1,\ldots,T'}$,

mit den Auflagehäufigkeiten

$$h_{z,s} = \begin{cases} 1, & \text{wenn in der Periode } s = t - \mu + 1 \text{ bei Auflage-} \\ & \text{kombination } z \text{ ein Los aufgelegt wird,} \\ 0, & \text{sonst} \end{cases}$$

und $h_{z,1} = 1$ für alle $z = 1,\ldots,2^{T-1}$.

Prinzipiell wäre eine beliebige sequentielle oder eine parallele Anordnung[2] der Auflagekombinationen in den Zeilen der Rüstmatrix durchführbar. In dem hier zu entwickelnden Losgrößenverfahren erfolgt jedoch die Anordnung der Auflagekombinationen so, daß alle Auflagevariationen berechnet und als neue Zeilen hinzugefügt werden, die, beginnend mit $T' = 1$, bei einer sukzessiven Verlängerung des relevanten Planungszeitraums um eine Periode zusätzlich möglich sind.[3] Diese spezielle blockweise beziehungsweise planungszeitraumorientierte Anordnung der Auflagekombinationen, die auch bei dem Rüstvektor und der Lagerungsmatrix verwendet wird, führt

---

[1] Vgl. Kapitel 4.1.

[2] Bei einer parallelen Anordnung der Auflagekombinationen würde man in einem ersten Schritt die Auflagekombination APV wählen, bei der nur in Periode $t = \mu$ aufgelegt wird, in einem zweiten Schritt alle Auflagekombinationen mit zwei Auflagen usw.

[3] Bei der Anordnung der Auflagekombinationen beginnt man mit $T' = 1$, um immer die gleiche Reihenfolge zu gewährleisten. Dies bedeutet jedoch nicht, daß bei einem relevanten Planungszeitraum von $T' = 1$ eine Losgrößenberechnung durchgeführt wird.

mit Hilfe von gesondert zu beschreibenden Algorithmen bei der computergestützten Verarbeitung zu Rechenzeit- und Speicherplatzersparnissen, da durch ihre Anwendung erreicht wird, daß ein einziger Rüstvektor (beziehungsweise eine einzige Rüstmatrix) und eine einzige Lagerungsmatrix für sämtliche dynamischen Losgrößenprobleme ausreichen.[1] Tabelle 11 stellt die nach Planungsperioden sukzessiv erweiterte Anordnung der Auflagekombinationen dar.

Tabelle 11: Anordnung der Auflagekombinationen nach sukzessiver Erweiterung des Planungszeitraums

Länge des Planungszeitraums[2] T'	Zusätzliche Auflagekombinationen APV⁻
T' = T-µ+1 = 1 T' = 2	(µ) (µ,µ+1)
T' = 3	(µ,µ+2) (µ,µ+1,µ+2)
T' = 4	(µ,µ+3) (µ,µ+1,µ+3) (µ,µ+2,µ+3) (µ,µ+1,µ+2,µ+3)
T' = 5 . . .	(µ,µ+4) . . .

Gemäß dieser planungszeitraumorientierten Anordnung gilt für die Rüstmatrix:

---

[1] Vgl. dazu Kapitel 4.7.3.1.

[2] Ab T' = 2 wird eine Losgrößenoptimierung erforderlich. Um dies zu verdeutlichen, ist zwischen T' = 1 und T' = 2 eine gepunktete Linie eingeführt worden.

(48) $RM = [h_{z,s}]_{z=1,\ldots,2^{T'-1}}$ und $s = 1,\ldots,T'$,

mit $h_{z,1} = 1$ für alle $z = 1,\ldots,2^{T'-1}$ und

$$h_{z,s} = \begin{cases} 0, & z = 2\tau \cdot 2^{s-2} + 1,\ldots,(2\tau+1) \cdot 2^{s-2}, \\ 1, & z = (2\tau+1) \cdot 2^{s-2} + 1,\ldots,(2\tau+2) \cdot 2^{s-2}, \end{cases}$$

für alle $\tau = 0,\ldots,2^{T'-s}-1$ und $s = 2,\ldots,T'$.

In den Spalten $s = 2,\ldots,T'$ werden die Koeffizienten der Zeilen $z = 1,\ldots,2^{s-2}$ zunächst mit der Zahl 0 belegt. Diese Anordnung wird für $\tau = 0,\ldots,2^{T'-s}-1$ alle $\tau \cdot 2^{s-1}$ Schritte wiederholt.[1] Folglich enthalten alle Zeilen $z = \tau \cdot 2^{s-1}+1,\ldots,\tau \cdot 2^{s-1}+2^{s-2}$ die Zahl 0. Nach entsprechender Vereinfachung dieses Terms erhält man $z = 2\tau \cdot 2^{s-2}+1,\ldots,(2\tau+1) \cdot 2^{s-2}$ in obiger Formel.

Nachdem die Koeffizienten der Zeilen $z = 1,\ldots,2^{s-2}$ die Zahl 0 enthalten, werden die nachfolgenden Zeilen $z = 2^{s-2}+1,\ldots,2^{s-1}$ mit der Zahl 1 belegt. Auch diese Anordnung wiederholt sich alle $\tau \cdot 2^{s-1}$ Schritte, für $\tau = 0,\ldots,2^{T'-s}-1$. Als Zeilen, denen die Zahl 1 zugeordnet wird, erhält man $z = \tau \cdot 2^{s-1}+2^{s-2}+1,\ldots,\tau \cdot 2^{s-1}+2^{s-1}$ beziehungsweise nach entsprechender Umformung $z = (2\tau+1) \cdot 2^{s-2}+1,\ldots,(2\tau+2) \cdot 2^{s-2}$.

---

[1] Die Obergrenze von τ läßt sich ermitteln, indem man die Anzahl der Zeilen ($2^{T'-1}$) durch die Anzahl der Blöcke dividiert, die abwechselnd mit 0 beziehungsweise 1 besetzt werden (2^{s-2}) und von diesem Ergebnis 1 subtrahiert, da die Variable τ zunächst (für die ersten beiden Blöcke) den Wert 0 annimmt.

Der Aufbau der Rüstmatrix ist in Tabelle 12 dargestellt.[1]

Ab Spalte 2 der Rüstmatrix werden - abwechselnd - jeweils 2^{s-2} Koeffizienten mit der Zahl 0 und 2^{s-2} Koeffizienten mit der Zahl 1 besetzt. Die Anzahl der Koeffizienten, die in einer Spalte jeweils hintereinander mit der gleichen Wert belegt werden, soll als Blockbreite bezeichnet werden. Führt man die Laufvariable n ein, n = 1,...,2^{s-2}, um die Anzahl der Koeffizienten abzuzählen, die in den Spalten der Rüstmatrix hintereinander mit 0 beziehungsweise mit 1 besetzt werden, so ergibt sich für die Auflagehäufigkeiten in den Spalten s = 2,...,T':

$$(49) \quad h_{z,s} = \begin{cases} 0, & z = 2\tau \cdot 2^{s-2} + n, \\ 1, & z = (2\tau+1) \cdot 2^{s-2} + n, \end{cases}$$

für alle $\tau = 0,...,2^{T'-s}-1$, n = 1,...,2^{s-2} und s = 2,...,T'.

---

[1] Die Auflagekombinationen, die sich auf der rechten Seite der Tabelle befinden, werden bei der computergestützten Verarbeitung nicht gespeichert, sondern dienen nur der Verdeutlichung des Aufbaus der Matrizen beziehungsweise des Rüstvektors. Eine Speicherung ist nicht notwendig, da die Informationen über die Auflagezeitpunkte in der Rüstmatrix beziehungsweise der Lagerungsmatrix enthalten sind. In der Rüstmatrix sind diese Informationen in Form der Vektoren APV für die verschiedenen Auflagekombinationen abgespeichert. In der noch zu behandelnden Lagerungsmatrix werden die Auflagezeitpunkte für die Perioden t = µ+1,...,T durch Koeffizienten dargestellt, die den Wert Null annehmen, da für die Bedarfsmengen dieser Perioden keine Lagerungen notwendig sind. Die Ermittlung der aufgrund der Losgrößenentscheidung zu realisierenden Auflagezeitpunkte erfolgt also direkt über die Koeffizienten dieser Matrizen.

Tabelle 12: Rüstmatrix RM(T') für einen Planungszeitraum von T' > 5

Zeile	Rüstmatrix RM(T')	Auflagekombinationen (APV⁻)
1	$\begin{bmatrix} 1 & 0 & 0 & 0 & 0 & 0 & \dots & 0 \end{bmatrix}$	(μ)
2	1 1 0 0 0 0 ... 0	$(\mu, \mu+1)$
3	1 0 1 0 0 0 ... 0	$(\mu, \mu+2)$
4	1 1 1 0 0 0 ... 0	$(\mu, \mu+1, \mu+2)$
5	1 0 0 1 0 0 ... 0	$(\mu, \mu+3)$
6	1 1 0 1 0 0 ... 0	$(\mu, \mu+1, \mu+3)$
7	1 0 1 1 0 0 ... 0	$(\mu, \mu+2, \mu+3)$
8	1 1 1 1 0 0 ... 0	$(\mu, \mu+1, \mu+2, \mu+3)$
9	1 0 0 0 1 0 ... 0	$(\mu, \mu+4)$
10	1 1 0 0 1 0 ... 0	$(\mu, \mu+1, \mu+4)$
11	1 0 1 0 1 0 ... 0	$(\mu, \mu+2, \mu+4)$
12	1 1 1 0 1 0 ... 0	$(\mu, \mu+1, \mu+2, \mu+4)$
13	1 0 0 1 1 0 ... 0	$(\mu, \mu+3, \mu+4)$
14	1 1 0 1 1 0 ... 0	$(\mu, \mu+1, \mu+3, \mu+4)$
15	1 0 1 1 1 0 ... 0	$(\mu, \mu+2, \mu+3, \mu+4)$
16	1 1 1 1 1 0 ... 0	$(\mu, \mu+1, \mu+2, \mu+3, \mu+4)$
17	1 0 0 0 0 1 ... 0	$(\mu, \mu+5)$
.	.	.
.	.	.
.	.	.
$2^{T'-1}$	1 1 1 1 1 1 ... 1	$(\mu, \mu+1, \mu+2, \dots, \mu+T'-1)$

Die Eigenschaft, daß die Koeffizienten nach jeweils 2^{s-2} Zeilen wechseln, wird im nachfolgend dargestellten Programmablaufplan (Abbildung 19) dazu genutzt, daß man die Vorgehensweise vereinfachen und auf die Variable τ verzichten kann, wenn man für $z = 1,...,2^{T'-1}$ hintereinander die Koeffizienten von jeweils 2^{s-2} Zeilen mit 0 beziehungsweise 1 belegt.

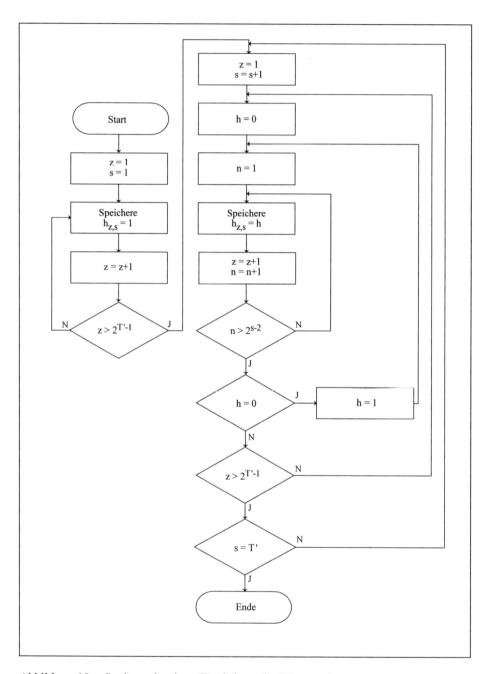

Abbildung 19: Spaltenorientierte Ermittlung der Rüstmatrix

Die Berechnung der Rüstmatrix beginnt in Zeile $z = 1$ und Spalte $s = 1$. Alle Koeffizienten $h_{z,s}$ der ersten Spalte ($s = 1$) der Rüstmatrix werden gleich 1 gesetzt, da in der ersten Periode (μ) mit positivem Bedarf auf jeden Fall eine Auflage erfolgen muß. Sobald das letzte Element ($z = 2^{T'-1}$) der ersten Spalte bearbeitet ist, starten die Berechnungen zur Erzeugung der Auflagevarianten mit dem Koeffizienten der Zeile $z = 1$ und Spalte $s = 2$.

Um zu gewährleisten, daß die Anordnung der Auflagekombinationen nach der oben beschriebenen blockweisen Vorgehensweise erfolgt, werden in den Spalten $s = 2,...,T'$ jeweils Blöcke zu 2^{s-2} Koeffizienten abwechselnd mit den Auflagehäufigkeiten 0 und 1 besetzt. In der zweiten Spalte wird also für jede Zeile zwischen 0 und 1 gewechselt (Schrittweite: $2^{s-2} = 1$), in der dritten Spalte wird jeweils zweimal mit 0 und zweimal mit 1 belegt (Schrittweite: $2^{s-2} = 2$) usw.

Die Variable h gibt dabei an, ob ein Matrixelement mit 0 besetzt wird oder mit 1. Zunächst wird h mit 0 initialisiert. Die Variable n, die mit 1 initialisiert wird, dient dazu abzuzählen, ob ein neuer Block beginnt ($n = 1$) beziehungsweise ob ein alter Block beendet ist ($n = 2^{s-2}$).

Das erste Element der zweiten Matrixspalte wird zunächst mit $h_{z,s} = h_{1,2} = 0$ abgespeichert. Anschließend werden z und n sukzessive um 1 erhöht. Falls der entsprechende Block noch nicht abgearbeitet ist ($n \leq 2^{s-2}$), wird $h_{z,s} = h$ in der Rüstmatrix gespeichert. Sobald jedoch $n > 2^{s-2}$ gilt und der Koeffizient der letzten Zeile ($z = 2^{T'-1}$) in der betreffenden Spalte noch nicht errechnet ist, muß ein neuer Block bearbeitet werden. Die Variable h wechselt dabei, je nach dem Wert, den sie im letzten Block hatte, von 0 nach 1 beziehungsweise von 1 nach 0. Außerdem beginnt n wieder bei der nächsten Erhöhung der Zeilenzahl z die Länge des neuen Blocks von 1 bis 2^{s-2} abzuzählen. Die blockweise Anordnung der Koeffizienten mit 0 beziehungsweise 1 wird solange wiederholt, bis alle Zeilen $z = 1$ bis $z = 2^{T'-1}$ abgearbeitet sind. Dann wird s jeweils um 1 erhöht und die oben beschriebenen Berechnungen werden erneut durchgeführt, bis die letzte Spalte ($s = T'$) der Rüstmatrix erzeugt ist.

Die hier gezeigte Möglichkeit zur Berechnung der Rüstmatrix kann als spaltenorientiert bezeichnet werden. Wenn man einzelne Auflagekombinationen APV_z der Rüstmatrix ermitteln möchte,[1]) ist die spaltenorientierte Vorgehensweise nicht geeignet, da der Schritt z hier lediglich ein Zwischenergebnis der Berechnungen liefert. In diesem Falle empfiehlt sich die zeilenorientierte Berechnung der Rüstmatrix.

Die zeilenorientierte Ermittlung der Rüstmatrix weist Ähnlichkeiten zur Umwandlung von Dezimalzahlen in Binärzahlen auf.[2]) Man erhält die Auflagekombinationen APV_z, $z = 1,...,2^{T'-1}$, wenn man die Dezimalzahlen $z' = 2z-1$ in eine Binärdarstellung umrechnet, aber die Ergebnisse der Berechnungen - im Gegensatz zur üblichen Vorgehensweise - linksbündig anordnet.[3]) Gegebenenfalls fehlende Binärstellen bis zur Stelle T' sind mit Nullen aufzufüllen.

An dem Term $z' = 2z-1$ erkennt man, daß nur ungerade Dezimalzahlen umgewandelt werden dürfen. Denn der erste Koeffizient $h_{z,1}$ des Vektors der Auflageperioden muß immer die Zahl 1 enthalten.[4])

Eine weitere Möglichkeit der zeilenorientierten Berechnung der Rüstmatrix würde darin bestehen, daß man die Dezimalzahlen $z' = z+2^{T'-1}-1$ in eine übliche, rechtsbündige Binärdarstellung umwandelt. Folglich müßten bei einem Planungszeitraum von

---

[1]) Dies ist zum Beispiel in Kapitel 4.7.2 der Fall, da dort die Auflagekombinationen nicht gespeichert werden.

[2]) Zur Vorgehensweise bei der Umwandlung einer Dezimal- in eine Binärdarstellung siehe u.a. Hansen, H. R., 1992, S. 141 ff.; Stahlknecht, P., und Hasenkamp, U., 1997, S. 19 ff.; Scheer, A.-W., 1978, S. 25 ff.; Zilahi-Szabó, M. G., 1998, S. 15 ff.

[3]) Bei der Umrechnung von Dezimal- in Binärzahlen werden die Ergebnisse von rechts (s = T') nach links angeordnet (s = 1).

[4]) Dadurch wird gewährleistet, daß nur Auflagekombinationen berechnet werden, bei denen in Periode $t = \mu$ eine Auflage erfolgt.

Alternativ zu der Berechnungsmöglichkeit mit Hilfe $z' = 2z-1$ könnte man für $s = 1$ die Zahl 1 extern vorgeben und anschließend die Koeffizienten $h_{z,s}$ für $s = 2,...,T'$ durch eine linksbündige binäre Umwandlung der Zahlen $z' = z-1$, mit $z = 1,...,2^{T'-1}$, ermitteln.

T' = 6 Perioden die Zahlen z' = 32,...,63 binär dargestellt werden. Durch diese Vorgehensweise würden zwar alle entscheidungsrelevanten Auflagekombinationen berücksichtigt, aber die hier gewählte Reihenfolge der Auflagevarianten, die in Kapitel 4.7 dazu genutzt wird, um mit Hilfe von speziellen Verarbeitungstechniken Rechenzeit- und Speicherplatzersparnisse zu erzielen, würde nicht eingehalten.

In Tabelle 13 werden die beiden grundsätzlichen Möglichkeiten zur Berechnung der Auflagekombinationen aus Dezimalzahlen verdeutlicht, die aus der linksbündigen beziehungsweise rechtsbündigen Anordnung der Umwandlungsergebnisse resultieren.

In der zweiten Spalte der Tabelle befinden sich die Vektoren APV_z in der Reihenfolge, mit der sie in der Rüstmatrix enthalten sind. Rechts daneben sind die Dezimalzahlen z' aufgelistet, deren binäre Darstellung diesen Auflagekombinationen entspricht. Man erkennt, daß eine Umwandlung der Dezimalzahlen in der Reihenfolge $z' = z+2^{T'-1}-1$, mit $z = 1,...,2^{T'-1}$, zu einer anderen Reihenfolge der Auflagepolitiken führen würde. Auf der rechten Seite der Tabelle sind die Dezimalzahlen $z' = 2z-1$, mit $z = 1,...,2^{T'-1}$, enthalten, aus deren binärer Umwandlung man die Auflagekombinationen APV_z erhält, wenn man die Ergebnisse der Berechnungen linksbündig anordnet und entsprechend mit Nullen auffüllt. Wenn man zur Vereinfachung die erste Spalte der Rüstmatrix unmittelbar mit 1 belegt, würden sich in der rechten Spalte der Tabelle die Zahlen $z' = z-1$ befinden.

Tabelle 13: Berechnungsmöglichkeiten der Auflagekombinationen APV_z für $T' = 6$ aus Dezimalzahlen

Zeile z	Rüstmatrix RM(T') bzw. Auflagekombinationen APV_z	Dezimalzahl für APV_z	
		Rechtsbündige Anordnung	Linksbündige Anordnung
1	1 0 0 0 0 0	32	1
2	1 1 0 0 0 0	48	3
3	1 0 1 0 0 0	40	5
4	1 1 1 0 0 0	56	7
5	1 0 0 1 0 0	36	9
6	1 1 0 1 0 0	52	11
7	1 0 1 1 0 0	44	13
8	1 1 1 1 0 0	60	15
9	1 0 0 0 1 0	34	17
10	1 1 0 0 1 0	50	19
11	1 0 1 0 1 0	42	21
12	1 1 1 0 1 0	58	23
13	1 0 0 1 1 0	38	25
14	1 1 0 1 1 0	54	27
15	1 0 1 1 1 0	46	29
16	1 1 1 1 1 0	62	31
17	1 0 0 0 0 1	33	33
18	1 1 0 0 0 1	49	35
19	1 0 1 0 0 1	41	37
20	1 1 1 0 0 1	57	39
21	1 0 0 1 0 1	37	41
22	1 1 0 1 0 1	53	43
23	1 0 1 1 0 1	45	45
24	1 1 1 1 0 1	61	47
25	1 0 0 0 1 1	35	49
26	1 1 0 0 1 1	51	51
27	1 0 1 0 1 1	43	53
28	1 1 1 0 1 1	59	55
29	1 0 0 1 1 1	39	57
30	1 1 0 1 1 1	55	59
31	1 0 1 1 1 1	47	61
32	1 1 1 1 1 1	63	63

Die Berechnung der Rüstmatrix auf der Basis einer linksbündigen binären Umwandlung der Zahlen $z' = z-1$ wird mit Hilfe des Programmablaufplans verdeutlicht, der sich in Abbildung 20 befindet.

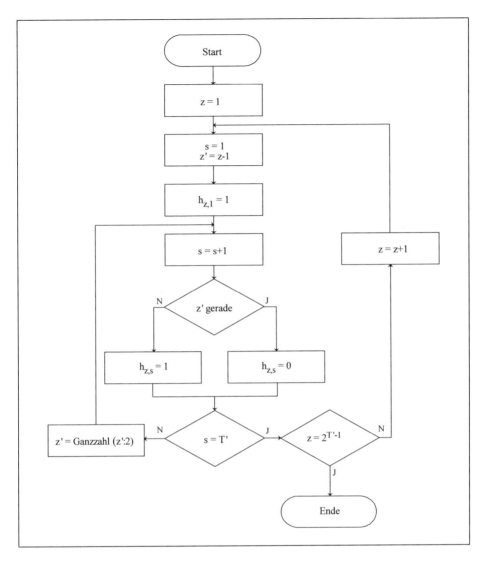

Abbildung 20: Zeilenorientierte Ermittlung der Rüstmatrix

Die Koeffizienten $h_{z,s}$ werden in der ersten Spalte jeweils mit 1 initialisiert und in den Spalten $s = 2,...,T'$ durch die binäre Umwandlung der Dezimalzahl $z' = z-1$ ermittelt, wobei die Ergebnisse von links nach rechts angeordnet werden. Falls der ganzzahlige Anteil der Division von z' durch 2 eine gerade Zahl ergibt, erhält man $h_{z,s} = 0$. Falls aus $z' := z' : 2$ eine ungerade (Ganz-)Zahl resultiert, ist $h_{z,s} = 1$. Diese Berechnungen werden für jede Zeile $z = 1,...,2^{T'-1}$ solange durchgeführt, bis $s = T'$ gilt.

4.3.2 Ermittlung des Rüstvektors

Falls innerhalb des Planungszeitraums konstante Rüstkostensätze vorliegen, kann aus der Rüstmatrix unter Verdichtung der Informationen ein Rüstvektor (RV) gewonnen werden,[1] der unter dieser Voraussetzung zur Berechnung der mit den Auflagekombinationen verbundenen Rüstkosten dient.[2] Für den Rüstvektor gilt:

(50) $\quad RV = (h'_z)_{z=1,\ldots,2^{T'}-1}$,

$$\text{mit } h'_z = \sum_{s=1}^{T} h_{z,s}$$

für alle $z = 1,\ldots,2^{T'-1}$,

wobei h'_z die Auflagehäufigkeit der zur Zeile z gehörenden Auflagekombination angibt. Sie entspricht der Summe, die sich aus den Koeffizienten der entsprechenden Zeile der Rüstmatrix ergibt. In Tabelle 14 sind der Rüstvektor und die Rüstmatrix gemeinsam als Beispiel dargestellt.

---

[1] Durch die Umwandlung der Rüstmatrix in einen Rüstvektor vermindert sich die Anzahl der Koeffizienten um $2^{T'-1} \cdot (T'-1)$.

[2] Wenn man eine Losgrößenplanung mit periodisch schwankenden Rüstkostensätzen durchführen möchte, ist eine Beschränkung auf einen Rüstvektor nicht möglich. Die Berechnung der Rüstkosten erfolgt dann mit Hilfe der Rüstmatrix. Der Fall periodisch schwankender Rüstkosten wird in Kapitel 5.2 nach der Erläuterung des Grundverfahrens als mögliche Erweiterung vorgestellt, wobei dort auf den im letzten Kapitel beschriebenen Algorithmus zur Ermittlung der Rüstmatrix verwiesen wird.

Tabelle 14: Gegenüberstellung des Rüstvektors und der Rüstmatrix für T' > 5

Zeile	Rüstvektor RV(T')	Rüstmatrix RM(T')	Auflagekombinationen (APV⁻)
1	1	1 0 0 0 0 0 ... 0	(μ)
2	2	1 1 0 0 0 0 ... 0	$(\mu, \mu+1)$
3	2	1 0 1 0 0 0 ... 0	$(\mu, \mu+2)$
4	3	1 1 1 0 0 0 ... 0	$(\mu, \mu+1, \mu+2)$
5	2	1 0 0 1 0 0 ... 0	$(\mu, \mu+3)$
6	3	1 1 0 1 0 0 ... 0	$(\mu, \mu+1, \mu+3)$
7	3	1 0 1 1 0 0 ... 0	$(\mu, \mu+2, \mu+3)$
8	4	1 1 1 1 0 0 ... 0	$(\mu, \mu+1, \mu+2, \mu+3)$
9	2	1 0 0 0 1 0 ... 0	$(\mu, \mu+4)$
10	3	1 1 0 0 1 0 ... 0	$(\mu, \mu+1, \mu+4)$
11	3	1 0 1 0 1 0 ... 0	$(\mu, \mu+2, \mu+4)$
12	4	1 1 1 0 1 0 ... 0	$(\mu, \mu+1, \mu+2, \mu+4)$
13	3	1 0 0 1 1 0 ... 0	$(\mu, \mu+3, \mu+4)$
14	4	1 1 0 1 1 0 ... 0	$(\mu, \mu+1, \mu+3, \mu+4)$
15	4	1 0 1 1 1 0 ... 0	$(\mu, \mu+2, \mu+3, \mu+4)$
16	5	1 1 1 1 1 0 ... 0	$(\mu, \mu+1, \mu+2, \mu+3, \mu+4)$
17	2	1 0 0 0 0 1 ... 0	$(\mu, \mu+5)$
.	.	.	.
.	.	.	.
.	.	.	.
$2^{T'-1}$	T'	1 1 1 1 1 1 ... 1	$(\mu, \mu+1, \mu+2, ..., \mu+T'-1)$

Alternativ zu der in Gleichung (50) enthaltenen Vorgehensweise kann man den Rüstvektor auch ermitteln, ohne vorher die Rüstmatrix zu generieren. Es gilt dann:

(51) $\quad RV = (h'_z)_{z=1,\ldots,2T'-1}$,

mit $h'_1 = 1$

und $h'_z = h'_{z-2^{t''-2}}+1 \quad$ für $z = 2^{t''-2}+1,\ldots,2^{t''-1}$
und $t'' = 2,\ldots,T'$.

Ersetzt man $z-2^{t''-2}$ durch z', so kann man für h'_z auch schreiben:

$h'_z = h'_{z'}+1 \quad$ für $\quad z' = z-2^{t''-2}$,
$z = 2^{t''-2}+1,\ldots,2^{t''-1}$
und $\quad t'' = 2,\ldots,T'$.

Die Variable $t'' = 1,\ldots,T'$ gibt jeweils die letzte Auflageperiode einer Auflagekombination an, wobei $t'' = 1$ einer Auflage in Periode μ und $t'' = T'$ einer Auflage in Periode T entspricht. Für die Auflageperiode der Zeile $z = 1$ ist $t'' = 1$ die letzte Auflageperiode. Daraus folgt, daß nur in Periode μ aufgelegt wird beziehungsweise daß $h'_z = h'_1 = 1$ betragen muß.

Betrachtet man Auflagevarianten mit einer zusätzlichen Auflageperiode $t'' = 2,\ldots,T'$, so unterscheidet sich die Auflagepolitik der Zeile z von der Auflagepolitik der Zeile $z' = z-2^{t''-2}$ lediglich durch diese zusätzliche Auflageperiode. Folglich gilt für die Auflagehäufigkeit dieser Zeilen $h'_z = h'_{z'}+1$.

Der Algorithmus zur direkten Erzeugung des Rüstvektors ist in Abbildung 21 dargestellt.

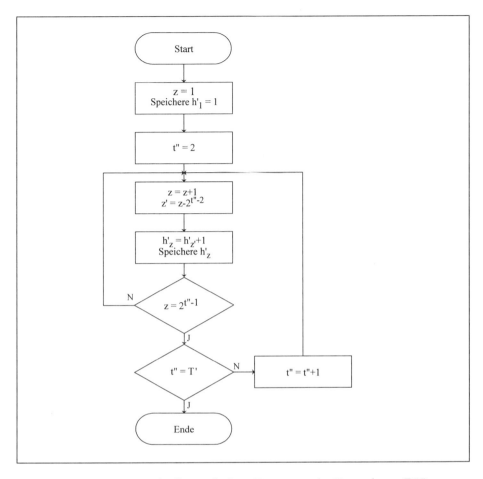

Abbildung 21: Programmlogik zur direkten Erzeugung des Rüstvektors (RV)

Nachdem man $h_z = h_1 = 1$ gesetzt hat, wird für die Zeile $z = 2$ die letzte Auflageperiode mit $t'' = 2$ initialisiert. Die neue Auflagehäufigkeit h'_z ergibt sich als $h'_z = h'_{z'}+1$ für $z' = z-2^{t''-2}$.[1] Solange z kleiner oder gleich $2^{t''-1}$ ist, wird z jeweils um 1 erhöht und h'_z nach dieser Gleichung berechnet. Falls z größer als $2^{t''-1}$ ist und noch nicht alle Auflagekombinationen des gesamten Planungszeitraums abgearbeitet wurden ($t'' < T'$), wird t'' um 1 erhöht. Die Berechnungen der Auflagehäufigkeiten $h'_z = h'_{z'}+1$ für $z' = z-2^{t''-2}$ enden, wenn die letzte Periode des relevanten Planungszeitraums abgearbeitet ist ($t'' = T'$).

---

[1] $h'_z = h'_{z-2^{t''-2}}+1$

In Tabelle 15 wird die direkte Ermittlung des Rüstvektors für T' = 4 beispielhaft dargestellt, wobei die Pfeile die Berechnung der Koeffizienten h'_z verdeutlichen.

Tabelle 15: Beispiel für die direkte Ermittlung des Rüstvektors (T' = 4)

Letzte Auflageperiode t"	Zeile z	Zeile $z' = z - 2^{t''-2}$	Auflagehäufigkeit $h'_z = h'_{z'}+1$	Erhöhung von h'_z um 1 für		
				t" = 2	t" = 3	t" = 4
1	1	-	1			
2	2	1	2			
3	3	1	2			
3	4	2	3			
4	5	1	2			
4	6	2	3			
4	7	3	3			
4	8	4	4			

4.3.3 Ermittlung der Lagerungsmatrix

Neben dem Rüstvektor, der zur Berechnung der Rüstkosten dient, benötigt das zu entwickelnde Losgrößenverfahren eine Lagerungsmatrix (LM), mit deren Hilfe die Lagerhaltungskosten für die verschiedenen Auflagepolitiken errechnet werden. Die Komponenten der Lagerungsmatrix geben die Anzahl der Perioden an, über die die Bedarfsmengen gelagert werden. Die Matrix ist so aufgebaut, daß die Zeilen die verschiedenen Auflagekombinationen und die Spalten die Lagerungsdauer der Bedarfsmengen x_t für $t = \mu+1,...,T$ repräsentieren. Eine Lagerungsdauer von Null bedeutet, daß in der entsprechenden Periode aufgelegt wird. Eine Spalte für die erste Periode mit positivem Bedarf ($t = \mu$) wird nicht benötigt, da x_μ auf jeden Fall aufgelegt werden muß, um Fehlmengen zu vermeiden. Eine Lagerung ist so frühestens ab der Periode µ+1 erforderlich.[1] Für die Lagerungsmatrix gilt:

(52) $LM = [d_{z,s}]_{z=1,...,2^{T'-1} \text{ und } s=1,...,T'-1}$,

wobei $d_{z,s}$ die Lagerungsdauer der Bedarfsmenge von Periode $t = s+\mu$ angibt, wenn die Auflagekombination z realisiert wird.

Der Aufbau der Lagerungsmatrix soll mit Hilfe der Tabelle 16 verdeutlicht werden.

---

[1] Die Spalte für µ würde lediglich Nullen enthalten und damit unnötig Speicherplatz und Rechenzeit benötigen.

Tabelle 16: Lagerungsmatrix für einen Planungszeitraum von T' > 5

Zeile	Lagerungsmatrix LM(T')	Auflagekombinationen (APV⁻)
1	⎡ 1 2 3 4 5 ... T'-1 ⎤	(μ)
2	0 1 2 3 4 ... T'-2	(μ,μ+1)
3	1 0 1 2 3 ... T'-3	(μ,μ+2)
4	0 0 1 2 3 ... T'-3	(μ,μ+1,μ+2)
5	1 2 0 1 2 ... T'-4	(μ,μ+3)
6	0 1 0 1 2 ... T'-4	(μ,μ+1,μ+3)
7	1 0 0 1 2 ... T'-4	(μ,μ+2,μ+3)
8	0 0 0 1 2 ... T'-4	(μ,μ+1,μ+2,μ+3)
9	1 2 3 0 1 ... T'-5	(μ,μ+4)
10	0 1 2 0 1 ... T'-5	(μ,μ+1,μ+4)
11	1 0 1 0 1 ... T'-5	(μ,μ+2,μ+4)
12	0 0 1 0 1 ... T'-5	(μ,μ+1,μ+2,μ+4)
13	1 2 0 0 1 ... T'-5	(μ,μ+3,μ+4)
14	0 1 0 0 1 ... T'-5	(μ,μ+1,μ+3,μ+4)
15	1 0 0 0 1 ... T'-5	(μ,μ+2,μ+3,μ+4)
16	0 0 0 0 1 ... T'-5	(μ,μ+1,μ+2,μ+3,μ+4)
17	1 2 3 4 0 ... T'-6	(μ,μ+5)
.	. . . .	.
.	. . . .	.
.	. . . .	.
$2^{T'-1}$	⎣ 0 0 0 0 0 ... 0 ⎦	(μ,μ+1,μ+2,...,μ+T'-1)

Die erste Zeile der Lagerungsmatrix LM(T') bedeutet zum Beispiel, daß der Nettobedarf der Periode $t = \mu+1$ einmal, der Nettobedarf der Periode $t = \mu+2$ zweimal und der Nettobedarf der letzten Periode $t = T$ genau T-μ beziehungsweise T'-1 mal gelagert werden muß, da die zur Zeile $z = 1$ gehörende Auflagekombination nur in Periode μ und nicht in weiteren Perioden auflegt.

Die Programmlogik zur Erzeugung der Lagerungsmatrix aus der Rüstmatrix soll mit Hilfe von Abbildung 22 erläutert werden.

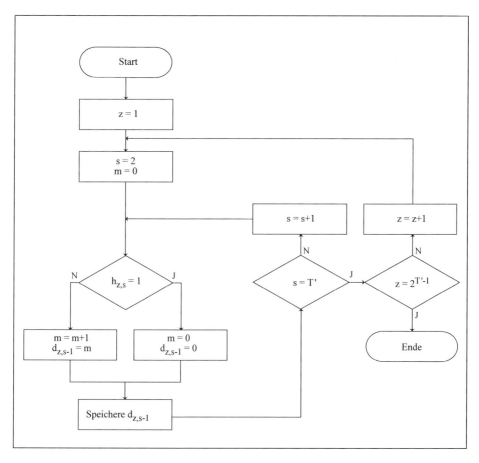

Abbildung 22: Programmlogik zur Transformation der Rüstmatrix (RM) in eine Lagerungsmatrix (LM)

Seien $h_{z,s}$ die Koeffizienten der Rüstmatrix in Zeile z und Spalte s und $d_{z,s}$ die Koeffizienten der Lagerungsmatrix in Zeile z und Spalte s. Die Koeffizienten $d_{z,s}$ geben für die Zeilen $z = 1$ bis $2^{T'-1}$ und die Spalten $s = t-\mu$, für $t = \mu+1,...,T$ an, wie viele Perioden die Bedarfsmenge x_t unter der Voraussetzung gelagert werden muß, daß die zur Zeile z gehörende Auflagekombination realisiert wird. Bei der Transformation der Rüstmatrix in eine Lagerungsmatrix ist zu beachten, daß die Lagerungsmatrix wegen des Weglassens der ersten Periode, deren Bedarf nicht gelagert wird, eine Spalte weniger umfaßt als die Rüstmatrix, also T'-1 Spalten.

Die Berechnungen beginnen in der Zeile z = 1 und in der Spalte s = 2 der Rüstmatrix. Das Merkfeld m, das hier dazu dient, die Lagerungsdauer seit der letzten Auflageperiode zwischenzuspeichern, wird mit 0 initialisiert. Falls $h_{z,s}$ in der Rüstmatrix gleich 1 ist, bedeutet dies, daß in der Periode t = s+µ-1 eine Auflage erfolgt und die Bedarfsmenge x_t nicht gelagert werden muß. Deshalb wird der Koeffizient $d_{z,s-1}$ in der Lagerungsmatrix mit dem Wert 0 abgespeichert. Falls $h_{z,s}$ in der Rüstmatrix jedoch gleich 0 ist, wird das Merkfeld um 1 erhöht und der Koeffizient $d_{z,s-1}$ = m in der Lagerungsmatrix gespeichert. Bei jeder Erhöhung von s um 1 werden m und damit $d_{z,s-1}$ ebenfalls um 1 erhöht, bis eine neue Auflage erfolgt ($h_{z,s}$ = 1) oder eine neue Auflagekombination beziehungsweise Zeile der Rüstmatrix bearbeitet wird (s = T' und $z < 2^{T'-1}$). Sowohl bei einer neuen Auflage als auch bei einer neuen Auflagekombination wird das Merkfeld m gleich 0 gesetzt, und die sukzessive Erhöhung von $d_{z,s-1}$ für die nächsten Spalten beginnt erneut bei 1, falls $h_{z,s}$ = 0 und damit eine Lagerung in Periode t = s+µ erforderlich ist. Der Algorithmus endet, wenn der Koeffizient $h_{z,s}$ in der letzten Zeile ($z = 2^{T'-1}$) und letzten Spalte (s = T') der Rüstmatrix in den entsprechenden Koeffizienten $d_{z,s-1}$ der Lagerungsmatrix transformiert wurde.

Falls man die Lagerungsmatrix errechnet, ohne vorher die Rüstmatrix zu erzeugen, gilt:

(53) $LM = [d_{z,s}]_{z = 1,...,2^{T'-1} \text{ und } s = 1,...,T'-1}$,

mit

$$d_{z,s} = \begin{cases} d_{z,s-1}+1, & z = 2\tau \cdot 2^{s-1}+1,...,(2\tau+1)\cdot 2^{s-1}, \\ 0, & z = (2\tau+1)\cdot 2^{s-1}+1,...,(2\tau+2)\cdot 2^{s-1}, \end{cases}$$

für alle $\tau = 0,...,2^{T'-s-1}-1$ und s = 1,...,T'-1, mit $d_{z,0}$ = 0 für alle $z = 1,...,2^{T'-1}$.

Wenn zur Berechnung der Lagerungsdauer $d_{z,s}$ kein Zugriff auf die entsprechenden Koeffizienten der vorherigen Spalte $d_{z,s-1}$ erfolgen soll, kann man die Lagerungsmatrix wie folgt ermitteln:[1]

(54) $\quad LM = [d_{z,s}]_{z=1,...,2^{T'-1} \text{ und } s=1,...,T'-1}$,

mit

$$d_{z,s} = \begin{cases} s, & z = \tau \cdot 2^s + 1, \\ s-m, & z = \tau \cdot 2^s + 2^{m-1} + 1, ..., \tau \cdot 2^s + 2^m, \end{cases}$$

für alle $\tau = 0,...,2^{T'-s-1}-1$, $m = 1,...,s$ und $s = 1,...,T'-1$.

4.3.4 Ermittlung der Rüst- und Lagerungsmatrix

Der Rüstvektor (RV) und die Lagerungsmatrix (LM) können gemeinsam als Blockmatrix (RV | LM) ermittelt werden. Der Rüstvektor ist dann die erste Spalte der Blockmatrix. Es gilt:

(55) $\quad (RV \mid LM) = [w_{z,s}]_{z=1,...,2^{T'-1} \text{ und } s=1,...,T'}$,

mit

---

[1] Dies kann zum Beispiel erforderlich sein, wenn die Koeffizienten $d_{z,s}$ nicht abgespeichert werden sollen, um dadurch Speicherplatz und Rechenzeit einzusparen. Siehe hierzu Kapitel 4.7.

$w_{1,1} = 1$,

$w_{z,1} = w_{z',1} + 1$, für $z' = z - 2^{t''-2}$,

$z = 2^{t''-2} + 1, \ldots, 2^{t''} - 1$

und $t'' = 2, \ldots, T'$,

und

$$w_{z,2} = \begin{cases} 1, & z = 2\tau - 1, \\ 0, & z = 2\tau, \end{cases}$$

für alle $\tau = 1, \ldots, 2^{T'-2}$,

sowie

$$w_{z,s} = \begin{cases} w_{z,s-1} + 1, & z = 2\tau \cdot 2^{s-2} + 1, \ldots, (2\tau + 1) \cdot 2^{s-2}, \\ 0, & z = (2\tau + 1) \cdot 2^{s-2} + 1, \ldots, (2\tau + 2) \cdot 2^{s-2}, \end{cases}$$

für alle $\tau = 0, \ldots, 2^{T'-s-1} - 1$ und $s = 3, \ldots, T'$.

Dabei sind $w_{z,1} = h'_z$ die Auflagehäufigkeit der zur Zeile z gehörenden Auflagekombination und $w_{z,s} = d_{z,s-1}$, für $s = 2, \ldots, T'$, die Lagerungsdauer, die sich für die Bedarfsmenge von Periode $t = s + \mu - 1$ ergibt, wenn die Auflagekombination APV_z realisiert wird.

Die beiden Gleichungen zur Berechnung der Lagerungsdauer $w_{z,s}$ für die Spalten $s = 2, \ldots, T'$ können, wenn - zur Reduzierung des Speicherplatzbedarfs - kein Zugriff auf die Koeffizienten der Spalte s-1 erfolgen soll,[1] durch folgende Gleichung ersetzt werden:

---

[1] Siehe dazu Kapitel 4.7.

(56) $w_{z,s} = \begin{cases} s-1, & z = \tau \cdot 2^{s-1} + 1, \\ s-m-1, & z = \tau \cdot 2^{s-1} + 2^{m-1} + 1, \ldots, \tau \cdot 2^{s-1} + 2^m, \end{cases}$

für alle $\tau = 0, \ldots, 2^{T'-s}-1$, $m = 1, \ldots, s-1$ und $s = 2, \ldots, T'$.

Nachdem der Aufbau der Rüst- und Lagerungsmatrix erläutert wurde, soll im nächsten Kapitel gezeigt werden, wie man mit Hilfe dieses neuen dynamischen Losgrößenverfahrens die relevanten Gesamtkosten und die optimale(n) Auflagekombination(en) unter Verwendung dieser Blockmatrix ermitteln kann.

4.4 Ermittlung der relevanten Gesamtkosten in Abhängigkeit von den Auflagekombinationen

Um die relevanten Gesamtkosten aller Auflagekombinationen zu erhalten, berechnet man den Vektor der relevanten Gesamtkosten (GKV) als:

(57) $\text{GKV} = [\text{RV} \mid \text{LM}] \cdot \begin{bmatrix} k_R \\ \text{LEV} \end{bmatrix}$.

Durch Multiplikation des in der Blockmatrix (RV | LM) enthaltenen Rüstvektors (RV) mit dem Rüstkostensatz (k_R) ermittelt man die Rüstkosten in Abhängigkeit von den Auflagekombinationen. Die Multiplikation der Lagerungsmatrix (LM) mit dem Vektor der Lagerkosten bei einperiodiger Lagerung der Bedarfsmengen (LEV) ergibt die Lagerkosten in Abhängigkeit von den Auflagekombinationen. Die Addition der Rüst- und Lagerkosten führt zu den relevanten Gesamtkosten der Auflagekombinationen.

Der Vektor (k_R,LEV)' enthält die Koeffizienten w_s,[1] wobei w_s für $s = 1$ den Rüstkostensatz k_R und für $s = 2, \ldots, T'$ die Lagerkosten l_t bei einperiodiger Lagerung der Bedarfsmengen x_t, für $t = \mu+1, \ldots, T$, angibt. $w_{z,s}$ sind die Koeffizienten der Rüst- und Lagerungsmatrix (RV | LM). Für $s = 1$ geben sie die Auflagehäufigkeit der Auflage-

---

[1] (k_R,LEV)' ist der zu (k_R,LEV) transponierte Vektor.

kombinationen APV_z an und für $s = 2,...,T'$ die Lagerungsdauer der zu den Spalten $s = t-\mu+1$ gehörenden Bedarfsmengen x_t. Die Koeffizienten GK_z des Vektors GKV entsprechen den relevanten Gesamtkosten, die zu den Auflagekombinationen der Zeilen $z = 1,...,2^{T'-1}$ gehören. Für GK_z gilt:

$$(58) \quad GK_z = w_{z,1} \cdot k_R + \sum_{s=2}^{T'} w_{z,s} \cdot l_s \qquad (z = 1,...,2^{T'-1}),$$

beziehungsweise

$$(59) \quad GK_z = \sum_{s=1}^{T'} w_{z,s} \cdot w_s \qquad (z = 1,...,2^{T'-1}).$$

4.5 Ermittlung der optimalen Auflagekombination(en)

Nachdem man mit dem Vektor GKV die relevanten Gesamtkosten in Abhängigkeit von den Auflagekombinationen errechnet hat, besteht ein weiterer Schritt des Verfahrens in der Bestimmung der optimalen Auflagepolitik(en). Dazu wird das Minimum der relevanten Gesamtkosten durch den Vergleich der $2^{T'-1}$ Komponenten des Vektors GKV bestimmt. Die Programmlogik zur Ermittlung der minimalen relevanten Gesamtkosten GK^*, der dazugehörigen Zeile(n) z^* des Gesamtkostenvektors und der Anzahl der optimalen Lösungen α^* ist in Abbildung 23 dargestellt.

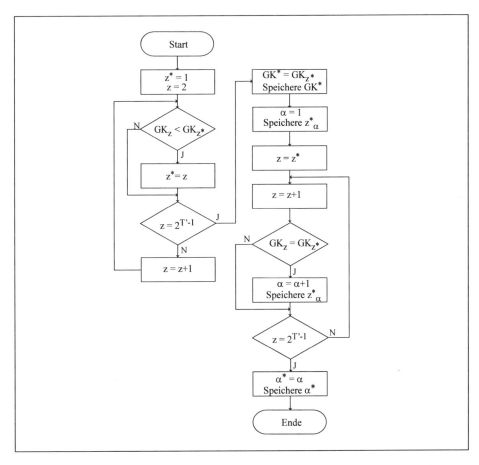

Abbildung 23: Programmlogik zur Bestimmung der Minima der relevanten Gesamtkosten GK^*, der dazugehörigen Zeile(n) z^* und der Anzahl der optimalen Lösungen α^*

Der erste Teil der Minimumsuche besteht darin, daß die $2^{T'-1}$ Elemente des Gesamtkostenvektors paarweise miteinander verglichen werden (linker Bereich der Abbildung). Die Zeile z^* wird zunächst mit 1 initialisiert. Beginnend mit $z = 2$ werden dann die Koeffizienten GK_z und GK_{z^*} zum Vergleich herangezogen. Sobald $GK_z < GK_{z^*}$ gilt, wird $z^* = z$ gesetzt. Falls diese Bedingung nicht erfüllt ist, wird der Vergleich mit dem nächsthöheren z fortgeführt. Die erste Zeile $z^*_1 = z^*$, die die minimalen Gesamtkosten im Vektor GKV beinhaltet, steht fest, sobald die Zeile $z = 2^{T'-1}$ in den Vergleich mit einbezogen wurde. Das Minimum der relevanten Gesamtkosten $GK^* = GK_{z^*}$ und die dazugehörige Zeile $z^*_1 = z^*$ werden gespeichert.

Im zweiten Teil der Programmlogik, der auf der rechten Seite der Abbildung 23 enthalten ist, muß überprüft werden, ob noch weitere Zeilen z^* im Gesamtkostenvektor existieren, die ebenfalls das Minimum der relevanten Gesamtkosten GK^* beinhalten. Da die Zeile z^*_1 die erste Zeile des Vektors GKV ist, die die minimalen Gesamtkosten enthält, erstreckt sich diese Überprüfung nur noch auf die Zeilen $z = z^*_1+1,...,2^{T'-1}$ des Gesamtkostenvektors. Sobald $GK_z = GK_z^*$ gilt, wird die Variable α, die dazu dient, die Anzahl der optimalen Lösungen zu zählen, um 1 erhöht und z^*_α gespeichert. Nach der Überprüfung der letzten Zeile des Vektors GKV sind die Variable α^* sowie die Zeilen z^*_α ermittelt, die die minimalen Gesamtkosten GK^* beinhalten.

Aus den Zeilen z^* des Vektors GKV, in der sich die Minima der relevanten Gesamtkosten befinden, kann man mit Hilfe der zu diesen Zeilen gehörenden Koeffizienten der Rüst- und Lagerungsmatrix (RV | LM) durch Anwendung eines retrograden Verfahrens die optimalen Auflagepolitiken und die dazugehörigen Losgrößen ermitteln. Der für diese Aufgabe benötigte Algorithmus soll anhand der Abbildung 24 erläutert werden.

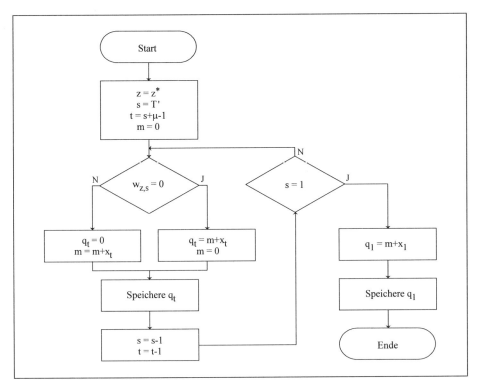

Abbildung 24: Programmlogik zur Ermittlung der optimalen Losgrößen aus einer Zeile z^*

Einer Zeile z^* des Vektors GKV entspricht die Auflagepolitik, die zur gleichen Zeile der Rüst- und Lagerungsmatrix (RV | LM) gehört. Deshalb wird in Zeile z^* dieser Matrix überprüft, ob der entsprechende Koeffizient $w_{z,s}$ für $z = z^*$ in der letzten Spalte $s = T'$ gleich 0 ist. Falls dies nicht der Fall ist, wird in Periode $t = s+\mu-1$ kein Los gebildet ($q_t = 0$), denn Koeffizienten $w_{z,s} > 0$ bedeuten, daß in den Perioden $t = s+\mu-1$ eine Lagerung erfolgt. Das Merkfeld m, das dazu dient, alle Bedarfsmengen aufzuaddieren, die zu einem früheren Zeitpunkt zu einem Los zusammengefaßt werden, wird solange um die Bedarfsmenge x_t erhöht, bis bei sukzessiver Verminderung von s um 1 der Koeffizient $w_{z,s} = 0$ oder die Spalte $s = 1$ erreicht ist. In beiden Fällen muß ein Los in Periode $t = s+\mu-1$ aufgelegt werden, das die Bedarfsmenge des Merkfeldes m und die Bedarfsmenge x_t umfaßt. Die Gleichung $t = s+\mu-1$ wird im Programmablaufplan dadurch realisiert, daß man ausgehend von der Startinitialisierung $t = T'+\mu-1$ bei jeder sukzessiven Verminderung von s um 1 auch gleichzeitig t um 1 vermindert.[1]

Das Merkfeld m muß, falls $w_{z,s} = 0$ ist, wieder auf 0 gesetzt werden, da die Bedarfsdeckung dieser Mengeneinheiten durch das gerade gebildete Los q_t erfolgt. Falls $s = 1$ erreicht ist, kann ein Zurücksetzen des Merkfeldes m auf 0 jedoch unterbleiben, da mit dem zuletzt ermittelten q_t die Auflagepolitik mit allen Auflagezeitpunkten t und allen Losgrößen q_t feststeht und damit das Ende des Algorithmus zur Ermittlung der optimalen Losgröße erreicht ist.

4.6 Beispiel zur Funktionsweise des neuen dynamischen Losgrößenverfahrens

Zur Verdeutlichung der Vorgehensweise des Losgrößenverfahrens soll folgendes Beispiel dienen:

Tabelle 17: Ausgangsdaten für ein Beispiel zur Losgrößenplanung

Bedarfsperiode	1	2	3	4	5	6
Nettobedarfsmenge (ME/Periode)[2]	400	300	250	100	600	100
Lagerkostensatz	0,20 (GE/ME und Periode)[3]					
Rüstkostensatz	90,00 (GE/Rüstvorgang)[4]					

Es liegt bereits in der ersten Periode ein positiver Nettobedarf vor ($\mu = 1$). Die Ermittlung der Lagerkosten bei einperiodiger Lagerung der Bedarfsmengen ist in Tabelle 18 wiedergegeben.

---

[1] Alternativ dazu könnte man für $t = t-1$ auch $t = s+\mu-1$ in den Programmablaufplan einfügen.

[2] Mengeneinheiten pro Periode.

[3] Geldeinheiten pro Mengeneinheit und Periode.

[4] Geldeinheiten pro Rüstvorgang.

Tabelle 18: Beispiel für die Ermittlung des Vektors der Lagerkosten bei einperiodiger Lagerung der Bedarfsmengen (LEV)

Periode	BMV	·	k_L	=	LEV
t=2 t=3 t=4 t=5 t=6	$\begin{bmatrix} 300 \\ 250 \\ 100 \\ 600 \\ 100 \end{bmatrix}$	·	0,2	=	$\begin{bmatrix} 60 \\ 50 \\ 20 \\ 120 \\ 20 \end{bmatrix}$

Nach der Berechnung des Vektors der Lagerkosten bei einperiodiger Lagerung der Bedarfsmengen (LEV) werden die Rüst- und Lagerungsmatrix (RV | LM) und der Gesamtkostenvektor (GKV) ermittelt, der die relevanten Gesamtkosten in Abhängigkeit von den Auflagekombinationen beinhaltet. Dies ist in Tabelle 19 dargestellt, wobei die Auflagekombinationen in der linken Spalte nicht durch das Verfahren erzeugt werden, sondern nur der Verdeutlichung der Vorgehensweise dienen.

Tabelle 19: Beispiel für die Ermittlung des Vektors der relevanten Gesamtkosten (GKV)

Auflagekombi-nationen (APV⁻)	(RV | LM)					·	$\begin{bmatrix} k_R \\ LEV \end{bmatrix}$	=	GKV
(1)	⎡ 1	1	2	3	4	5 ⎤			⎡ 890 ⎤
(1,2)	| 2	0	1	2	3	4 |			| 710 |
(1,3)	| 2	1	0	1	2	3 |			| 560 |
(1,2,3)	| 3	0	0	1	2	3 |			| 590 |
(1,4)	| 2	1	2	0	1	2 |			| 500 |
(1,2,4)	| 3	0	1	0	1	2 |			| 480 |
(1,3,4)	| 3	1	0	0	1	2 |			| 490 |
(1,2,3,4)	| 4	0	0	0	1	2 |			| 520 |
(1,5)	| 2	1	2	3	0	1 |			| 420 |
(1,2,5)	| 3	0	1	2	0	1 |			| 380 |
(1,3,5)	| 3	1	0	1	0	1 |			| 370* |
(1,2,3,5)	| 4	0	0	1	0	1 |			| 400 |
(1,4,5)	| 3	1	2	0	0	1 |	⎡ 90 ⎤		| 450 |
(1,2,4,5)	| 4	0	1	0	0	1 |	| 60 |		| 430 |
(1,3,4,5)	| 4	1	0	0	0	1 |	| 50 |	=	| 440 |
(1,2,3,4,5)	| 5	0	0	0	0	1 |	· | 20 |		| 470 |
(1,6)	| 2	1	2	3	4	0 |	| 120 |		| 880 |
(1,2,6)	| 3	0	1	2	3	0 |	⎣ 20 ⎦		| 720 |
(1,3,6)	| 3	1	0	1	2	0 |			| 590 |
(1,2,3,6)	| 4	0	0	1	2	0 |			| 620 |
(1,4,6)	| 3	1	2	0	1	0 |			| 550 |
(1,2,4,6)	| 4	0	1	0	1	0 |			| 530 |
(1,3,4,6)	| 4	1	0	0	1	0 |			| 540 |
(1,2,3,4,6)	| 5	0	0	0	1	0 |			| 570 |
(1,5,6)	| 3	1	2	3	0	0 |			| 490 |
(1,2,5,6)	| 4	0	1	2	0	0 |			| 450 |
(1,3,5,6)	| 4	1	0	1	0	0 |			| 440 |
(1,2,3,5,6)	| 5	0	0	1	0	0 |			| 470 |
(1,4,5,6)	| 4	1	2	0	0	0 |			| 520 |
(1,2,4,5,6)	| 5	0	1	0	0	0 |			| 500 |
(1,3,4,5,6)	| 5	1	0	0	0	0 |			| 510 |
(1,2,3,4,5,6)	⎣ 6	0	0	0	0	0 ⎦			⎣ 540 ⎦

Im Anschluß an die Ermittlung des Gesamtkostenvektors sucht man dort die Zeile(n) z^*, die das Minimum der relevanten Gesamtkosten GK^* beinhaltet (beinhalten). Die minimalen Gesamtkosten betragen hier 370 Geldeinheiten und sind im Vektor GKV mit * markiert. In diesem Beispiel existiert nur eine optimale Lösung.[1] Aus der Zeile

---

[1] Beispiele für Mehrfachlösungen befinden sich in Kapitel 4.9.1.

$z^* = 11$ lassen sich die optimale Auflagepolitik (1,3,5) und die dazugehörigen optimalen Losgrößen $q^*_1 = 700$, $q^*_3 = 350$ und $q^*_5 = 700$ mit Hilfe der Koeffizienten der Rüst- und Lagerungsmatrix und des oben dargestellten retrograden Verfahrens ermitteln. Als Ergebnis der Berechnungen liegt sowohl die optimale Lösung dieses Losgrößenproblems als auch der Gesamtkostenvektor vor, aus dem bei Bedarf die "nächstbesten" Lösungen oder eventuell bestehende, weitere optimale Lösungen abgelesen werden können.[1]

In dem hier vorliegenden Beispiel lautet die zweitbeste Auflagekombination (1,2,5). Sie verursacht relevante Gesamtkosten in Höhe von 380 Geldeinheiten und liegt mit nur 10 Geldeinheiten über den Kosten der optimalen Lösung. Auch auf die weiteren Lösungen besteht ohne Neuberechnungen des Losgrößenproblems unmittelbarer Zugriff, da die relevanten Gesamtkosten aller Auflagekombinationen, die entscheidungsrelevant sind, im Gesamtkostenvektor enthalten sind. Es muß lediglich innerhalb des Gesamtkostenvektors die jeweils "nächstbeste" Lösung gesucht und die dazugehörige Auflagepolitik bestimmt werden.

In Abbildung 25 sind die relevanten Gesamtkosten dieses Beispiels in der Reihenfolge der Auflagekombinationen der Rüst- und Lagerungsmatrix wiedergegeben. Wenn man den Vektor GKV als Funktion der Auflagekombinationen abbildet, erkennt man, daß mehrere lokale Minima, aber nur ein absolutes Minimum vorhanden sind.

---

[1] Die Notwendigkeiten zur Verwendung der "nächstbesten" Lösungen und die aus diesen Möglichkeiten resultierenden Vorteile werden in Kapitel 4.8 erläutert.

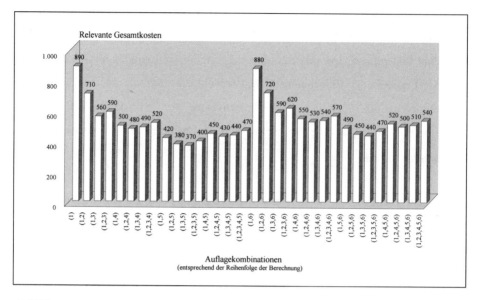

Abbildung 25: Relevante Gesamtkosten in Abhängigkeit von den Auflagekombinationen (entsprechend der Reihenfolge der Berechnung)

Abbildung 26 stellt die hier vorliegenden relevanten Gesamtkosten in Abhängigkeit von den Auflagekombinationen dar, wenn diese nach der Höhe der Kosten aufsteigend sortiert werden. Dieses Diagramm kann als Beispiel dafür dienen, daß Losgrößenprobleme im allgemeinen nur eine geringe Sensitivität im Optimalbereich aufweisen. Diese Eigenschaft wird in Kapitel 4.8 dazu verwendet, um im Hinblick auf die Planung der Losgrößen und der Produktionsplanungs- und -steuerungsbereiche, die auf die Losgrößenplanung bzw. die Materialbedarfsplanung folgen, eine höhere Flexibilität zu erzielen.

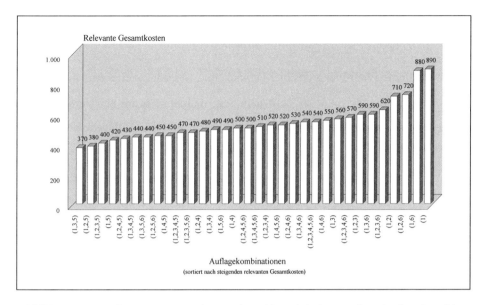

Abbildung 26: Relevante Gesamtkosten in Abhängigkeit von den Auflagekombinationen (sortiert nach der Höhe der Kosten)

Die Vorteile des Verfahrens, daß sowohl die optimale Lösung als auch Mehrfachlösungen gefunden werden und daß die Bereitstellung der jeweils "nächstbesten" Auflagekombination zu einer flexibleren Planung genutzt werden kann, werden in Kapitel 4.9 im Vergleich zu der Verwendung der bisher in der Literatur beschriebenen dynamischen Losgrößenverfahren analysiert.

4.7 Maßnahmen und Verarbeitungstechniken zur Reduzierung der Rechenzeit und des Speicherplatzbedarfs

Bei dem vorgestellten Losgrößenverfahren auf Basis der Matrizenrechnung soll sowohl bei der Konstruktion der benötigten Matrizen und Vektoren als auch bei ihrer computergestützten Verarbeitung darauf geachtet werden, daß die Rechenzeiten[1] des Losgrößenverfahrens und der Speicherplatzbedarf der benötigten Matrizen und Vektoren möglichst gering sind. Bezüglich des Speicherplatzbedarfs ist im wesentlichen der

---

[1] Einschließlich der Zugriffszeiten auf externe Speichermedien.

Arbeitsspeicher relevant. Externe Speichermedien stellen bei dem dargestellten Verfahren hinsichtlich ihrer Kapazität keinen Engpaß dar.

Nimmt man eine Einordnung des hier entwickelten Losgrößenverfahrens hinsichtlich seiner Zeitkomplexität vor,[1] so stellt man fest, daß es sich um ein Verfahren mit exponentiell steigender Rechenzeit handelt, da die Anzahl der Auflagekombinationen in Abhängigkeit von der Länge des entscheidungsrelevanten Planungszeitraums ($T' = T-\mu+1$) exponentiell zunimmt ($2^{T'-1}$ beziehungsweise $2^{T-\mu}$). Unter der Zeitkomplexität (auch: Komplexität, Problemkomplexität) einer Problemstellung oder eines Lösungsverfahrens versteht man die Zunahme der benötigten elementaren Rechenschritte (Rechenoperationen) bzw. der daraus resultierenden Rechenzeit, die sich durch eine Steigerung des Problemumfangs ergibt. Der Problemumfang (auch Problemgröße, Größe einer Problemausprägung) wird durch die Anzahl der Objekte (n) festgelegt, dies können z.B. die Anzahl der Variablen, Gleichungen, Ungleichungen eines Linearen Programms oder die Anzahl der Knoten bzw. Kanten in einem Netzplan sein.[2] In der Komplexitätstheorie, einem Forschungszweig der theoretischen Informatik, der sich mit der Aufwandsabschätzung für den Lösungszeitbedarf und den Speicherplatzbedarf von Algorithmen sowie deren Einteilung in Komplexitätsklassen beschäftigt, wird die Zeitkomplexität (auch Rechenaufwand, Laufzeit) mit dem Landauschen Ordnungssymbol O angegeben und wie folgt definiert:[3]

---

[1] Zur Zeitkomplexität bzw. zur Aufwandsabschätzung von Algorithmen im Rahmen der Komplexitätstheorie siehe u.a. Bachem, D., 1980, S. 812 ff.; Florian, M., Lenstra, J. K., und Rinnooy Kan, A. H. G., 1980, S. 669 ff.; Güting, R. H., 1992, S. 10 ff.; Lackes, R., 1995, S. 83 ff.; Lorscheider, U., 1986, S. 223 ff.; Neumann, K., 1992a, S. 34 ff.; Thuy, N. H. C., und Schnupp, P., 1989, S. 131 ff.; Zelewski, S., 1989, S. 1 ff., und 1997, S. 230 ff.

[2] Vgl. u.a. Neumann, K., 1992a, S. 34; Ohse, D., 1990, S. 104; Thuy, N. H. C., und Schnupp, P., 1989, S. 131.

[3] Vgl. u.a. Güting, R. H., 1992, S. 11; Neumann, K., 1992a, S. 35; Sedgewick, R., 1992, S. 99.

Seien f, g: $\mathbb{N} \to \mathbb{R}_{++}$ zwei Abbildungen der Mengen der natürlichen Zahlen in die Menge der positiven reellen Zahlen, dann gilt $f(n) = O(g(n))$, wenn es eine Konstante $c > 0$ und ein $n_0 \in \mathbb{N}$ gibt, so daß gilt: $f(n) \leq c \cdot g(n)$ für alle $n \geq n_0$.

Zu $f(n) = O(g(n))$ sagt man auch: f(n) ist höchstens von der Ordnung g(n).[1] Diese Schreibweise wird in der Komplexitätstheorie als O-Notation bezeichnet.[2] Mit ihrer Hilfe erfolgt die Einteilung der Algorithmen in Komplexitätsklassen, wobei als Einteilungskriterium die Größenordnung der Funktion dient, die die Abhängigkeit des Rechenaufwandes von der Problemgröße n beschreibt. So spricht man beispielsweise von einer linearen Laufzeit, wenn die Funktion der Laufzeit bis auf den konstanten Faktor c der Problemgröße n entspricht: $f(n) = c \cdot n = O(n)$, von einer quadratischen Laufzeit bei $f(n) = c \cdot n^2 = O(n^2)$, von einer polynomiellen Laufzeit bei $f(n) = p(n) = O(n^k)$, wobei p ein Polynom ist und $c \cdot n^k$ das führende Glied von p, von einer exponentiellen Laufzeit bei $f(n) = c \cdot 2^n = O(2^n)$ usw.

Bei dem hier entwickelten Losgrößenverfahren handelt es sich bei den Objekten, die die Zeitkomplexität determinieren, um die Anzahl der Planungsperioden (T'). Wie aus der obigen Erläuterung des Losgrößenverfahrens ersichtlich ist, verdoppelt sich die Anzahl der Auflagekombinationen ($2^{T'-1}$), wenn der Planungszeitraum jeweils um eine Periode verlängert wird. Die daraus resultierende Anzahl der Koeffizienten der Rüst- und Lagerungsmatrix ($2^{T'-1} \cdot T'$) sowie die Koeffizienten des mit Hilfe dieser Matrix berechneten Gesamtkostenvektors ($2^{T'-1}$) determinieren - wie im nachfolgenden Kapitel noch genauer gezeigt wird - im wesentlichen die Anzahl der durchzuführenden Rechenschritte. In der Schreibweise der O-Notation gilt deshalb für das Losgrößenverfahren eine Zeitkomplexität von $O(2^{T'})$ beziehungsweise $O(2^n)$. Daraus

---

[1] Neumann (K., 1992a, S. 36) weist darauf hin, "daß Gleichungen, in denen das Symbol O auftritt, keine Gleichungen im gewöhnlichen Sinne darstellen, sondern Kurzformen mathematischer Aussagen sind." Gemäß Güting (R. H., 1992, S. 11) hat sich die Schreibweise $f(n) = O(g(n))$ für die präzisere Schreibweise $f(n) \in O(g(n))$ eingebürgert. Dies habe zur Konsequenz, daß man diese Gleichung nur von links nach rechts lesen könne, eine Aussage $O(g(n)) = f(n)$ sei sinnlos.

[2] Vgl. u.a. Güting, R. H., 1992, S. 12 ff.

folgt, daß die Rechenzeit des Losgrößenverfahrens bei längeren Planungszeiträumen zu einem Engpaß werden kann und es aus diesem Grund erforderlich ist, geeignete Techniken zu entwickeln, um die Rechenzeit des Verfahrens zu vermindern.

4.7.1 Konstruktion der benötigten Matrizen und Vektoren

Die Entwicklung des Grundverfahrens in der bisher vorgestellten Form beinhaltet bereits zahlreiche Maßnahmen, die zu einer Reduzierung des Arbeitsspeicherbedarfs und der benötigten Rechenzeit führen. Diese Maßnahmen sollen hier aus Gründen der Vollständigkeit kurz angesprochen werden, bevor in den nachfolgenden Kapiteln weitere Möglichkeiten zur Realisierung dieser Ziele aufgezeigt werden.

Bei der Konstruktion des Rüstvektors (RV) und der Lagerungsmatrix (LM) wird darauf geachtet, daß eine möglichst geringe Anzahl von Auflagekombinationen abgebildet beziehungsweise möglichst wenige Koeffizienten berechnet und gespeichert werden müssen. Als erste Maßnahme dient dazu die Reduzierung der möglichen Auflagevarianten durch die vorgeschaltete Ermittlung der Periode μ, in der erstmals ein positiver Nettobedarf auftritt. Dadurch kann die Anzahl der möglichen Auflagevarianten und damit der Zeilen des Rüstvektors, der Lagerungsmatrix und des Gesamtkostenvektors (GKV) von 2^T-1 (bzw. $2^{T'+\mu-1}-1$) auf $2^{T-\mu}$ (bzw. $2^{T'-1}$) reduziert werden.

Darüber hinaus können durch Weglassen der Koeffizienten der ersten Periode mit positivem Nettobedarf die Spaltenanzahl der Lagerungsmatrix (LM) und die Komponenten des Bedarfsmengenvektors (BMV) sowie des Vektors der Lagerkosten bei einperiodiger Lagerung der Bedarfsmengen (LEV) um eins vermindert werden, was bei der Ermittlung der nach Auflagekombinationen differenzierten relevanten Gesamtkosten zu einer Reduzierung der Anzahl der Multiplikationen um $2^{T'-1}$ und der Anzahl der Additionen um $2^{T'-1}$ führt.[1])

Weitere Einsparungen der Zugriffszeiten und des Rechenzeitbedarfs können dadurch erzielt werden, daß der Rüstvektor (RV) und die Lagerungsmatrix (LM) nicht getrennt voneinander, sondern gemeinsam als Blockmatrix (RV | LM) angelegt werden. Diese Blockmatrix wird als eine (zusammengehörige) Datei gespeichert und verarbeitet.

Auch die Ermittlung der relevanten Gesamtkosten erfolgt in einem Schritt, indem man die Blockmatrix (RV | LM) mit dem Vektor $(k_R, LEV)'$ multipliziert.[2]) Alternativ dazu hätte man die relevanten Gesamtkosten auch wie folgt errechnen können:

(60) $RKV = RV \cdot k_R$,

(61) $LKV = LM \cdot LEV$,

(62) $GKV = RKV + LKV$.

Dabei sei RKV der Rüstkostenvektor, der die Rüstkosten in Abhängigkeit von den Auflagekombinationen angibt, und LKV der Lagerkostenvektor, der die Lagerkosten in Abhängigkeit von den Auflagevarianten enthält. Die direkte Ermittlung der relevanten Gesamtkosten mit Hilfe der Blockmatrix hat gegenüber der Ermittlung mit Hilfe der Gleichungen (60) bis (62) jedoch den Vorteil, daß die Zwischenschritte entfallen, die zur Berechnung der Vektoren RKV und LKV erforderlich wären.

---

[1] Die Koeffizienten der ersten Periode mit positivem Nettobedarf können vernachlässigt werden, da die genaue Anzahl der benötigten Mengeneinheiten - der ersten in die Losgrößenplanung aufzunehmenden Periode - nicht entscheidungsrelevant ist. Bei positivem Bedarf ist nämlich auf jeden Fall ein Rüstvorgang erforderlich. Außerdem wird der Bedarf der ersten Periode unmittelbar benötigt und muß deshalb nicht gelagert werden. Folglich sind die Lagerhaltungskosten für diesen Bedarf immer gleich Null, während die Rüstkosten für die erste Periode stets dem Rüstkostensatz entsprechen.

[2] Siehe Kapitel 4.4.

Einsparungen hinsichtlich des Arbeitsspeicherbedarfs werden zusätzlich dadurch erzielt, daß die Auflagekombinationen beziehungsweise die für die entsprechenden Losgrößenentscheidungen erforderlichen Auflagezeitpunkte nicht explizit gespeichert, sondern unmittelbar aus den Koeffizienten der Rüst- und Lagerungsmatrix bestimmt werden. Die noch verbleibenden Speicherplatzerfordernisse des hier entwickelten Losgrößenverfahrens werden unter Berücksichtigung dieser Maßnahmen in Tabelle 20 aufgezeigt.

Tabelle 20: Anzahl der zu speichernden Zahlen bei Anwendung des hier entwickelten neuen Losgrößenverfahrens

Speicherung von	Anzahl der zu speichernden Zahlen
$(k_R, LEV)'$	T' Zahlen
$(RV \mid LM)$	$2^{T'-1} \cdot T'$ Zahlen
GKV	$2^{T'-1}$ Zahlen
z^*_t	Eine bis maximal T' Zahlen
α^*	Eine Zahl
q^*_t	Eine bis maximal T' Zahlen

Relevant sind dabei im wesentlichen die Speicherung der Rüst- und Lagerungsmatrix ($2^{T'-1} \cdot T'$ Zahlen) und des Gesamtkostenvektors ($2^{T'-1}$ Zahlen). Zu vernachlässigen sind im Vergleich dazu der Speicherplatzbedarf des Vektors $(k_R, LEV)'$ sowie der Zeile(n) z^*, der optimalen Losgröße(n) q^*_t und der Anzahl der optimalen Lösungen α^*, da diese jeweils maximal T' Zahlen umfassen.

Die Rüst- und Lagerungsmatrix weist eine relativ hohe Anzahl von Koeffizienten auf, die den Wert Null annehmen (Nullelemente). Deshalb könnte es bei größeren Planungszeiträumen sinnvoll sein, spezielle Speicherungs- und Verarbeitungstechniken für dünn besetzte Matrizen, die auch als Sparse-Matrizen bezeichnet werden, zu verwenden.[1]) Hier soll zunächst untersucht werden, wie viele Koeffizienten der Matrix (RV | LM) in Abhängigkeit von der Länge des Planungszeitraums den Wert Null aufzeigen, um mit Hilfe der entsprechenden Ergebnisse beurteilen zu können, ob sich der Einsatz spezieller Techniken für dünn besetzte Matrizen lohnt.

Die Anzahl der Koeffizienten der Rüst- und Lagerungsmatrix wächst mit zunehmender Anzahl der entscheidungsrelevanten Planungsperioden (T') auf jeweils $2^{T'-1} \cdot T'$. Die Untersuchung der Anzahl der Nichtnullelemente beschränkt sich auf die Lagerungsmatrix, da der Rüstvektor - aufgrund der Definition der Auflagekombinationen - nur Auflagehäufigkeiten aufzeigen kann, die größer oder gleich 1 sind. Die Koeffizienten der Lagerungsmatrix geben für $w_{z,s} = 0$ an, daß eine Auflage in der entsprechenden Periode (t = µ+s) erfolgt, beziehungsweise für $w_{z,s} \geq 1$, daß der Bedarf der Periode, die der Spalte s zugeordnet werden kann, $w_{z,s}$ Perioden gelagert werden muß. Da die Auflagevarianten daraus resultieren, daß in der entsprechenden Periode entweder aufgelegt oder gelagert wird, sind die dazugehörigen Koeffizienten der Lagerungsmatrix genau zur Hälfte mit der Zahl Null besetzt ($0{,}5 \cdot 2^{T'-1} \cdot (T'-1) = 2^{T'-2} \cdot (T'-1)$). Daraus folgt, daß die Anzahl der Nullelemente der Rüst- und Lagerungsmatrix ebenfalls $2^{T'-2} \cdot (T'-1)$ beträgt. Für die Nichtnullelemente erhält man aus der Subtraktion der Anzahl der Nullelemente von der Gesamtzahl der Matrixelemente $2^{T'-2} \cdot (T'+1)$.[2]) Aus der Anzahl der Nullelemente der Rüst- und Lagerungsmatrix und der Gesamtanzahl der Matrixelemente kann man die Besetzungsdichte (B(T')) der Matrix (RV | LM) ermitteln.[3]) Es gilt:

---

[1]) Zu den verschiedenen Techniken der computergestützten Verarbeitung von dünn besetzten Matrizen siehe unter anderem Duff, I. S., 1977, S. 517 ff.; Kurbel, K., 1983, S. 337 ff.

[2]) $2^{T'-1} \cdot T' - 2^{T'-2} \cdot (T'-1) = 2^{T'-2} \cdot (T'+1)$. Alternativ dazu kann man die Anzahl der Nichtnullelemente der Rüst- und Lagerungsmatrix auch bestimmen, indem man zur Anzahl der Nichtnullelemente der Lagerungsmatrix ($2^{T'-2} \cdot (T'-1)$) die Anzahl der Koeffizienten der Rüstmatrix addiert ($2^{T'-1}$).

[3]) Die Besetzungsdichte gibt die Relation zwischen der Anzahl der Nichtnullelemente und der Gesamtzahl der Komponenten eines Vektors oder einer Matrix an.

(63) $\quad B(T') = \dfrac{2^{T'-2} \cdot (T'+1)}{2^{T'-1} \cdot T'} = \dfrac{T'+1}{2T'} = \dfrac{1+1/T'}{2}.$

Der prozentuale Anteil der Nullelemente an der Rüst- und Lagerungsmatrix beträgt

(64) $\quad 1 - B(T') = 1 - \dfrac{T'+1}{2T'} = \dfrac{T'-1}{2T'} = \dfrac{1-1/T'}{2}.$

Tabelle 21 gibt für die Planungszeiträume T' = 2,...,10 einen Überblick über die Anzahl der Koeffizienten der Rüst- und Lagerungsmatrix und deren Besetzungsdichte.

Tabelle 21: Besetzungsdichte der Rüst- und Lagerungsmatrix für T' = 2,...,10 Perioden

Planungs-zeitraum	Koeffizienten der Matrix (RV | LM)	Nullelemente der Matrix (RV | LM)	Nichtnullelemente der Matrix (RV | LM)	Besetzungsdichte B(T') in Prozent
T'	$2^{T'-1} \cdot T'$	$2^{T'-2} \cdot (T'-1)$	$2^{T'-2} \cdot (T'+1)$	$\dfrac{1+1/T'}{2} \cdot 100$
2	4	1	3	75,00
3	12	4	8	$66,\overline{66}$
4	32	12	20	62,50
5	80	32	48	60,00
6	192	80	112	$58,\overline{33}$
7	448	192	256	57,14
8	1024	448	576	56,25
9	2304	1024	1280	$55,\overline{55}$
10	5120	2304	2816	55,00

Man erkennt, daß die Anzahl der Nullelemente der Rüst- und Lagerungsmatrix (wegen $2^{T'-2} \cdot (T'-1)$) bei zunehmendem Planungshorizont exponentiell steigt und daß die Besetzungsdichte B(T') gegen den Grenzwert von 50 Prozent konvergiert (wegen $\lim\limits_{T' \to \infty} \dfrac{1+1/T'}{2} = \dfrac{1}{2}$).

Im Hinblick auf Losgrößenprobleme, bei denen eine hohe Anzahl von Planungsperioden vorliegt, kann es deshalb zweckmäßig sein, die Anzahl der zu speichernden beziehungsweise zu verarbeitenden Koeffizienten der Rüst- und Lagerungsmatrix durch spezielle datenverarbeitungstechnische Verfahren, die in den nachfolgenden Kapiteln vorgestellt bzw. entwickelt werden, zu reduzieren.

Tabelle 22 gibt die erforderliche Anzahl der Rechenschritte an, die für die Berechnungen der Vektoren und Matrizen des Losgrößenverfahrens und der optimalen Lösung(en) - auf Basis der bereits bisher vorgestellten Maßnahmen zur Reduzierung der Rechenzeit - benötigt werden.[1]

Tabelle 22: Anzahl der benötigten Rechenschritte des neuen Losgrößenverfahrens bei getrennter Berechnung der Matrix (RV | LM) und des Vektors GKV

Ermittlung von	Anzahl der Rechenschritte
LEV	$T'-1$ Multiplikationen
(RV | LM)	$2^{T'-1} \cdot T'$ Koeffizienten berechnen
GKV	$2^{T'-1} \cdot T'$ Multiplikationen und $2^{T'-1} \cdot (T'-1)$ Additionen
GK^*, z^*, α^*	$2^{T'-1}$ Zahlen vergleichen[2] und $2^{T'-1} - z_1^*$ Zahlen vergleichen[3]
q_t^*	T' Zahlen vergleichen und T' Additionen

---

[1] Die Rechenzeiten, die sich bei einer getrennten Berechnung der Rüst- und Lagerungsmatrix und des Gesamtkostenvektors auf einem Personal-Computer ergeben, werden in Kapitel 4.7.4 detailliert angegeben.

[2] Um das erste Minimum der relevanten Gesamtkosten GK^* im Vektor GKV und die dazugehörige Zeile z_1^* zu bestimmen.

[3] Um die weiteren Zeilen, in denen sich die Minima der relevanten Gesamtkosten befinden, und die Anzahl der optimalen Lösungen α^* zu suchen.

Aus den hier dargestellten Betrachtungen zum Speicherplatzbedarf und zur Anzahl der Rechenschritte erkennt man, daß die Matrix (RV | LM) den größten Teil des Hauptspeicherbedarfs erfordert, den das Verfahren benötigt, und daß zur Berechnung ihrer Koeffizienten $w_{z,s}$ und zur anschließenden Multiplikation mit den Koeffizienten w_s des Vektors $(k_R,LEV)'$ die meisten Rechenschritte notwendig sind. Folglich ist es sinnvoll, daß sich die weiteren Optimierungen des Verfahrens im wesentlichen auf die Berechnung beziehungsweise die Verarbeitung der Rüst- und Lagerungsmatrix (RV | LM) konzentrieren, da dort die größten Einsparungen erzielt werden können.

Als grundsätzliche Optimierungsmöglichkeiten, die in den nachfolgenden Kapiteln behandelt werden, kommen dabei

- die integrierte Ermittlung der Rüst- und Lagerungsmatrix und der relevanten Gesamtkosten sowie
- die Berechnung der relevanten Gesamtkosten auf der Basis spezieller Speicherungstechniken

in Frage. Auch innerhalb dieser grundlegenden Vorgehensweisen bestehen weitere Verarbeitungsmöglichkeiten, die in den nachfolgenden Kapiteln hergeleitet werden sollen.

Da man nicht im voraus sagen kann, welche dieser Möglichkeiten im Hinblick auf die Rechenzeiten oder hinsichtlich des Speicherplatzbedarfs die besten Ergebnisse liefert, sollen die verschiedenen Verarbeitungstechniken zunächst entwickelt und anschließend bezüglich dieser Kriterien überprüft werden.

4.7.2 Integrierte Ermittlung der Rüst- und Lagerungsmatrix und der relevanten Gesamtkosten

Bei der bisherigen Vorgehensweise des Losgrößenverfahrens werden alle Koeffizienten $w_{z,s}$ der Matrix (RV | LM), die zur Berechnung eines Losgrößenproblems mit einem Planungszeitraum von T' benötigt werden, berechnet und zwischengespeichert.

Nachdem die Rüst- und Lagerungsmatrix komplett aufgebaut ist, greift man - wie in der Matrizenrechnung üblich - auf die Koeffizienten $w_{z,s}$ zu, um die Multiplikation mit dem Vektor $(k_R, LEV)'$ durchzuführen. Diese Vorgehensweise hat den Nachteil, daß das Zwischenspeichern der und der erneute Zugriff auf die Koeffizienten $w_{z,s}$ Rechenzeit erfordern.

Deshalb wird bei der integrierten Ermittlung der Rüst- und Lagerungsmatrix und der relevanten Gesamtkosten nach jeder Berechnung eines Koeffizienten $w_{z,s}$ die dazugehörige Erhöhung der relevanten Gesamtkosten ermittelt, so daß jeder Koeffizient nur einmal zur Berechnung der relevanten Gesamtkosten herangezogen wird. Diese integrierte beziehungsweise unmittelbare Vorgehensweise kann sowohl spalten- als auch zeilenorientiert angewendet werden.

a) Unmittelbare, spaltenorientierte Ermittlung der Rüst- und Lagerungsmatrix und der relevanten Gesamtkosten

Bei einer integrierten, spaltenorientierten Berechnungsmöglichkeit gilt für die relevanten Gesamtkosten:

(65) $\quad GK_z = GK_{z,T'} \qquad\qquad$ für $\quad z = 1,...,2^{T'-1}$,

mit

$GK_{1,1} = w_1$

und

$GK_{z,1} = GK_{z',1} + w_1 \qquad\qquad$ für $\quad z' = z-2^{t''-2}$,
$\qquad\qquad\qquad\qquad\qquad\qquad\qquad z = 2^{t''-2}+1,...,2^{t''-1}$
$\qquad\qquad\qquad\qquad\qquad$ und $\quad t'' = 2,...,T'$,

sowie

$$GK_{z,s} = \begin{cases} GK_{z,s-1} + w_s \cdot (s-1), & z = \tau \cdot 2^{s-1} + 1, \\ GK_{z,s-1} + w_s \cdot (s-m-1), & z = \tau \cdot 2^{s-1} + 2^{m-1} + 1, \ldots, \tau \cdot 2^{s-1} + 2^m, \end{cases}$$

für alle $\tau = 0, \ldots, 2^{T'-s}-1$, $m = 1, \ldots, s-1$ und $s = 2, \ldots, T'$.

Dabei sind $GK_{z,s}$ die relevanten Gesamtkosten der Auflagekombination APV_z, die man erhält, wenn man die Koeffizienten $w_{z,s}$ der Rüst- und Lagerungsmatrix bis einschließlich Spalte s berücksichtigt. Sie beinhalten die gesamten Rüstkosten der jeweiligen Auflagevariante und darüber hinaus die Lagerhaltungskosten der Bedarfsmengen, die bis einschließlich Periode s, $s = t-\mu+1$, als Nettobedarfe benötigt werden.[1] Die relevanten Gesamtkosten GK_z einer Auflagekombination entsprechen den Gesamtkosten ($GK_{z,T'}$), die bis zur Periode T' anfallen.

Durch die Berechnung von $GK_{z,s}$ für $s = 1$ erfolgt die unmittelbare Berücksichtigung der Rüstkosten. Sie ersetzt die Ermittlung der Koeffizienten $w_{z,1}$ der Matrix (RV | LM) und die spätere Multiplikation mit dem Koeffizienten w_1 des Vektors $(k_R, LEV)'$ bei der bisherigen Vorgehensweise des Grundverfahrens.

$GK_{1,1}$ entspricht dem Rüstkostensatz w_1 (bzw. k_R), da die erste Auflagekombination nur eine Auflage beinhaltet. Die Variable $t'' = 1, \ldots, T'$, die zur Ermittlung von $GK_{z,1}$ im Gleichungssystem (65) verwendet wird, gibt die jeweils letzte Auflageperiode einer Auflagekombination an. Betrachtet man, ausgehend von Zeile $z = 1$, Auflagevarianten mit einer zusätzlichen Auflageperiode $t'' = 2, \ldots, T'$, so unterscheidet sich die Auflagepolitik einer Zeile z von der Auflagepolitik einer Zeile $z' = z-2^{t''-2}$ nur durch eine

---

[1] Bei den Kosten $GK_{z,s}$ werden im Gegensatz zu den Gesamtkosten GK_z die Lagerhaltungskosten, die durch die Nettobedarfsmengen der Perioden s+1 bis T' verursacht werden, nicht berücksichtigt.

zusätzliche Auflage in Periode t". Folglich gilt für die Rüstkosten der Zeilen z:

$GK_{z,1} = GK_{z',1} + w_1$.[1]

Die Berechnung der relevanten Gesamtkosten $GK_{z,s}$ mit Hilfe des Gleichungssystems (65) entspricht für die Spalten $s = 2,...,T'$ einer unmittelbaren Berücksichtigung der Lagerhaltungskosten der Nettobedarfsmengen x_t mit $t = s+\mu-1$. Der obere Term zur Ermittlung von $GK_{z,s}$ berücksichtigt die Lagerhaltungskosten ($w_s \cdot (s-1)$), die aus den Koeffizienten der Zeile $z = 1$ für $s = 2,...,T'$ entstehen. Außerdem werden mit Hilfe von $\tau \cdot 2^{s-1}$ die Lagerhaltungskosten einbezogen, die in den nachfolgenden Zeilen aus Wiederholungen dieser Koeffizienten resultieren.[2]

Der untere Term zur Berechnung von $GK_{z,s}$ dient dazu, die Lagerhaltungskosten ($w_s \cdot (s-m-1)$) zu berechnen, die sich aus den übrigen Koeffizienten ab Zeile $z = 2$ und Spalte $s = 2$ der Matrix (RV | LM) ergeben. Mit Hilfe von $2^{m-1}+1,...,2^m$ wird dabei berücksichtigt, daß es innerhalb einer Spalte $s = 4,...,T'$ der Matrix (RV | LM) Koeffizienten gibt, die in benachbarten Zeilen vorkommen und den gleichen Wert aufweisen. Der Term $\tau \cdot 2^{s-1}$ gewährleistet, daß die Koeffizienten sich innerhalb einer Spalte im Abstand 2^{s-1} wiederholen.

Die spaltenorientierte, integrierte Vorgehensweise läßt sich weiter optimieren, wenn man die Nullelemente der Matrix (RV | LM) nicht ermittelt. Dadurch sind $2^{T'-2} \cdot (T'+1)$ Koeffizienten weniger zu berechnen und folglich auch nicht in die Ermittlung des

---

[1] Beispielsweise unterscheiden sich die Auflagekombinationen $APV = (1,3)$ und $(1,2,3)$ in den Zeilen $z = 3$ und 4 nur durch die letzte Auflageperiode $t" = 3$ von den Auflagekombinationen (1) und $(1,2)$, die sich in den Zeilen $z' = 1$ und 2 befinden. Die Rüstkosten $GK_{z,1}$ der Zeile 3 (Zeile 4) erhält man deshalb, indem man zu den Rüstkosten der Zeile 1 (Zeile 2) den Rüstkostensatz w_1 addiert. Ebenso basiert die Berechnung der Rüstkosten der Zeilen 5,6,7 und 8 (zusätzliche Auflageperiode $t" = 4$) auf den Rüstkosten der Zeilen 1,2,3 und 4 (usw.).

[2] $\tau = 0,...,2^{T'-s}-1$, mit $s = 2,...,T'$, ist der Laufindex für die Wiederholungen, während 2^{s-1} für den richtigen Abstand der Wiederholungen sorgt.

Gesamtkostenvektors einzubeziehen. Um dies zu ermöglichen, ist die Berücksichtigung der Lagerhaltungskosten wie folgt zu modifizieren:[1]

(66) $GK_{z,s} = \begin{cases} GK_{z,s-1} + w_s \cdot (s-1), & z = \tau \cdot 2^{s-1} + 1, \\ & \tau = 0,\ldots,2^{T'-s} - 1, \\ & s = 2,\ldots,T', \\ \\ GK_{z,s-1} + w_s \cdot (s-m-1), & z = \tau \cdot 2^{s-1} + 2^{m-1} + 1,\ldots,\tau \cdot 2^{s-1} + 2^m, \\ & \tau = 0,\ldots,2^{T'-s} - 1, \\ & m = 1,\ldots,s-2, \\ & s = 3,\ldots,T'. \end{cases}$

Außerdem ist zu beachten, daß $GK_z = GK_{z,T'}$ nur unter der Voraussetzung gilt, daß alle Koeffizienten der Matrix (RV | LM) berechnet werden. Wenn man die Nullelemente nicht berücksichtigt, gilt $GK_z = GK_{z,T'}$ nur für die Zeilen $z = 1,\ldots,2^{T'-2}$, denn in den Zeilen $z = 2^{T'-2}+1,\ldots,2^{T'-1}$ sind die Koeffizienten $w_{z,T'}$ gleich Null. Wendet man die spaltenorientierte, integrierte Vorgehensweise ausschließlich auf die positiven Koeffizienten der Rüst- und Lagerungsmatrix an, so muß deshalb für die relevanten Gesamtkosten gelten:

(67) $GK_z = GK_{z,s'}$, $\qquad z = 1,\ldots,2^{T'-1},$

mit $s' = \max \{s \mid w_{z,s} > 0\}$.

---

[1] Um die Berechnung der Nullelemente zu vermeiden, wird die Obergrenze der Variablen m von s-1 auf s-2 vermindert. Daraus folgt, daß der untere Teil der Gleichung (66) nur noch auf die Spalten $s = 3,\ldots,T'$ angewendet werden kann, während der obere Teil für $s = 2,\ldots,T'$ gilt.

Die relevanten Gesamtkosten der Auflagekombination APV_z entsprechen also den relevanten Gesamtkosten, die bis einschließlich Periode s' entstehen, wobei s' der größte Spaltenindex ist, für den innerhalb einer Zeile der Matrix (RV | LM) ein positiver Koeffizient auftritt.

Die Programmablaufpläne zur integrierten spaltenorientierten Ermittlung der Rüst- und Lagerungsmatrix und der relevanten Gesamtkosten sind in den Abbildungen 27 und 28 enthalten.

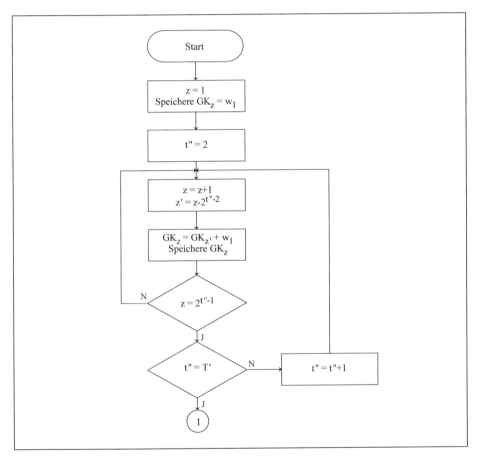

Abbildung 27: Unmittelbare, spaltenorientierte Ermittlung der relevanten Gesamtkosten GK_z bei nicht vorliegender Rüst- und Lagerungsmatrix (Programmteil 1)

Der Programmteil 1 (Abbildung 27) dient dazu, die Rüstkosten zu berechnen. In Programmteil 2 (Abbildung 28) werden die Lagerhaltungskosten berücksichtigt, wobei dort die linke Hälfte des Ablaufplans dem oberen Teil und die rechte Hälfte dem unteren Teil der Gleichung (66) entsprechen. Zu beachten ist allerdings, daß die in der mathematischen Beschreibung erforderlichen Spaltenindizes bei den relevanten Gesamtkosten ($GK_{z,s}$) in den Programmablaufplänen nicht erforderlich sind, da nur das Endergebnis (GK_z) gespeichert wird.

Dadurch, daß man $\tau = 0,...,2^{T'-s}-1$ in der linken Hälfte des Programmteils 2 als innere und $s = 2,...,T'$ als äußere Schleife verwendet, wird gewährleistet, daß die Lagerhaltungskosten $w_s \cdot (s-1)$ für alle (positiven) Koeffizienten $w_{z,s}$, die innerhalb einer Spalte der Rüst- und Lagerungsmatrix den gleichen Wert aufweisen, nur einmal errechnet und anschließend zu allen relevanten Gesamtkosten $GK_{z,s-1}$ addiert werden, die zu den Zeilen gehören, in denen diese Zahlenwerte innerhalb der Spalten auftreten. Analog dazu wird durch die Verwendung von $z = \tau \cdot 2^{s-1} + 2^{m-1} + 1, ..., \tau \cdot 2^{s-1} + 2^m$ und $\tau = 0, ..., 2^{T'-s}-1$ als innere Programmschleifen im rechten Teil des Programmablaufplans sichergestellt, daß auch die Lagerhaltungskosten $w_s \cdot (s-m-1)$ für alle gleichgroßen Koeffizientenwerte ($w_{z,s} > 0$) innerhalb einer Spalte der Rüst- und Lagerungsmatrix nur einmal errechnet und zur Ermittlung des Gesamtkostenvektors herangezogen werden. Aufgrund der Erläuterungen, die sich in obigem Text befinden, kann man auf weitere Erklärungen zu den beiden Ablaufplänen verzichten.

Mit Hilfe von Abbildung 29 wird für einen Planungszeitraum von $T' = 6$ Perioden verdeutlicht, in welcher Reihenfolge die positiven Koeffizienten $w_{z,s}$ der Rüst- und Lagerungsmatrix (RV | LM) bei der integrierten, spaltenorientierten Vorgehensweise erzeugt werden. Die Reihenfolge der Berechnung der Koeffizienten wurde so festgelegt, daß jeder Zahlenwert $w_{z,s} > 0$, der in einer bestimmten Spalte s, $s = 2,...,T'$, vorkommt, und der daraus resultierende Zuwachs der relevanten Gesamtkosten nur einmal ermittelt werden müssen.[1]

---

[1] Die Vorgehensweise, daß innerhalb einer Spalte jeder vorkommende (positive) Zahlenwert der Koeffizienten nur einmal berechnet wird, läßt sich in Abbildung 29 - ab Spalte 3 - an der eingeklammerten Numerierung der Koeffizienten erkennen, die verdeutlicht, in welcher Reihenfolge man die Koeffizienten bei dieser Verarbeitungstechnik erhält (die Numerierung dient nur der Veranschaulichung und ist nicht Bestandteil des Verfahrens oder der Rüst- und Lagerungsmatrix).

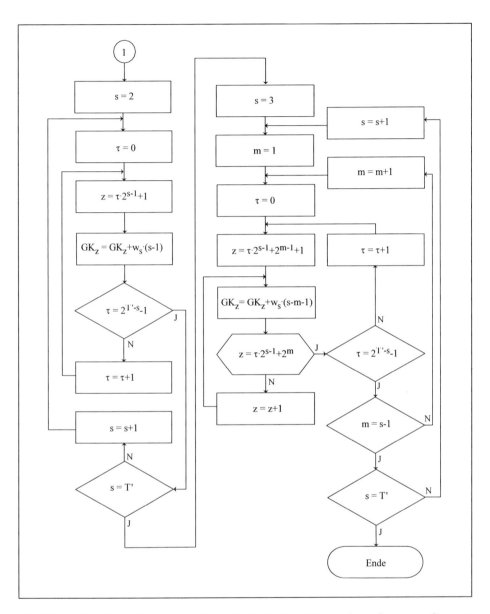

Abbildung 28: Unmittelbare, spaltenorientierte Ermittlung der relevanten Gesamtkosten GK_z bei nicht vorliegender Rüst- und Lagerungsmatrix (Programmteil 2)

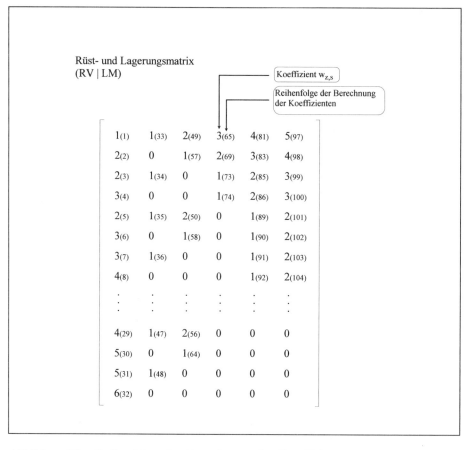

Abbildung 29: Reihenfolge der Berechnung der Koeffizienten $w_{z,s}$ der Rüst- und Lagerungsmatrix bei der integrierten, spaltenorientierten Vorgehensweise und einem Planungszeitraum von T' = 6 Perioden

Nach der Ermittlung der relevanten Gesamtkosten GK_z kann die Berechnung der optimalen Zeile(n) z^* des Gesamtkostenvektors analog zu der bisherigen Vorgehensweise des Grundverfahrens erfolgen. Auch die Ermittlung der Losgrößen, die ausgehend von einer bestimmten Zeile des Gesamtkostenvektors unter Zuhilfenahme der Rüst- und Lagerungsmatrix durchgeführt wird, weist keine Unterschiede zur bisherigen Berechnung auf, sofern die Koeffizienten $w_{z,s}$ der Rüst- und Lagerungsmatrix während der integrierten Vorgehensweise im Arbeitsspeicher zwischengespeichert werden.

Änderungen ergeben sich allerdings dann, wenn man auf die Speicherung dieser Koeffizienten verzichtet, um weniger Arbeitsspeicherkapazität in Anspruch zu nehmen. Dies kann erforderlich sein, wenn der Prozessor des vorhandenen Rechners nur eine geringe Arbeitsspeicherkapazität aufweist beziehungsweise wenn Losgrößenprobleme mit längeren Planungszeiträumen zu berechnen sind.[1] Verzichtet man auf die Speicherung der Koeffizienten $w_{z,s}$, so wird der Arbeitsspeicher nur von dem Programm zur Losgrößenplanung, den Koeffizienten der Vektoren $(k_R, LEV)'$ und GKV sowie von den zu ermittelnden Losgrößen beansprucht.

In diesem Fall muß man jedoch die Ermittlung der zu den relevanten Gesamtkosten GK_z gehörenden Losgrößen modifizieren. Bisher erfolgte diese auf der Basis der entsprechenden Zeilen der Rüst- und Lagerungsmatrix, die zur Ermittlung des Gesamtkostenvektors benötigt wurden und sich deshalb bereits vor der eigentlichen Festlegung der Auflagemengen im Hauptspeicher befanden. Man könnte nun so vorgehen, daß man die Zeilen der Matrix (RV | LM), für die Losgrößen bestimmt werden müssen, neu ausrechnet. Da man aber die Ermittlung der Losgrößen auch auf Basis der Koeffizienten $h_{z,s}$ der Rüstmatrix durchführen kann und die Berechnung dieser Koeffizienten weniger Rechenschritte erfordert als die Ermittlung der daraus resultierenden Koeffizienten $w_{z,s}$ der Lagerungsmatrix, ist es zweckmäßig, nur die Auflagehäufigkeiten $h_{z,s}$ der aktuell benötigten Auflagekombination zu bestimmen.

In Kapitel 4.3.1 wurde bereits gezeigt, daß die spaltenorientierte Vorgehensweise nicht geeignet ist, um einzelne Auflagevarianten beziehungsweise Zeilen der Rüstmatrix zu erzeugen.[2] Deshalb wurde dort eine zeilenorientierte Berechnung der Rüstmatrix

---

[1] Zum Speicherplatzbedarf des Losgrößenverfahrens beziehungsweise der Rüst- und Lagerungsmatrix siehe Kapitel 4.7.1.

[2] Dies wurde damit begründet, daß z in den entsprechenden Formeln lediglich ein Zwischenergebnis darstellt, das von der Ausgestaltung der anderen Parameter abhängig ist.

entwickelt, bei der die Auflagekombinationen für $z = 1,...,2^{T'-1}$ durch Vorgabe der Zahl 1 für die Koeffizienten $h_{z,1}$ und durch eine linksbündige, binäre Umwandlung der Dezimalzahlen $z' = z-1$ für die Spalten $s = 2,...,T'$ erzeugt wurden. Der entsprechende Programmablaufplan wurde in Kapitel 4.3.1. erläutert. Wendet man die dort beschriebene Vorgehensweise nicht auf die gesamte Rüstmatrix, sondern nur auf die Zeile z an, für die gerade die Auflagemengen ermittelt werden sollen, erhält man die gesuchte Auflagekombination APV_z der Rüstmatrix.

Um die Losgrößenbestimmung auf der Basis dieser Auflagevarianten durchführen zu können, muß der in Kapitel 4.5 vorgestellte Algorithmus zur retrograden Ermittlung der Losgrößen, der sich auf die Zeilen der Rüst- und Lagerungsmatrix bezieht, so modifiziert werden, daß er auf die Zeilen der Rüstmatrix anwendbar ist. Die Bedarfsmengen werden dabei - innerhalb einer Auflagekombination - für $s = T',...,1$ solange kumuliert, wie $h_{z,s} = 0$ gilt. Immer dann, wenn $h_{z,s}$ den Wert 1 annimmt, werden die Bedarfsmengen zu einem Los zusammenfaßt.

Die integrierte, spaltenorientierte Vorgehensweise besteht also aus einer spaltenorientierten Ermittlung der Rüst- und Lagerungsmatrix und der relevanten Gesamtkosten, wobei die anschließende Berechnung der Losgrößen nach wie vor zeilenbezogen erfolgt. Der Vorteil dieser integrierten Methode liegt darin begründet, daß die Berechnung der Koeffizienten $w_{z,s}$ und des Gesamtkostenvektors nicht voneinander getrennt sind und deshalb kein erneuter Zugriff auf diese Koeffizienten erforderlich ist. Außerdem kann man zur Reduzierung des erforderlichen Speicherplatzbedarfs darauf verzichten, die Rüst- und Lagerungsmatrix zu speichern. Darüber hinaus wird Rechenzeit eingespart, indem nur positive Koeffizienten $w_{z,s}$ berechnet und in die Ermittlung des Gesamtkostenvektors einbezogen werden und jeder (positive) Zahlenwert, der in einer bestimmten Spalte $s = 2,...,T'$ auftritt, sowie der daraus resultierende Zuwachs der relevanten Gesamtkosten nur einmal berechnet werden.

b) Unmittelbare, zeilenorientierte Ermittlung der Rüst- und Lagerungsmatrix und der relevanten Gesamtkosten

Eine weitere Möglichkeit der integrierten Ermittlung der Rüst- und Lagerungsmatrix und der relevanten Gesamtkosten besteht darin, daß man diese Vorgehensweise zeilenorientiert entwickelt.[1] Dabei wird für jede Zeile $z = 1,...,2^{T'-1}$ nach jeder Berechnung eines Koeffizienten $h_{z,s}$ beziehungsweise $w_{z,s}$ für $s = 1,...,T'$ unmittelbar der daraus resultierende Zuwachs der relevanten Gesamtkosten berücksichtigt.

Die Koeffizienten $h_{z,s} \in \{0,1\}$ einer Auflagekombination lassen sich zeilenweise ausrechnen, indem man, wie in Kapitel 4.3.1 dargestellt, für $s = 1$ die Zahl 1 extern vorgibt und für die Spalten $s = 2,...,T'$ eine linksbündige, binäre Umwandlung der Dezimalzahl $z' = z-1$ durchführt.

Anschließend könnte man - um die Rüstkosten der Auflagekombination zu berücksichtigen - die Auflagehäufigkeit $w_{z,1}$ (= h'_z) dieser Zeile berechnen, indem man - gemäß Kapitel 4.3.2 - die Koeffizienten $h_{z,s}$ für $s = 1,...,T'$ aufsummiert. Eine Vereinfachung läßt sich bei der integrierten Ermittlung der Rüst- und Lagerungsmatrix und der relevanten Gesamtkosten jedoch dadurch erzielen, daß man auf die Berechnung der Koeffizienten $w_{z,1}$ verzichtet und statt dessen nach jeder Ermittlung einer Auflagehäufigkeit $h_{z,s} = 1$ die dazugehörigen relevanten Gesamtkosten um den Rüstkostensatz erhöht.[2]

Um neben den Rüstkosten auch die Lagerhaltungskosten einer Auflagekombination zu berücksichtigen, ermittelt man zunächst - gemäß Kapitel 4.3.3 - die Lagerungsdauern

---

[1] Ob diese Verarbeitungstechnik im Vergleich zur spaltenorientierten Berechnung Vorteile bzgl. der Rechenzeit liefert, kann man erst nach ihrer Herleitung prüfen, indem man entsprechende Rechenzeitvergleiche durchführt. Siehe dazu Kapitel 4.7.4.

[2] Die Berechnung der Auflagehäufigkeit $w_{z,1}$ durch Addition der Auflagehäufigkeiten $h_{z,s}$ entfällt bei der zeilenorientierten Vorgehensweise, da ihre Ermittlung bereits genauso viele Rechenschritte erfordern würde wie eine direkte Addition des Rüstkostensatzes k_R zu den relevanten Gesamtkosten $GK_{z,s-1}$.

$w_{z,s}$ (bzw. $d_{z,s}$) für die Spalten $s = 2,...,T'$ der Rüst- und Lagerungsmatrix, indem man die Koeffizienten $w_{z,s}$ beginnend mit $w_{z,s} = 1$ solange um 1 erhöht, wie $h_{z,s} = 0$ gilt. Falls $h_{z,s}$ den Wert 1 annimmt, erhält $w_{z,s}$ den Wert 0. Die zusätzlichen Lagerhaltungskosten, die aus den Koeffizienten $h_{z,s} = 0$ resultieren, werden berechnet, indem man jeweils die auf diese Weise ermittelte Lagerungsdauer $w_{z,s}$ mit den dazugehörigen Kosten bei einperiodiger Lagerung der Bedarfsmengen w_s für $s = 2,...,T'$ multipliziert.

Der Programmablaufplan zur integrierten, zeilenorientierten Berechnung der Rüst- und Lagerungsmatrix und der relevanten Gesamtkosten soll mit Hilfe von Abbildung 30 verdeutlicht werden.

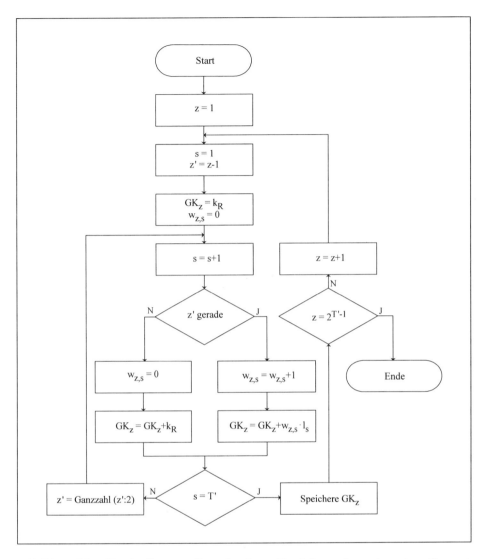

Abbildung 30: Unmittelbare, zeilenorientierte Ermittlung der relevanten Gesamtkosten GK_z bei nicht vorliegender Rüst- und Lagerungsmatrix (RV | LM)

Für $s = 1$ werden die relevanten Gesamtkosten GK_z mit k_R und die Koeffizienten $w_{z,s}$ mit 0 initialisiert. Für die Spalten $s = 2,...,T'$ wird die Dezimalzahl $z' = z-1$ in ihre binäre Darstellung umgewandelt, wobei nach jeder Division von z' durch 2 - im Rahmen der Umwandlung - die Lagerungsdauer $w_{z,s}$ um 1 und die relevanten Gesamtkosten GK_z um $w_{z,s} \cdot l_s$ erhöht werden, falls der ganzzahlige Anteil von z' nach der Division eine gerade Zahl ergibt. Wenn man für $z' := z':2$ eine ungerade (Ganz-)Zahl erhält, wird GK_z um den Rüstkostensatz k_R erhöht und die Lagerungsdauer $w_{z,s}$ auf 0 gesetzt. Nachdem $s = T'$ erreicht wurde, können die relevanten Gesamtkosten der Zeile z gespeichert werden.[1]

Die Ermittlung der optimalen Zeile(n) z^* des Gesamtkostenvektors erfolgt analog zu der oben beschriebenen Vorgehensweise des Grundverfahrens.

Wenn man die Koeffizienten $w_{z,s}$, die man bei der zeilenorientierten Vorgehensweise ermittelt, speichert, erhält man eine Matrix, die bis auf die erste Spalte mit der Rüst- und Lagerungsmatrix übereinstimmt.[2] Folglich kann man diese Matrix dazu verwenden, mit Hilfe des in Kapitel 4.5 erläuterten, retrograden Verfahrens die Auflagemengen zu berechnen.[3]

Bei der zeilenorientierten, integrierten Berechnung besteht jedoch ebenso wie bei der spaltenorientierten Vorgehensweise die Möglichkeit, auf die Speicherung der Koeffi-

---

[1] Die linksbündige, binäre Umwandlung, die in Kapitel 4.3.1 zur Berechnung der Auflagekombinationen angewendet wird, erweist sich hier als vorteilhaft, da nur auf diese Weise die Lagerungsdauer, die zur Ermittlung der Lagerhaltungskosten erforderlich ist, kumuliert werden kann, ohne daß ein erneuter Zugriff auf bereits errechnete Auflagehäufigkeiten benötigt wird. Würde man die binäre Umwandlung rechtsbündig vornehmen, so könnte die Lagerungsdauer $d_{z,s}$ der Perioden, die auf die Periode s folgen und für die $h_{z,s} = 0$ gilt, jeweils erst dann berechnet werden, wenn man bei sukzessiver Verminderung von s um 1 einen Koeffizienten $h_{z,s} = 1$ ermittelt hat.

[2] In der ersten Spalte besteht keine Übereinstimmung, da bei der zeilenorientierten Vorgehensweise die Auflagehäufigkeit $w_{z,1} = h'_z$ nicht berechnet wird. Folglich enthält dieser Koeffizient hier den Wert 0. Dies bedeutet, daß für die Bedarfsmenge der ersten Periode des relevanten Planungszeitraums keine Lagerung erfolgt.

[3] Welchen Wert die Koeffizienten $w_{z,1}$ in dieser Matrix besitzen, ist für die Programmlogik zur Festlegung der Auflagemengen unerheblich, da in der ersten Periode mit positivem Nettobedarf ohnehin eine Auflage erfolgen muß. Folglich wird im Programmablaufplan (vgl. Abbildung 24) auch nur überprüft, ob die Spalte $s = 1$ erreicht ist, um dort ein entsprechendes Los bilden zu können.

zienten $w_{z,s}$ zu verzichten,[1] falls dies aus Kapazitätsgründen des Rechners erforderlich sein sollte. Auch die Ermittlung der aus den entsprechenden Zeilen des Gesamtkostenvektors resultierenden Losgrößen erfolgt dann analog zu dem spaltenorientierten Verfahren, indem man im Bedarfsfall die aktuell benötigten Auflagekombinationen beziehungsweise Auflagehäufigkeiten $h_{z,s}$ durch die oben erläuterte modifizierte, binäre Vorgehensweise erzeugt und dann - wie bereits dargestellt - mit Hilfe der Auflagehäufigkeiten $h_{z,s}$ die Losgrößen festlegt.

Ein Vorteil des zeilenorientierten, integrierten Verfahrens gegenüber der getrennten Berechnung der Matrix (RV | LM) und des Vektors GKV besteht darin, daß es - analog zur spaltenorientierten Vorgehensweise - nicht erforderlich ist, auf die vorher ermittelten Koeffizienten der Rüst- und Lagerungsmatrix erneut zuzugreifen, um die Gesamtkosten berechnen zu können. Außerdem ist es bei beiden integrierten Verfahren möglich, auf die Speicherung der Koeffizienten $w_{z,s}$ zu verzichten, falls es hinsichtlich des Arbeitsspeichers zu Kapazitätsengpässen kommt. Eine Besonderheit der zeilenorientierten Vorgehensweise gegenüber der spaltenorientierten und der getrennten Berechnungsmöglichkeit besteht darin, daß die Ermittlung der Auflagehäufigkeiten der Auflagekombinationen entfällt, da die Rüstkostensätze unmittelbar zu den relevanten Gesamtkosten $GK_{z,s-1}$ addiert werden, falls in der entsprechenden Periode eine Auflage erfolgt.

Die zeilenorientierte Vorgehensweise hat gegenüber dem spaltenorientierten Verfahren den Vorteil, daß der entsprechende Algorithmus - gemessen an der Anzahl der Variablen und Programmschleifen - weniger komplex ist. Ein Nachteil der zeilenbezogenen Berechnungsmöglichkeit besteht darin, daß dort auch Koeffizienten $w_{z,s} = 0$ ermittelt werden müssen. Darüber hinaus besitzt die spaltenorientierte Vorgehensweise dadurch Vorteile, daß jeder positive Zahlenwert in einer Spalte s und der daraus

---

[1] Wenn man darauf verzichtet, die Koeffizienten $w_{z,s}$ zu speichern, ist es im Programmablaufplan (Abbildung 30) nicht erforderlich, sie nach Zeilen und Spalten zu differenzieren.

resultierende Zuwachs der relevanten Gesamtkosten in den Spalten s = 2,...,T' nur einmal in die Berechnung einbezogen wird.

Die Rechenzeiteinsparungen, die sich bei einer Realisierung dieser beiden Verarbeitungstechniken auf einem Computer im Vergleich zur bisherigen Vorgehensweise ergeben, werden in Kapitel 4.7.4 dargestellt. Dort werden auch Rechenzeitvergleiche mit den Verfahren durchgeführt, die im folgenden noch entwickelt werden.

Neben der Möglichkeit, die Rechenzeiten und den Speicherplatzbedarf mit Hilfe der integrierten Ermittlung der Matrix (RV | LM) und der relevanten Gesamtkosten zu reduzieren, kann man auch versuchen, dies durch die Anwendung spezieller Speicherungstechniken zu erreichen. Bei diesen Verarbeitungstechniken wird die Rechenzeit, die man zur Ermittlung des Gesamtkostenvektors benötigt, dadurch vermindert, daß man die Koeffizienten der Rüst- und Lagerungsmatrix nicht zum Zeitpunkt der Losgrößenplanung, sondern bereits vorher errechnet, und diese dann speichert, um möglichst schnell auf die erforderlichen Informationen zugreifen zu können.

4.7.3 Ermittlung der relevanten Gesamtkosten auf der Basis spezieller Speicherungstechniken

4.7.3.1 Anlegen und Verarbeiten einer Rüst- und Lagerungsmatrix für einen maximalen Planungszeitraum

Die Lagerungsmatrix und der Rüstvektor sind so konstruiert, daß ihre Zeilen den Auflagekombinationen entsprechen, die zusätzlich abzuspeichern sind, wenn der Planungszeitraum beginnend mit $T' = 1$ sukzessive um eine Periode verlängert wird. Diese Anordnung erfolgt mit dem Ziel, für alle Losgrößenprobleme, die mit dem Verfahren gelöst werden sollen, nur eine einzige Rüst- und Lagerungsmatrix zu speichern, die sich auf einen vorher festzulegenden maximalen Planungszeitraum (T'^{max}) bezieht. Für die konkreten Berechnungen eines Losgrößenproblems wird daraus eine Untermatrix generiert, so daß die entsprechenden Koeffizienten nicht für jedes Losgrößenproblem neu ermittelt werden müssen.

223

Zunächst muß bei der Implementierung des Verfahrens festgelegt werden, welches die maximale Anzahl der Planungsperioden (T'^{max}) für eine Losgrößenplanung sein soll. Anschließend wird für T'^{max} eine Rüst- und Lagerungsmatrix ($RV(T'^{max}) \mid LM(T'^{max})$) nach der in Kapitel 4.3.4 beschriebenen Vorgehensweise berechnet und abgespeichert. Für ein aktuell zu lösendes Losgrößenproblem mit $T' \leq T'^{max}$ wird dann eine Untermatrix mit $2^{T'-1}$ Zeilen und T' Spalten aus der Rüst- und Lagerungsmatrix herausgelesen. Für T'^{max} erhält man folgenden Aufbau der Matrix:

$$(RV(T'^{max}) \mid LM(T'^{max})) = \begin{bmatrix} 1 & 1 & 2 & 3 & 4 & 5 & \dots & T'^{max}\text{-}1 \\ 2 & 0 & 1 & 2 & 3 & 4 & \dots & T'^{max}\text{-}2 \\ 2 & 1 & 0 & 1 & 2 & 3 & \dots & T'^{max}\text{-}3 \\ 3 & 0 & 0 & 1 & 2 & 3 & \dots & T'^{max}\text{-}3 \\ 2 & 1 & 2 & 0 & 1 & 2 & \dots & T'^{max}\text{-}4 \\ 3 & 0 & 1 & 0 & 1 & 2 & \dots & T'^{max}\text{-}4 \\ 3 & 1 & 0 & 0 & 1 & 2 & \dots & T'^{max}\text{-}4 \\ 4 & 0 & 0 & 0 & 1 & 2 & \dots & T'^{max}\text{-}4 \\ 2 & 1 & 2 & 3 & 0 & 1 & \dots & T'^{max}\text{-}5 \\ 3 & 0 & 1 & 2 & 0 & 1 & \dots & T'^{max}\text{-}5 \\ 3 & 1 & 0 & 1 & 0 & 1 & \dots & T'^{max}\text{-}5 \\ 4 & 0 & 0 & 1 & 0 & 1 & \dots & T'^{max}\text{-}5 \\ 3 & 1 & 2 & 0 & 0 & 1 & \dots & T'^{max}\text{-}5 \\ 4 & 0 & 1 & 0 & 0 & 1 & \dots & T'^{max}\text{-}5 \\ 4 & 1 & 0 & 0 & 0 & 1 & \dots & T'^{max}\text{-}5 \\ 5 & 0 & 0 & 0 & 0 & 1 & \dots & T'^{max}\text{-}5 \\ 2 & 1 & 2 & 3 & 4 & 0 & \dots & T'^{max}\text{-}6 \\ \cdot & \cdot & \cdot & \cdot & \cdot & \cdot & \dots & \cdot \\ \cdot & \cdot & \cdot & \cdot & \cdot & \cdot & \dots & \cdot \\ \cdot & \cdot & \cdot & \cdot & \cdot & \cdot & \dots & \cdot \\ \cdot & \cdot & \cdot & \cdot & \cdot & \cdot & \dots & \cdot \\ T'^{max} & 0 & 0 & 0 & 0 & 0 & \dots & 0 \end{bmatrix}.$$

Es sind insgesamt $2^{T'^{max}-1} \cdot T'^{max}$ Koeffizienten der Matrix ($RV(T'^{max}) \mid LM(T'^{max})$) zu berechnen und zu speichern, bevor das erste Losgrößenproblem bearbeitet werden kann. Zur Durchführung des Verfahrens wird eine einzige Blockmatrix für T'^{max} benötigt, die einmalig berechnet und abgespeichert wird, wenn man das Verfahren auf einem Rechner implementiert.

Nach der Implementierung des Losgrößenprogramms wird die Matrix (RV(T'max) | LM(T'max)) unmittelbar beim Programmstart in den Arbeitsspeicher geladen. Für das aktuell zu lösende Losgrößenproblem ermittelt man dann die Anzahl der relevanten Teilperioden (T' = T-µ+1) und erhält die benötigte Matrix (RV | LM) für den dazugehörigen Planungszeitraum T', indem man in der Matrix (RV(T'max) | LM(T'max)) die Koeffizienten von $2^{T'-1}$ Zeilen jeweils bis zur Spalte T' betrachtet. In Tabelle 23 sei dies für µ = 1 und µ = 3 beispielhaft dargestellt.

Tabelle 23: Beispiel für die Ermittlung der Rüst- und Lagerungsmatrix (RV | LM) für T' = 2 bis 5 aus der Matrix (RV(T'max) | LM(T'max))

Anzahl der relevanten Perioden	Auflagekombinationen für µ = 1	Auflagekombinationen für µ = 3	Matrix (RV(T'max) | LM(T'max))
T' = 2	1 1,2	3 3,4	1 1 2 3 4 5 ... 2 0 1 2 3 4 ...
T' = 3	1,3 1,2,3	3,5 3,4,5	2 1 0 1 2 3 ... 3 0 0 1 2 3 ...
T' = 4	1,4 1,2,4 1,3,4 1,2,3,4	3,6 3,4,6 3,5,6 3,4,5,6	2 1 2 0 1 2 ... 3 0 1 0 1 2 ... 3 1 0 0 1 2 ... 4 0 0 0 1 2 ...
T' = 5	1,5 1,2,5 1,3,5 1,2,3,5 1,4,5 1,2,4,5 1,3,4,5 1,2,3,4,5	3,7 3,4,7 3,5,7 3,4,5,7 3,6,7 3,4,6,7 3,5,6,7 3,4,5,6,7	2 1 2 3 0 1 ... 3 0 1 2 0 1 ... 3 1 0 1 0 1 ... 4 0 0 1 0 1 ... 3 1 2 0 0 1 ... 4 0 1 0 0 1 ... 4 1 0 0 0 1 ... 5 0 0 0 0 1 ...
. . .	1,6 . . .	3,8 . . .	2 1 2 3 4 0 ... .

Es besteht also - nach dem einmaligen Laden der Rüst- und Lagerungsmatrix beim Programmstart - innerhalb des Arbeitsspeichers für alle zu berechnenden Losgrößenprobleme ein direkter Zugriff auf die benötigten Koeffizienten, so daß ein zeitaufwendiger Zugriff auf externe Speichermedien oder eine ständige Neuberechnung der Rüst- und Lagerungsmatrix vermieden wird.

Während diese Möglichkeit der Rechenzeit- und Speicherplatzersparnis durch die spezielle Anordnung der Auflagekombinationen ermöglicht wird, die in Kapitel 4.3.1 erläutert wurde, werden im folgenden zusätzlich spezielle datenverarbeitungstechnische Verfahren für dünn besetzte Matrizen angewandt, die für die matrizenbasierte Losgrößenplanung so modifiziert werden sollen, daß sie dort möglichst gute Ergebnisse bezüglich der Rechenzeit und des Speicherplatzbedarfs erzielen.

4.7.3.2 Transformation der Rüst- und Lagerungsmatrix in eine Koordinaten- und Listendarstellung

Den Rechenaufwand und den Speicherplatzbedarf bei Sparse-Matrizen kann man allgemein mit Hilfe der Koordinaten- und Listenspeicherung beziehungsweise -verarbeitung reduzieren.[1] Beide Methoden berücksichtigen nur Nichtnullelemente einer Matrix, die bei einer Koordinatenspeicherung durch ihre Zeilen- und Spaltenindizes identifiziert und in einem Datensatz gespeichert werden. Ein Datensatz besteht also bei einer Koordinatendarstellung aus drei Datenfeldern,[2] die den Zeilenindex, den Spaltenindex sowie den (positiven) Koeffizienten $w_{z,s}$ beinhalten. Bei der Verarbeitung einer Matrix als Liste muß durch spezielle Verarbeitungstechniken gewährleistet werden, daß man entweder auf die Speicherung der Zeilenindizes oder auf die Speicherung der Spaltenindizes verzichten kann.

---

[1] Vgl. u.a. Kurbel, K., 1983, S. 339 f.

[2] Zur Definition der verschiedenen Dateneinheiten (Datenbank, Datei, Datensatz, Datensegment, Datenfeld, Zeichen, Bit) siehe u.a. Gehring, H., 1975, S. 194 ff.; Mertens, P., et al., 1996, S. 56; Picot, A., und Reichwald, R., 1991, S. 340; Stahlknecht, P., und Hasenkamp, U., 1997, S. 172 ff.; Zilahi-Szabó, M. G., 1998, S. 161 ff.

Im folgenden soll gezeigt werden, wie man die Koordinaten- beziehungsweise Listentechnik zur Speicherung und Verarbeitung der hier vorliegenden Rüst- und Lagerungsmatrix (RV | LM) sowohl zeilen- als auch spaltenorientiert herleiten kann. Darüber hinaus wird die planungszeitraumbezogene Koordinatenspeicherung als weitere Verarbeitungstechnik entwickelt. Anschließend sollen diese verschiedenen Vorgehensweisen im Hinblick auf ihre Speicherplatz- und Rechenzeitbedarfe geprüft werden, um schließlich eine Verarbeitungstechnik für das in dieser Arbeit entwickelte Losgrößenverfahren auszuwählen.

a) Zeilenorientierte Koordinatentechnik

Wenn man die zeilenorientierte Koordinatenschreibweise auf die Matrix (RV | LM) anwendet, so muß man die positiven Koeffizienten $w_{z,s}$ nach Zeilen und innerhalb der Zeilen nach Spalten berücksichtigen, wie dies in Abbildung 31 für einen Planungszeitraum von T' = 6 Perioden verdeutlicht wird.

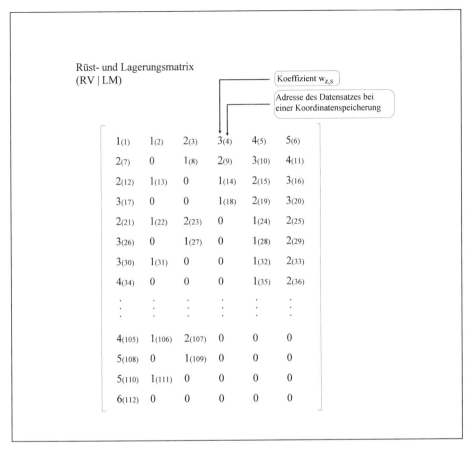

Abbildung 31: Berücksichtigung der Koeffizienten $w_{z,s}$ für $T' = 6$ in der zeilenorientierten Koordinatenschreibweise

In Abbildung 32 befindet sich die daraus resultierende Koordinatendarstellung der Rüst- und Lagerungsmatrix. Da man für jeden positiven Koeffizienten einen Datensatz anlegt, der jeweils den Zeilenindex, den Spaltenindex und den Wert des Koeffizienten als Datenfelder beinhaltet, sind insgesamt $3 \cdot 2^{T'max} - 2 \cdot (T'^{max}+1)$ Zeichen zu speichern.

Adresse des Datensatzes a	Zeile z (z_a)	Spalte s (s_a)	Koeffizient $w_{z,s}$ (w_a)
1	1	1	1
2	1	2	1
3	1	3	2
4	1	4	3
5	1	5	4
6	1	6	5
7	2	1	2
8	2	3	1
9	2	4	2
⋮	⋮	⋮	⋮
110	31	1	5
111	31	2	1
112	32	1	6

Abbildung 32: Speicherung der Rüst- und Lagerungsmatrix mit Hilfe der zeilenorientierten Koordinatentechnik für T' = 6

Ein Vorteil der Koordinatenverarbeitung der Matrix (RV | LM) besteht darin, daß - im Vergleich zur Matrizenrechnung - alle Rechenoperationen entfallen, die mit den Nullelementen durchgeführt werden müßten.[1]

Um zu vermeiden, daß die Koordinatenschreibweise für Losgrößenprobleme mit unterschiedlichen Planungszeiträumen jeweils neu angelegt werden muß, bietet es sich an, die Speicherung der Rüst- und Lagerungsmatrix nicht für jedes T' gesondert, sondern für einen maximalen Planungszeitraum von T'^{max} Perioden in dieser Koordinatendarstellung durchzuführen. Anschließend kann die Verarbeitung jeweils für den Planungszeitraum T' des konkret zu lösenden Losgrößenproblems erfolgen. Der Pro-

---

[1] Folglich werden $2^{T'-2} \cdot (T'-1)$ Multiplikationen und Additionen eingespart.

grammablaufplan zur Berechnung der relevanten Gesamtkosten mit Hilfe dieser modifizierten Koordinatentechnik befindet sich in Abbildung 33.

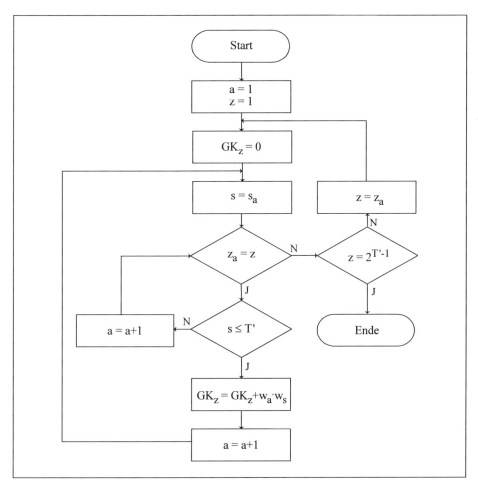

Abbildung 33: Berechnung des Gesamtkostenvektors mit Hilfe der zeilenorientierten Koordinatentechnik für T'^{max}

Man beginnt mit dem ersten Datensatz ($a = 1$) und initialisiert die Zeile z mit 1 (bzw. $z = z_a$) sowie die relevanten Gesamtkosten GK_z mit 0. Nachdem man der Spalte s den Wert s_a zugeordnet hat, berechnet man für alle Koeffizienten w_a, für die in der Zeile

$z_a = z$ der Spaltenindex $s \leq T'$ ist,[1] die relevanten Gesamtkosten als $GK_z := GK_z + w_a \cdot w_s$, wobei w_s die Koeffizienten des Vektors $(k_R, LEV)'$ sind. Bei allen Koeffizienten w_a, für die in dieser Zeile der Rüst- und Lagerungsmatrix $s > T'$ gilt, wechselt man zum nächsten Datensatz, ohne daß die relevanten Gesamtkosten erhöht werden. Um alle Koeffizienten GK_z des Gesamtkostenvektors zu erhalten, müssen diese Berechnungen für die Zeilen $z = 1,...,2^{T'-1}$ beziehungsweise alternativ für die Datensätze $a = 1,...,2^{T'-2} \cdot (T'+1)$ durchgeführt werden.[2]

Die Vorgehensweise der zeilenorientierten Koordinatentechnik läßt sich weiter optimieren, wenn man nicht schrittweise - anhand der oben dargestellten Suchvorgänge - überprüft, welche Datensätze zur Berechnung der relevanten Gesamtkosten erforderlich sind, sondern die benötigten Adressen dieser Datensätze errechnet. Dazu sollen folgende Überlegungen dienen.

Aufgrund der in Kapitel 4.3.1 dargestellten planungszeitraumorientierten beziehungsweise blockweisen Anordnung sind die Auflagekombinationen in der Rüst- und Lagerungsmatrix $(RV(T'^{max}) | LM(T'^{max}))$ so angeordnet, daß alle Auflagevarianten als neue Zeilen hinzugefügt werden, die zusätzlich möglich sind, wenn man den Planungszeitraum sukzessive um eine Periode verlängert. Daraus folgt, daß sich alle Auflagezeitpunkte der Auflagekombinationen APV_z, $z = 1,...,2^{T'-1}$, die für ein Losgrößenproblem mit T' Planungsperioden erforderlich sind, innerhalb der Perioden bzw. Spalten $s = 1,...,T'$ der Matrix $(RV(T'^{max}) | LM(T'^{max}))$ befinden. Subtrahiert man die Auflagehäufigkeit der Auflagevariante APV_z, die durch den Koeffizienten $w_{z,1}$ angegeben wird, von der Anzahl der Perioden des Planungsproblems, so erhält man mit $T'-w_{z,1}$ die Anzahl der Perioden, in denen eine Lagerung erfolgt ($w_{z,s} > 0$ für die Spalten $s = 2,...,T'$). Außerdem muß noch berücksichtigt werden, daß mit $w_{z,1}$ in

---

[1] Das Abbruchkriterium $s = T'$ ist hier nicht zulässig, da nur die ersten $2^{T'-2}$ Zeilen in der Spalte $s = T'$ der Matrix $(RV | LM)$ positive Koeffizienten enthalten. Folglich sind für die weiteren Zeilen $z = 2^{T'-2}+1,...,2^{T'-1}$ überhaupt keine Datensätze vorhanden, für die $s = T'$ gilt.

[2] Die Gesamtanzahl der Datensätze entspricht der Anzahl der Nichtnullelemente der Rüst- und Lagerungsmatrix $(RV | LM)$.

jeder Zeile $z = 1,...,2^{T'-1}$ ein weiterer positiver Koeffizient vorliegt, der gespeichert werden muß. Die Anzahl der positiven Koeffizienten beziehungsweise die Anzahl der Datensätze, die zu einer bestimmten Zeile gehören und für die $s \leq T'$ gilt, beträgt deshalb $T'-w_{z,1}+1$. Diese Koeffizienten beziehungsweise Datensätze werden zur Ermittlung des Gesamtkostenvektors benötigt.

Die Anzahl der Datensätze, für die innerhalb der Zeilen $z = 1,...,2^{T'-1}$ der Matrix $(RV(T'^{max}) \mid LM(T'^{max}))$ $s > T'$ gilt und die deshalb übersprungen werden müssen, beträgt $T'^{max}-T'$.[1] Dies läßt sich auch damit begründen, daß sich in diesen Zeilen aufgrund der planungszeitraumorientierten Anordnung der Auflagekombinationen alle Auflageperioden in den Spalten $s = 1,...,T'$ befinden, so daß in den Spalten $s = T',...,T'^{max}$ nur noch positive Koeffizienten $w_{z,s}$ beziehungsweise Perioden, in denen eine Lagerung erfolgt, vorhanden sein können.

Wenn man zur Berechnung der relevanten Gesamtkosten mit dem ersten Datensatz ($a = 1$) der Koordinatendarstellung beginnt, müssen in den Zeilen $z = 1,...,2^{T'-1}$ jeweils $T'-w_{z,1}+1$ Datensätze bearbeitet und jeweils $T'^{max}-T'$ Datensätze übersprungen werden (für $z = 1,...,2^{T'-1}-1$), um zu dem ersten Datensatz der Zeile $z+1$ zu gelangen.

b) Zeilenorientierte Listentechnik

Da bei dieser Vorgehensweise in dem ersten Datensatz einer jeden Zeile jeweils $w_a = w_{z,1}$ gilt, benötigt man wegen $T'-w_a+1 = T'-w_{z,1}+1$ keinen Zugriff auf den Zeilenindex z (bzw. z_a), um die Datensatzadresse der Zeile $z = z+1$ zu errechnen. Wenn man die Datensatzadressen auf diese Weise ermittelt, kann man deshalb auf die Speicherung der Zeilenindizes verzichten, was zu weiteren Speicherplatzeinsparungen führt, denn es werden dadurch - bei gleicher Anzahl der Datensätze - ein Drittel der Datenfelder eingespart. Die Anzahl der zu speichernden Zahlen vermindert sich also im Vergleich zur Koordinatentechnik von $3 \cdot 2^{T'^{max}-2} \cdot (T'^{max}+1)$ auf $2^{T'^{max}-1} \cdot (T'^{max}+1)$.

---

[1] Wegen $(T'^{max}-w_{z,1}+1)-(T'-w_{z,1}+1) = T'^{max}-T'$.

Die Darstellung der Rüst- und Lagerungsmatrix (RV | LM) als zeilenorientierte Liste, die nur noch die Spalten- und Koeffizientenangaben enthält, kann aus der in Abbildung 32 verdeutlichten Koordinatenschreibweise gewonnen werden, wenn man dort die Datenfelder, die die Zeilenindizes beinhalten, entfernt. Der Programmablaufplan zur Berechnung der relevanten Gesamtkosten mit Hilfe der zeilenorientierten Liste wird in Abbildung 34 dargestellt.[1]

---

[1] Prinzipiell kann man diesen Programmablaufplan natürlich auch auf die zeilenorientierte Koordinatenschreibweise anwenden. Da bei dieser Vorgehensweise aber kein Zugriff auf die Zeilen erfolgen würde, wären diese Informationen der Koordinatendarstellung zur Berechnung des Gesamtkostenvektors in diesem Fall überflüssig.

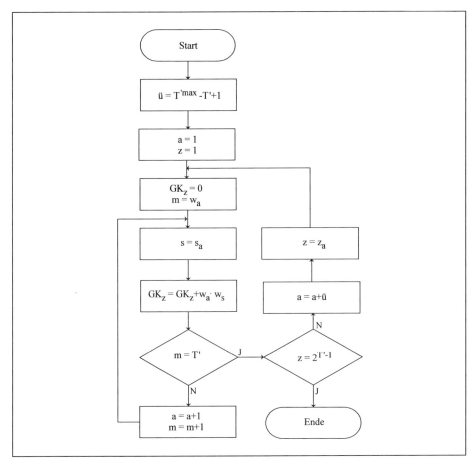

Abbildung 34: Berechnung des Gesamtkostenvektors mit Hilfe der zeilenorientierten Listentechnik für T'^{max}

Die letzten $T'^{max}-T'$ Koeffizienten beziehungsweise Datensätze einer jeden Zeile werden nicht zur Berechnung der relevanten Gesamtkosten benötigt. Da diese Anzahl für vorgegebene T'^{max} und T' immer gleich groß ist, wird - um ein ständiges Neuberechnen für jede Zeile zu vermeiden - zu Beginn des Programmablaufs eine Konstante $ü = T'^{max}-T'+1$ definiert, wobei ü die um 1 erhöhte Anzahl der Datensätze ist, die übersprungen werden müssen, wenn die Koeffizienten $w_{z,s}$ mit $s \leq T'$ in den Zeilen $z = 1,...,2^{T'-1}-1$ bearbeitet wurden und anschließend die relevanten Gesamtkosten der Auflagekombinationen APV_{z+1} errechnet werden sollen.

Die Ermittlung der relevanten Gesamtkosten erfolgt gemäß $GK_z := GK_z + w_a \cdot w_s$ für jede Zeile solange, bis m = T' gilt. Mit Hilfe des Merkfeldes m wird sichergestellt, daß genau $T'-w_{z,1}+1$ Koeffizienten beziehungsweise Datensätze in jeder Zeile zur Berechnung verwendet werden. In jedem ersten Datensatz einer Zeile wird m der Wert des Koeffizienten w_a zugeordnet und anschließend für jeden weiteren Datensatz um 1 erhöht. Wenn m = T' gilt, werden mit Hilfe von ü die nicht benötigten Datensätze der aktuellen Zeile übersprungen, und anschließend wird die neue Zeile $z = z_a$ (bzw. z = z+1) bearbeitet. Als Endekriterium zur Berechnung der relevanten Gesamtkosten kann der Datensatz verwendet werden, für den $z = 2^{T'-1}$ gilt (Datensatz $a = 2^{T'-2} \cdot (T'+1)$).

c) Spaltenorientierte Koordinatentechnik

Die Koordinaten- beziehungsweise Listenverarbeitung der Rüst- und Lagerungsmatrix ($RV(T'^{max}) | LM(T'^{max})$) kann auch spaltenorientiert hergeleitet werden. Da man nicht im vorhinein sagen kann, welcher dieser Ansätze im Hinblick auf die Rechenzeiten zu den größten Einsparungen führt, werden diese Verarbeitungstechniken ebenfalls in diesem Kapitel entwickelt, um sie anschließend im Vergleich zu den anderen Verarbeitungsmöglichkeiten zu beurteilen. Abbildung 35 verdeutlicht den Aufbau einer spaltenorientierten Koordinatenspeicherung.

Adresse des Datensatzes a	Zeile z (z_a)	Spalte s (s_a)	Koeffizient $w_{z,s}$ (w_a)
1	1	1	1
2	2	1	2
3	3	1	2
4	4	1	3
5	5	1	2
6	6	1	3
⋮	⋮	⋮	⋮
107	11	6	1
108	12	6	1
109	13	6	1
110	14	6	1
111	15	6	1
112	16	6	1

Abbildung 35: Speicherung der Rüst- und Lagerungsmatrix mit Hilfe der spaltenorientierten Koordinatentechnik für $T' = 6$

Auf die Herleitung des Programmablaufplans zur Verdeutlichung der spaltenorientierten Koordinatentechnik kann hier verzichtet werden, da er bis auf die Verwendung der Zeilenindizes mit dem Algorithmus der spaltenorientierten Listentechnik übereinstimmt, der in Abbildung 36 dargestellt ist.

d) Spaltenorientierte Listentechnik

Entfernt man in Abbildung 35 die Datenfelder, die die Spaltenindizes enthalten, so erhält man die spaltenorientierte Listendarstellung, bei der im Vergleich zur Koordinatenspeicherung $2^{T'-1}$ Datenfelder weniger benötigt werden. Der Algorithmus zur Verarbeitung der spaltenorientierten Listen wird mit Hilfe von Abbildung 36 erläutert.

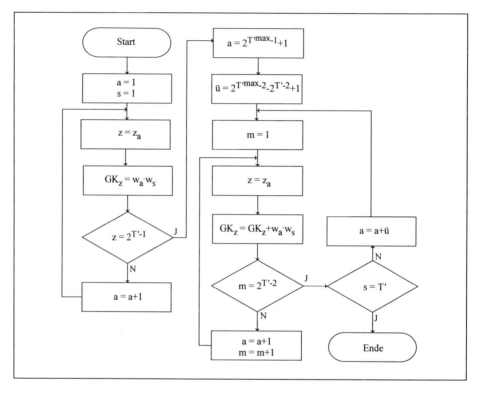

Abbildung 36: Berechnung des Gesamtkostenvektors mit Hilfe der spaltenorientierten Listentechnik für T'^{max}

Der linke Teil des Programmablaufplans dient dazu, die Rüstkosten der Auflagekombinationen zu berechnen. Nach der Initialisierung der Datensatzadresse mit $a = 1$, der Spalte mit $s = 1$ und der Zeile mit $z = z_a$ berechnet man $GK_z = w_a \cdot w_s$ für alle Zeilen $z = 1,...,2^{T'-1}$ beziehungsweise für alle Datensätze $a = 1,...,2^{T'-1}$.

Nachdem man die erste Spalte der Matrix (RV | LM) abgearbeitet hat, wird der erste Datensatz benötigt, der zur Berechnung der Lagerhaltungskosten dient. Er läßt sich mit Hilfe von $a = 2^{T'^{max}-1}+1$ ermitteln,[1] da die Matrix $(RV(T'^{max}) \mid LM(T'^{max}))$ $2^{T'^{max}-1}$ positive Koeffizienten in der ersten Spalte besitzt. Ab Spalte $s = 2$ wird $GK_z := GK_z + w_a \cdot w_s$ für $2^{T'-2}$ Datensätze berechnet,[2] danach werden jeweils $ü = 2^{T'^{max}-2} - 2^{T'-2}+1$ Datensätze übersprungen, da diese für das vorliegende Entscheidungsproblem mit einem Planungszeitraum von T' Perioden nicht benötigt werden.[3] Die Konstante ü muß nur einmal ermittelt werden. Sie ist die um 1 erhöhte Anzahl der Datensätze, die übersprungen werden müssen, um zu dem ersten Koeffizienten der Spalte s+1 zu gelangen, wenn man gerade einen Datensatz abgearbeitet hat, in dem sich der letzte positive Koeffizient der Spalte s, $s = 2,...,T'-1$, befindet. Als Endekriterium zur Berechnung der relevanten Gesamtkosten bei Anwendung der spaltenorien-

---

[1] Alternativ dazu könnte man auch die Anzahl der Datensätze berechnen, die übersprungen werden müssen. Es würde für die erste Spalte $ü = 2^{T'^{max}-1} - 2^{T'-1}+1$ gelten, wobei $2^{T'^{max}-1}$ die Anzahl der positiven Koeffizienten in Spalte 1 der Matrix $(RV(T'^{max}) \mid LM(T'^{max}))$ und $2^{T'-1}$ die Anzahl der für das Planungsproblem benötigten positiven Koeffizienten in Spalte 1 ist.

[2] Die entsprechende Schleife wird $m = 2^{T'-2}$ mal durchlaufen, da sich in jeder Spalte, $s = 2,...,T'$, $2^{T'-2}$ positive Koeffizienten $w_{z,s}$ befinden, die für das Planungsproblem relevant sind.

Das Abbruchkriterium $z = 2^{T'-1}$ zur Beendigung der spaltenweisen Berechnung der relevanten Gesamtkosten ist hier nicht zulässig, da es keinen Datensatz gibt, für den diese Bedingung erfüllt ist. In den Spalten $s = 2,...,T'$ steht dort jeweils ein Nullelement in der Matrix $(RV \mid LM)$.

[3] In den Spalten $s = 2,...,T'^{max}$ der Matrix $(RV(T'^{max}) \mid LM(T'^{max}))$ sind jeweils die Hälfte ($2^{T'^{max}-2}$) der Koeffizienten $w_{z,s}$ ungleich Null. Analog gibt es $2^{T'-2}$ positive Koeffizienten, die für den Planungszeitraum T' relevant sind. Daraus folgt, daß in jeder dieser Spalten $2^{T'^{max}-2} - 2^{T'-2}$ Datensätze übersprungen werden müssen ($ü = 2^{T'^{max}-2} - 2^{T'-2}+1$).

Man könnte die benötigten Datensätze auch direkt ansteuern, indem man jeden ersten Datensatz der Spalten $s = 2,...,T'$ mit Hilfe von $a = s \cdot 2^{T'^{max}-2}+1$ bestimmt. Dies würde jedoch - im Vergleich zu dem Überspringen einer konstanten Anzahl (ü-1) von Datensätzen - zusätzliche Rechenschritte erfordern.

tierten Listendarstellung kann man die Bedingung $s = T'$ oder alternativ $a = T' \cdot 2^{T'^{max}-2} + 2^{T'-2}$ verwenden.[1]

e) Planungszeitraumorientierte Koordinatentechnik

Sowohl bei der Anwendung der zeilenorientierten als auch der spaltenorientierten Koordinaten- beziehungsweise Listenverarbeitung der Rüst- und Lagerungsmatrix $(RV(T'^{max}) \mid LM(T'^{max}))$ muß errechnet werden, auf welche Datensätze ein Zugriff erfolgen soll, wenn man die relevanten Gesamtkosten für ein vorliegendes Losgrößenproblem ermitteln möchte. Deshalb soll hier eine spezielle Verarbeitungstechnik entwickelt werden, bei der die positiven Koeffizienten $w_{z,s}$ der Rüst- und Lagerungsmatrix so in einer Datei angeordnet sind, daß sie für alle Entscheidungsprobleme der Losgrößenplanung in der richtigen Reihenfolge stehen, so daß keine Berechnungen oder Suchvorgänge zum Auffinden der jeweils nächsten Datensätze erforderlich sind.

Um dies zu erreichen, wird die planungszeitraumorientierte Anordnung beziehungsweise Verarbeitung der Koeffizienten, die in Kapitel 4.7.3.1 entwickelt wurde, mit der Koordinatenspeicherung kombiniert. Mit Hilfe der Koordinatentechnik werden schrittweise die positiven Koeffizienten $w_{z,s}$ der Matrix $(RV \mid LM)$ berücksichtigt, die zusätzlich relevant sind, wenn man den Planungszeitraum sukzessive um eine Periode verlängert. Die Vorgehensweise der schrittweisen Erweiterung des Planungszeitraums und der daraus resultierenden Berücksichtigung der Koeffizienten ist in Abbildung 37 dargestellt.[2]

---

[1] $T' \cdot 2^{T'^{max}-2}$ positive Koeffizienten $w_{z,s}$ beinhaltet die Rüst- und Lagerungsmatrix $(RV(T'^{max}) \mid LM(T'^{max}))$ bis zur Spalte $T'-1$, und $2^{T'-2}$ Koeffizienten sind bei einem vorgegebenen Planungszeitraum in Spalte T' relevant.

[2] Innerhalb der Koeffizienten, die bei einer sukzessiven Erweiterung des Planungszeitraums zu berücksichtigen sind, wird im folgenden eine zeilenweise Sortierung vorgenommen. Alternativ dazu wäre auch eine spaltenweise Sortierung möglich.

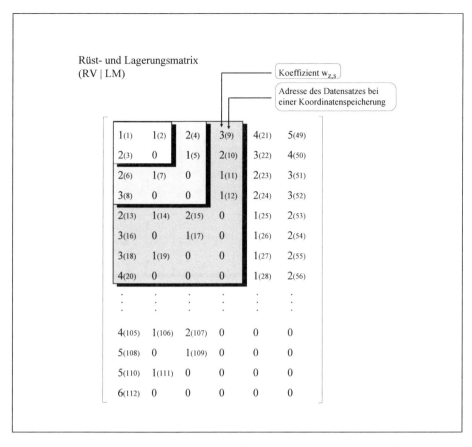

Abbildung 37: Berücksichtigung der Koeffizienten $w_{z,s}$ für $T' = 6$ in der planungszeitraumorientierten Koordinatenschreibweise

Setzt man diese schrittweise Einbeziehung der Koeffizienten in eine Anordnung von Datensätzen um, so erhält man für einen Planungszeitraum von $T' = 6$ Perioden beispielsweise die mit Hilfe von Abbildung 38 veranschaulichte, planungzeitraumorientierte Koordinatenspeicherung.

Adresse des Datensatzes a	Zeile z (z_a)	Spalte s (s_a)	Koeffizient $w_{z,s}$ (w_a)
1	1	1	1
2	1	2	1
3	2	1	2
4	1	3	2
5	2	3	1
6	3	1	2
7	3	2	1
8	4	1	3
9	1	4	3
⋮	⋮	⋮	⋮
110	31	1	5
111	31	2	1
112	32	1	6

Abbildung 38: Koordinatenspeicherung der Rüst- und Lagerungsmatrix bei planungszeitraumorientierter Anordnung der Auflagekombinationen für $T' = 6$

Bei der Implementierung des Losgrößenverfahrens wird diese modifizierte Koordinatenspeicherung für die maximale Anzahl der Planungsperioden (T'^{max}) angelegt, für die eine Losgrößenplanung durchgeführt werden soll. Die Berechnung des Vektors der relevanten Gesamtkosten erfolgt wie bei den anderen Koordinaten- und Listentechniken über ein sukzessives Abarbeiten der einzelnen Datensätze. Aufgrund der speziellen Anordnung der Koeffizienten beziehungsweise der Datensätze erhält man jedoch einen einfacheren Algorithmus. Man ermittelt die Koeffizienten GK_z des Gesamtkostenvektors, indem man jeweils zu ihrem bisherigen Wert das Produkt addiert, das sich aus der Multiplikation der Koeffizienten $w_{z,s}$ mit den Koeffizienten w_s des Vektors $(k_R, LEV)'$ ergibt ($GK_z := GK_z + w_s \cdot w_{z,s}$), solange $z \leq 2^{T'-1}$ gilt (Abbildung 39).

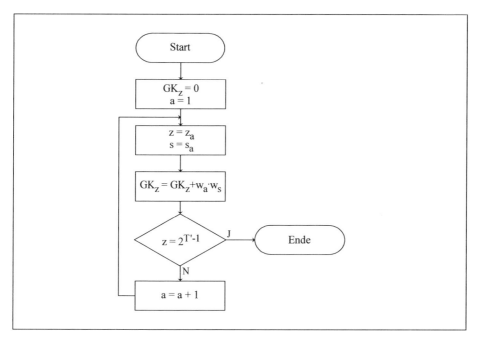

Abbildung 39: Berechnung des Gesamtkostenvektors mit Hilfe der planungszeitraumorientierten Koordinatentechnik für T'^{max}

Alternativ zu dem Endekriterium $z = 2^{T'-1}$ kann man bei der Ermittlung des Vektors der relevanten Gesamtkosten auch die Anzahl der Datensätze angeben, für die eine Multiplikation durchgeführt werden soll. Sie entspricht der Anzahl $(2^{T'-2} \cdot (T'+1))$ der Nichtnullelemente für den entsprechenden Planungszeitraum.

Der Vorteil der planungszeitraumorientierten Koordinatenverarbeitung besteht darin, daß die Koeffizienten $w_{z,s}$ so geordnet werden, daß sie für alle Losgrößenprobleme mit beliebigen Planungszeiträumen $T' \leq T'^{max}$ in der richtigen Reihenfolge sortiert sind. Dadurch wird sichergestellt, daß alle positiven Koeffizienten $w_{z,s}$, $z = 1,...,2^{T'-1}$ und $s = 1,...,T'$, der Rüst- und Lagerungsmatrix für den entsprechenden Planungszeitraum abgearbeitet wurden, bevor erstmals ein Datensatz auftritt, der die Spalte $s = T'+1$ beinhaltet. Folglich sind zur Berechnung des Gesamtkostenvektors innerhalb der Koordinatendarstellung keine Suchvorgänge erforderlich und die Koeffizienten $w_{z,s}$ können in einer ununterbrochenen Vorgehensweise abgearbeitet werden.

Ein Nachteil der planungszeitraumorientierten Verarbeitung entsteht daraus, daß - im Gegensatz zur zeilen- bzw. spaltenorientierten Darstellungsweise - häufige Wechsel der Zeilen und Spalten erforderlich sind. Damit sind zahlreiche Zugriffe auf die Koeffizienten w_S des Vektors $(k_R, LEV)'$ und auf die Koeffizienten GK_Z des Gesamtkostenvektors verbunden. Ob die planungszeitraumorientierte Koordinatentechnik im Vergleich zu den anderen Verarbeitungstechniken Vorteile bietet, soll durch entsprechende Rechenzeitvergleiche geprüft werden.

Aus dem Nachteil, daß bei einer planungszeitraumorientierten Vorgehensweise häufig die Zeilen und Spalten gewechselt werden müssen, ergibt sich, daß eine Anwendung dieser Methode auf die zeilen- oder spaltengebundene Listenschreibweise nicht sinnvoll ist, da - im Gegensatz zu einer Koordinatenspeicherung - zu viele Rechenoperationen notwendig wären, um zu ermitteln, welche der Zeilen bzw. Spalten, die jeweils nicht in den Listen gespeichert sind, gerade bearbeitet werden sollen.

In Abbildung 40 sind die Möglichkeiten zusammengefaßt, die sich aus der Koordinaten- und Listenverarbeitung der Rüst- und Lagerungsmatrix (RV | LM) zur Berechnung der relevanten Gesamtkosten ergeben.

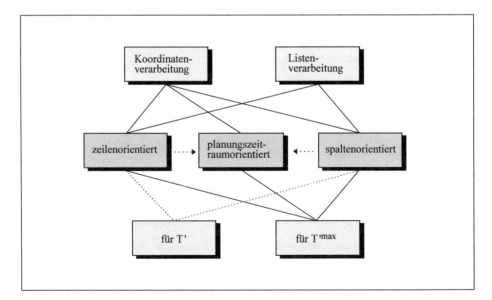

Abbildung 40: Koordinaten- und Listenverarbeitungsmöglichkeiten der Rüst- und Lagerungsmatrix

Die Kombinationsmöglichkeit der planungszeitraumorientierten Anordnung und der Listenverarbeitung ist aufgrund des erwähnten Berechnungsaufwandes der fehlenden Zeilen beziehungsweise Spalten nicht sinnvoll und wird deshalb auch nicht in der Abbildung berücksichtigt.

Außerdem ist eine planungszeitraumorientierte Verarbeitung nur für T'^{max} zweckmäßig. Denn unabhängig davon, ob man für jedes T' eine separate Datei oder für T'^{max} eine einzige Datei anlegt, liegt eine ununterbrochene Anordnung der Koeffizienten für das jeweilige T' vor. Deshalb scheidet das Anlegen der separaten Dateien für T' aus, da diese Vorgehensweise zu einem wesentlich höheren Speicherplatzbedarf und zu höheren Zugriffszeiten führen würde. Durch die gestrichelten Linien soll veranschaulicht werden, daß es nicht vorteilhaft ist, für jeden Planungszeitraum T' eine gesonderte Matrix (RV | LM) anzulegen, wie man dies üblicherweise in der Matrizenrechnung tun würde, denn dies würde - im Vergleich zur Verwendung von T'^{max} - insgesamt zu viel Speicherplatz erfordern.

Die gestrichelten Pfeile in der Abbildung verdeutlichen, daß die Sortierung innerhalb der planungszeitraumorientierten Verarbeitung sowohl zeilen- als auch spaltenweise erfolgen kann.

Zur Realisierung einer Koordinatenverarbeitung müssen insgesamt $3 \cdot 2^{T'^{max}} - 2 \cdot (T'^{max}+1)$ Zahlen gespeichert werden, während sich diese Anzahl bei einer Listenverarbeitung auf $2^{T'^{max}} - 1 \cdot (T'^{max}+1)$ vermindert.

Wenn man die Verarbeitung der Koeffizienten $w_{z,s}$ in der Koordinaten- oder Listendarstellung vornimmt, muß der Programmablauf zur Bestimmung des Minimums der relevanten Gesamtkosten GK^*, der dazugehörigen Zeile(n) z^* sowie der Anzahl der optimalen Lösungen α^* nicht verändert werden,[1] da dort kein Zugriff auf die Rüst- und Lagerungsmatrix erfolgt.

---

[1] Vgl. Kapitel 4.5.

Veränderungen sind allerdings - nach der Ermittlung der optimalen Zeile(n) z^* - bei der Bestimmung der optimalen Losgrößen erforderlich. Es wird empfohlen, die Berechnung der Losgrößen analog zu der in Kapitel 4.7.2 hergeleiteten Vorgehensweise durchzuführen, indem man für die Zeilen z^* jeweils die Zahl 1 für $h_{z^*,s}$ vorgibt, dann die Dezimalzahl $z' = z^*-1$ in eine linksbündige, binäre Darstellung für $s = 2,..., T'$ umwandelt und auf diese Auflagekombination (APV), die der Zeile z^* der Rüstmatrix entspricht, die retrograde Ermittlung der Losgrößen anwendet. Diese Vorgehensweise würde weniger Rechenzeit benötigen als die Suche der entsprechenden Datensätze innerhalb der Listen- oder Koordinatendarstellung.[1]

4.7.4 Auswahl der Verarbeitungstechnik

Nach der Erläuterung der verschiedenen Maßnahmen zur Reduzierung der Rechenzeit und des Speicherplatzbedarfs und nach der Herleitung spezieller Verarbeitungstechniken soll in diesem Kapitel analysiert werden, welche Verarbeitungsmöglichkeit zur computergestützten Realisierung des Losgrößenverfahrens verwendet werden soll.

In den nachfolgenden Tabellen sind die Rechenzeiten enthalten, die unter Verwendung der hier dargestellten Berechnungsmöglichkeiten auf einem Personal-Computer erfor-

---

[1] Würde man die Losgrößenplanung unter Verwendung dieser Dateien durchführen, so ist zu berücksichtigen, daß dort die entsprechenden Datensätze gesucht werden müßten und daß - im Vergleich zur bisherigen Losgrößenbestimmung des Grundverfahrens - eine Auflageperiode nicht dadurch identifiziert werden kann, daß $w_{z,s} = 0$ ist, denn diese Koeffizienten werden in der Koordinaten- bzw. Listenverarbeitung nicht gespeichert. Deshalb müßte man in diesem Fall die Losgrößen wie folgt berechnen: Man sucht zunächst den Datensatz der Zeile $z = z^*$, für den $s \leq T'$ gilt. Die Periode t wird mit $T'+\mu$ initialisiert. Die Nettobedarfsmengen x_t werden bei sukzessiver Verminderung von t um 1 solange kumuliert, bis $t = \mu+s$ dieses Datensatzes erreicht ist. Die Summe dieser Nettobedarfsmengen ist die zu der Periode t gehörende Losgröße q_t. Nach deren Ermittlung wird t um 1 vermindert und der vorhergehende Datensatz gesucht, für den $z = z^*$ gilt. Die Berechnungen der Losgrößen enden, wenn der erste Datensatz (s =1) der Zeile $z = z^*$ auf diese Weise abgearbeitet wurde.

derlich sind,[1] wenn man den Planungszeitraum der Losgrößenprobleme von
T' = 6,...,12 Perioden variiert.

Folgende Vorgänge werden bei allen Verarbeitungstechniken in die Rechenzeitermittlung einbezogen:

- Einlesen der Vektoren BMV und $(k_R, LEV)'$ in den Arbeitsspeicher
- Berechnung des Vektors GKV
- Ermittlung aller Zeilen z*, in denen im Vektor GKV die Minima enthalten sind, sowie der Anzahl der Minima (α*) und
- Berechnung der Losgrößen einer optimalen Auflagekombination.[2]

In Tabelle 24 sind die Rechenzeiten dargestellt, die erforderlich sind, wenn man die Rüst- und Lagerungsmatrix für jedes T ' gesondert berechnet bzw. wenn man die erforderliche Matrix (RV | LM) durch Zugriff auf die vorher berechnete und gespeicherte Matrix $(RV(T'^{max}) | LM(T'^{max}))$ erhält.

Die Rechenzeiten in Tabelle 25 beziehen sich auf die direkte Berechnung der Koeffizienten der Rüst- und Lagerungsmatrix und des Gesamtkostenvektors, wobei die Koeffizienten $w_{z,s}$ nicht zwischengespeichert werden. Die Losgrößen werden bei dieser Vorgehensweise ermittelt, indem man für die entsprechende Zeilen des Gesamtkostenvektors die dazugehörige Auflagekombinationen gesondert berechnet.

---

[1] Die dazu erforderlichen Berechnungen wurden auf einem Personal-Computer durchgeführt. Prozessor: Intel Pentium II, Taktfrequenz: 300 MHz.

[2] Die Ermittlung der Rechenzeit kann nach diesen Rechenschritten beendet werden, da es für den Entscheidungsträger ausreichend ist, zunächst eine optimale Lösung zu betrachten und die Anzahl der weiteren optimalen Lösungen angezeigt zu bekommen. Während der Disponent diese Lösung ansieht, werden im Hintergrund die Losgrößen der weiteren optimalen Lösungen berechnet und erst bei Bedarf angezeigt. Die Ermittlung der Losgrößen einer Auflagekombination erfordert ohnehin so wenig Rechenzeit, daß sie unterhalb der Wahrnehmungszeit des Menschen liegt (siehe Kapitel 4.9.3). Deshalb liegen diese Lösungen bereits vor, bevor sich der Disponent zum Analysieren der weiteren Lösungen entscheiden kann.

Tabelle 24: Rechenzeiten (in Sekunden) des Losgrößenverfahrens bei einer Verwendung der matrizenbasierten Verarbeitungstechniken

Planungszeitraum	Gesonderte Berechnung der Rüst- und Lagerungsmatrix für jedes Losgrößenproblem	Gespeicherte Rüst- und Lagerungsmatrix für einen maximalen Planungszeitraum T'^{max}
$T' = 6$	0,00018	0,00006
$T' = 7$	0,00041	0,00014
$T' = 8$	0,00096	0,00030
$T' = 9$	0,00216	0,00066
$T' = 10$	0,00485	0,00144
$T' = 11$	0,01071	0,00308
$T' = 12$	0,02359	0,00669

Tabelle 25: Rechenzeiten (in Sekunden) des Losgrößenverfahrens bei einer integrierten Berechnung der Rüst- und Lagerungsmatrix und des Gesamtkostenvektors

Planungszeitraum	Integrierte, spaltenorientierte Berechnung	Integrierte, zeilenorientierte Berechnung
$T' = 6$	0,00002	0,00005
$T' = 7$	0,00004	0,00011
$T' = 8$	0,00009	0,00025
$T' = 9$	0,00018	0,00055
$T' = 10$	0,00037	0,00122
$T' = 11$	0,00079	0,00264
$T' = 12$	0,00173	0,00580

Tabelle 26: Rechenzeiten (in Sekunden) des Losgrößenverfahrens bei einer Verwendung der Koordinatentechnik

Planungs-zeitraum	Zeilenorientierte Koordinatentechnik (gespeichert für T'^{max})	Spaltenorientierte Koordinatentechnik (gespeichert für T'^{max})	Planungszeitraumorientierte Koordinatentechnik (gespeichert für T'^{max})
$T' = 6$	0,00005	0,00008	0,00004
$T' = 7$	0,00010	0,00013	0,00009
$T' = 8$	0,00022	0,00024	0,00021
$T' = 9$	0,00047	0,00047	0,00046
$T' = 10$	0,00102	0,00097	0,00100
$T' = 11$	0,00214	0,00208	0,00217
$T' = 12$	0,00464	0,00457	0,00468

Tabelle 27: Rechenzeiten (in Sekunden) des Losgrößenverfahrens bei einer Verwendung der Listentechnik

Planungs-zeitraum	Zeilenorientierte Listentechnik (gespeichert für T'^{max})	Spaltenorientierte Listentechnik (gespeichert für T'^{max})
$T' = 6$	0,00005	0,00003
$T' = 7$	0,00010	0,00006
$T' = 8$	0,00022	0,00012
$T' = 9$	0,00046	0,00026
$T' = 10$	0,00099	0,00058
$T' = 11$	0,00212	0,00127
$T' = 12$	0,00458	0,00261

Die beiden letzten Tabellen beinhalten die Rechenzeiten, die sich bei den verschiedenen Realisierungsformen der Koordinaten- bzw. Listentechnik ergeben. Gemeinsam ist diesen Verfahren, daß sie alle auf die Matrix ($RV(T'^{max}) \mid LM(T'^{max})$) zugreifen, die jeweils in der entsprechenden Speicherungstechnik vorliegen muß. Die Losgrößen der optimalen Auflagekombinationen werden - wie bei der integrierten Ermittlung der Rüst- und Lagerungsmatrix und des Gesamtkostenvektors - mit Hilfe der direkten Berechnung der Auflagekombinationen berechnet.

Vergleicht man die verschiedenen Implementierungsmöglichkeiten des hier entwickelten Losgrößenverfahrens im Hinblick auf die Rechenzeitersparnisse, die sich im Vergleich zur Realisierung der Matrizenrechnung ergeben, so lassen sich diese Ergebnisse in der nachfolgenden Tabelle zusammenfassen.

Die verschiedenen Verarbeitungsmöglichkeiten sind dort nach den Einsparungspotentialen (absteigend) sortiert, die sich in Periode 12 ergeben. Man erkennt, daß die integrierte, spaltenorientierte Verarbeitungstechnik zu den geringsten Rechenzeiten führt.[1] Im allgemeinen sollte man deshalb diese Verarbeitungsmöglichkeit zur Realisierung des Losgrößenverfahrens anwenden.

Falls Losgrößenprobleme auftreten, die aufgrund der Länge ihres relevanten Planungszeitraums und des daraus resultierenden Hauptspeicherbedarfs die Kapazitäten des vorhandenen Rechners übersteigen, besteht die Möglichkeit auf die (rechenzeitintensivere) integrierte, zeilenorientierte Berechnungsmöglichkeit auszuweichen. Diese bietet die Möglichkeit, daß man nur eine bestimmte Anzahl der "besten" Lösungen speichert und die sonstigen Lösungen überschreibt.[2] Dies reduziert zwar den Speicherplatzbedarf, führt aber gleichzeitig dazu, daß die Flexibilitätspotentiale, die in Kapitel 4.8 beschrieben werden, entsprechend vermindert werden.

---

[1] Diese Aussage gilt auch für die nicht in der Tabelle dargestellten Planungszeiträume $T' = 2,...,6$ und $T' > 12$.

[2] Anstatt alle $2^{T'-1}$ Koeffizienten des Gesamtkostenvektors zu speichern, könnte man beispielsweise festlegen, daß dies nur für die 20 oder 100 günstigsten relevanten Gesamtkosten durchgeführt wird und daß alle schlechteren Lösungen überschrieben bzw. nicht gespeichert werden.

Tabelle 28: Rechenzeitersparnisse der verschiedenen Verarbeitungstechniken im Vergleich zur gesonderten Berechnung der Rüst- und Lagerungsmatrix für jedes Losgrößenproblem

Verarbeitungstechnik	Einsparung für $T' = 6,...,12$ (Angaben in Prozent)						
	$T'=6$	$T'=7$	$T'=8$	$T'=9$	$T'=10$	$T'=11$	$T'=12$
Integrierte, spaltenorientierte Berechnung	88,89	90,24	90,63	91,67	92,37	92,62	92,67
Spaltenorientierte Listentechnik (gespeichert für T'^{max})	83,33	85,37	87,50	87,96	88,04	88,14	88,94
Spaltenorientierte Koordinatentechnik (gespeichert für T'^{max})	55,56	68,29	75,00	78,24	80,00	80,58	80,62
Zeilenorientierte Listentechnik (gespeichert für T'^{max})	72,22	75,61	77,08	78,70	79,59	80,21	80,58
Zeilenorientierte Koordinatentechnik (gespeichert für T'^{max})	72,22	75,61	77,08	78,24	78,97	80,01	80,33
Planungszeitraumorientierte Koordinatentechnik (gespeichert für T'^{max})	77,78	78,05	78,13	78,70	79,38	79,74	80,16
Integrierte, zeilenorientierte Berechnung	72,22	73,17	73,96	74,54	74,85	75,35	75,41
Gespeicherte Rüst- und Lagerungsmatrix für T'^{max}	66,67	65,85	68,75	69,44	70,31	71,24	71,64

Bei der Erläuterung des Verfahrens bzw. der Erweiterungsansätze soll weiterhin die Matrizendarstellung gewählt werden, da sie übersichtlicher ist als die sonstigen Verarbeitungstechniken, die zur Implementierung des Verfahrens angewendet werden können.

4.8 Erhöhung der Flexibilität der Produktionsplanung und -steuerung durch die Verwendung des neuen dynamischen Losgrößenverfahrens

Nachdem die Grundlagen und die Funktionsweise des neuen, einstufigen dynamischen Losgrößenverfahrens sowie die Möglichkeiten zu dessen effizienter Implementierung erläutert wurden, soll in diesem Kapitel gezeigt werden, wie man durch den Einsatz des neuen Verfahrens die Flexibilität der Losgrößenplanung und der Produktionsplanung und -steuerung erhöhen kann.

Die Bezeichnung Flexibilität charakterisiert die Befähigung, sich unerwarteten Veränderungen der Planungssituation bestmöglich anzupassen.[1] Die Beurteilung der Anpassungsfähigkeit soll sich bei dem entwickelten Losgrößenverfahren nicht nur auf Veränderungen beziehen, die nach einer beliebigen Losgrößenentscheidung auftreten können, sondern auch auf Änderungen der Planungssituation, die - nach der Formulierung des Losgrößenverfahrens beziehungsweise der Implementierung des dazugehörigen Losgrößenprogramms - noch während des Planungsprozesses für ein konkretes Losgrößenproblem oder für die nachgelagerten PPS-Planungsbereiche von Bedeutung sein können.

4.8.1 Flexibilität hinsichtlich der Losgrößenentscheidung

Die Forderung nach einer Flexibilisierung der Losgrößenplanung basiert auf der Überlegung, daß es im allgemeinen nicht gelingen wird, sämtliche Besonderheiten, die bei einer Losgrößenentscheidung relevant sein können, in ein Losgrößenmodell zu integrieren. Folglich ist man bei der Formulierung eines solchen Modells jeweils auf

---

[1] Vgl. Geitner, U. W., 1987, S. 210; Schneeweiß, C., 1992, S. 141 und S. 143; Gottschalk, E., 1989, S. 66 ff. und S. 72 ff.; Grün, O., 1994, S. 720 ff.; Günther, H.-O., und Tempelmeier, H., 1997, S. 3; Hopfenbeck, W., 1997, S. 352 ff. und S. 530 f.; Horváth, P., und Mayer, R., 1986, S. 69 ff.

entsprechende Relaxationen[1] der komplexen Realität angewiesen, die bei der Losgrößenplanung in Art und Anzahl der benötigten Prämissen ersichtlich sind.

Obwohl man für zahlreiche Spezialfälle der Losgrößenproblematik Erweiterungsansätze entwickeln kann,[2] ist damit noch nicht sichergestellt, daß bei allen in der Praxis auftretenden Losgrößenentscheidungen unmittelbar ein Verfahren existiert, das die Besonderheiten des aktuell zu lösenden Losgrößenproblems abbildet, denn es ist nicht gewährleistet, daß alle Erweiterungsmöglichkeiten der Losgrößenplanung berücksichtigt wurden und daß diese Erweiterungsfälle beliebig miteinander kombiniert werden können.[3]

Aufgrund dieser nicht zu bewältigenden Komplexität der Losgrößenplanung ist es wünschenswert, eine Flexibilisierung anzustreben. Bei der Anwendung des Grundverfahrens beziehungsweise eines Erweiterungsansatzes[4] sollte dem Disponenten die Möglichkeit eingeräumt werden, kurzfristig bestimmte Besonderheiten einer Planungssituation in die Entscheidungsfindung mit einfließen zu lassen, ohne vorher eine Änderung der entsprechenden Prämissen beziehungsweise des Losgrößenverfahrens

---

[1] Eine Relaxation ist eine Modellvereinfachung mit dem Ziel, sich zumindest eine Teilkenntnis des Alternativenraums (des Realmodells) zu verschaffen, um auf diese Weise eine bessere mathematische Manipulierbarkeit zu erzielen. Beispiele sind die Nichtberücksichtigung von nicht quantitativen Zielen, die Verminderung des Detaillierungsgrades, die Linearisierung nicht-linearer Funktionen und die Aufgabe von Ganzzahligkeitsbedingungen, die als Relaxation im engeren Sinne bezeichnet wird (vgl. Schneeweiß, C., 1992, S. 26 f. und S. 144 f.).

[2] Vgl. dazu Kapitel 5.

[3] Bei den bisherigen Losgrößenverfahren ist eine beliebige Kombinierbarkeit der Erweiterungsansätze nicht möglich, so daß man immer nur bestimmte Besonderheiten einer Planungssituation mit Hilfe eines solchen Ansatzes berücksichtigen kann. Die Erweiterungsansätze, die für das in dieser Arbeit entwickelte Losgrößenverfahren hergeleitet werden, können hingegen beliebig miteinander verbunden werden. Hierzu sei auf die entsprechenden Ausführungen in Kapitel 5.8 verwiesen.

[4] Unter einem Erweiterungsansatz soll ein Losgrößenverfahren verstanden werden, bei dem mindestens eine Prämisse des Grundmodells aufgehoben wurde. Zu den Erweiterungsansätzen des hier entwickelten Grundverfahrens siehe Kapitel 5.

vornehmen zu müssen. Um dies zu gewährleisten, ist eine interaktive Beteiligung des Entscheidungsträgers erforderlich, die bei den bisherigen Losgrößentechniken nicht möglich ist.

Die Grundlage für eine flexiblere Entscheidungsmöglichkeit bei dem vorgestellten Losgrößenverfahren besteht darin, daß man - im Gegensatz zu den bisherigen Verfahren - im Bedarfsfall auf die jeweils "nächstbesten" Lösungen unmittelbar zugreifen kann, ohne daß eine Neuberechnung des Losgrößenproblems oder sogar eine Änderung des Losgrößenmodells mit den sich daran anschließenden Anpassungs- oder Neuprogrammierungen erforderlich wären. Auch eventuelle Mehrfachlösungen können auf diese Weise zur Berücksichtigung von Besonderheiten, die nicht in dem verwendeten Losgrößenmodell berücksichtigt wurden, herangezogen werden.

Die Flexibilitätspotentiale, die aus den Zugriffsmöglichkeiten auf die weiteren optimalen Lösungen beziehungsweise auf die jeweils "nächstbesten" Lösungen entstehen, sollen unter folgenden Voraussetzungen genutzt werden:

- Dem Entscheidungsträger steht kein Erweiterungsansatz der Losgrößenplanung zur Verfügung, der in der Lage ist, die vorliegenden Besonderheiten der Planungssituation umfassend zu berücksichtigen und

- aus zeitlichen Gründen, aus Kostengründen oder aufgrund mangelnder methodischer Kenntnisse oder Möglichkeiten wird eine Formulierung und Implementierung eines speziellen Losgrößenansatzes für das vorliegende Problem ausgeschlossen.

Wenn diese Bedingungen erfüllt sind, soll der Disponent die Möglichkeit haben, für beliebige Sonderfälle der Losgrößenplanung neue Nebenbedingungen und Wertungen spontan und eigenständig in die Entscheidung einbeziehen zu können, damit die für eine Flexibilität erforderliche schnelle Reaktionsfähigkeit gewährleistet bleibt.

Dabei wird folgende Vorgehensweise vorgeschlagen. Der Entscheidungsträger wählt aus dem Grundverfahren und den zur Verfügung stehenden Erweiterungsansätzen, die in Kapitel 5 erläutert werden, das Losgrößenverfahren aus, das die Planungssituation am besten abbildet. Mit Hilfe dieses Losgrößenverfahrens werden alle entscheidungsrelevanten Auflagekombinationen des vereinfachten Problems, das noch nicht alle Besonderheiten der Planungssituation berücksichtigt, ermittelt und dem Disponenten in der Reihenfolge der geringstmöglichen Kosten vorgeschlagen. Aus diesen Lösungen, die sich für das vereinfachte Planungsproblem ergeben würden, kann der Disponent dann diejenige Lösung auswählen, die ihm für die Bewältigung seines speziellen Planungsproblems am geeignetsten erscheint. Damit kann die Losgrößenplanung, ohne daß dazu eine Modifikation des Losgrößenmodells und der damit verbundenen Programmierungen notwendig ist, in einer Art Mensch-Maschine-Dialog erfolgen (interaktive Entscheidungsunterstützung). Die Integration der entsprechenden Dialogkomponente in die Losgrößenentscheidung dient dabei der Bewältigung von Modellierungslücken.

Wie eine interaktive Losgrößenplanung durchgeführt werden kann, soll hier anhand eines in Abbildung 41 dargestellten Beispiels für das Grundverfahren gezeigt werden.[1] Außerdem dient diese Abbildung dazu, eine Benutzerführung vorzuschlagen, die bei einer computergestützten Realisierung des Verfahrens für eine flexible Losgrößenplanung realisiert werden könnte.

---

[1] Eine analoge Vorgehensweise ist auch für die in Kapitel 5 dargestellten Erweiterungsansätze möglich.

Periode	Nettobedarf (ME)	Losgröße (ME)
1	400,00	700,00
2	300,00	0,00
3	250,00	350,00
4	100,00	0,00
5	600,00	700,00
6	100,00	0,00
Lagerkostensatz: (GE/ME und Periode)	0,20	Kosten: 370,00 (GE)
Rüstkostensatz: (GE/Rüstvorgang)	90,00	Alternative: 1

Sollen diese Losgrößen realisiert werden ?   Ja   Nein

Die Eingabe des Disponenten sei "Nein".
Als nächste Bildschirmdarstellung erscheint dann:

Periode	Nettobedarf (ME)	Losgröße (ME)
1	400,00	400,00
2	300,00	650,00
3	250,00	0,00
4	100,00	0,00
5	600,00	700,00
6	100,00	0,00
Lagerkostensatz: (GE/ME und Periode)	0,20	Kosten: 380,00 (GE)
Rüstkostensatz: (GE/Rüstvorgang)	90,00	Alternative: 2

Sollen diese Losgrößen realisiert werden ?   Ja   Nein

Abbildung 41: Benutzerführung bei einer flexiblen Losgrößenplanung

Der obere Teil der Abbildung stellt die Nettobedarfsmengen und die - hinsichtlich einer isolierten Losgrößenplanung ohne Nebenbedingungen - optimale Auflagepolitik des vorliegenden Beispiels dar. Die relevanten Gesamtkosten betragen 370 Geldeinheiten. Der Entscheidungsträger wird durch das Programm gefragt, ob die angezeigten Losgrößen realisiert werden sollen.

Wenn wir davon ausgehen, daß der Disponent nicht über einen speziell auf seine Losgrößenproblematik angepaßten Erweiterungsansatz verfügt, hat er nun die Möglichkeit, eigene Zielvorstellungen oder Nebenbedingungen der speziellen Planungssituation selbst zu berücksichtigen und gegebenenfalls die hier angezeigte Lösung abzulehnen. In diesem Fall zeigt das Verfahren ihm - wie im unteren Teil der Abbildung 41 verdeutlicht - die jeweils "nächstbeste" Lösung bzw. weitere optimale Lösungen an.[1] Der Disponent kann auf diese Weise die Losgrößenentscheidung in einem interaktiven Prozeß mit dem Programm festlegen.

Folgende spezielle Planungsprobleme könnten - ohne Anspruch auf Vollständigkeit - in diesem Beispiel eine interaktive Losgrößenentscheidung erfordern, falls dem Entscheidungsträger keine Erweiterungsansätze für diese Fälle zur Verfügung stehen:

- Der Abnehmer des Unternehmens gebe an, daß er nach der dritten Periode möglicherweise eine Modelländerung seines Endprodukts vornimmt und deshalb eventuell andere Vorprodukte benötigt. Um den Absatz der hergestellten Produkte des eigenen Unternehmens zu gewährleisten, möchte sich der Disponent für eine Lösung entscheiden, bei der in der vierten Periode neu aufgelegt wird. Dadurch sichert er sich die Möglichkeit, nach Periode 3 neu über die weitere Produktion entscheiden zu können. Die Auflagekombination (1,2,4,5) mit den Losgrößen 400, 550, 100 und 700, die mit 430 Geldeinheiten die fünftbeste Auflagekombination des Grundproblems darstellt, erfüllt diese Voraussetzung mit den geringstmöglichen Kosten und stellt deshalb die optimale Lösung des hier vorliegenden, speziellen Planungsproblems dar.

---

[1] Wenn der relevante Planungszeitraum 6 Perioden beträgt, kann sich der Entscheidungsträger beispielsweise 32 verschiedene Auflagekombinationen (2^{T-1}) mit den dazugehörigen relevanten Gesamtkosten anzeigen lassen.

- In der zweiten Periode werde in dem Unternehmen einmalig ein Sonderprodukt aufgelegt, das fast die gleichen Umrüstvorgänge erfordere wie das Produkt aus unserem Beispiel. Bei einer Auflage in Periode 2 wären deshalb lediglich 10 Geldeinheiten statt 90 Geldeinheiten für den Rüstvorgang zu berücksichtigen. Der Disponent läßt sich die Auflagekombination anzeigen, die unter der Voraussetzung, daß in Periode 2 aufgelegt werden soll, zu den geringsten Kosten führt. Er erhält diese mit der Auflagekombination (1,2,5) und den Losgrößen 400, 650 und 700, die im Grundverfahren mit 380 Geldeinheiten die zweitbeste Lösung darstellt. Subtrahiert man von 380 Geldeinheiten die aufgrund der optimalen Sequenz eingesparten 80 Geldeinheiten für die Rüstkosten, so ergibt sich mit entscheidungsrelevanten Kosten von 300 Geldeinheiten die optimale Lösung dieses Problems.[1]

In Ergänzung zu diesen Beispielen aus dem Produktionsbereich sollen auch Beispiele aus dem Beschaffungsbereich genannt werden, bei denen eine interaktive Vorgehensweise vorteilhaft ist, falls entsprechende Erweiterungsansätze nicht unmittelbar zur Verfügung stehen. Es gelten weiterhin obige Ausgangsdaten, wobei der Begriff des Rüstkostensatzes durch den Begriff der bestellfixen Kosten[2] zu ersetzen ist.

- Im Rahmen einer Sonderaktion erhalte das Unternehmen einen einmaligen Rabatt in Höhe von 100 Geldeinheiten, wenn es sich kurzfristig dazu entschließt, in der ersten Periode mindestens 900 Mengeneinheiten zu beschaffen. Die kostengünstigste Lösung des Grundverfahrens, die diese Voraussetzung erfüllt, ist die Bestellmengenkombination (1,5) mit den Losgrößen 1050 und 700 und relevanten Gesamtkosten in Höhe von 420 Geldeinheiten. Bei dem Grundproblem stellt dies die viertbeste Lösung dar. Subtrahiert man den möglichen Rabatt in Höhe von 100 Geldeinheiten, so erhält man relevante Gesamtkosten von 320 Geldeinheiten. Zusätzlich müßte man noch eine Senkung der Lagerhaltungskosten berücksichtigen, die sich aus dem geringeren Einstandspreis in der ersten Periode ergibt. Da die daraus resultierenden relevanten Gesamtkosten auf jeden Fall geringer sind als die

---

[1] Zu dem Erweiterungsansatz bei schwankenden Rüstkostensätzen siehe Kapitel 5.2.

[2] Dimension: Geldeinheiten pro Bestellvorgang.

"optimalen" Gesamtkosten des Grundproblems, entscheidet sich der Disponent, dieses Rabattangebot anzunehmen.

- Das Unternehmen verfügt in der ersten Periode über eine unzureichende Liquidität. Aus diesem Grunde sollen in dieser Periode nur die zur Produktion unbedingt notwendigen Mengeneinheiten beschafft werden. Diese Voraussetzung erfüllt die Bestellmengenkombination (1,2,5) mit den Losgrößen 400, 650 und 700. Die Auswahl dieser Losgrößenkombination führt zu einer Erhöhung der relevanten Gesamtkosten des Losgrößenproblems in Höhe von 10 Geldeinheiten, verbessert aber die kurzfristige Liquidität des Unternehmens.

- Der Entscheidungsträger rechnet mit Lieferausfällen in der zweiten und in der dritten Periode, da er einen Streik in einem Zulieferunternehmen erwartet. Er möchte deshalb überprüfen, welche Mehrkosten entstehen, wenn er die Nettobedarfsmenge dieser Perioden mit der Nettobedarfsmenge der ersten Periode zu einem Los zusammenfaßt. Die Bestellmengenkombination (1,5), die die viertbeste Lösung des Grundmodells darstellt, erfüllt diese Voraussetzung und führt dabei - im Vergleich zu den anderen Alternativen - mit 50 Geldeinheiten zu der geringsten Erhöhung der relevanten Gesamtkosten. Der Disponent entscheidet sich, diese Mehrkosten in Kauf zu nehmen, um die Lieferbereitschaft des eigenen Unternehmens zu sichern.

Weitere Besonderheiten, die - bei fehlenden Erweiterungsansätzen - eine interaktive Losgrößenplanung erfordern, sind beispielsweise:

- Möglichkeiten einer Sammelbestellung
- Kapazitätsrestriktionen im Produktions-, Beschaffungs-, Transport- oder Lagerbereich[1)]

[1)] Beispielsweise soll der Disponent die Möglichkeit haben, in die Losgrößenentscheidung mit einzubeziehen, daß in einer bestimmten Periode kein Los gebildet werden soll, da eine Maschine, auf der dieses Los bearbeitet wird, repariert werden muß oder der Zulieferer in dieser Periode Betriebsferien hat.

- die Notwendigkeit (z.B. im Hinblick auf den Personalbereich), möglichst gleichbleibende Kapazitätsauslastungen anzustreben
- begrenzte Haltbarkeit der Produkte bei einer Lagerung usw.

Sofern entsprechende Erweiterungsansätze des hier entwickelten Losgrößenverfahrens verfügbar sind, sollten diese der interaktiven Vorgehensweise vorgezogen werden, da sie unmittelbar (ohne Umwege) und mit Sicherheit zu den optimalen Ergebnissen führen. Außerdem entfällt bei einer Anwendung dieser Verfahren die zeitliche Inanspruchnahme des Disponenten, die für eine interaktive Ermittlung der Losgrößen erforderlich ist.

Falls jedoch eine besondere Planungssituation vorliegt, für die aufgrund der Vielfalt der Kombinationsmöglichkeiten der Erweiterungsfälle oder aufgrund zeitlicher, kostenmäßiger oder methodischer Gründe kein spezieller Erweiterungsansatz bereitgestellt werden kann, liefert eine interaktive Losgrößenplanung eine wertvolle Hilfe für alle Disponenten, die eine flexible und kurzfristig realisierbare Losgrößenentscheidung für spezielle Planungsprobleme treffen müssen. Im Gegensatz zu anderen (bisher bekannten) Losgrößenverfahren unterstützt das vorliegende Verfahren den Entscheidungsträger auch in diesen schwierigen, unvorhersehbaren oder nicht modellierten Situationen.

4.8.2 Flexibilität hinsichtlich der nachfolgenden Produktionsplanungs- und -steuerungsmodule

Unabhängig davon, ob alle Rahmenbedingungen des vorliegenden, aktuellen Losgrößenproblems durch das Losgrößenverfahren abgebildet werden konnten, liefert der in dieser Arbeit entwickelte Ansatz aber auch zusätzliche Flexibilitätspotentiale, die nach der Losgrößenentscheidung in den darauf folgenden Produktionsplanungs- und -steuerungsmodulen genutzt werden können.

Es besteht die Möglichkeit, daß eine Losgrößenkombination, die bei einer isolierten Losgrößenentscheidung optimal ist, in den nachfolgenden Planungsstufen[1] der Produktionsplanung und -steuerung (Durchlaufterminierung, Kapazitätsabgleich, Auftragsfreigabe und Reihenfolgeplanung) zu unzulässigen oder unbefriedigenden Ergebnissen führt. So können zum Beispiel aus einem Auftrag oder mehreren Aufträgen einer "optimalen" Auflagekombination[2] folgende Probleme resultieren:

- Da die Durchlaufzeiten der Aufträge zu lang sind, können die Liefer- bzw. Fertigstellungstermine nicht eingehalten werden (Durchlaufterminierung).
- Die Aufträge führen in den einzelnen Perioden zu Kapazitätsengpässen (Kapazitätsabgleich).
- Die Bereitstellung der Werkzeuge kann in den entsprechenden Perioden nicht erfolgen (Auftragsfreigabe).
- Die Termineinhaltung der einzelnen Aufträge ist aufgrund von Reihenfolgeproblemen nicht möglich (Feintermin- und Reihenfolgeplanung).

Die übliche Vorgehensweise der Produktionsplanung und -steuerung besteht darin, daß man auf der Basis einer bestimmten Losgrößenkombination, die mit Hilfe einer isolierten Losgrößenplanung als "optimal" ermittelt wurde, versucht, in den nachfolgenden Planungsstufen mit Hilfe von verschiedenen Anpassungsmaßnahmen eine rea-

---

[1] Der Begriff Planungsstufen wird hier für den Planungs- und Steuerungsbereich verwendet. Es wird im folgenden also nicht zwischen Stufen der Planung und Stufen der Steuerung differenziert.

[2] Die Anführungszeichen sollen in diesem Kapitel verdeutlichen, daß diese Lösung optimal bezüglich des isolierten Losgrößenproblems ist. Darüber hinaus soll hier darauf hingewiesen werden, daß die Produktionsplanungs- und -steuerungssysteme in den nachfolgenden Planungsmodulen nur eine (einzige) optimale Auflagekombination einbeziehen können, da von den in diesen Systemen bisher eingesetzten Losgrößenverfahren - auch dann, wenn Mehrfachlösungen vorliegen - nur eine Lösung berechnet wird.

lisierbare Lösung zu finden.[1] Die Anpassungsmaßnahmen, die in den einzelnen Planungsmodulen der PPS-Systeme zur Verfügung stehen und deren Auswahl unter Kostenaspekten erfolgen soll, werden im Rahmen dieses Kapitels noch genauer erläutert.[2]

Bei dieser traditionellen Vorgehensweise der Produktionsplanungs- und -steuerungssysteme besteht die Möglichkeit, daß sich die ermittelte "optimale" Lösung der Losgrößenplanung überhaupt nicht in den nachfolgenden Planungsstufen realisieren läßt, selbst wenn dort alle zur Verfügung stehenden Anpassungsmaßnahmen ausgeschöpft werden. Die PPS-Systeme finden in diesem Fall überhaupt keine zulässige Lösung und überlassen eine Anpassung der entsprechenden Ausgangsdaten des Planungsproblems dem Disponenten, wobei in der Regel weder die erforderlichen Informationen über die Entscheidungsalternativen noch die Verfahren zu deren Auswahl zur Verfügung gestellt werden.[3]

---

[1] Aufgrund dieser sukzessiven Vorgehensweise der Produktionsplanungs- und -steuerungssysteme erhält man natürlich (in der Regel) keine optimale Lösung für das gesamte Planungsproblem. Die Sukzessivplanung, die nur zufällig ein Gesamtoptimum erzielen kann, wird trotzdem verwendet, da eine Simultanplanung als nicht durchführbar gilt (vgl. Kapitel 2.1).

[2] Bezüglich der Auswahl der Anpassungsmaßnahmen nach Kostenaspekten muß beachtet werden, daß die derzeit verfügbaren Produktionsplanungs- und -steuerungssysteme im allgemeinen weder die entsprechenden Kosteninformationen noch die erforderlichen Verfahren zur Auswahl der kostenminimalen Anpassungsmaßnahmen bereitstellen. Die Planung erfolgt dort häufig auf der Basis von Ersatzzielen (z.B. Zeiten oder Verbrauchsmengen minimieren), und die Entscheidung bzgl. der gewählten Anpassungsmaßnahme wird in der Regel, da keine entsprechenden Verfahren implementiert sind, dem Disponenten überlassen.

[3] Dem Disponenten wird dann im allgemeinen durch die Produktionsplanungs- und -steuerungssoftware mitgeteilt, daß keine realisierbare Lösung vorhanden ist und daß er die Möglichkeit habe, beispielsweise die Primärbedarfsmengen zu reduzieren, die Liefertermine zu verschieben oder die Losgrößen zu reduzieren. Konkrete Vorschläge über den Umfang der erforderlichen Änderungen bei den verschiedenen Alternativen erhält er jedoch im allgemeinen nicht. Ebenso werden meist keine Informationen über Kosteneffekte oder Auswirkungen auf die sonstigen Planungsbereiche bereitgestellt, die aus den Änderungsalternativen resultieren.

Auch wenn die entsprechenden Anpassungsmaßnahmen in den einzelnen Planungsmodulen in ausreichendem Maße zur Verfügung stehen, könnte es sein, daß die traditionelle Vorgehensweise der Verwendung einer einzigen "optimalen" Losgrößenkombination in den nachfolgenden Planungsstufen der PPS-Systeme zu unbefriedigenden Ergebnissen führt. Denn die zur Realisierung dieser Lösung erforderlichen Anpassungsmaßnahmen verringern die Anpassungsmöglichkeiten, die danach noch für die anderen Produktarten zur Verfügung stehen, und sie erhöhen die Produktions- bzw. Beschaffungskosten.

Um diese Nachteile der traditionellen Arbeitsweise von PPS-Systemen zu vermeiden, wird folgender Lösungsweg vorgeschlagen. Auf der Basis des in dieser Arbeit entwickelten Losgrößenverfahrens sollte man in den einzelnen Planungsstufen, die auf die Losgrößenplanung bzw. die Materialbedarfsplanung folgen, die Option einbeziehen, auf alternative Losgrößenkombinationen ausweichen zu können.[1]

Die Möglichkeit der Verwendung anderer Auflagekombinationen wurde bisher in der Produktionsplanung und -steuerung nicht berücksichtigt,[2] obwohl es für die PPS-Systeme sehr bedeutsam wäre, diese zusätzlichen Dispositionsspielräume zu nutzen, denn die gewählte Losgrößenkombination stellt für alle nachgeordneten Planungsmodule ein äußerst wichtiges Datum dar. Sämtliche Entscheidungen, die nach der Losgrößenplanung innerhalb der Produktionsplanung und -steuerung getroffen werden, sind von der Wahl der Auflage- bzw. Bestellmengen und den entsprechenden Auflage- bzw. Beschaffungsperioden abhängig. Die Entscheidungsspielräume, die bei einer

---

[1] Der Zugriff auf diese alternativ optimalen Lösungen oder auf die "nächstbesten" Losgrößenkombinationen ist bei dem vorgestellten Losgrößenverfahren unmittelbar möglich, da diese Ergebnisse dort ohnehin berechnet werden. Die Berechnung der relevanten Kosten der verschiedenen Losgrößenkombinationen muß deshalb nicht erneut durchgeführt werden.

[2] Die Berücksichtigung war bislang auch deshalb nicht möglich, weil ein entsprechendes Verfahren zur Losgrößenplanung noch nicht zur Verfügung stand.

Verwendung der alternativen Losgrößenkombinationen in den nachfolgenden Planungsstufen entstehen, werden mit Hilfe der Abbildung 42 verdeutlicht.

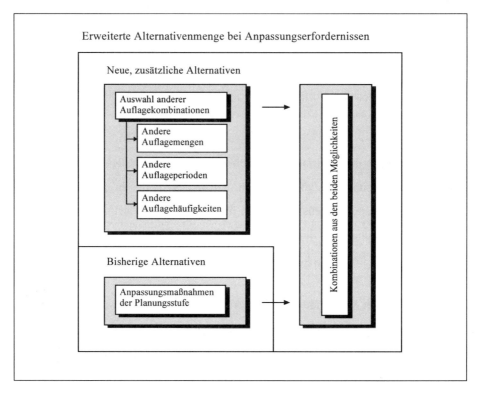

Abbildung 42: Erweiterung des Entscheidungsraums in den nachfolgenden PPS-Planungsstufen durch Verwendung alternativer Auflagekombinationen

Der untere, linke Bereich der Abbildung 42 stellt die Anpassungsmaßnahmen dar, die bisher in den einzelnen Planungsstufen, die auf die Losgrößenplanung bzw. die Materialbedarfsplanung folgen, möglich sind. Diese Maßnahmen, die im folgenden noch erläutert werden, sind von den jeweiligen Planungsstufen abhängig.

Die weiteren Bereiche, die in der Abbildung enthalten sind, verdeutlichen die neuen bzw. zusätzlichen Alternativen, die in den nachgeordneten Modulen der Produktionsplanungs- und -steuerungssysteme aufgrund der Variationsmöglichkeit der verwendeten Losgrößenkombinationen entstehen. Falls in diesen Planungsstufen Engpässe vorhanden sind, hat man neben den bisher verwendeten Anpassungsmaßnahmen die Möglichkeit, die Alternativenmenge - auf der Basis des in dieser Arbeit entwickelten Losgrößenverfahrens - dadurch zu erweitern, daß man auf andere Losgrößenkombinationen zugreift.

Durch diese Vorgehensweise erhält man zahlreiche zusätzliche Entscheidungsalternativen, denn durch die Verwendung der weiteren optimalen Lösungen oder der "nächstbesten" Lösungen des isolierten Losgrößenproblems ergeben sich andere Auflagemengen, Auflageperioden bzw. Auflagehäufigkeiten.

Diese Veränderungen können dazu führen, daß zur Realisierung der neuen Losgrößenkombinationen in den folgenden Planungsstufen entweder überhaupt keine Anpassungsmaßnahmen erforderlich sind oder daß diese Ergebnisse ebenfalls Engpässe zur Folge haben und deshalb mit den bisher verwendeten Anpassungsmaßnahmen der entsprechenden Planungsstufen kombiniert werden müssen, wie auf der rechten Seite der Abbildung verdeutlicht.

Eine solche Verknüpfung einer alternativen Losgrößenkombination mit den bisher in den Planungsmodulen verwendeten Anpassungsarten kann auch dazu führen, daß überhaupt eine realisierbare Lösung gefunden wird oder daß die ermittelte Lösung insgesamt zu geringeren Kosten führt als dies bei der traditionellen Vorgehensweise der PPS-Systeme der Fall wäre. Die Untersuchung der zusätzlichen Handlungsalternativen im Hinblick auf die damit verbundenen Kostenaspekte wird mit Hilfe von Abbildung 43 erläutert.

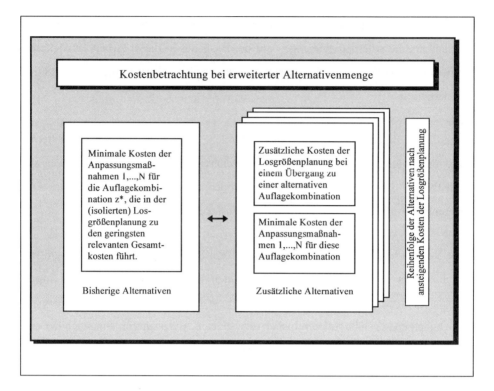

Abbildung 43: Untersuchung der zusätzlichen Lösungsalternativen der nachfolgenden Planungsstufen nach Kostengesichtspunkten

Die linke Seite der Abbildung verdeutlicht die Möglichkeiten, die bei der bisherigen Handhabung der Produktionsplanung und -steuerung in den nachfolgenden Planungsstufen vorhanden sind. Basis der Betrachtungen bildet dabei eine Auflagekombination, die bei einer isolierten Betrachtung der Losgrößenplanung optimal ist. Mehrfachlösungen ($\alpha^* > 1$), die in der Losgrößenplanung auftreten können, werden bisher von den PPS-Systemen nicht beachtet. Für die "optimale" Losgrößenkombination z^* der isolierten Losgrößenentscheidung werden die kostenminimalen Anpassungsmaßnahmen der entsprechenden Planungsstufen gesucht.[1] Falls die Anpassungsmöglich-

---

[1] Zahlreiche PPS-Systeme verzichten sogar auf eine Kostenbetrachtung und suchen lediglich auf der Basis dieser einen "optimalen" Losgrößenkombination nach einer durchführbaren Lösung der nachfolgenden Module.

keiten in den betrachteten PPS-Modulen nicht ausreichen, um diese Losgrößenkombination zu realisieren, ist das gesamte vorliegende Planungsproblem nach der bisherigen Vorgehensweise der Produktionsplanung und -steuerung nicht lösbar.

Die rechte Seite der Abbildung 43 stellt die zusätzlichen Handlungsalternativen dar, die durch die Möglichkeit der Verwendung alternativer Losgrößenkombinationen in den Planungsbereichen entstehen, die der Losgrößenplanung folgen. Angesichts dieser neuen Alternativen wird hier empfohlen, die Vorgehensweise in den nachfolgenden Planungsstufen allgemein wie folgt zu gestalten.

In der Materialbedarfsplanung sollte das in dieser Arbeit entwickelte Losgrößenverfahren angewendet werden, damit die benötigten Informationen bezüglich der weiteren Auflagekombinationen bereitgestellt werden können. In den nachfolgenden Planungsmodulen wird zunächst - gemäß der üblichen Vorgehensweise - eine "optimale" Auflagekombination für die Zulässigkeitsberechnungen verwendet. Falls sich dabei Engpässe ergeben, werden die zu deren Beseitigung erforderlichen, kostenminimalen Anpassungsmaßnahmen und die dabei bezüglich der betroffenen Planungsbereiche entstehenden Gesamtkosten ermittelt.

Sobald Anpassungsmaßnahmen erforderlich sind, sollten weitere Handlungsalternativen berücksichtigt werden, die durch die Verwendung unterschiedlicher Losgrößenkombinationen ermöglicht werden. Dadurch ist einerseits gewährleistet, daß noch weitere Alternativen zur Verfügung stehen, wenn die konventionellen Anpassungsmöglichkeiten der PPS-Systeme nicht mehr ausreichen würden, um eine zulässige Lösung zu finden. Andererseits können durch das Ausweichen auf andere Auflagekombinationen Lösungen ermittelt werden, die insgesamt für die betrachteten Planungsbereiche kostengünstiger sind.[1]

Bezüglich der Kostensituation kann es in folgenden Fällen zu Verbesserungen kommen, wenn man - ausgehend von einer realisierbaren ersten Lösung - alternative Auflagekombinationen einsetzt:

- Es sind in der Losgrößenplanung - aufgrund einer Mehrfachlösung - weitere "optimale" Lösungen vorhanden, von denen mindestens eine Auflagekombination nicht zu Engpässen führt und die deshalb ohne Anpassungsmaßnahmen realisiert werden kann. Eine Losgrößenkombination, die diese Bedingungen erfüllt, stellt bezüglich dieser Produktart für die betrachteten Planungsbereiche die optimale Lösung dar.[2]

- Für die alternativ verwendeten "optimalen" Lösungen der Losgrößenplanung sind zwar Anpassungsmaßnahmen erforderlich, diese verursachen aber geringere Kosten.

- Es existieren Auflagekombinationen, bei denen zwar zusätzliche relevante Kosten der Losgrößenplanung entstehen, die aber hinsichtlich der betrachteten Planungsbereiche insgesamt zu geringeren Kosten führen als die im Hinblick auf die Los-

---

[1] Es soll darauf hingewiesen werden, daß es hier nicht angestrebt wird, eine optimale Lösung zu berechnen, die gleichzeitig für alle Module der Produktionsplanung und -steuerung gilt. Dies wäre möglich, wenn man einen simultanen Planungsansatz anwenden könnte, der alle Planungsbereiche und alle Produktarten gleichzeitig berücksichtigen würde. Die hier aufgezeigte, sukzessive Vorgehensweise, die die Informationen der zusätzlichen Losgrößenkombinationen für die weitere Planung verwendet, zielt darauf ab, eine Lösung zu erhalten, die bezüglich einer Produktart ab dem Bereich der Losgrößenplanung (einschließlich) für mehrere bzw. für alle nachfolgenden Planungsstufen der Produktionsplanung und -steuerung optimal ist, die mit Hilfe der dargestellten Methode bearbeitet werden.

[2] Es sei hier angemerkt, daß es sich dabei nicht um ein Optimum im Sinne der simultanen Planung handelt, denn es wird immer nur ein Ausschnitt aller Planungsstufen betrachtet und nur eine Produktart. Wechselwirkungen zwischen den verschiedenen Produktarten werden nicht berücksichtigt. Der Begriff der Optimalität bezieht sich in diesem Kapitel deshalb immer nur auf die Betrachtung einer Produktart über eine oder mehrere Planungsstufen der Produktionsplanung und -steuerung.

größenplanung "optimale(n)" Lösung(en). Es kommt hier also zu einem Austausch ("Trade-off") zwischen den höheren relevanten Kosten der Losgrößenplanung und den geringeren Kosten der Anpassungsmaßnahmen. Deshalb können diese Lösungen natürlich auch im Hinblick auf ein gemeinsames Optimum der betrachteten Planungsbereiche in Frage kommen.[1]

Besonders bei Mehrfachlösungen des Losgrößenproblems, die bei den übrigen Verfahren nicht ermittelt werden, wird der Vorteil des entwickelten Losgrößenverfahrens deutlich, da der Entscheidungsspielraum des Disponenten in den nachfolgenden PPS-Modulen erweitert wird, ohne daß er dafür höhere Lager- und Rüstkosten beziehungsweise bestellfixe Kosten in Kauf nehmen muß.

Die Möglichkeit, von einer in der isolierten Losgrößenplanung ermittelten "optimalen" Losgröße auf eine Auflagekombination mit höheren Kosten der Losgrößenplanung zu wechseln, sollte man aber ebenfalls in PPS-Systeme integrieren, da gezeigt wurde, daß auf diese Weise ein gemeinsames Optimum für die betrachteten Planungsbereiche gefunden werden kann. Darüber hinaus stellt gerade die Losgrößenplanung - aufgrund der geringen Sensitivität der Kosten, die in Abhängigkeit von den Auflagekombinationen im Bereich der optimalen Lösung(en) entstehen[2] - der Produktionsplanung und -steuerung kostengünstige Anpassungsmaßnahmen zur Verfügung, die unbedingt genutzt werden sollten.

Um im allgemeinen nicht alle Auflagekombinationen bezüglich der Anpassungsmaßnahmen, die zu ihrer Realisierung erforderlich sind, und der damit verbundenen Kosten analysieren zu müssen, werden folgende Maßnahmen empfohlen. Man unter-

---

[1] Diese Aussage verdeutlicht andererseits, daß man mit Hilfe der traditionellen dynamischen Losgrößenverfahren, die die Informationen über die "nächstbesten" Auflagekombinationen nicht ermitteln, kein gemeinsames Optimum für mehrere Planungsbereiche berechnen kann, es sei denn, daß die (eine) optimale Auflagekombination, die dort gefunden wird, zufälligerweise zum Gesamtoptimum dieser Planungsbereiche führt.

[2] Siehe hierzu auch die entsprechenden Ausführungen in Kapitel 4.6.

sucht - wie bereits in Abbildung 43 verdeutlicht - die Auflagekombinationen in der Reihenfolge der relevanten Gesamtkosten der Losgrößenplanung. Zu diesen Kosten addiert man die Kosten der für diese Losgrößenkombinationen jeweils vorhandenen günstigsten Anpassungsmaßnahme(n). Sobald man als "nächstbeste" Lösung eine Auflagekombination findet, die bereits höhere Kosten der Losgrößenplanung aufweist als die geringsten Gesamtkosten der bisher berücksichtigten Lösungen für die betrachteten Planungsbereiche, kann man die Berechnungen abbrechen. Es ist dann sichergestellt, daß die bisher kostengünstigsten Lösungen für diese Produktart jeweils ein gemeinsames Optimum der betrachteten Planungsbereiche darstellen.[1]

Im folgenden soll gezeigt werden, wie man die Dispositionsspielräume, die sich aus den alternativen Losgrößenkombinationen ergeben, konkret in die einzelnen, nachfolgenden Planungsstufen der PPS-Systeme einbeziehen kann. Begonnen werden soll dabei mit der Durchlaufterminierung, da diese Planungsstufe sich unmittelbar an die Materialbedarfsplanung anschließt.

In der Durchlaufterminierung werden die in der Losgrößenplanung ermittelten Fertigungsaufträge terminlich so eingeplant, daß die vorgegebenen Fertigungstermine - ohne Berücksichtigung von Kapazitätsrestriktionen - eingehalten werden können. Falls dies trotz der Prämisse, daß keine Kapazitätsbeschränkungen auftreten, nicht realisierbar ist, hat man in der Durchlaufterminierung die Möglichkeit, Arbeitsgänge zu überlappen, alternative Betriebsmittel einzusetzen, Übergangszeiten zu reduzieren und Lose zu splitten, also auf funktionsgleiche Betriebsmittel oder Arbeitsplätze aufzuteilen.[2]

---

[1] Denn alle noch nicht überprüften Auflagekombinationen verursachen bereits in der isolierten Losgrößenplanung höhere Kosten als die gesamten Kosten dieser Lösungen über die betrachteten Planungsbereiche.

[2] Zu der Durchlaufterminierung und den dort zur Verfügung stehenden Anpassungsmaßnahmen der Durchlaufzeitverkürzung siehe Kapitel 2.1 sowie die dort zitierte Literatur.

Wie man unter Berücksichtigung der weiteren Anpassungsmöglichkeiten, die durch die Verwendung alternativer Losgrößenkombinationen entstehen, den Ablauf der Durchlaufterminierung im einzelnen strukturieren sollte, wird mit Hilfe des Ablaufplans in Abbildung 44 erläutert.

Bei der üblichen Vorgehensweise der Produktionsplanungs- und -steuerungssysteme werden nach der Losgrößenplanung bzw. der Materialbedarfsplanung die Losgrößen einer (einzigen) "optimalen" Losgrößenkombination an die Durchlaufterminierung übergeben, so daß dort alle Anpassungsmaßnahmen, die in dieser Planungsstufe möglich sind, an die starre Losgrößenentscheidung gebunden sind.

Zur Vermeidung der daraus entstehenden Nachteile, die oben beschrieben wurden, wird hier vorgeschlagen, der Durchlaufterminierung den Zugriff auf alle Auflagekombinationen zu ermöglichen, denn diese wurden mit Hilfe des entwickelten Losgrößenverfahrens bereits berechnet und können die Entscheidungsgrundlage der Durchlaufterminierung erheblich verbessern.

Auch bei der neuen Vorgehensweise soll die Durchlaufterminierung zunächst für eine Losgrößenkombination z^* durchgeführt werden, die für das isolierte Losgrößenproblem optimal ist. Es wird überpüft, ob die Fertigstellungstermine der Aufträge, die aus dieser Kombination resultieren, ohne Anpassungsmaßnahmen eingehalten werden können.

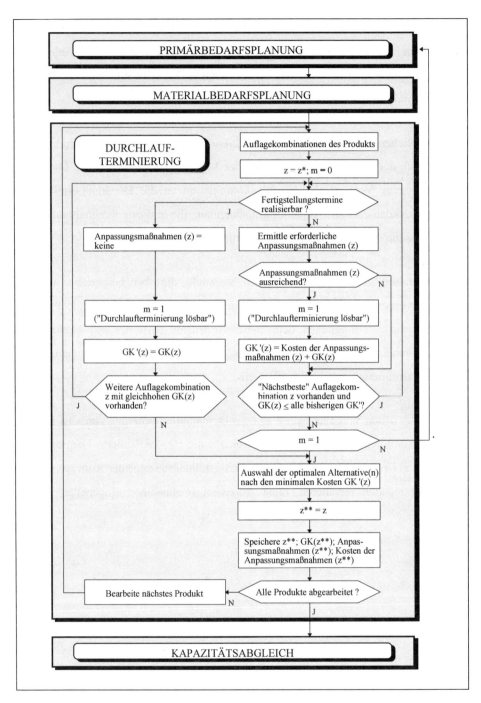

Abbildung 44: Empfehlung zur Strukturierung der Durchlaufterminierung

Wenn dies der Fall ist, stimmen die Gesamtkosten GK'(z), die sich auf die beiden Planungsbereiche Durchlaufterminierung und Losgrößenplanung beziehen, mit den relevanten Gesamtkosten der Losgrößenplanung GK(z) überein, da keine Kosten für Anpassungsmaßnahmen entstehen. Gleichzeitig steht fest, daß eine Lösung für die Durchlaufterminierung vorhanden ist (m = 1) und daß es keine kostengünstigere Lösung für die beiden Planungsbereiche gibt. Es könnten jedoch Mehrfachlösungen vorliegen, wenn dies bereits in der isolierten Losgrößenplanung der Fall war. Deshalb werden auch die Auflagekombinationen, die zu den gleichen relevanten Kosten der Losgrößenplanung führen, entsprechend überprüft. Wenn auch diese ohne Anpassungsmaßnahmen realisierbar sind, können die Lösungen z**, bei denen es sich um die gemeinsamen Optima der Durchlaufterminierung und der Losgrößenplanung handelt, unmittelbar gespeichert werden. Anschließend führt man die Durchlaufterminierung für die nächste Produktart durch.

Falls nicht alle Fertigstellungstermine der Aufträge, die aus einer Losgrößenkombination resultieren, ohne Anpassungsmaßnahmen zur Durchlaufzeitverkürzung eingehalten werden können, müssen die erforderlichen kostenminimalen Anpassungsmaßnahmen ermittelt werden. Wenn die Anpassungsmöglichkeiten in ausreichendem Umfang zur Verfügung stehen, existiert eine zulässige Lösung der Durchlaufterminierung für mindestens eine Auflagekombination (m = 1). Die Gesamtkosten GK'(z) setzen sich dann aus den relevanten Kosten der Losgrößenplanung und den Kosten für die notwendigen Anpassungsmaßnahmen zusammen.

Unabhängig davon, ob die Anpassungsmöglichkeiten, die in der Durchlaufterminierung zur Verfügung stehen, ausreichend sind oder nicht, könnte es sein, daß die "nächstbesten" Auflagekombinationen der Losgrößenplanung insgesamt zu einer kostengünstigeren Lösung führen als die bisher gefundenen, zulässigen Ergebnisse. Voraussetzung ist allerdings, daß deren relevante Gesamtkosten der isolierten Losgrößenplanung GK(z) geringer sind als die Gesamtkosten GK' der Losgrößenkombinationen, die bisher mit der hier entwickelten Vorgehensweise der Durchlaufterminierung untersucht wurden. Wenn dies der Fall ist, wird für diese Auflagekombinationen, die in der Reihenfolge der aufsteigenden relevanten Kosten der Losgrößenplanung in dem Vektor GKV ausgewählt werden, die Untersuchung nach der Realisierbarkeit der Fertigstellungstermine und der gegebenenfalls notwendigen Anpassungsmaßnahmen in gleicher Weise durchgeführt.

Sobald eine Losgrößenkombination gefunden wird, die ohne Anpassungsmaßnahmen zu realisierbaren Fertigstellungsterminen führt, kann die Überprüfung der "nächstbesten" Lösungen beendet werden, denn es gibt dann keine weitere Losgrößenkombination, die in der Summe zu geringeren Kosten führen kann. Es werden in diesem Fall nur noch solche Auflagekombinationen untersucht, die in der Losgrößenplanung zu gleichhohen Kosten GK führen wie die gerade untersuchte, denn wenn diese ebenfalls keine Anpassungsmaßnahmen benötigen, liegen Mehrfachlösungen vor.[1]

Die optimale(n) Auflagekombination(en) z^{**} der betrachteten Produktart für die beiden Planungsbereiche Losgrößenplanung und Durchlaufterminierung kann man anschließend dadurch ermitteln, daß man aus den untersuchten Alternativen diejenige(n) auswählt, die zu den geringsten Kosten $GK'(z)$ führt (führen). Danach speichert man die entsprechenden Ergebnisse z^{**}, $GK(z^{**})$ sowie die Anpassungsmaßnahmen und die Kosten, die bei einer Realisierung von z^{**} bezüglich der Durchlaufterminierung erforderlich sind.[2] Im Anschluß daran kann diese erweiterte bzw. neue Vorgehensweise der Durchlaufterminierung auf die weiteren Produktarten angewendet werden.

---

[1] Alle weiteren Losgrößenkombinationen, die noch nicht überprüft wurden, müssen insgesamt zu höheren Kosten führen, da ihre relevanten Kosten der Losgrößenplanung bereits höher sind als die Rüst- und Lagerhaltungskosten bzw. die gesamten Kosten der untersuchten Auflagekombinationen, die sich ohne Anpassungsmaßnahmen realisieren lassen.

[2] Wenn auch in den nachgeordneten Planungsbereichen ein unmittelbarer Zugriff auf die "nächstbesten" Losgrößenkombinationen der Durchlaufterminierung für den Fall ermöglicht werden soll, daß sich Lösungen, die sich bezüglich der gemeinsamen Planung der Losgrößen und der Durchlaufzeiten als optimal erwiesen haben, in den nachfolgenden Modulen nicht realisieren lassen, empfiehlt es sich, auch die entsprechenden Daten der anderen untersuchten Losgrößenkombinationen kurzfristig zu speichern, um diese Berechnungen nicht erneut durchführen zu müssen. Wenn darüber hinaus diese Möglichkeiten der alternativen Auflagekombinationen in den nachfolgenden Planungsstufen nicht ausreichen sollten, um dort zu realisierbaren oder befriedigenden Lösungen zu gelangen, können auch Rückkopplungen zur Durchlaufterminierung ermöglicht werden, um auch die noch nicht berücksichtigten Auflagekombinationen im Hinblick auf ihre Realisierbarkeit und ihre Kosten zu untersuchen.

Wenn allerdings einerseits keine Losgrößenkombination gefunden werden kann, die ohne Anpassungsmaßnahmen durchführbar ist, und des weiteren keine Auflagevariante zur Verfügung steht, für die die erforderlichen Anpassungsmöglichkeiten ausreichen,[1] ist eine Rückkopplung zur Primärbedarfsplanung erforderlich. Dort müssen dann entweder die Termine verschoben oder die Bedarfsmengen verändert werden, damit in der Durchlaufterminierung eine realisierbare Lösung gefunden werden kann.

Die vorgestellte Methode, die eine verbesserte Planung der Durchlaufterminierung bei Engpässen ermöglicht, soll mit Hilfe einer Erweiterung des bisherigen Zahlenbeispiels[2] verdeutlicht werden. Bei der isolierten Losgrößenplanung war die Auflagekombination (1,3,5) mit 370 Geldeinheiten optimal. In der ersten Periode müßte man also den Bedarf der ersten Periode (400 Mengeneinheiten) und den Bedarf der zweiten Periode (300 Mengeneinheiten) in einem Auftrag produzieren. Wir wollen davon ausgehen, daß die Durchlaufzeit für einen Auftrag, der 700 Mengeneinheiten umfaßt, zu lang ist, um den Fertigstellungstermin des Bedarfs der ersten Periode einzuhalten. Deshalb seien Anpassungsmaßnahmen zur Durchlaufzeitreduzierung erforderlich, die in ausreichendem Maße vorhanden sind und zu Mehrkosten in Höhe von 170 Geldeinheiten führen. Insgesamt entstehen durch die Losgrößenkombination (1,3,5) also Kosten der Losgrößenplanung und der Durchlaufterminierung in Höhe von 540 Geldeinheiten.

Da Anpassungsmaßnahmen erforderlich sind, wird die "nächstbeste" Auflagekombination der isolierten Losgrößenplanung untersucht. Im Beispiel ist dies die Losgrößenkombination (1,2,5). Für diese Alternative sind in der ersten Periode nur 400 Mengeneinheiten zu produzieren. Falls sich bei dieser Auflagekombination alle Fertigstellungstermine der drei Aufträge realisieren lassen, ohne daß Anpassungsmaßnahmen zur Durchlaufzeitverkürzung notwendig werden, würde diese Lösung zu relevanten Gesamtkosten in Höhe von 380 Geldeinheiten führen. Es würden also durch die Ver-

---

[1] Wenn diese beiden Voraussetzungen gelten, nimmt das Merkfeld m, das in dem in Abbildung 44 dargestellten Programmablaufplan verwendet wird, nicht den Wert 1 an.

[2] Siehe Kapitel 4.5.

wendung der Auflagekombination (1,2,5) bezüglich des isolierten Losgrößenproblems Mehrkosten in Höhe von 10 Geldeinheiten entstehen, aber es wären keine Kosten für Anpassungsmaßnahmen zur Durchlaufzeitverkürzung erforderlich. Weitere Auflagekombinationen müßten in dieser Situation nicht untersucht werden, da der Vektor GKV keine Lösungen enthält, deren Kosten ebenfalls 380 Geldeinheiten betragen. Die zweitbeste Lösung des isolierten Losgrößenproblems wäre deshalb bezüglich der integrierten Betrachtung der Durchlaufterminierung und der Losgrößenplanung die optimale Lösung (Minimum von GK').

Falls aber auch zur Realisierung der Losgrößenkombination (1,2,5) Anpassungsmaßnahmen erforderlich wären, die beispielsweise Kosten in Höhe von 70 Geldeinheiten verursachen würden, müßte man die Überprüfung der jeweils "nächstbesten" Auflagekombination weiterführen. Die Berechnungen könnten beendet werden, wenn mit Hilfe des Vektors GKV nur noch Losgrößenkombinationen gefunden werden, die höhere relevante Kosten der Losgrößenplanung erfordern als das bisherige Minimum der Kosten GK', das hier - bei der Auflagekombination (1,2,5) unter Berücksichtigung der Anpassungskosten - 450 Geldeinheiten beträgt.[1]

Ein weiteres Abbruchkriterium würde darin bestehen, daß man eine Losgrößenkombination findet, die keine Anpassungsmaßnahmen erfordert, oder daß mehrere Auflagekombinationen vorhanden sind, die zu den gleichen relevanten Kosten der Losgrößenplanung[2] führen und zu deren Realisierung keine Anpassungsmaßnahmen notwendig sind. Man erhält die optimale(n) Lösung(en) für die betrachtete Produktart

---

[1] Ein Abbruch der Berechnungen wäre - falls die Kosten GK' der "nächstbesten" Alternativen jeweils mehr als 450 Geldeinheiten betragen würden - nach der Überprüfung der Auflagekombination (1,4,5) möglich, die mit 450 Geldeinheiten die neuntbeste Losgrößenkombination des isolierten Losgrößenproblems darstellt. Die "nächstbeste" Auflagekombination (1,2,3,4,5) würde mit GK = 470 bereits höhere Kosten der Losgrößenplanung verursachen als die bisher beste Auflagevariante für beide Planungsbereiche zusammen.

[2] Dies könnte zum Beispiel bei den Losgrößenkombinationen (1,3,4,5) und (1,3,5,6) der Fall sein, die beide relevante Gesamtkosten der Losgrößenplanung in Höhe von 440 Geldeinheiten zum Ergebnis haben.

anschließend, indem man die Kosten GK' der bisher untersuchten Alternativen vergleicht.

Wir gehen in unserem Beispiel davon aus, daß zur Realisierung der "nächstbesten" Auflagekombination (1,2,3,5) Kosten GK' in Höhe von 400+30 = 430 Geldeinheiten erforderlich sind, daß die Losgrößenkombination (1,5) zu Kosten in Höhe von 420+130 = 550 Geldeinheiten führt und daß die Auflagekombination (1,2,4,5), die gemäß der isolierten Losgrößenplanung relevante Kosten GK in Höhe von 430 Geldeinheiten verursacht, keine Anpassungsmaßnahmen zur Reduzierung der Durchlaufzeit benötigt.[1] In diesem Fall stellen die Losgrößenkombinationen (1,2,3,5) und (1,2,4,5) die optimalen Lösungen für den integrierten Planungsansatz zur Lösung des Losgrößenproblems und der Durchlaufterminierung dieser Produktart dar.[2]

Im folgenden wird beschrieben, wie man die Informationen über die "nächstbesten" Auflagekombinationen, die mit Hilfe des in dieser Arbeit entwickelten Losgrößenverfahrens bereitgestellt werden können, auch für den nachfolgenden Planungsbereich des Kapazitätsabgleichs nutzbar machen kann.

Die Aufgabe des Kapazitätsabgleichs ist es zu überprüfen, ob die Fertigungsaufträge kapazitätsmäßig zulässig sind, und bei Bedarf entsprechende Anpassungsmaßnahmen einzuplanen. Wenn eine gleichmäßige Auslastung der Kapazität angestrebt wird, kann außerdem eine Glättung des Kapazitätsbedarfs durchgeführt werden.[3]

---

[1] Da keine Auflagekombination im Gesamtkostenvektor enthalten ist, die ebenfalls zu relevanten Kosten der Losgrößenplanung in Höhe von 430 Geldeinheiten führt, liegt keine weitere Lösung vor, die untersucht werden müßte, denn alle "nächstbesten" Losgrößenkombinationen müssen folglich höhere Kosten GK' verursachen als die Auflagekombination (1,2,4,5).

[2] Es liegt hier also eine Doppellösung vor, obwohl diese beiden Alternativen in der isolierten Losgrößenplanung zu unterschiedlich hohen Kosten führen. Dies verdeutlicht außerdem, daß die Informationen über die jeweils "nächstbesten" Losgrößenkombinationen für die nachfolgenden Planungsstufen der Produktionsplanung und -steuerung von hoher Bedeutung sein können.

[3] Zum Kapazitätsabgleich und den dort zur Verfügung stehenden Anpassungsmaßnahmen siehe Kapitel 2.1 sowie die dort zitierte Literatur.

Auch beim Kapazitätsabgleich können zusätzlich zu den Anpassungsmaßnahmen, die bisher in der Literatur zur Produktionsplanung und -steuerung beschrieben werden, neue Entscheidungsalternativen gewonnen werden, wenn man dort - in Engpaßsituationen - die Verwendung alternativer Losgrößenkombinationen berücksichtigt.

Geht man davon aus, daß die Auflagekombination, die als Input des Kapazitätsabgleichs verwendet wird, sich nicht ohne kapazitätsmäßige Anpassungsmaßnahme realisieren läßt, so kann man analog zu der Vorgehensweise, die mit Hilfe des in Abbildung 44 dargestellten Programmablaufplans dargestellt wurde, für den Kapazitätsabgleich überprüfen, ob durch ein Ausweichen auf andere Auflagekombinationen bessere Lösungen erzielt werden können. Durch die Verwendung alternativer Losgrößenkombinationen ändern sich die zu produzierenden Mengen, die Perioden sowie die Anzahl der Fertigungsaufträge. Deshalb besteht die Möglichkeit, daß diese "nächstbesten" oder ebenfalls "optimalen" Losgrößenkombinationen entweder keine Engpässe bei der Kapazitätsbelastung verursachen oder daß sie mit kostengünstigeren Anpassungsmaßnahmen verbunden sind.

Bevor man alternative Auflagekombinationen in der Kapazitätsplanung verwendet, muß überprüft werden, ob diese bezüglich der Durchlaufterminierung realisierbar sind und welche Kosten dort gegebenenfalls für die entsprechenden Anpassungsmaßnahmen entstehen. Die Auflagekombinationen werden deshalb in der Reihenfolge untersucht, die sich aus den aufsteigenden Kosten GK' ergibt, denn diese berücksichtigen sowohl die relevanten Kosten der Losgrößenplanung als auch die Aufwendungen für die Anpassungsmaßnahmen zur Durchlaufzeitverkürzung.

Auf die bereits in der Durchlaufterminierung untersuchten Auflagekombinationen kann man den in Abbildung 44 enthaltenen Algorithmus analog für den Kapazitätsabgleich anwenden, wenn man ihn wie folgt modifiziert. Für alle Auflagekombinationen, die gemäß den aufsteigenden Kosten GK' untersucht werden, müssen die Kosten GK" errechnet werden, die die bereits berechneten Kosten GK' und die Kosten für die günstigsten kapazitätsmäßigen Anpassungsmaßnahmen umfassen. Die Kosten GK" erstrecken sich also auf die Planungsbereiche Losgrößenplanung, Durchlaufterminierung und Kapazitätsabgleich.

Sobald eine Auflagekombination in der Bearbeitung folgt, die höhere Kosten GK' verursacht als das Minimum der Kosten GK" der bisher untersuchten Losgrößenkombinationen, werden diese Berechnungen abgebrochen, denn alle weiteren Auflagekombinationen, die bereits in der Durchlaufterminierung überprüft wurden, können in diesem Fall aufgrund der aufsteigenden Kosten GK' keine besseren Lösungen mehr bezüglich GK" liefern.

Mit der Überprüfung der Auflagekombinationen, die in der Durchlaufterminierung berücksichtigt wurden, liegt jedoch - bezüglich der betrachteten Produktart - noch nicht zwingend eine optimale Lösung vor, die für die drei Planungsbereiche gemeinsam gilt. Um sicherzustellen, daß man die optimalen Lösungen erhält, wenn Engpässe im Kapazitätsabgleich vorhanden sind, müssen noch weitere Losgrößenkombinationen untersucht werden.

Es besteht nämlich die Möglichkeit, daß die Auflagekombinationen, die in der Durchlaufterminierung aus der weiteren Betrachtung ausgeschlossen wurden, weil es bereits Lösungen gab, die geringere Kosten GK' aufwiesen als deren relevante Kosten der Losgrößenplanung, als optimale Lösungen für die Planungsbereiche Losgrößenplanung, Durchlaufterminierung und Kapazitätsabgleich in Frage kommen. Dieser Fall könnte eintreten, wenn die in der Durchlaufterminierung auszuschließenden Auflagevarianten zu geringeren Kosten des Kapazitätsabgleichs führen würden als die Lösungen, die in der Durchlaufterminierung berücksichtigt wurden, oder wenn die in der Durchlaufterminierung berechneten Lösungen bezüglich des Kapazitätsabgleichs überhaupt nicht realisierbar wären. Um diese Möglichkeiten zu berücksichtigen, müssen weitere Auflagevarianten in der Reihenfolge der aufsteigenden relevanten Kosten der Losgrößenplanung untersucht werden. Die Berechnungen können abgebrochen werden, sobald eine Losgrößenkombination bearbeitet werden müßte, die höhere Kosten GK aufweist, als die bisher minimalen Kosten GK" für die drei Planungsbereiche.

Falls überhaupt keine Lösung gefunden werden kann, die im Hinblick auf die vorhandene Kapazität realisierbar ist, muß eine Rückkopplung zur Primärbedarfsplanung erfolgen, damit dort die entsprechenden Liefermengen bzw. Liefertermine angepaßt werden.

Mit Hilfe eines Beispiels, das in Tabelle 29 enthalten ist, soll verdeutlicht werden, wie der Kapazitätsabgleich in der Produktionsplanung und -steuerung durch die Verwendung von alternativen Auflagekombinationen verbessert werden kann.

Tabelle 29: Beispiel für die Verwendung alternativer Auflagekombinationen bei Engpässen in der Durchlaufterminierung und im Kapazitätsabgleich

Auflage-kombina-tionen $z^{1)}$	Losgrößen-planung	Durchlauf-terminierung		Kapazitätsabgleich		
	GK(z)	Reihen-folge der Berech-nungen	GK'(z)	Reihen-folge der Berech-nungen	GK'(z)	GK''(z)
(1,3,5)	370*	1	540	(4)	----	----
(1,2,5)	380	2	450	3	----	550
(1,2,3,5)	400	3	430*	1	----	530
(1,5)	420	4	550	(5)	----	----
(1,2,4,5)	430	5	430*	2	----	530
(1,3,4,5)	440	(6)	----	6	460	560
(1,3,5,6)	440	----	----	7	450	450*
(1,4,5)	450	----	----	8	470	570
(1,2,5,6)	450	----	----	9	450	450*
(1,2,3,4,5)	470	----	----	(10)	----	----
(1,2,3,5,6)	470	----	----	----	----	----
(1,2,4)	480	----	----	----	----	----
(1,3,4)	490	----	----	----	----	----
(1,5,6)	490	----	----	----	----	----
⋮	⋮	⋮	⋮	⋮	⋮	⋮

Bei diesem Beispiel handelt es sich um eine Erweiterung des Zahlenbeispiels, das bisher in dieser Arbeit verwendet wurde.[2] Auf der linken Seite der Tabelle 29 befinden

---

[1] Sortiert nach den aufsteigenden relevanten Kosten der Losgrößenplanung GK(z).

[2] Siehe Kapitel 4.4.

sich die Auflagekombinationen z und die relevanten Kosten der Losgrößenplanung GK(z). Die Losgrößenkombinationen sind nach aufsteigenden Kosten GK(z) sortiert.

In dieser Reihenfolge werden die Auflagekombinationen in der Durchlaufterminierung im Hinblick auf die Realisierbarkeit der Fertigstellungstermine und hinsichtlich der Anpassungskosten überprüft. Bei der sechsten Untersuchung der Auflagevarianten stellt man fest, daß die Kosten GK der Losgrößenkombination (1,3,4,5) mit 440 Geldeinheiten bereits höher sind als die bisher minimalen Kosten GK', die 430 Geldeinheiten betragen. Für die Auflagekombination (1,3,4,5) und alle weiteren Lösungen steht also fest, daß sie nicht mehr als Optima für die beiden Bereiche Losgrößenplanung und Durchlaufterminierung in Frage kommen. Der sechste Rechenschritt ist in der Tabelle eingeklammert, um zu verdeutlichen, daß dort aufgrund dieser Kostenbetrachtungen keine Durchlaufterminierung und keine Suche nach optimalen Anpassungsmaßnahmen mehr vorgenommen werden muß. Die Losgrößenkombinationen (1,2,3,5) und (1,2,4,5) stellen mit 430 Geldeinheiten, die in der Tabelle mit * markiert sind, im Hinblick auf eine gemeinsame Betrachtung der Losgrößenplanung und der Durchlaufterminierung für diese Produktart die optimalen Lösungen dar.

Wenn sich bezüglich des Kapazitätsabgleichs Engpässe ergeben, erfolgt die Überprüfung der zu verwendenden Losgrößenkombinationen zunächst in der Reihenfolge der aufsteigenden Kosten GK'. Wir haben hier vorausgesetzt, daß es zu Kosten der kapazitätsmäßigen Anpassungsmaßnahmen in Höhe von 100 Geldeinheiten kommt, wenn in der fünften Periode 700 Mengeneinheiten produziert werden (Nettobedarf der fünften und sechsten Periode), und daß keine Anpassungskosten entstehen, wenn in der fünften Periode nur 600 Mengeneinheiten hergestellt werden (Nettobedarf der fünften Periode).

Bei der vierten Überprüfung der Auflagekombinationen gemäß den aufsteigenden Kosten GK' stellt man fest, daß diese bereits über den bisher minimalen GK" liegen. Daraus folgt, daß die weiteren Losgrößenkombinationen, die bereits in der Durchlaufterminierung analysiert wurden, nicht mehr als Optima der drei Planungsbereiche in

Frage kommen. Die Schritte 4 und 5 sind deshalb in der Tabelle 29 eingeklammert worden.

Als nächstes werden die Auflagekombinationen untersucht, die bisher noch nicht in der Durchlaufterminierung beachtet wurden. Sie können möglicherweise im Vergleich zu den schon betrachteten Lösungen Vorteile im Hinblick auf die Kapazitätsbetrachtung aufweisen. Jede Überprüfung muß sich für diese Auflagekombinationen sowohl auf die Durchlaufterminierung als auch den Kapazitätsabgleich erstrecken. Bei dem zehnten Verfahrensschritt erkennt man, daß die relevante Kosten der Losgrößenplanung GK bei der Auflagevariante (1,2,3,4,5) bereits höher sind als die bisher günstigsten Kosten GK". Folglich müssen ab einschließlich dieser Losgrößenkombination keine terminlichen und kapazitätsmäßigen Zulässigkeiten und keine Anpassungsmaßnahmen der Durchlaufterminierung und des Kapazitätsabgleichs mehr überprüft werden. Die Auflagekombinationen (1,3,5,6) und (1,2,5,6) sind mit Gesamtkosten GK" in Höhe von 450 Geldeinheiten optimal für die Planungsbereiche Losgrößenplanung, Durchlaufterminierung und Kapazitätsabgleich.

Auch in der Auftragsfreigabe lassen sich durch die Verwendung unterschiedlicher Losgrößenkombinationen zusätzliche Entscheidungsspielräume gewinnen. Wenn es beispielsweise in der Auftragsfreigabe nicht möglich ist, die benötigten Werkzeuge in den Perioden bereitzustellen, in denen die Aufträge produziert werden sollen, die aus einer bestimmten Auflagekombination resultieren, kann man auf alternative Losgrößenkombinationen ausweichen.[1]

Dabei muß beachtet werden, daß sich diese Lösungen sowohl zeitlich als auch kapazitätsmäßig realisieren lassen müssen. Folglich muß man in diesen Fällen auf die Berechnungsergebnisse der Durchlaufterminierung und des Kapazitätsabgleichs zugreifen, falls diese bereits vorhanden sind, beziehungsweise die Auswirkungen der alternativen Auflagekombinationen auf diese Planungsbereiche und die entsprechenden Kosten gesondert berechnen.

---

[1] Zur Auftragsfreigabe siehe Kapitel 2.1 sowie die dort zitierte Literatur.

Die Reihenfolge, in der die alternativen Auflagekombinationen untersucht werden müssen, richtet sich nach den aufsteigenden Kosten GK", GK' und schließlich GK. Man verwendet also rückwärtsschreitend die Ergebnisse des Kapazitätsabgleichs, der Durchlaufterminierung und der Losgrößenplanung. Bezüglich der Abbruchkriterien für die verschiedenen Rechenschritte sei auf die Ausführungen zum Kapazitätsabgleich verwiesen. Diese müssen hier analog angewendet werden.

Bevor man die oben erläuterte Vorgehensweise sukzessive auf die Durchlaufterminierung und den Kapazitätsabgleich anwendet, empfiehlt es sich jedoch, bei jeder neuen Alternative, die analysiert werden soll, zunächst in der Auftragsfreigabe die Verfügbarkeitsprüfung durchzuführen, da diese weniger aufwendig ist als die Planung der Durchlaufzeiten, Kapazitätsbelastungen und der in diesen Modulen zur Verfügung stehenden Anpassungsmaßnahmen. Falls die Verfügbarkeit nicht gewährleistet ist, kann man sich die weiteren Berechnungen ersparen und unmittelbar zur nächsten Auflagekombination übergehen.[1]

Wenn man unser Zahlenbeispiel betrachtet, dessen bisherige Berechnungsergebnisse in Tabelle 29 enthalten sind, und voraussetzt, daß das benötigte Werkzeug in Periode 2 nicht zur Verfügung gestellt werden kann, so scheidet die Auflagekombination (1,2,5,6) als Lösung aus. Die Losgrößenkombination (1,3,5,6) ist mit 450 Geldeinheiten für diese Produktart weiterhin optimal. Falls auch in Periode 3 kein Werkzeug zur Verfügung gestellt werden kann, sind weitere Berechnungen erforderlich.

Die Auflagevarianten, für die schon Ergebnisse aus dem Kapazitätsabgleich bzw. der Durchlaufterminierung vorliegen, werden in diesem Fall in der Reihenfolge der aufsteigenden Kosten GK" und - anschließend - GK' analysiert. Danach werden solche Losgrößenkombinationen geprüft, für die nur die relevanten Kosten der Losgrößenplanung vorliegen. Die Berechnungen beginnen für alle Auflagevarianten mit der Verfügbarkeitsprüfung, es scheiden also alle Losgrößenkombinationen aus, die die zweite

---

[1] Anpassungsmaßnahmen zur Herstellung der Verfügbarkeit bleiben, wie in PPS-Systemen üblich, außer acht.

oder dritte Periode beinhalten. Weitere Abbruchkriterien liegen dann vor, wenn bei den zu untersuchenden Auflagekombinationen die Kosten GK", GK' bzw. GK größer sind als die minimalen Kosten GK" der bisher zulässigen Lösungen. Für Auflagevarianten, bei denen diese Abbruchbedingungen nicht unmittelbar zu Beginn der Betrachtung zutreffen, müssen die gegebenenfalls erforderlichen Anpassungsmaßnahmen der Durchlaufterminierung und des Kapazitätsabgleichs bestimmt und die Kosten dieser Maßnahmen berechnet werden.

Ebenso wie in den vorherigen Planungsstufen kann man auch in der Feintermin- und Reihenfolgeplanung neue Entscheidungsalternativen erhalten, wenn man die Möglichkeit berücksichtigt, alternative Auflagekombinationen zu verwenden.[1])

Falls beispielsweise Fertigungsaufträge vorliegen, für die eine Termineinhaltung aufgrund von Reihenfolgeproblemen nicht möglich ist, kann man überprüfen, ob eine alternative Auflagekombination gewählt werden kann, die sich bezüglich der Durchlaufterminierung, des Kapazitätsabgleichs und der Auftragsfreigabe realisieren läßt und deren Termineinhaltung unter Berücksichtigung der Reihenfolgeplanung möglich ist.

Im Hinblick auf die dazu erforderlichen Rückkopplungen und die Abbruchbedingungen für die entsprechenden Berechnungen sei auf die obigen Ausführungen bei der Auftragsfreigabe verwiesen. Darüber hinaus sind für die Auflagekombinationen, die gemäß der dort erläuterten Abfolge bearbeitet werden, Überprüfungen der Zulässigkeiten in der Reihenfolgeplanung erforderlich. Falls Anpassungsmaßnahmen in der Reihenfolgeplanung möglich sind, müssen diese nach minimalen Kosten ausgewählt und zu den Kosten addiert werden, die für die jeweils betrachtete Losgrößenkombination in den vorhergehenden Planungsbereichen entstehen. Die optimale(n) Lösung(en) für die betrachtete Produktart im Hinblick auf die berücksichtigten Planungsbereiche

---

[1]) Zur Feintermin- und Reihenfolgeplanung siehe Kapitel 2.1 sowie die dort zitierte Literatur.

erhält man, indem man das Minimum der Kosten ermittelt, die über alle Planungsbereiche summiert werden.

Geht man davon aus, daß in unserem Beispiel, das mit Hilfe der Tabelle 29 verdeutlicht wurde, bezüglich der - bisher optimalen - Auflagekombination (1,3,5,6) Probleme mit der Reihenfolgeplanung in Periode 1 auftreten, so kann überprüft werden, ob man die - bisher ebenfalls optimale - Auflagekombination (1,2,5,6) verwenden soll, die aufgrund der geringeren Auftragsgröße in Periode 1 möglicherweise reihenfolgemäßig durchführbar ist. Wenn auch diese Lösung nicht zulässig ist, da sie beispielsweise in der zweiten Periode zu Reihenfolgeproblemen führen würde, müssen die weiteren Auflagekombinationen - in bezug auf ihre Realisierbarkeit, Anpassungsmaßnahmen bzw. Kosten - gemäß der Vorgehensweise untersucht werden, die bereits oben für die Auftragsfreigabe erläutert wurde.

Insgesamt kann man feststellen, daß der Planungsaufwand für die Anpassungsmaßnahmen, die auf der Verwendung von alternativen Auflagekombinationen basieren, im allgemeinen um so höher wird, je weiter man sich innerhalb der Produktionsplanung und -steuerung von der Losgrößenplanung entfernt. Dies liegt daran, daß die Zulässigkeiten der ausgewählten Losgrößenkombinationen im Hinblick auf alle Planungsstufen überprüft werden müssen, die - jeweils einschließlich - zwischen der Durchlaufterminierung und der betrachteten Planungsstufe vorhanden sind.[1] Auch die Berechnung der Kosten der in diesen Planungsbereichen zur Verfügung stehenden Anpassungsmaßnahmen und die Auswahl der kostengünstigsten Anpassungsmaßnahmen kann erforderlich werden, falls in diesen Modulen bezüglich der alternativen Auflagekombinationen Engpässe auftreten. Ergebnisse, die in den vorherigen Planungsstufen berechnet wurden, können als Zwischenergebnisse bzw. Dateninput in den nachfolgenden Planungsbereichen weiterverwendet werden.

---

[1] Falls nur die Durchlaufterminierung betrachtet wird, sind keine weiteren Rückkopplungen erforderlich, da die Durchlaufterminierung - bei einer Verwendung des hier entwickelten Losgrößenverfahrens - unmittelbar auf die Ergebnisse der Losgrößenplanung zugreifen kann, ohne die Losgrößenplanung erneut starten zu müssen.

Ein entscheidender Vorteil dieser neuen Anpassungsmöglichkeiten besteht darin, daß sie durch die Erweiterung der Alternativenmenge in zahlreichen Planungssituationen noch realisierbare Lösungen liefern kann, in denen die bisherige Vorgehensweise der Produktionsplanungs- und -steuerungssysteme überhaupt keine durchführbaren Ergebnisse mehr findet und dann in der Regel dem Entscheidungsträger die Problematik der Verschiebung von Lieferterminen oder der Verringerung von Liefermengen überläßt.

Darüber hinaus können die zusätzlichen Dispositionsspielräume auch dazu dienen, die Produktions- oder Beschaffungskosten zu vermindern, wenn zur Realisierung der bisher in der Planung verwendeten Losgrößenkombination entsprechend teure Anpassungsmaßnahmen erforderlich wären. Mit Hilfe der oben beschriebenen Vorgehensweise lassen sich bezogen auf eine Produktart die optimale(n) Lösung(en) für die betrachteten Planungsbereiche bestimmen. Auf diese Weise könnte das in dieser Arbeit entwickelte Losgrößenverfahren in Verbindung mit der oben hergeleiteten Vorgehensweise der Verwendung alternativer Auflagekombinationen zu einer deutlichen Verbesserung der bisherigen Produktionsplanungs- und -steuerungssysteme beitragen.

4.8.3 Flexibilität bei Störungen in der Realisierungsphase der Losgrößenentscheidung

Neben der Erhöhung der Planungsflexibilität der isolierten Losgrößenplanung und der nachfolgenden PPS-Module werden durch das neue Losgrößenverfahren (strategische) Flexibilitätspotentiale[1] aufgebaut, die bei Situationsänderungen beziehungsweise Störungen, die nach der Planungsphase entstehen, kurzfristig (operativ) genutzt werden können. So erhöht sich beispielsweise nach der Durchführung der Produktionsplanung und -steuerung durch den direkten Zugriff auf die alternativen Auflagekombinationen die Reaktionsfähigkeit und Reaktionsgeschwindigkeit (Reagibilität) der Disposition, wenn kurz vor oder während der Realisierung der Losgrößenentscheidung

---

[1] Vgl. Schneeweiß, C., 1992, S. 147 f.

Probleme bezüglich der Durchlaufzeiten, der Kapazitäten oder der Materialbereitstellung auftreten.[1]

Nach der Erläuterung des neuen Losgrößenverfahrens und seinen Verwendungs- bzw. Integrationsmöglichkeiten in der Produktionsplanung und -steuerung sowie den daraus entstehenden Flexibilitätspotentialen soll im nächsten Kapitel analysiert werden, wie das hier entwickelte Verfahren im Vergleich zu den bisher verwendeten dynamischen Losgrößenverfahren zu bewerten ist.

4.9 Bewertung des neuen Verfahrens gegenüber den bisherigen dynamischen Losgrößenverfahren

Ein Kriterium für die Beurteilung eines Losgrößenverfahrens ist üblicherweise die Frage, ob es in der Lage ist, die optimale Lösung eines Losgrößenproblems zu berechnen beziehungsweise in welchem Maße die ermittelte Lösung von der Optimallösung abweicht. Ein weiteres Kriterium stellt die von dem Verfahren benötigte Rechenzeit dar.

Nicht beachtet bei der Bewertung von dynamischen Losgrößenverfahren wurde bisher in der Literatur der Aspekt der Flexibilität, die mit Hilfe eines solchen Verfahrens gewonnen werden kann.[2] In dem vorhergehenden Kapitel wurde bereits gezeigt, daß diesem Kriterium im Hinblick auf eine erfolgreiche Lösung der planerischen Aufgaben eine hohe Bedeutung beigemessen werden muß. Aus diesem Grunde wird die

---

[1] Bezüglich der Vorgehensweise, die erforderlich ist, wenn sich bestimmte Losgrößenkombinationen nicht realisieren lassen, sei auf das vorherige Kapitel verwiesen.

[2] Der Grund für die Nichtbeachtung dieses Kriteriums dürfte darin liegen, daß die bisherigen dynamischen Losgrößenverfahren nicht unter dem Aspekt entwickelt wurden, die Flexibilität der Planung zu erhöhen. Die Möglichkeiten einer flexiblen Losgrößenplanung, die im vorherigen Kapitel erläutert wurden, waren deshalb bei diesen Losgrößenverfahren noch nicht vorhanden.

Thematik der Flexibilität eines Losgrößenverfahrens im folgenden - hinsichtlich der Flexibilität der eigentlichen Losgrößenentscheidung, der nachfolgenden Produktionsplanungs- und -steuerungsmodule und der Flexibilität bei Störungen im Produktions- beziehungsweise Beschaffungsvollzug - als weiteres Kriterium zur Beurteilung von Losgrößenverfahren herangezogen.

4.9.1 Bewertung des neuen Losgrößenverfahrens hinsichtlich der Optimalität der Lösung

Um das hier entwickelte Losgrößenverfahren bezüglich der Optimalität der erzeugten Lösungen beurteilen zu können, ist ein Vergleich mit den üblicherweise in der Produktionsplanung und -steuerung eingesetzten dynamischen Losgrößenverfahren erforderlich.[1] Das Kostenausgleichsverfahren, das Stückkostenverfahren, das Groff-Verfahren und das Silver-Meal-Verfahren gehören zu den heuristischen Verfahren und können deshalb - wenn überhaupt - eine optimale Lösung des Losgrößenproblems nur zufällig erzielen. Bezüglich der Frage, wie diese Losgrößenheuristiken zu bewerten sind, sei auf die entsprechenden Ausführungen in Kapitel 3.3 verwiesen.

Eine optimale Lösung der dynamischen Losgrößenplanung wird mit Hilfe des Wagner-Whitin-Verfahrens erzielt.[2] Dabei muß beachtet werden, daß dieses - auf der dynamischen Programmierung basierende - Verfahren lediglich in der Lage ist, eine (einzige) optimale Lösung zu ermitteln.

---

[1] Auf einen Vergleich mit dem Harris-Verfahren soll hier verzichtet werden. Es wurde bereits in Kapitel 3.3 gezeigt, daß die in der Praxis weit verbreitete Anwendung dieses Verfahrens bei variablem Bedarfsverlauf zu suboptimalen beziehungsweise in einigen Fällen sogar zu nicht zulässigen Lösungen führt, da das Harris-Verfahren aufgrund seiner Prämissen nur für den Fall der konstanten Bedarfsmengen mit nicht fest vorgegebenen Bereitstellungszeitpunkten einsetzbar ist (statisches Losgrößenverfahren).

[2] Vgl. Wagner, H. M., und Whitin, T. M., 1958a, S. 93, außerdem Bogaschewsky, R., 1988, S. 32 ff.; Heinrich, C. E., 1987, S. 36 ff.; Kistner, K.-P., und Steven, M., 1993, S. 52 ff.; Schenk, H. Y., 1991, S. 16 ff.; Schmidt, A., 1985, S. 123 ff.; Tempelmeier, H., 1995, S. 159 ff.

Das in dieser Arbeit hergeleitete dynamische Losgrößenverfahren ermittelt ebenfalls diese optimale Lösung des Losgrößenproblems, da alle entscheidungsrelevanten Auflagekombinationen berücksichtigt werden. Damit gehört das Verfahren genauso wie der Ansatz von Wagner und Whitin zu den exakten Verfahren der einstufigen dynamischen Losgrößenplanung. Es ist aber im Gegensatz zu dem Verfahren von Wagner und Whitin in der Lage, auch Mehrfachlösungen der dynamischen Losgrößenplanung zu ermitteln und diese dem Disponenten anzuzeigen.

Dieser Vorteil des vorgestellten Verfahrens soll hier anhand des oben gewählten Zahlenbeispiels verdeutlicht werden.[1] Variiert man in diesem Beispiel - jeweils bei Beibehaltung aller übrigen Daten - den Rüstkostensatz, den Lagerkostensatz und die Bedarfsmengen der einzelnen Perioden mit Hilfe einer Sensitivitätsanalyse getrennt voneinander, so ist zu erkennen, daß es zahlreiche Problemkonstellationen gibt, die Mehrfachlösungen aufweisen.

Die Durchführung der Sensitivitätsuntersuchung erfolgt so, daß jeweils ein Parameter von 0 ausgehend sukzessive erhöht wird. Die Schrittweite bei der Erhöhung des Rüstkostensatzes soll eine Geldeinheit pro Rüstvorgang, bei der Erhöhung des Lagerkostensatzes 0,01 Geldeinheiten pro Mengeneinheit und Periode und bei der Erhöhung der Nettobedarfsmengen eine Mengeneinheit betragen.

Die Erhöhung des Rüstkostensatzes beziehungsweise die dazugehörige Sensitivitätsuntersuchung kann abgebrochen werden, wenn man als einzige Lösung erhält, daß nur in der ersten Periode aufgelegt wird. Eine weitere Erhöhung des Rüstkostensatzes wird danach keine weiteren Lösungen und damit auch keine Mehrfachlösungen mehr bewirken können, da die Auflagekombination, bei der nur in Periode 1 aufgelegt wird und deshalb nur ein Rüstvorgang erforderlich ist, von einer Erhöhung des Rüstkostensatzes weniger betroffen sein wird als alle anderen Lösungen, die jeweils mehr als eine Auflage erfordern.

---

[1] Siehe Kapitel 4.5.

Tabelle 30 beinhaltet die Gesamtkostenvektoren, die zu Mehrfachlösungen führen, wenn man den Rüstkostensatz im vorliegenden Zahlenbeispiel separat variiert. Die optimalen Gesamtkosten sind in den Vektoren mit * gekennzeichnet.

Tabelle 30: Beispiele für Mehrfachlösungen bei einer Variation des Rüstkostensatzes

Auflage- kombinationen	Gesamtkostenvektoren für verschiedene Rüstkostensätze			
	20 GE/Rüst- vorgang	60 GE/Rüst- vorgang	140 GE/Rüst- vorgang	560 GE/Rüst- vorgang
(1)	820	860	940	1360*
(1,2)	570	650	810	1650
(1,3)	420	500	660	1500
(1,2,3)	380	500	740	2000
(1,4)	360	440	600	1440
(1,2,4)	270	390	630	1890
(1,3,4)	280	400	640	1900
(1,2,3,4)	240	400	720	2400
(1,5)	280	360	520*	1360*
(1,2,5)	170	290	530	1790
(1,3,5)	160	280*	520*	1780
(1,2,3,5)	120*	280*	600	2280
(1,4,5)	240	360	600	1860
(1,2,4,5)	150	310	630	2310
(1,3,4,5)	160	320	640	2320
(1,2,3,4,5)	120*	320	720	2820
(1,6)	740	820	980	1820
(1,2,6)	510	630	870	2130
(1,3,6)	380	500	740	2000
(1,2,3,6)	340	500	820	2500
(1,4,6)	340	460	700	1960
(1,2,4,6)	250	410	730	2410
(1,3,4,6)	260	420	740	2420
(1,2,3,4,6)	220	420	820	2920
(1,5,6)	280	400	640	1900
(1,2,5,6)	170	330	650	2330
(1,3,5,6)	160	320	640	2320
(1,2,3,5,6)	120*	320	720	2820
(1,4,5,6)	240	400	720	2400
(1,2,4,5,6)	150	350	750	2850
(1,3,4,5,6)	160	360	760	2860
(1,2,3,4,5,6)	120*	360	840	3360

Bei einem Rüstkostensatz von 20 Geldeinheiten pro Rüstvorgang erhält man beispielsweise vier optimale Lösungen und bei Rüstkostensätzen in Höhe von 60, 140 oder 560 Geldeinheiten pro Rüstvorgang jeweils Doppellösungen.

Verändert man in dem vorliegenden Beispiel die Lagerkostensätze beginnend mit 0 Geldeinheiten pro Mengeneinheit und Periode mit einer Schrittweite von 0,01, so ergeben sich Mehrfachlösungen bei 0,30 und 0,90 Geldeinheiten pro Mengeneinheit und Periode.

Die Sensitivitätsuntersuchung zur Ermittlung der Mehrfachlösungen bei einer Variation des Lagerkostensatzes kann abgebrochen werden, sobald die Auflagepolitik, bei der in jeder Periode aufgelegt werden soll, als alleinige Optimallösung feststeht. Eine weitere Erhöhung des Lagerkostensatzes wird nämlich diese Lösung nicht belasten, da bei ihr - im Gegensatz zu allen anderen Auflagekombinationen - keine Lagerung erforderlich ist. Deswegen können bei einer weiteren Erhöhung des Lagerkostensatzes keine Mehrfachlösungen auftreten.

Durch eine separate Variation der Nettobedarfsmengen der einzelnen Perioden erhält man ebenfalls Mehrfachlösungen. Eine Ausnahme bildet jedoch allgemein die erste Periode des relevanten Planungszeitraums, die bei dem vorliegenden Losgrößenverfahren mit der ersten Periode übereinstimmt, die einen positiven Nettobedarf aufweist ($t = \mu$). In dieser Periode muß zwingend aufgelegt werden, denn sonst würden Fehlmengen entstehen. Deshalb läßt sich durch eine Veränderung dieser Bedarfsmenge - für alle Werte > 0 - keine alternative Auflagekombination finden.

(Neue) Mehrfachlösungen sind folglich nur bei einer Variation der Nettobedarfsmengen ab Periode $t = \mu+1$ möglich. Die sukzessive Erhöhung der Nettobedarfsmengen innerhalb der Sensitivitätsanalyse kann abgebrochen werden, sobald nur noch eine Auflagekombination bzw. mehrere Auflagekombinationen optimal sind, die eine Auflage in der Periode beinhalten, die variiert wird. Eine weitere Erhöhung der Nettobedarfsmenge würde die entscheidungsrelevanten Kosten aller Auflagevarianten, die in dieser Periode auflegen, nicht erhöhen, während bei allen anderen Auflagevarianten höhere Lagerhaltungskosten entstehen würden. Folglich sind bei einer zusätzlichen Erhöhung der Nettobedarfsmenge keine weiteren Mehrfachlösungen mehr auffindbar.

In Tabelle 31 werden alle Parameterausprägungen des Rüstkostensatzes, des Lagerkostensatzes und der Nettobedarfsmengen angegeben, bei denen sich durch separate Variation in dem vorliegenden Zahlenbeispiel Mehrfachlösungen ergeben.

Tabelle 31: Parameterausprägungen, die im vorliegenden Beispiel zu Mehrfachlösungen führen

Parameter		Parameterausprägung	Anzahl der optimalen Lösungen
Rüstkostensatz		20,00	4
(Geldeinheiten/Rüstvorgang)		60,00	2
		140,00	2
		560,00	2
Lagerkostensatz		0,30	2
(Geldeinheiten/Mengeneinheit und Periode)		0,90	4
Nettobedarfsmenge	Periode 2	350,00	2
(Mengeneinheiten)	Periode 3	50,00	2
		200,00	2
	Periode 4	50,00	2
		400,00	2
	Periode 5	125,00	2
	Periode 6	450,00	2

Die Anwendung der Sensitivitätsanalyse auf dieses Beispiel hat gezeigt, daß bei einer getrennten Variation zahlreiche Parameterausprägungen möglich sind, die zu Mehrfachlösungen führen. Darüber hinaus gibt es jedoch auch Fälle, bei denen nicht nur für einzelne Parameter, sondern für ganze Parameterbereiche Mehrfachlösungen existieren.

Dies soll anhand unseres Beispiels verdeutlicht werden. Verwendet man dort - unter Beibehaltung der übrigen Zahlenwerte - einen Rüstkostensatz von 60 Geldeinheiten pro Rüstvorgang, so erhält man für dieses Losgrößenproblem - wie in Tabelle 31 angegeben - eine Mehrfachlösung. Diese Mehrfachlösung gilt jedoch nicht nur für die vorliegende Datenkonstellation, sondern kann auch erhalten bleiben, wenn man andere Parameter, beispielsweise die Bedarfsmenge der dritten Periode, in bestimmten Grenzen variiert.

Mit Hilfe von Abbildung 45 wird gezeigt, für welche Bereiche der Nettobedarfsmengen der dritten Periode weiterhin Mehrfachlösungen auf der Basis des vorliegenden Beispiels vorhanden sind.[1]

---

[1] Der Rüstkostensatz beträgt in diesem Beispiel 60 GE pro Rüstvorgang. Nicht geändert wurden im Vergleich zum Ausgangsbeispiel der Lagerkostensatz (0,20 GE pro ME und Periode) und die Nettobedarfsmengen der ersten, zweiten, vierten, fünften und sechsten Periode (400, 300, 100, 600 und 100 ME pro Periode).

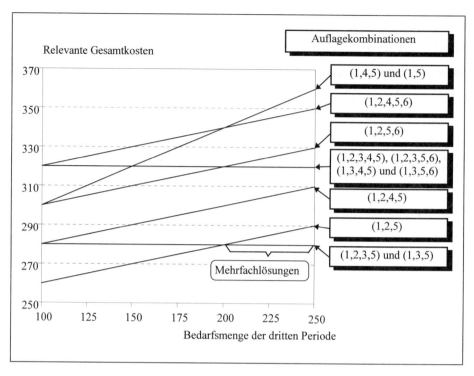

Abbildung 45: Relevante Gesamtkosten ausgewählter Auflagekombinationen bei einer Variation der Bedarfsmenge der dritten Periode

In dieser Abbildung werden die Funktionen der relevanten Gesamtkosten einiger ausgewählter Auflagekombinationen grafisch dargestellt.[1] Man erhält diese Funktionen, wenn man die Bedarfsmenge der dritten Periode im Sinne einer Sensitivitätsbetrachtung sukzessive verändert und dabei die relevanten Gesamtkosten der jeweiligen Auflagekombination berücksichtigt. Bei der vorliegenden Sensitivitätsuntersuchung wird die Nettobedarfsmenge, beginnend mit 0 Mengeneinheiten, jeweils schrittweise um eine Mengeneinheit erhöht.

---

[1] Die Beschränkung der Abbildung auf die dargestellten Funktionen war aus Gründen der Übersichtlichkeit erforderlich. Die Auswahl der Funktionen erfolgte nach aufsteigender Reihenfolge der relevanten Gesamtkosten (in dem betrachteten Intervall).

Folgende Ergebnisse erhält man mit Hilfe dieser Sensitivitätsbetrachtung: Für Nettobedarfsmengen bis zu 199 Mengeneinheiten ist die Losgrößenkombination (1,2,5) als alleinige Lösung optimal. Bei 200 Mengeneinheiten liegen drei optimale Lösungen vor ((1,2,5),(1,2,3,5) und (1,3,5)) und ab 201 Mengeneinheiten existiert mit den Auflagekombinationen (1,2,3,5) und (1,3,5) eine Doppellösung. Die Berechnungen der Sensitivitätsbetrachtung können bei 201 Mengeneinheiten beendet werden, da jede weitere Erhöhung der dritten Bedarfsmenge bei allen Losgrößenkombinationen, die die Periode 3 als Auflageperiode beinhalten, keine Veränderung der relevanten Kosten bewirkt, während sich die Kosten bei allen anderen Auflagekombinationen erhöhen müssen, denn bei diesen sind so viele Mengeneinheiten zusätzlich zu lagern, wie die Bedarfsmenge der dritten Periode sich bei einer Weiterführung der Berechnungen erhöhen würde. Folglich können keine weiteren Losgrößenkombinationen als optimale Lösungen in Betracht kommen, und die beiden optimalen Lösungen (1,2,3,5) und (1,3,5) gelten für alle Bedarfsmengen ab 201 Mengeneinheiten.

Dieses Beispiel verdeutlicht, daß Mehrfachlösungen in der Losgrößenplanung nicht nur vereinzelt für einige Zahlenwerte auftreten können, sondern daß es auch ganze Parameterbereiche gibt, die zu Mehrfachlösungen führen.

In allen Fällen, in denen - wie in diesen Beispielen - Losgrößenprobleme mit Mehrfachlösungen auftreten, hat der Entscheidungsträger bei Anwendung des vorgestellten Losgrößenverfahrens die Möglichkeit, daraus eine optimale Lösung auszuwählen. Damit stehen ihm bei der Disposition größere Handlungsspielräume zur Verfügung, als dies bei Anwendung des Wagner-Whitin-Verfahrens der Fall wäre.

4.9.2 Bewertung des neuen Losgrößenverfahrens hinsichtlich der Flexibilität

Nachdem das hier entwickelte Losgrößenverfahren im Hinblick auf die Ermittlung der optimalen Auflagekombinationen bewertet wurde, wird nun überprüft, wie die Flexibilität, die bei der Verwendung des neuen Losgrößenverfahrens entsteht, im Vergleich zu den entsprechenden Einsatzmöglichkeiten der bisherigen dynamischen Losgrößenverfahren zu beurteilen ist.

In Kapitel 5.1.7 wurde gezeigt, daß sich die mit Hilfe des neuen Verfahrens erzielbare Flexibilität auf drei Bereiche bezieht. Neben der Darstellung der Anpassungsmöglichkeiten, die sich in der eigentlichen Losgrößenplanung, in den nachgelagerten Modulen der Produktionsplanung und -steuerung sowie bei unerwarteten Veränderungen nach der Planungs- und Entscheidungsphase bei einer Anwendung des neuen Losgrößenverfahrens ergeben, wurden bereits an einigen Stellen Vorteile dieser Vorgehensweise erwähnt. In diesem Kapitel sollen nun die wesentlichen Argumente für eine flexible Losgrößenplanung kurz zusammengefaßt und die Flexibilitätspotentiale im Vergleich zu den Möglichkeiten bei einer Anwendung der bisherigen Losgrößenverfahren bewertet werden.

Die Bedeutung einer flexiblen Entscheidungsmöglichkeit in der eigentlichen Losgrößenplanung ergibt sich daraus, daß man im allgemeinen nicht sämtliche relevanten Besonderheiten einer Entscheidungssituation mit Hilfe eines Losgrößenverfahrens oder mit Hilfe von Erweiterungsansätzen berücksichtigen kann. Deshalb ist es als Vorteil des hier entwickelten Verfahrens anzusehen, daß dem Entscheidungsträger in diesen Fällen die Möglichkeit eingeräumt wird, weitere alternative Auflagekombinationen zu verwenden, um die Gegebenheiten, die nicht in den entsprechenden Losgrößenansatz einbezogenen wurden, mit Hilfe eines interaktiven Entscheidungsprozesses berücksichtigen zu können.[1] Durch diese dialogorientierte Losgrößenplanung werden die Stärken der EDV (z.B. kurze Rechenzeit, Verarbeitung großer Datenmengen) und des Disponenten (z.B. Fähigkeit, Vorgänge oder Sachverhalte gedanklich miteinander zu verknüpfen (Assoziationsfähigkeit), Kreativität, weitere Kenntnisse über die vorliegende Planungssituation) miteinander kombiniert, um bei besonderen Problemstellungen insgesamt eine realisierbare oder kostengünstigere Entscheidung erzielen zu können.

Auch in den Produktionsplanungs- und -steuerungsmodulen, die der Losgrößenplanung bzw. der Materialbedarfsplanung folgen, entstehen durch die Möglichkeit, auf alternative Auflagekombinationen zugreifen zu können, Flexibilitätspotentiale. Diese

---

[1] Vgl. Kapitel 4.8.1.

können (interaktiv und unterstützt durch spezielle Anpassungsalgorithmen) genutzt werden, wenn eine Losgrößenkombination, die bei einer isolierten Losgrößenentscheidung optimal ist, in den nachfolgenden Planungsstufen der Produktionsplanung und -steuerung zu Engpässen führt.[1]

Durch die Verwendung der weiteren optimalen Lösungen oder der "nächstbesten" Lösungen des isolierten Losgrößenproblems entstehen in diesen Planungsstufen wesentliche Vorteile im Vergleich zum Einsatz der bisherigen Losgrößenverfahren. Bei der üblichen Vorgehensweise der Produktionsplanungs- und -steuerungssysteme wird mit Hilfe eines dynamischen Losgrößenverfahrens für jedes Produkt eine einzige "optimale" Losgrößenkombination ermittelt, die dann in den nachfolgenden Planungsstufen zum Einsatz kommt. Dabei ist es möglich, daß dort trotz der zur Verfügung stehenden Anpassungsmaßnahmen keine zulässige Lösung vorhanden ist. Durch die Nutzung von alternativen Losgrößenkombinationen könnte jedoch eine zulässige Lösung dieses Planungsproblems gefunden werden. Die Verwendung des hier entwickelten Losgrößenverfahrens bzw. der zusätzlichen Alternativen kann also in den Fällen weiterhelfen, in denen man mit Hilfe der bisherigen Vorgehensweise der Produktionsplanungs- und -steuerungssysteme beziehungsweise des Einsatzes der bisherigen dynamischen Losgrößenverfahren überhaupt keine durchführbaren Ergebnisse mehr erzielen könnte.

Wenn die Möglichkeit, zusätzliche Entscheidungsspielräume durch die Nutzung alternativer Auflagekombinationen zu gewinnen, dazu führt, daß in diesen Planungssituationen die Liefertermine und Liefermengen der neuen Lose eingehalten werden, kann die Verwendung dieses Verfahrens dazu beitragen, daß potentielle bzw. angestrebte Erlöse des Unternehmens gesichert werden.

Darüber hinaus können in solchen Planungssituationen, in denen Anpassungsmaßnahmen erforderlich sind, durch das Ausweichen auf andere Auflagekombinationen

---

[1] Bezüglich der konkreten Vorgehensweise bei der Nutzung dieser Flexibilitätsmöglichkeiten in den einzelnen Planungsstufen sei auf Kapitel 4.8.2 verwiesen.

Lösungen ermittelt werden, die für die betrachteten Planungsbereiche kostengünstiger sind, als dies bei einer Verwendung einer isoliert ermittelten "optimalen" Losgrößenkombination und der zu deren Realisierung erforderlichen Anpassungsmaßnahmen der Fall ist. Die Anwendung des neuen Losgrößenverfahrens in Produktionsplanungs- und -steuerungssystemen bewirkt dann also eine Reduzierung der Produktions- oder Beschaffungskosten.

Auch die Erhöhung der Reaktionsfähigkeit und Reaktionsgeschwindigkeit der Disposition im Hinblick auf Situationsänderungen beziehungsweise Störungen, die nach der Planungsphase entstehen, wird dadurch ermöglicht, daß man direkt auf die alternativen Auflagekombinationen zugreifen kann. In diesen Situationen können durch die Flexibilitätspotentiale des hier entwickelten Losgrößenverfahrens ebenfalls Erlöse gesichert bzw. Produktions- oder Beschaffungskosten gesenkt werden.

Diese Möglichkeiten einer höheren Flexibilität und die daraus entstehenden Vorteile für die Losgrößenplanung und die Produktionsplanung und -steuerung bestehen bei den bisher verwendeten dynamischen Losgrößenverfahren nicht, da dort kein Zugriff auf die alternativen Losgrößenkombinationen möglich ist. Folglich können die Produktionsplanungs- und -steuerungssysteme durch den Einsatz des hier entwickelten Losgrößenverfahrens wesentlich verbessert werden.

4.9.3 Bewertung des neuen Losgrößenverfahrens hinsichtlich der Rechenzeit

In der Literatur werden Antworten von interaktiven Systemen als "augenblicklich" bezeichnet, wenn die Antwortzeiten an der Grenze des zeitlichen Auflösungsvermögens des Menschen liegen, also etwa 0,1 Sekunden betragen.[1)]

[1)] Vgl. u.a. Schneider, H.-J., 1991, S. 40; Wandmacher, J., 1993, S. 25. Hansen (H. R., 1992, S. 421) spricht von "kurzen Antwortzeiten bei kommerziellen Anwendungen", wenn diese unter zwei Sekunden liegen.

Das vorgestellte Losgrößenverfahren auf Basis der Matrizenrechnung und der begrenzten Enumeration erfüllt diese Anforderung für praxisrelevante Planungszeiträume bereits auf handelsüblichen Personal-Computern.[1] Dies wird mit Hilfe von Tabelle 32 verdeutlicht, in der die Rechenzeiten des Losgrößenverfahrens für einen Planungszeitraum T' von 6 bis 12 Perioden dargestellt werden.[2]

Tabelle 32: Rechenzeiten des Losgrößenverfahrens auf Basis der Matrizenrechnung und der begrenzten Enumeration bei einer Verwendung verschiedener PC- bzw. Prozessor-Generationen (in Sekunden)

Planungs-zeitraum	Prozessortyp und Taktfrequenz					
	Intel 8088 10 MHz	Intel 80286 12 MHz	Intel 80386 20 MHz	Intel 80486 66 MHz	Intel Pentium 120 MHz	Intel Pentium II 300 MHz
T' = 6	0,02010	0,00366	0,00185	0,00025	0,00007	0,00002
T' = 7	0,03740	0,00681	0,00342	0,00046	0,00014	0,00004
T' = 8	0,07661	0,01398	0,00703	0,00094	0,00028	0,00009
T' = 9	0,14921	0,02723	0,01369	0,00183	0,00056	0,00018
T' = 10	0,32194	0,05877	0,02955	0,00394	0,00119	0,00037
T' = 11	0,65849	0,12035	0,06046	0,00805	0,00244	0,00075
T' = 12	1,50219	0,27851	0,13991	0,01858	0,00563	0,00173

Der in Kapitel 4.7 beschriebene exponentielle Anstieg der Rechenzeiten des Losgrößenverfahrens in Abhängigkeit von der Länge des Planungszeitraums bestätigt sich durch die Zeitmessungen. Es ist jedoch zu erkennen, daß die Rechenzeiten des Losgrößenverfahrens auf einem niedrigen Niveau beginnen und daß sie in Abhängigkeit von der Entwicklung der Rechnertechnologie für praxisrelevante Planungszeiträume nicht mehr als Engpaß angesehen werden können. Dies soll durch folgende Beispiele verdeutlicht werden:

---

[1] Zum Zeitpunkt der Erstellung dieser Arbeit waren dies Personal-Computer mit einem Pentium- oder Pentium-II-Prozessor und einer Taktfrequenz von bis zu 300 MHz.

[2] Die in der Abbildung dargestellten Rechner wurden in den Jahren 1979 (Prozessor: 8088), 1982 (Prozessor: 80286), 1985 (Prozessor: 80386), 1992 (Prozessor: 80486), 1993 (Pentium) und 1997 (Pentium II) erstmals angeboten.

- Auf einem Personal-Computer[1] lassen sich beispielsweise in einer Minute mit dem hier entwickelten Verfahren über 160.000 Losgrößenprobleme mit einem Planungszeitraum von jeweils 10 Perioden berechnen (Rechenzeit des Prozessors).
- Wenn man ein Losgrößenproblem mit einem Planungszeitraum von 12 Perioden mit dem neuen Verfahren berechnet, liegt die Rechenzeit bereits bei der PC-Rechnerklasse um ein Vielfaches niedriger als die menschliche Wahrnehmungszeit.[2] Der Benutzer kann also in diesen Fällen überhaupt nicht wahrnehmen bzw. feststellen, ob eine Antwortzeit des Losgrößenverfahrens bzw. des Rechners vorgelegen hat.

Aus den oben in der Tabelle enthaltenen Rechenzeitergebnissen ist darüber hinaus zu erkennen, daß das Rechenzeitargument für praxisrelevante Planungszeiträume mit jeder neuen Rechner- bzw. Prozessorgeneration weiter entkräftet wird. Dies kann man gut dadurch illustrieren, daß man die Rechenzeiten in Abhängigkeit von den verschiedenen PC-Prozessorgenerationen in Form eines Balkendiagramms darstellt (Abbildung 46). Man erkennt, daß die Rechenzeiten der weiter vorne dargestellten neueren PC-Prozessorgenerationen im Vergleich zu den entsprechenden Vorgängertechnologien kaum noch ins Gewicht fallen und daß die Unterschiede in Abhängigkeit von der Rechnertechnologie so gravierend sind, daß eine vergleichende Darstellung in einer einzigen Abbildung bereits darstellerische Probleme bereitet. Trotzdem ist die Darstellung in einer einzigen Abbildung hier zweckmäßig, denn man erkennt zwar dabei die absoluten Rechenzeitangaben der neueren Prozessorgenerationen nicht mehr, die in der Tabelle ersichtlich sind und bei einer Einzeldarstellung besser abbildbar wären, dafür kann man aber die Größenunterschiede der gemessenen Rechenzeiten gut verdeutlichen. Um in der Abbildung hervorzuheben, welche Rechenzeiten von einem

---

[1] Prozessor: Pentium II, Taktfrequenz: 300 MHz.

[2] Geht man wie oben angenommen von einer Wahrnehmungszeit von 0,1 Sekunden aus, so sind die Berechnungen z.B. auf einem Rechner mit Pentium-II-Prozessor (Taktfrequenz 300 MHz) fast um den Faktor 58 schneller (0,00173 Sekunden pro Losgrößenproblem mit einem Planungszeitraum von 12 Perioden) als die Wahrnehmungszeit des Menschen.

Menschen überhaupt wahrgenommen werden könnten, wurden diese Zeiten bzw. die entsprechenden Balken mit einem * markiert.

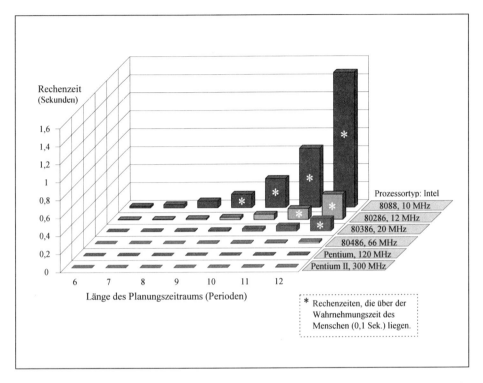

Abbildung 46: Rechenzeiten des Losgrößenverfahrens auf Basis der Matrizenrechnung und der begrenzten Enumeration bei einer Verwendung verschiedener PC- bzw. Prozessor-Generationen (in Sekunden)

Die bisherigen Ausführungen haben gezeigt, daß das hier entwickelte Losgrößenverfahren gegenüber dem Wagner-Whitin-Ansatz und den oben erwähnten Heuristiken den Vorteil bietet, daß bei seiner Anwendung alle optimalen Lösungen errechnet werden.

Außerdem führt das Verfahren zu einer größeren Flexibilität der Losgrößenplanung und der Produktionsplanung und -steuerung und bietet dem Disponenten die Möglichkeit, ihn in einem interaktiven Prozeß stärker in die Entscheidungsfindung mit einzubeziehen, was - neben der zusätzlichen Flexibilität und der Verbesserung der

Lösungsgüte - auch die Akzeptanz des Verfahrens und der errechneten Lösung(en) erhöhen kann.

Diesen Vorteilen stehen höhere Rechenzeiten gegenüber, die aber nicht als Nachteil gewertet werden können, da sie sich aufgrund der oben erläuterten Maßnahmen zur Verminderung der Rechenzeiten bereits bei der heutigen Technologie der Personal-Computer im Millisekundenbereich befinden und deshalb schon zum jetzigen Zeitpunkt unerheblich sind.[1] Folglich gibt es keine Gründe, auf die Vorteile, die sich bei dem hier beschriebenen Losgrößenverfahren ergeben, zu verzichten.

---

[1] Diese Schlußfolgerungen werden natürlich noch deutlicher, wenn man leistungsfähigere Rechnerklassen (z.B. Workstations) zur Losgrößenplanung verwendet.

5 Erweiterungen des neuen dynamischen Losgrößenverfahrens

Das hier entwickelte einstufige dynamische Losgrößenverfahren bietet neben den bereits erwähnten Vorteilen die Möglichkeit, daß es sich gut für praxisrelevante Erweiterungen beziehungsweise Problemstellungen modifizieren läßt. Dieser Vorteil resultiert aus der Verwendung der Matrizen und Vektoren und aus ihrem bereits dargestellten speziellen Aufbau. Die Erweiterungen des Verfahrens, die in dieser Arbeit hergeleitet werden, basieren jeweils auf einer Aufhebung der entsprechenden Prämissen. Folgende Rahmenbedingungen sollen im folgenden in die Losgrößenentscheidung einbezogen werden:

- Variable Periodenlängen (tagesgenaue Losgrößenplanung)
- Schwankende Rüstkostensätze bzw. bestellfixe Kostensätze
- Schwankende Lagerkostensätze
- Beschaffungsrestriktionen
- Lager- und Transportrestriktionen
- Kapazitätsrestriktionen im Fertigungsbereich
- Schwankende Preise bzw. schwankende variable Stückherstellkosten.

Darüber hinaus soll nach der Entwicklung dieser Erweiterungsmöglichkeiten ein Verfahren hergeleitet werden, mit dem alle Erweiterungsansätze des Grundmodells, die in dieser Arbeit entwickelt werden, beliebig miteinander kombiniert werden können.[1]

5.1 Berücksichtigung von variablen Periodenlängen

In der betrieblichen Praxis sind unterschiedlich lange Perioden zwischen den Bedarfszeitpunkten die Regel. Trotzdem gehen die Produktionsplanungs- und -steuerungssysteme in der Materialbedarfsplanung üblicherweise von gleichlangen Perioden - z.B.

---

[1] Siehe dazu Kapitel 5.8.

Wochen oder Monaten - aus, um die Planungssituation entsprechend zu vereinfachen.[1)]

Durch eine starre Einteilung in äquidistante Perioden und die Annahme, daß der Bedarf immer am Periodenbeginn anfällt, entsteht eine Vergröberung des Planungsproblems, die im allgemeinen dazu führt, daß die Lagerhaltungskosten falsch beziehungsweise ungenau berechnet werden und die daraus resultierende Losgrößenplanung suboptimal ist. So ist es beispielsweise möglich, daß zwei Bedarfsmengen, von denen die erste am Ende einer Periode und die zweite am Anfang der nächsten Periode vorliegt, aufgrund der fest vorgegebenen Periodenlängen nicht zu einem Los zusammengefaßt werden. Obwohl die beiden Bedarfsmengen zwei unmittelbar aufeinanderfolgenden Tagen zugeordnet werden können, wird bei der starren Periodeneinteilung eine Kapitalbindung für eine komplette (konstante) Periodenlänge (z.B. einen kompletten Monat) unterstellt und damit mit falschen beziehungsweise ungenauen Lagerhaltungskosten optimiert.

Diese Wirkung entfällt, wenn man variable Periodenlängen - durch eine tagesgenaue Verrechnung der Lagerhaltungskosten - berücksichtigt[2)] und auf diese Weise den Detaillierungsgrad der Losgrößenplanung erhöht.[3)] Auf der Dateneingabeseite fällt bezüglich der genauen Bedarfszeitpunkte kein zusätzlicher Aufwand an, da diese zur Durchlaufterminierung und zur Fertigungssteuerung - sowie bei Endprodukten auch

---

[1)] Vgl. u.a. Orlicky, J., 1975, S. 70 ff., der diese Vorgehensweise als "time phasing" oder "time-bucket approach" bezeichnet.

[2)] Eine Periode umfaßt bei einer tagesgenauen Losgrößenplanung die Zeitspanne (Anzahl der Tage) zwischen zwei Bedarfszeitpunkten.

[3)] Dabei ist allerdings zu beachten, daß die Rechenzeit für das Losgrößenproblem - aufgrund der zusätzlichen Auflagekombinationen - steigt, wenn die Anzahl der Bedarfsmengen beziehungsweise -zeitpunkte größer ist als die Anzahl der entscheidungsrelevanten Perioden bei starrer Einteilung des Planungszeitraums. Falls jedoch die Anzahl der äquidistanten Perioden größer ist als die Anzahl der Bedarfszeitpunkte, vermindert sich beim Übergang zur tagesgenauen Losgrößenplanung die Anzahl der Auflagekombinationen im Vergleich zum Grundverfahren.

zur Kundenauftragsverwaltung und zur Distributionsplanung - ohnehin benötigt werden.

Um die Lagerhaltungskosten tagesgenau ermitteln zu können, muß der Lagerkostensatz in der Dimension Geldeinheiten pro Mengeneinheit und Tag angegeben sein (k'_L).[1] Multipliziert man den Lagerkostensatz k'_L mit dem Bedarfsmengenvektor BMV, so erhält man den Vektor der Lagerkosten bei eintägiger Lagerung der Bedarfsmengen (LEV'):

(68) $LEV' = BMV \cdot k'_L$.

Wenn man die Bedarfszeitpunkte mit $\bar{t}_s$, für $s = 1,...,\bar{T}$, angibt, kann man die unterschiedlich langen Lagerungsdauern zwischen diesen Bedarfszeitpunkten mit Hilfe der Variablen d'_s, für $s = 1,...,\bar{T}-1$, messen. Falls die Bedarfszeitpunkte systemintern als durchnumerierte Kalendertage verwaltet werden, gilt für die in Tagen angegebenen Zeitdifferenzen der Lagerung:

(69) $d'_s = \bar{t}_{s+1} - \bar{t}_s$ \qquad\qquad ($s = 1,...,\bar{T}-1$).

Die tagesgenaue Losgrößenplanung erfordert eine Veränderung der Lagerungsmatrix LM, die in der Matrix (RV | LM) enthalten ist und bisher nur äquidistante Perioden berücksichtigt. Die Koeffizienten $w_{z,s}$ der Blockmatrix geben für die Spalte $s = 1$ und die Zeilen $z = 1,...,2^{T-1}$ die Auflagehäufigkeit an, die sich ergibt, wenn die zur Zeile z gehörende Auflagekombination realisiert wird. Für $s = 2,...,T'$ und $z = 1,...,2^{T-1}$ entsprechen die Koeffizienten $w_{z,s}$ der Lagerungsdauer bei konstanten Periodenlängen, die sich für die Bedarfsmengen x_t (mit $t = s+\mu-1$) bei Realisierung der zur Zeile z gehörenden Auflagekombination ergibt. Die Koeffizienten $w_{z,s}$ sind innerhalb der Lagerungsmatrix ($s = 2,...,T'$) so in die neuen Koeffizienten $w'_{z,s}$ zu transformieren, daß sie die tagesgenaue Lagerungsdauer für die Bedarfsmengen in Abhängigkeit von

---

[1] Wird der Lagerkostensatz in Geldeinheiten pro Mengeneinheit und Periode gespeichert (k_L), so muß man zunächst den Lagerkostensatz auf Tagesbasis (k'_L) berechnen, indem man k_L durch die in Tagen gemessene Periodenlänge dividiert.

den Auflagekombinationen wiedergeben. Die Vorgehensweise bei der Transformation der Rüst- und Lagerungsmatrix wird mit Hilfe des Programmablaufplans in Abbildung 47 dargestellt.

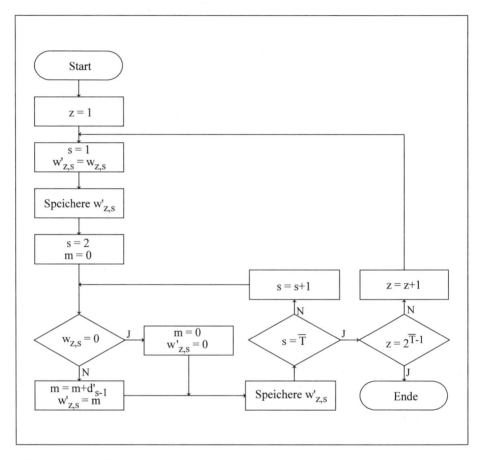

Abbildung 47: Algorithmus zur Transformation der Rüst- und Lagerungsmatrix (RV | LM) zur Rüst- und Lagerungsmatrix (RV | LM') bei tagesgenauer Losgrößenplanung

Die Anzahl der Planungsperioden T' des Grundverfahrens entspricht der Anzahl der Bedarfszeitpunkte $\overline{T}$ bei tagesgenauer Losgrößenplanung. Bei der Transformation der Lagerungsmatrix mit konstanten Periodenlängen zur Lagerungsmatrix mit tagesgenauen Lagerungsdauern wird T' gleich $\overline{T}$ gesetzt. Der erste Koeffizient $w_{z,1}$ einer Zeile $z = 1,...,2^{T-1}$ kann unmittelbar als Koeffizient $w'_{z,s}$ übernommen werden, da der

Rüstvektor, der sich in der ersten Spalte der Blockmatrix befindet, unverändert bleibt, denn die Auflagehäufigkeiten der zu den Zeilen gehörenden Auflagepolitiken sind nicht von der Länge der Planungsperioden, sondern von der Anzahl der Auflageperioden beziehungsweise -zeitpunkte abhängig.

Die Berechnungen der tagesgenauen Lagerungsdauern beziehen sich auf die Spalten $s = 2$ bis T' der Rüst- und Lagerungsmatrix. Für die Zeile $z = 1$ und die Spalte $s = 2$ wird das Merkfeld m mit 0 initialisiert. Dann wird untersucht, ob in der zur Zeile z gehörenden Auflagekombination in der Spalte s (beziehungsweise Periode $t = s+\mu-1$) eine Auflage erfolgt ($w_{z,s} = 0$). Falls dies der Fall ist, wird das Merkfeld m gleich 0 gesetzt, $w'_{z,s} = 0$ abgespeichert und der Koeffizient in der nächsten Spalte betrachtet. Wenn nicht neu aufgelegt wird ($w_{z,s} \neq 0$), erhöht man den Wert von m um die Zeitspanne d'_{s-1}. Anschließend wird $w'_{z,s} = m$ als Koeffizient in Zeile z und Spalte s der Matrix gespeichert.

Falls das Zeilenende noch nicht erreicht ist ($s < T'$ bzw. $\overline{T}$), wird s um 1 erhöht. Wenn auch in dieser neuen Spalte keine neue Auflage erfolgt ($w_{z,s} \neq 0$), wird m nochmals um d'_{s-1} erhöht und als neu zu ermittelnde Zeitspanne der Lagerung $w'_{z,s}$ abgespeichert. Die Erhöhung der Zeitspanne $w'_{z,s}$ für $s = s+1$ wird solange durchgeführt, bis in der zur Zeile gehörenden Auflagekombination eine neue Auflage erfolgt ($w_{z,s} = 0$) oder bis die nächste Auflagekombination beziehungsweise Zeile bearbeitet wird ($s = T'$ und $z < 2^{T-1}$). In beiden Fällen wird das Merkfeld m gleich Null gesetzt. Bei einer neuen Auflage ($w_{z,s} = 0$) ergibt sich die zu ermittelnde Zeitspanne wiederum zunächst als $w'_{z,s} = d'_{s-1}$ und wird dann sukzessive für $s = s+1$ um d'_{s-1} erhöht, solange $w_{z,s} \neq 0$ und $s \neq T'$ gilt. Für den Fall einer neuen Auflagekombination ist dies analog durchzuführen, allerdings mit Ausnahme der Spalte $s = 1$, deren Koeffizienten jeweils unmittelbar aus der Matrix (RV | LM) übernommen werden können. Der Algorithmus endet, wenn für den Koeffizienten der Spalte $s = T'$ und Zeile $z = 2^{T-1}$ in der Matrix (RV | LM') die tagesgenaue Lagerungsdauer ermittelt wurde.

Nach der Berechnung der modifizierten Rüst- und Lagerungsmatrix (RV | LM') erhält man den Gesamtkostenvektor GKV als:

(70) $\text{GKV} = [\text{RV} \mid \text{LM}'] \cdot \begin{bmatrix} k_R \\ \text{LEV}' \end{bmatrix}$.

Die anschließende Bestimmung der optimalen Auflagepolitik durch die Ermittlung des Minimums der relevanten Gesamtkosten und der aus der entsprechenden Zeile resultierenden Auflagekombination stimmen mit dem Grundverfahren[1] überein.

Zur Verdeutlichung der Vorgehensweise bei variablen Periodenlängen soll folgendes Beispiel dienen:

Tabelle 33: Ausgangsdaten für eine Losgrößenplanung bei variablen Periodenlängen

Bedarfszeitpunkt (Tag)	Nettobedarfsmenge (Mengeneinheiten)
23.08...	400
24.09...	300
01.10...	250
28.11...	100
03.12...	600
14.01...	100
Lagerkostensatz:	0,20 (GE/ME und Monat)
Rüstkostensatz:	90,00 (GE/Rüstvorgang)

Da der Lagerkostensatz bei starrer Periodeneinteilung in Geldeinheiten pro Mengeneinheit und Periode und in unserem Beispiel in Geldeinheiten pro Mengeneinheit und Monat angegeben ist, muß bei tagesgenauer Verrechnung der Lagerungsdauer eine Umrechnung auf Tagesbasis erfolgen. Aus $k_L = 0,2$ (Geldeinheiten pro Mengeneinheit und Monat) resultiert $k'_L = 0,00\overline{6}$ (Geldeinheiten pro Mengeneinheit und Tag), wenn man k_L durch 30 Tage pro Monat dividiert. Multipliziert man den Lagerkostensatz k'_L mit dem Bedarfsmengenvektor BMV, so erhält man den Vektor der Lagerkosten bei eintägiger Lagerung der Bedarfsmengen:

---

[1] Vgl. Kapitel 4.5.

$$\text{LEV'} = \begin{bmatrix} 300 \\ 250 \\ 100 \\ 600 \\ 100 \end{bmatrix} \cdot 0{,}00\overline{6} = \begin{bmatrix} 2{,}0 \\ 1{,}\overline{6} \\ 0{,}\overline{6} \\ 4{,}0 \\ 0{,}\overline{6} \end{bmatrix}.$$

Eine Lagerung der Bedarfsmenge der zweiten Periode (300 Mengeneinheiten) kostet also beispielsweise 2 Geldeinheiten pro Tag und eine Lagerung der Bedarfsmenge der dritten Periode $1{,}\overline{6}$ Geldeinheiten pro Tag.

Die hier vorliegenden Zeitdifferenzen (d'_s) zwischen den Bedarfszeitpunkten betragen

$d'_1 = 32$, $d'_2 = 7$, $d'_3 = 58$, $d'_4 = 5$ und $d'_5 = 42$

Tage. Wird beispielsweise die zweite Bedarfsmenge (300 Mengeneinheiten) zusammen mit der ersten Bedarfsmenge (400 Mengeneinheiten) aufgelegt, so muß der Bedarf der zweiten Periode 32 Tage gelagert werden. Wird zusätzlich die dritte Bedarfsmenge (250 Mengeneinheiten) in dieses Los einbezogen, so muß die dritte Bedarfsmenge bis zu ihrem Bedarfszeitpunkt 39 Tage (32+7) gelagert werden.

Die Transformation der Rüst- und Lagerungsmatrix (RV | LM) in die Rüst- und Lagerungsmatrix (RV | LM') mit tagesgenauen Lagerungsdauern ist für unser Beispiel in Tabelle 34 dargestellt.

Tabelle 34: Gegenüberstellung der Rüst- und Lagerungsmatrizen bei konstanter Periodenlänge (RV | LM) und bei tagesgenauer Verrechnung der Lagerungsdauer (RV | LM')

Auflage-kombinationen	(RV | LM)						(RV | LM')					
(1)	1	1	2	3	4	5	1	32	39	97	102	144
(1,2)	2	0	1	2	3	4	2	0	7	65	70	112
(1,3)	2	1	0	1	2	3	2	32	0	58	63	105
(1,2,3)	3	0	0	1	2	3	3	0	0	58	63	105
(1,4)	2	1	2	0	1	2	2	32	39	0	5	47
(1,2,4)	3	0	1	0	1	2	3	0	7	0	5	47
(1,3,4)	3	1	0	0	1	2	3	32	0	0	5	47
(1,2,3,4)	4	0	0	0	1	2	4	0	0	0	5	47
(1,5)	2	1	2	3	0	1	2	32	39	97	0	42
(1,2,5)	3	0	1	2	0	1	3	0	7	65	0	42
(1,3,5)	3	1	0	1	0	1	3	32	0	58	0	42
(1,2,3,5)	4	0	0	1	0	1	4	0	0	58	0	42
(1,4,5)	3	1	2	0	0	1	3	32	39	0	0	42
(1,2,4,5)	4	0	1	0	0	1	4	0	7	0	0	42
(1,3,4,5)	4	1	0	0	0	1	4	32	0	0	0	42
(1,2,3,4,5)	5	0	0	0	0	1	5	0	0	0	0	42
(1,6)	2	1	2	3	4	0	2	32	39	97	102	0
(1,2,6)	3	0	1	2	3	0	3	0	7	65	70	0
(1,3,6)	3	1	0	1	2	0	3	32	0	58	63	0
(1,2,3,6)	4	0	0	1	2	0	4	0	0	58	63	0
(1,4,6)	3	1	2	0	1	0	3	32	39	0	5	0
(1,2,4,6)	4	0	1	0	1	0	4	0	7	0	5	0
(1,3,4,6)	4	1	0	0	1	0	4	32	0	0	5	0
(1,2,3,4,6)	5	0	0	0	1	0	5	0	0	0	5	0
(1,5,6)	3	1	2	3	0	0	3	32	39	97	0	0
(1,2,5,6)	4	0	1	2	0	0	4	0	7	65	0	0
(1,3,5,6)	4	1	0	1	0	0	4	32	0	58	0	0
(1,2,3,5,6)	5	0	0	1	0	0	5	0	0	58	0	0
(1,4,5,6)	4	1	2	0	0	0	4	32	39	0	0	0
(1,2,4,5,6)	5	0	1	0	0	0	5	0	7	0	0	0
(1,3,4,5,6)	5	1	0	0	0	0	5	32	0	0	0	0
(1,2,3,4,5,6)	6	0	0	0	0	0	6	0	0	0	0	0

Betrachtet man beispielsweise die erste Zeile der Rüst- und Lagerungsmatrix, so erkennt man, daß die Zeitdifferenzen (d'_s) ab der zweiten Spalte aufaddiert werden,[1] um die in Tagen angegebenen Lagerungszeiten der zu den Spalten gehörenden Bedarfsmengen zu erhalten. Die Bedarfsmenge der fünften Periode muß also 102 Tage und die der sechsten Periode 144 Tage gelagert werden, wenn die zur ersten Zeile

---

[1] Die erste Spalte bleibt unverändert, da die Auflagehäufigkeiten sich nicht ändern.

gehörende Auflagekombination (1) realisiert wird. In der zweiten Zeile der Rüst- und Lagerungsmatrix beginnt die Berücksichtigung der unterschiedlich langen Lagerungszeiträume erst in der dritten Spalte, da bei der Auflagekombination (1,2) in der zweiten Periode eine Auflage erfolgt und deshalb erst ab dem Bedarfszeitpunkt der zweiten Bedarfsmenge eine Lagerung für die Bedarfsmengen der nachfolgenden Perioden notwendig ist. Als Vektor der relevanten Gesamtkosten erhält man:

$$GKV = \begin{bmatrix} 1 & 32 & 39 & 97 & 102 & 144 \\ 2 & 0 & 7 & 65 & 70 & 112 \\ 2 & 32 & 0 & 58 & 63 & 105 \\ 3 & 0 & 0 & 58 & 63 & 105 \\ 2 & 32 & 39 & 0 & 5 & 47 \\ 3 & 0 & 7 & 0 & 5 & 47 \\ 3 & 32 & 0 & 0 & 5 & 47 \\ 4 & 0 & 0 & 0 & 5 & 47 \\ 2 & 32 & 39 & 97 & 0 & 42 \\ 3 & 0 & 7 & 65 & 0 & 42 \\ 3 & 32 & 0 & 58 & 0 & 42 \\ 4 & 0 & 0 & 58 & 0 & 42 \\ 3 & 32 & 39 & 0 & 0 & 42 \\ 4 & 0 & 7 & 0 & 0 & 42 \\ 4 & 32 & 0 & 0 & 0 & 42 \\ 5 & 0 & 0 & 0 & 0 & 42 \\ 2 & 32 & 39 & 97 & 102 & 0 \\ 3 & 0 & 7 & 65 & 70 & 0 \\ 3 & 32 & 0 & 58 & 63 & 0 \\ 4 & 0 & 0 & 58 & 63 & 0 \\ 3 & 32 & 39 & 0 & 5 & 0 \\ 4 & 0 & 7 & 0 & 5 & 0 \\ 4 & 32 & 0 & 0 & 5 & 0 \\ 5 & 0 & 0 & 0 & 5 & 0 \\ 3 & 32 & 39 & 97 & 0 & 0 \\ 4 & 0 & 7 & 65 & 0 & 0 \\ 4 & 32 & 0 & 58 & 0 & 0 \\ 5 & 0 & 0 & 58 & 0 & 0 \\ 4 & 32 & 39 & 0 & 0 & 0 \\ 5 & 0 & 7 & 0 & 0 & 0 \\ 5 & 32 & 0 & 0 & 0 & 0 \\ 6 & 0 & 0 & 0 & 0 & 0 \end{bmatrix} \cdot \begin{bmatrix} 90,0 \\ 2,0 \\ 1,\overline{6} \\ 0,\overline{6} \\ 4,0 \\ 0,\overline{6} \end{bmatrix} = \begin{bmatrix} 787,67 \\ 589,67 \\ 604,67 \\ 630,67 \\ 360,33 \\ 333,00* \\ 385,33 \\ 411,33 \\ 401,67 \\ 353,00 \\ 400,67 \\ 426,67 \\ 427,00 \\ 399,67 \\ 452,00 \\ 478,00 \\ 781,67 \\ 605,00 \\ 624,67 \\ 650,67 \\ 419,00 \\ 391,67 \\ 444,00 \\ 470,00 \\ 463,67 \\ 415,00 \\ 462,67 \\ 488,67 \\ 489,00 \\ 461,67 \\ 514,00 \\ 540,00 \end{bmatrix}.$$

Das Minimum der relevanten Gesamtkosten beträgt 333 Geldeinheiten und ist mit * markiert. Aus der dazugehörenden Zeile $z^* = 6$ ergibt sich die optimale Auflagekombination (1,2,4) mit $q^*_1 = 400$, $q^*_2 = 550$ und $q^*_4 = 800$ Mengeneinheiten. Dabei ist anzumerken, daß bei der Losgrößenplanung mit starrer Periodeneinteilung auf

Monatsbasis - wie in Kapitel 4.5 mit dem Grundverfahren bereits ermittelt - die Auflagepolitik (1,3,5) optimal war. Diese Auflagepolitik verursacht jedoch, wenn man die tagesgenauen Lagerhaltungskosten berücksichtigt, relevante Kosten in Höhe von 400,67 Geldeinheiten und liegt damit als siebtbeste Auflagekombination mit fast 20,4 Prozent über den relevanten Kosten der optimalen Auflagepolitik (1,2,4). Man erkennt an diesem Beispiel, welche Kosteneinsparungspotentiale realisiert werden können, wenn man in den Unternehmen eine periodenorientierte, gröbere Betrachtungsweise durch eine tagesgenaue Verrechnung der Lagerhaltungskosten ersetzt. Der Vorteil des Grundverfahrens, daß die Mehrfachlösungen beziehungsweise nächstbesten Lösungen bei Bedarf unmittelbar im Gesamtkostenvektor zur Verfügung stehen, bleibt natürlich auch bei der Berücksichtigung von variablen Periodenlängen erhalten.

5.2 Berücksichtigung von schwankenden Rüstkostensätzen bzw. schwankenden bestellfixen Kostensätzen

Bisher wurde unterstellt, daß die losfixen Kostensätze (Rüstkostensätze bzw. bestellfixen Kostensätze) während des Planungszeitraums konstant sind. In einigen Fällen kann es jedoch erforderlich sein, zeitlich variable losfixe Kostensätze in die Planung einzubeziehen. Beispielsweise lassen sich die Rüstzeiten und damit die Rüstkosten unter bestimmten Voraussetzungen durch Investitionen in neue Werkzeuge, Vorrichtungen und Betriebsmittel oder durch organisatorische Maßnahmen vermindern. Auch im Hinblick auf die bestellfixen Kostensätze lassen sich durch organisatorische Maßnahmen bzw. Investitionen Verbesserungen erzielen.[1] Die Höhe der losfixen Kostensätze ist außerdem von der Lohnhöhe und damit auch von deren Veränderungen abhängig. Im folgenden wird die Vorgehensweise zur Losgrößenplanung bei schwankenden losfixen Kostensätzen für die Rüstkosten (bzw. den Fertigungsbereich) hergeleitet. Die entsprechenden Aussagen gelten jedoch auch analog für die bestellfixen Kostensätze (bzw. den Beschaffungsbereich).

---

[1] Zu Möglichkeiten bei der Reduzierung der Rüstkostensätze und der bestellfixen Kostensätze siehe u.a. Fandel, G., und François, P., 1989, S. 534 f. und S. 538 f.

Im Falle der schwankenden Rüstkostensätze muß der Rüstvektor (RV) durch die Rüstmatrix (RM) ersetzt werden. Die Rüstmatrix und deren Ermittlung wurden bereits in Kapitel 4.3.1 dargestellt. Zusätzlich wird der Rüstkostensatz k_R gegen den Rüstkostensatzvektor (RKSV) ausgetauscht, der als Komponenten die nach Perioden differenzierten Rüstkostensätze $k_{R,t}$, mit $t = \mu,...,T$, enthält.

Während die Berechnung der relevanten Gesamtkosten in Abhängigkeit von den Auflagekombinationen bei dem Grundverfahren durch eine Multiplikation der Rüst- und Lagerungsmatrix (RV | LM) mit dem Vektor $(k_R | LEV)'$ erfolgt, erhält man den Gesamtkostenvektor bei schwankenden Rüstkostensätzen wie folgt:

(71) $\quad GKV = [RM | LM] \cdot \begin{bmatrix} RKSV \\ LEV \end{bmatrix}$.

Im Falle der schwankenden Rüstkostensätze erhält man durch die Multiplikation der in der Blockmatrix (RM | LM) enthaltenen Rüstmatrix (RM) mit dem Rüstkostensatzvektor (RKSV) die Rüstkosten in Abhängigkeit von den Auflagekombinationen. Die Multiplikation der Lagerungsmatrix (LM) mit dem Vektor der Lagerkosten bei einperiodiger Lagerung der Bedarfsmengen (LEV) führt zu den Lagerkosten in Abhängigkeit von den Auflagekombinationen. Durch Addition der Rüst- und Lagerkosten ermittelt man die nach den Auflagekombinationen differenzierten relevanten Gesamtkosten.[1] Zur Berechnung des Vektors der relevanten Gesamtkosten sind $2^{T'-1} \cdot (2 \cdot T'-1)$ Multiplikationen und $2^{T'-1} \cdot (2 \cdot T'-2)$ Additionen erforderlich, da die Matrix (RM | LM) $2^{T'-1}$ Zeilen und $2 \cdot T'-1$ Spalten enthält.

Die Berechnung des Vektors der Lagerkosten bei einperiodiger Lagerung der Bedarfsmengen (LEV), die Ermittlung des Minimums der relevanten Gesamtkosten aus dem Gesamtkostenvektor (GKV) und der dazugehörigen Zeile(n) z^* stimmen mit

---

[1] Die direkte Berechnung der relevanten Gesamtkosten mit Hilfe von Gleichung (71) hat - analog zur Vorgehensweise des Grundverfahrens - den Vorteil, daß die Zwischenschritte entfallen, die bei der Ermittlung mit zwei getrennten Gleichungen und der entsprechenden nachträglichen Addition erforderlich wären.

der Vorgehensweise des Grundverfahrens überein. Bei der Bestimmung der entsprechenden Losgrößen und Auflageperioden ist jedoch eine Modifikation erforderlich, da die Matrix (RM | LM) im Gegensatz zur Matrix (RV | LM) nicht T', sondern 2·T'-1 Spalten besitzt. Folglich muß der in Kapitel 4.5 dargestellte Algorithmus zur retrograden Ermittlung der Losgröße so verändert werden, daß der Start nicht erst bei s = T', sondern bei s = 2·T'-1 beginnt und das Endekriterium nicht erst bei Spalte s = 1, sondern bereits bei s = T' erfüllt ist.[1]

Die Vorgehensweise des Losgrößenverfahrens im Falle der schwankenden Rüstkostensätze soll mit Hilfe des nachfolgenden Beispiels verdeutlicht werden.

Tabelle 35: Ausgangsdaten für eine Losgrößenplanung bei schwankenden Rüstkostensätzen

Bedarfsperiode	1	2	3	4	5	6
Nettobedarfsmenge (ME/Periode)	400	300	250	100	600	100
Rüstkostensatz (GE/Rüstvorgang)	70	80	90	60	60	60
Lagerkostensatz	0,20 (GE/ME und Periode)					

Wir gehen hier davon aus, daß die Höhe des Rüstkostensatzes zunächst bis zur dritten Periode ansteigt und es danach durch organisatorische Maßnahmen oder durch Investitionen gelingt, eine Reduzierung auf 60 Geldeinheiten zu erreichen. Der Rüstkostensatzvektor lautet:

---

[1] Alternativ dazu könnte man die Variable s unverändert lassen und dafür die Abfrage $w_{z,s} = 0$ durch die Abfrage $w_{z,s} \neq 0$ ersetzen. Die Ermittlung der Losgrößen und der Auflagezeitpunkte erfolgt dann ausschließlich mit Hilfe der Bedarfsmengen x_t und der Rüstmatrix.

$$\text{RKSV} = \begin{bmatrix} 70 \\ 80 \\ 90 \\ 60 \\ 60 \\ 60 \end{bmatrix}.$$

Durch Multiplikation des Bedarfsmengenvektors (BMV) mit dem Lagerkostensatz (k_L) erhält man den Vektor der Lagerkosten bei einperiodiger Lagerung der Bedarfsmengen (LEV).

$$\text{LEV} = \begin{bmatrix} 300 \\ 250 \\ 100 \\ 600 \\ 100 \end{bmatrix} \cdot 0{,}20 = \begin{bmatrix} 60 \\ 50 \\ 20 \\ 120 \\ 20 \end{bmatrix}.$$

Während der Rüstkostensatzvektor (RKSV) die Rüstkostensätze der Perioden t' = 1,...,6 (t' = μ,...,T') enthält, werden zur Berechnung des Vektors der Lagerkosten bei einperiodiger Lagerung der Bedarfsmengen (LEV) nur die Perioden 2 bis 6 (μ+1 bis T') herangezogen, da es für die Losgrößenplanung nicht entscheidungsrelevant ist, welche Höhe die Bedarfsmenge der ersten Periode mit positivem Bedarf aufweist.[1]

Die Rüst- und Lagerungsmatrix (RM | LM) wird für den hier vorliegenden Planungszeitraum von T' = 6 Perioden in Tabelle 36 dargestellt.

---

[1] Denn für den ersten Bedarf des Planungszeitraums werden annahmegemäß keine Lagerhaltungskosten wirksam.

Tabelle 36: Rüst- und Lagerungsmatrix (RM | LM) bei einem Planungszeitraum von T' = 6 Perioden

Auflage-kombinationen	(RM | LM)

Auflagekombinationen	RM						LM				
(1)	1	0	0	0	0	0	1	2	3	4	5
(1,2)	1	1	0	0	0	0	0	1	2	3	4
(1,3)	1	0	1	0	0	0	1	0	1	2	3
(1,2,3)	1	1	1	0	0	0	0	0	1	2	3
(1,4)	1	0	0	1	0	0	1	2	0	1	2
(1,2,4)	1	1	0	1	0	0	0	1	0	1	2
(1,3,4)	1	0	1	1	0	0	1	0	0	1	2
(1,2,3,4)	1	1	1	1	0	0	0	0	0	1	2
(1,5)	1	0	0	0	1	0	1	2	3	0	1
(1,2,5)	1	1	0	0	1	0	0	1	2	0	1
(1,3,5)	1	0	1	0	1	0	1	0	1	0	1
(1,2,3,5)	1	1	1	0	1	0	0	0	1	0	1
(1,4,5)	1	0	0	1	1	0	1	2	0	0	1
(1,2,4,5)	1	1	0	1	1	0	0	1	0	0	1
(1,3,4,5)	1	0	1	1	1	0	1	0	0	0	1
(1,2,3,4,5)	1	1	1	1	1	0	0	0	0	0	1
(1,6)	1	0	0	0	0	1	1	2	3	4	0
(1,2,6)	1	1	0	0	0	1	0	1	2	3	0
(1,3,6)	1	0	1	0	0	1	1	0	1	2	0
(1,2,3,6)	1	1	1	0	0	1	0	0	1	2	0
(1,4,6)	1	0	0	1	0	1	1	2	0	1	0
(1,2,4,6)	1	1	0	1	0	1	0	1	0	1	0
(1,3,4,6)	1	0	1	1	0	1	1	0	0	1	0
(1,2,3,4,6)	1	1	1	1	0	1	0	0	0	1	0
(1,5,6)	1	0	0	0	1	1	1	2	3	0	0
(1,2,5,6)	1	1	0	0	1	1	0	1	2	0	0
(1,3,5,6)	1	0	1	0	1	1	1	0	1	0	0
(1,2,3,5,6)	1	1	1	0	1	1	0	0	1	0	0
(1,4,5,6)	1	0	0	1	1	1	1	2	0	0	0
(1,2,4,5,6)	1	1	0	1	1	1	0	1	0	0	0
(1,3,4,5,6)	1	0	1	1	1	1	1	0	0	0	0
(1,2,3,4,5,6)	1	1	1	1	1	1	0	0	0	0	0

Um innerhalb der Blockmatrix (RM | LM) die Rüstmatrix und die Lagerungsmatrix besser voneinander unterscheiden zu können, wurde zwischen diesen beiden Matrizen in der Tabelle eine zusätzliche Leerspalte eingefügt, die hier nur der Verdeutlichung dienen soll.

Die zweite Zeile der Matrix (RM | LM) bedeutet beispielsweise, daß in der ersten und in der zweiten Periode aufgelegt wird (Koeffizient $w_{z,s} = 1$ für $z = 2$ und $s = 1$ bzw. 2) und daß die Lagerungsdauern für die Bedarfsmengen der Perioden 3, 4, 5 bzw. 6

genau 1, 2, 3 bzw. 4 Perioden betragen (Koeffizient $w_{z,s}$ = 1, 2, 3 bzw. 4 für z = 2 und s = 8, 9, 10 bzw. 11), wenn die zur Zeile z = 2 gehörende Auflagekombination (1,2) bei einem Planungszeitraum von 6 Perioden realisiert wird.

Mit Hilfe der Rüst- und Lagerungsmatrix (RM | LM), des Rüstkostensatzvektors (RKSV) und des Vektors der Lagerkosten bei einperiodiger Lagerung der Bedarfsmengen (LEV) kann man den Gesamtkostenvektor wie folgt berechnen:

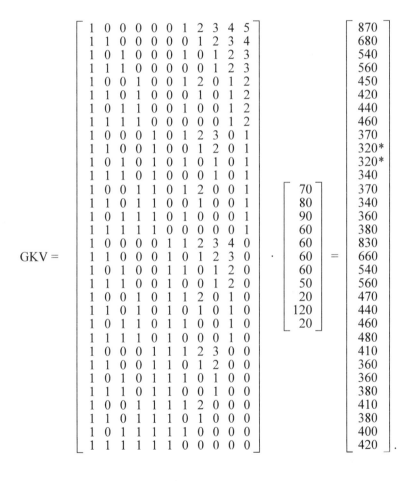

Falls man zum Beispiel gemäß der zweiten Zeile der Rüst- und Lagerungsmatrix nur jeweils ein Los in der ersten und zweiten Periode bildet, erhält man relevante Gesamtkosten in Höhe 680 Geldeinheiten. Die Minima der relevanten Gesamtkosten betragen

320 Geldeinheiten und sind im Gesamtkostenvektor mit * markiert. Man erkennt, daß hier eine Doppellösung vorliegt.[1]

Mit Hilfe der zu den Minima gehörenden Zeilen $z^* = 10$ beziehungsweise 11 und des beim Grundverfahren dargestellten retrograden Verfahrens zur Bestimmung der Losgrößen, das hier auf die Spalten $s = 2 \cdot T'-1$ bis $s = T'$ der Rüst- und Lagerungsmatrix (RM | LM) angewendet wird,[2] erhält man die optimale Losgrößenkombination (1,2,5), mit den dazugehörigen Losgrößen $q^*_1 = 400$, $q^*_2 = 650$ und $q^*_5 = 700$ Mengeneinheiten, beziehungsweise die optimale Losgrößenkombination (1,3,5), mit den dazugehörigen Losgrößen $q^*_1 = 700$, $q^*_3 = 350$ und $q^*_5 = 700$ Mengeneinheiten. Aus diesen beiden Losgrößenkombinationen, die zu gleich hohen Kosten führen, kann der Entscheidungsträger frei wählen und gegebenenfalls auch weitere Erwägungen mit in die Entscheidung einbeziehen. So führt beispielsweise die Losgrößenkombination (1,2,5) in der ersten Periode zu geringeren Kapazitätsbelastungen, während bei der Losgrößenkombination (1,3,5) unter sonst gleichen Bedingungen eine geringere Fehlmengenwahrscheinlichkeit zu Beginn des Planungszeitraums vorhanden ist.[3]

---

[1] An diesem Beispiel zeigt sich also - zusätzlich zur Verdeutlichung der Losgrößenplanung bei schwankenden Rüstkostensätzen - ein Vorteil des entwickelten Losgrößenverfahrens auf Basis der Matrizenrechnung und der begrenzten Enumeration, da weder mit dem Wagner-Whitin-Verfahren noch mit den vorgestellten Losgrößenheuristiken Mehrfachlösungen erkannt werden können.

[2] Die Spalte $s = T'$ dient bereits als Abbruchkriterium. Deshalb wird zwar das Erreichen dieser Spalte, nicht aber der dort jeweils enthaltene Wert $w_{z,s}$ zur Ermittlung der in Periode μ zu realisierenden Losgröße berücksichtigt.

[3] Fehlmengen könnten sich zum Beispiel bei der Losgrößenkombination (1,2,5) in der ersten Periode ergeben, falls sich nachträglich herausstellt, daß der Bedarf in der ersten Periode - trotz der Prämisse deterministischer Bedarfsmengen - größer als 400 Mengeneinheiten ist und der entsprechende Sicherheitsbestand zur Befriedigung des darüber hinausgehenden Bedarfs nicht ausreicht. Demgegenüber werden bei der Losgrößenkombination (1,3,5) in der ersten Periode 700 Mengeneinheiten produziert, so daß nach deren Produktion ohne Mehrkosten weitere 300 Mengeneinheiten bereitstehen, die - neben dem Sicherheitsbestand - zur Begrenzung eines möglichen Fehlmengenrisikos in der ersten Periode dienen können.

Falls sich beide optimalen Lösungen aus irgendwelchen Gründen, die nicht im Losgrößenmodell berücksichtigt wurden, aber dem Entscheidungsträger bekannt sind, nicht realisieren lassen oder zu Mehrkosten in anderen Planungsbereichen führen, können bei Bedarf die jeweils "nächstbesten" Lösungen - zum Beispiel die Losgrößenkombinationen (1,2,3,5) und (1,2,4,5) mit relevanten Gesamtkosten in Höhe von jeweils 340 Geldeinheiten - aus dem Gesamtkostenvektor und der Rüst- und Lagerungsmatrix herausgelesen werden, ohne daß eine Neuberechnung des gesamten Losgrößenproblems erforderlich wäre. Diese Aussagen gelten für den Fall der schwankenden bestellfixen Kostensätze - also den Beschaffungsbereich - analog.

5.3 Berücksichtigung von schwankenden Lagerkostensätzen

Ursache für schwankende Lagerkostensätze können zum Beispiel schwankende Zinssätze sein. Darüber hinaus können auch zeitlich variable Einstandspreise beziehungsweise Stückherstellkosten zu schwankenden Lagerkostensätzen führen, wobei jedoch zu berücksichtigen ist, daß die Höhe der Lagerkostensätze in diesem Fall nicht mit den Perioden variiert, in denen die entsprechenden Bedarfsmengen gelagert werden, sondern von den Einstands- beziehungsweise Auflageperioden abhängig ist. Zusätzlich werden die Einstands- beziehungsweise Herstellkosten - neben den Rüst- und Lagerhaltungskosten - entscheidungsrelevant, wenn die Einstandspreise bzw. die Stückherstellkosten Schwankungen unterliegen. Aufgrund dieser beiden unterschiedlichen Sachverhalte müssen die Berücksichtigung von schwankenden Lagerkostensätzen und die Berücksichtigung schwankender Preise beziehungsweise unterschiedlich hoher Stückherstellkosten gesondert als Erweiterung des Grundverfahrens behandelt werden.[1]

Wenn die zeitliche Variation der Lagerkostensätze auf schwankenden Zinssätzen beruht, kann der Lagerkostensatz der ersten Periode mit positivem Bedarf ($t = \mu$), in der erstmals eine Lagerung für Bedarfsmengen späterer Perioden ($t = \mu+1$ bis T) erfol-

---

[1] Zu den schwankenden Preisen bzw. Stückherstellkosten siehe Kapitel 5.7.

gen kann, zur Berechnung des Vektors der Lagerkosten bei einperiodiger Lagerung der Bedarfsmengen in der Basisperiode µ (LEV") zugrunde gelegt werden. Es gilt:

(72) $\quad \text{LEV}" = \text{BMV} \cdot k_{L,\mu}$.

Die Komponenten $l"_t$, mit t = µ+1 bis T, des Vektors LEV" geben die Lagerkosten an, die entstehen, wenn die Bedarfsmenge der entsprechenden Periode t, mit t = µ+1 bis T, vom Beginn der Periode µ bis zum Beginn der Periode µ+1 gelagert wird.[1]

Da man mit Hilfe des Vektors LEV" nur die Lagerhaltungskosten berechnen kann, die in Periode µ entstehen, werden für Lagerungen in den Perioden t = µ+1 bis T-1 jeweils die prozentualen Veränderungen des Lagerkostensatzes gegenüber dem Lagerkostensatz der Periode µ mit Hilfe des Quotienten i_s berücksichtigt. Der Quotient i_s, mit s = 1 bis T'-2, gibt die Relation zwischen den Lagerkostensätzen der Perioden t = s+µ und dem Lagerkostensatz der Basisperiode µ an:

(73) $\quad i_s = \dfrac{k_{L,\mu+s}}{k_{L,\mu}} \qquad$ für s = 1,...,T'-2.

Mit Hilfe von i_s wird also berechnet, wievielmal teurer oder billiger die Lagerung einer Mengeneinheit in Periode t = s+µ im Verhältnis zu einer Lagerung in Periode µ ist. Für s = T'-1 ist keine Ermittlung des Quotienten i_s erforderlich, da in der letzten Periode des Planungszeitraums (t = T) keine Lagerung erfolgt.

Aufgrund der Kostendifferenzen bei der Lagerung der Bedarfsmengen in den einzelnen Perioden muß die Lagerungsmatrix LM entsprechend modifiziert werden. Die unterschiedlich hohen Lagerkostensätze werden dadurch berücksichtigt, daß man die Lagerungsdauer der Periode, in der gelagert werden muß, mit dem Quotienten i_s dieser

---

[1] Dieser Zeitraum entspricht der jeweils ersten Lagerungsmöglichkeit für die Bedarfsmengen der Perioden t = µ+1 bis T.

Periode gewichtet beziehungsweise multipliziert. Man berücksichtigt also die unterschiedlich hohen Lagerkostensätze indirekt über die Lagerungszeiten, indem man unterstellt, daß die Lagerungsdauer für jede Bedarfsmenge, die in Periode $t = s+\mu$, mit $s = 1$ bis $T'-2$, gelagert wird, innerhalb dieser Periode um den Faktor i_s länger (oder kürzer) ist als bei konstanten Lagerkostensätzen. Um die gesamte Lagerungsdauer einer bestimmten Bedarfsmenge x_t in Abhängigkeit von der entsprechenden Auflagekombination zu ermitteln, werden die unterschiedlich langen Lagerungsperioden von der jeweils letzten Auflageperiode bis zur Periode t aufaddiert. Der Algorithmus zur Transformation der Rüst- und Lagerungsmatrix ist in Abbildung 48 dargestellt.

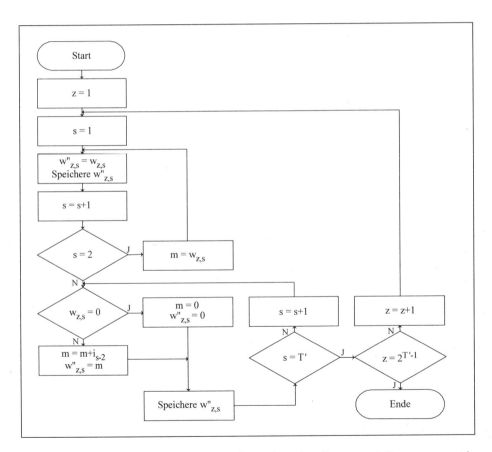

Abbildung 48: Algorithmus zur Transformation der Rüst- und Lagerungsmatrix (RV | LM) zur Rüst- und Lagerungsmatrix (RV | LM") bei schwankenden Lagerkostensätzen

Die Zeile z und die Spalte s werden mit 1 initialisiert. Für die Spalten s = 1 und s = 2 können die Koeffizienten $w_{z,s}$ der Matrix (RV | LM) unmittelbar als Koeffizienten $w"_{z,s}$ in die Matrix (RV | LM") übernommen werden. Die erste Spalte bleibt unverändert, da die zu den entsprechenden Zeilen gehörenden Auflagehäufigkeiten nicht von den schwankenden Lagerkostensätzen beeinflußt werden. Die zweite Spalte ändert sich nicht, weil sich ihre Koeffizienten auf die Lagerung vom Beginn der Periode µ bis zum Beginn der Periode µ+1 beziehen und der dazugehörige Lagerkostensatz als Basis zur Berechnung des Vektors LEV" und des Quotienten i_s verwendet wurde. Für s = 2 wird $w_{z,s}$ zusätzlich im Merkfeld m zwischengespeichert, um dort anschließend die Lagerungsdauern der nächsten Perioden aufaddieren zu können. Es müssen also lediglich die Spalten s = 3 bis T' der Matrix modifiziert werden.

Ab Spalte 3 wird jeweils überprüft, ob in der zur Zeile z gehörenden Auflagekombination in der Spalte s (beziehungsweise Periode t = s+µ-1) eine Auflage erfolgt ($w_{z,s} = 0$). Falls dies der Fall ist, wird das Merkfeld m gleich 0 gesetzt, $w"_{z,s} = 0$ abgespeichert und der Koeffizient in der nächsten Spalte betrachtet.

Wenn keine Auflage erfolgt ($w_{z,s} \neq 0$), wird das Merkfeld m um den Quotienten i_{s-2} erhöht und $w"_{z,s} = m$ gespeichert. Die schrittweise Addition von i_{s-2} zu den Lagerungszeiträumen $w_{z,s}$ in den Spalten s = 3 bis T' bewirkt, daß die Relation zwischen dem Lagerkostensatz der Periode t = s+µ-1, für s = 3,...,T', und dem Lagerkostensatz der Periode t = µ indirekt über den Lagerungszeitraum $w"_{z,s}$ Berücksichtigung findet. $w_{z,s}$ wird bei sukzessiver Erhöhung von s um 1 solange um i_{s-2} erhöht, bis eine neue Auflage in der zur Zeile z gehörenden Auflagekombination erfolgt ($w_{z,s} = 0$) oder eine neue Zeile beziehungsweise Auflagekombination bearbeitet werden muß (s = T' und $z < 2^{T'-1}$).

Im Falle einer neuen Auflagekombination werden z um 1 erhöht und s = 1 gesetzt. Die Berechnungen enden, wenn alle Koeffizienten $w"_{z,s}$ für die Zeilen z = 1 bis $2^{T'-1}$ und Spalten s = 1 bis T' mit Hilfe dieser Vorgehensweise ermittelt wurden.

Nach der Berechnung der modifizierten Rüst- und Lagerungsmatrix (RV | LM") erhält man den Gesamtkostenvektor GKV als:

(74) $\quad GKV = [RV \mid LM"] \cdot \begin{bmatrix} k_R \\ LEV" \end{bmatrix}$.

Anschließend werden - analog zum Grundverfahren - das Minimum der relevanten Gesamtkosten, die dazugehörige Auflagepolitik sowie die optimalen Losgrößen bestimmt.

Das nachfolgende Beispiel verdeutlicht die Vorgehensweise des Losgrößenverfahrens bei schwankenden Lagerkostensätzen.

Tabelle 37: Ausgangsdaten für eine Losgrößenplanung bei schwankenden Lagerkostensätzen

Bedarfsperiode	1	2	3	4	5	6
Nettobedarfsmenge (ME/Periode)	400	300	250	100	600	100
Lagerkostensatz (GE/ME und Periode)	0,20	0,21	0,22	0,22	0,21	0,20
Rüstkostensatz	90,00 (GE/Rüstvorgang)					

Der Lagerkostensatz der Periode 6 ist nicht entscheidungsrelevant, da die Bedarfsmenge von Periode 6 spätestens zu Beginn dieser Periode zur Verfügung stehen muß und keine Bedarfsmenge für nachfolgende Perioden vorliegt. Deshalb muß in Periode 6 keine Lagerung berücksichtigt werden.

Durch Multiplikation des Bedarfsmengenvektors mit dem Lagerkostensatz der Basisperiode $t = \mu$ erhält man den Vektor der Lagerkosten bei einperiodiger Lagerung der Bedarfsmengen (der Perioden $t = \mu+1,...,T$) in der Basisperiode:

$$\text{LEV"} = \begin{bmatrix} 300 \\ 250 \\ 100 \\ 600 \\ 100 \end{bmatrix} \cdot 0{,}20 = \begin{bmatrix} 60 \\ 50 \\ 20 \\ 120 \\ 20 \end{bmatrix}.$$

Bei der Berechnung des Quotienten i_s, der die Relation zwischen dem Lagerkostensatz der Periode $t = s+\mu$, für $s = 1,...,T'-2$, und der Basisperiode wiedergibt, ist es unerheblich, ob der Lagerkostensatz in Geldeinheiten pro Mengeneinheit und Periode - wie in unserem Beispiel - oder in Prozent (der Herstell- bzw. Einstandskosten) pro Periode angegeben wird.

Für die schwankenden Lagerkostensätze unseres Beispiel erhält man

$i_1 = 1{,}05$, $i_2 = 1{,}10$, $i_3 = 1{,}10$ und $i_4 = 1{,}05$.

Der Quotient $i_4 = 1{,}05$ bedeutet beispielsweise, daß eine Lagerung in Periode 5 ($t = s+\mu = 5$) im Verhältnis zu einer Lagerung in Periode 1 ($t = \mu$) um den Faktor 0,05 teurer ist.

Mit Hilfe der Quotienten i_s erzeugt man aus der Matrix (RV | LM) des Grundverfahrens die neue Matrix (RV | LM"), die die schwankenden Lagerkostensätze mit Hilfe von unterschiedlich langen Lagerungsperioden berücksichtigt. Tabelle 38 beinhaltet eine Gegenüberstellung dieser beiden Matrizen für den hier vorliegenden Planungszeitraum von $T' = 6$ Perioden.

Tabelle 38: Beispielhafte Gegenüberstellung der Rüst- und Lagerungsmatrizen bei konstanten Lagerkostensätzen (RV | LM) und schwankenden Lagerkostensätzen (RV | LM")

Auflagekombinationen	(RV | LM)						(RV | LM")					
(1)	1	1	2	3	4	5	1	1	2,05	3,15	4,25	5,30
(1,2)	2	0	1	2	3	4	2	0	1,05	2,15	3,25	4,30
(1,3)	2	1	0	1	2	3	2	1	0	1,10	2,20	3,25
(1,2,3)	3	0	0	1	2	3	3	0	0	1,10	2,20	3,25
(1,4)	2	1	2	0	1	2	2	1	2,05	0	1,10	2,15
(1,2,4)	3	0	1	0	1	2	3	0	1,05	0	1,10	2,15
(1,3,4)	3	1	0	0	1	2	3	1	0	0	1,10	2,15
(1,2,3,4)	4	0	0	0	1	2	4	0	0	0	1,10	2,15
(1,5)	2	1	2	3	0	1	2	1	2,05	3,15	0	1,05
(1,2,5)	3	0	1	2	0	1	3	0	1,05	2,15	0	1,05
(1,3,5)	3	1	0	1	0	1	3	1	0	1,10	0	1,05
(1,2,3,5)	4	0	0	1	0	1	4	0	0	1,10	0	1,05
(1,4,5)	3	1	2	0	0	1	3	1	2,05	0	0	1,05
(1,2,4,5)	4	0	1	0	0	1	4	0	1,05	0	0	1,05
(1,3,4,5)	4	1	0	0	0	1	4	1	0	0	0	1,05
(1,2,3,4,5)	5	0	0	0	0	1	5	0	0	0	0	1,05
(1,6)	2	1	2	3	4	0	2	1	2,05	3,15	4,25	0
(1,2,6)	3	0	1	2	3	0	3	0	1,05	2,15	3,25	0
(1,3,6)	3	1	0	1	2	0	3	1	0	1,10	2,20	0
(1,2,3,6)	4	0	0	1	2	0	4	0	0	1,10	2,20	0
(1,4,6)	3	1	2	0	1	0	3	1	2,05	0	1,10	0
(1,2,4,6)	4	0	1	0	1	0	4	0	1,05	0	1,10	0
(1,3,4,6)	4	1	0	0	1	0	4	1	0	0	1,10	0
(1,2,3,4,6)	5	0	0	0	1	0	5	0	0	0	1,10	0
(1,5,6)	3	1	2	3	0	0	3	1	2,05	3,15	0	0
(1,2,5,6)	4	0	1	2	0	0	4	0	1,05	2,15	0	0
(1,3,5,6)	4	1	0	1	0	0	4	1	0	1,10	0	0
(1,2,3,5,6)	5	0	0	1	0	0	5	0	0	1,10	0	0
(1,4,5,6)	4	1	2	0	0	0	4	1	2,05	0	0	0
(1,2,4,5,6)	5	0	1	0	0	0	5	0	1,05	0	0	0
(1,3,4,5,6)	5	1	0	0	0	0	5	1	0	0	0	0
(1,2,3,4,5,6)	6	0	0	0	0	0	6	0	0	0	0	0

Falls zum Beispiel die zur Zeile 1 gehörende Auflagekombination (1) realisiert wird, verlängern sich die Lagerungszeiträume ab der zweiten Periode auf jeweils 1,05, 1,10, 1,10 und 1,05 Perioden, da sie mit den Lagerkostensatzrelationen gewichtet werden. Daraus ergeben sich kumuliert für die Bedarfsmengen der Perioden 2 bis 6 (siehe Spalten 2 bis 6 in Zeile 1 der Matrix (RV | LM")) gewichtete Lagerungsdauern von 1, 2,05, 3,15, 4,25 und 5,30 Perioden.

Als Vektor der relevanten Gesamtkosten erhält man:

$$
GKV = \begin{bmatrix}
1 & 1 & 2{,}05 & 3{,}15 & 4{,}25 & 5{,}30 \\
2 & 0 & 1{,}05 & 2{,}15 & 3{,}25 & 4{,}30 \\
2 & 1 & 0 & 1{,}10 & 2{,}20 & 3{,}25 \\
3 & 0 & 0 & 1{,}10 & 2{,}20 & 3{,}25 \\
2 & 1 & 2{,}05 & 0 & 1{,}10 & 2{,}15 \\
3 & 0 & 1{,}05 & 0 & 1{,}10 & 2{,}15 \\
3 & 1 & 0 & 0 & 1{,}10 & 2{,}15 \\
4 & 0 & 0 & 0 & 1{,}10 & 2{,}15 \\
2 & 1 & 2{,}05 & 3{,}15 & 0 & 1{,}05 \\
3 & 0 & 1{,}05 & 2{,}15 & 0 & 1{,}05 \\
3 & 1 & 0 & 1{,}10 & 0 & 1{,}05 \\
4 & 0 & 0 & 1{,}10 & 0 & 1{,}05 \\
3 & 1 & 2{,}05 & 0 & 0 & 1{,}05 \\
4 & 0 & 1{,}05 & 0 & 0 & 1{,}05 \\
4 & 1 & 0 & 0 & 0 & 1{,}05 \\
5 & 0 & 0 & 0 & 0 & 1{,}05 \\
2 & 1 & 2{,}05 & 3{,}15 & 4{,}25 & 0 \\
3 & 0 & 1{,}05 & 2{,}15 & 3{,}25 & 0 \\
3 & 1 & 0 & 1{,}10 & 2{,}20 & 0 \\
4 & 0 & 0 & 1{,}10 & 2{,}20 & 0 \\
3 & 1 & 2{,}05 & 0 & 1{,}10 & 0 \\
4 & 0 & 1{,}05 & 0 & 1{,}10 & 0 \\
4 & 1 & 0 & 0 & 1{,}10 & 0 \\
5 & 0 & 0 & 0 & 1{,}10 & 0 \\
3 & 1 & 2{,}05 & 3{,}15 & 0 & 0 \\
4 & 0 & 1{,}05 & 2{,}15 & 0 & 0 \\
4 & 1 & 0 & 1{,}10 & 0 & 0 \\
5 & 0 & 0 & 1{,}10 & 0 & 0 \\
4 & 1 & 2{,}05 & 0 & 0 & 0 \\
5 & 0 & 1{,}05 & 0 & 0 & 0 \\
5 & 1 & 0 & 0 & 0 & 0 \\
6 & 0 & 0 & 0 & 0 & 0
\end{bmatrix} \cdot \begin{bmatrix} 90 \\ 60 \\ 50 \\ 20 \\ 120 \\ 20 \end{bmatrix} = \begin{bmatrix}
931{,}5 \\ 751{,}5 \\ 591{,}0 \\ 621{,}0 \\ 517{,}5 \\ 497{,}5 \\ 505{,}0 \\ 535{,}0 \\ 426{,}5 \\ 386{,}5 \\ 373{,}0* \\ 403{,}0 \\ 453{,}5 \\ 433{,}5 \\ 441{,}0 \\ 471{,}0 \\ 915{,}5 \\ 755{,}5 \\ 616{,}0 \\ 646{,}0 \\ 564{,}5 \\ 544{,}5 \\ 552{,}0 \\ 582{,}0 \\ 495{,}5 \\ 455{,}5 \\ 442{,}0 \\ 472{,}0 \\ 522{,}5 \\ 502{,}5 \\ 510{,}0 \\ 540{,}0
\end{bmatrix}.
$$

Das Minimum der relevanten Gesamtkosten beträgt 373 Geldeinheiten und ist im Vektor GKV mit * gekennzeichnet. Aus der dazugehörigen Zeile $z^* = 11$ wird mit Hilfe der Matrix (RV | LM") und des beim Grundverfahren vorgestellten retrograden Verfahrens die optimale Auflagekombination (1,3,5) mit den dazugehörigen Losgrößen $q^*_1 = 700$, $q^*_3 = 350$ und $q^*_5 = 700$ Mengeneinheiten ermittelt. Aus dem Gesamtkostenvektor können wiederum bei Bedarf die jeweils "nächstbesten" Lösungen, zum Beispiel Auflagepolitik (1,2,5) mit relevanten Gesamtkosten in Höhe von 386,5 Geldeinheiten, herausgelesen werden.

5.4 Berücksichtigung von Beschaffungsrestriktionen

Bei Losgrößenentscheidungen bzw. bei der Festlegung von Bestellmengen sind häufig Beschaffungsrestriktionen zu berücksichtigen. Dies ist zum Beispiel erforderlich, wenn Mindestbestellmengen vorgeschrieben werden oder wenn Beschaffungsobergrenzen in den einzelnen Perioden zu beachten sind. In diesem Kapitel wird ein Erweiterungsansatz zur Losgrößenplanung entwickelt, mit dessen Hilfe die Prämisse der unbegrenzten Beschaffungsmöglichkeiten des Grundverfahrens aufgehoben werden kann.[1]

Die Berechnung der Bestellmengen erfolgt anhand der Losgrößenmatrix (LGM), deren Koeffizienten $q_{z,s}$ für $z = 1,...,2^{T'-1}$ und $s = 1,...,T'$ die nach Perioden (Spalten) differenzierten Losgrößen in Abhängigkeit von den Auflage- beziehungsweise Bestellkombinationen (Zeilen) angeben. Die Losgrößenmatrix wird mit Hilfe der Rüst- und Lagerungsmatrix (RV | LM) und der Bedarfsmengen x_t, mit $t = \mu,...,T$, ermittelt. Der dazugehörige Algorithmus ist in Abbildung 49 dargestellt.

Die Vorgehensweise zur Erzeugung der Losgrößenmatrix basiert auf dem in Kapitel 4.5 dargestellten Programmablaufplan zur Berechnung der optimalen Losgrößen. Die dort erläuterten Rechenschritte werden zur Ermittlung der Losgrößenmatrix nicht nur auf die optimale(n) Zeile(n), sondern schrittweise auf alle Zeilen angewendet.[2]

---

[1] Dieser Lösungsansatz geht ebenso wie das Grundverfahren davon aus, daß keine Verbundbeziehungen zwischen den Losgrößen unterschiedlicher Produktarten bestehen.

[2] Der Ablaufplan zur Berechnung der optimalen Losgrößen ist also zusätzlich um eine entsprechende Programmschleife für die Zeilen $z = 1$ bis $z = 2^{T'-1}$ ergänzt worden. Außerdem ist zu beachten, daß nach jedem Erreichen der Spalte $s = 1$ das Merkfeld m auf 0 gesetzt werden muß.

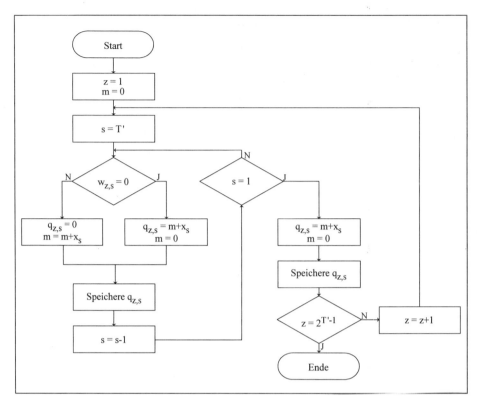

Abbildung 49: Algorithmus zur Erzeugung der Losgrößenmatrix

Ein weiterer Unterschied zwischen den beiden Programmablaufplänen besteht darin, daß bei der Erzeugung der Losgrößenmatrix im Gegensatz zur Berechnung der optimalen Losgrößen keine Transformation der Spalten s in die Planungsperioden $t = s+\mu-1$ notwendig ist, um die Bezüge zwischen den Losgrößen und deren Auflageperioden herzustellen. Es genügt ein Abspeichern der ermittelten Losgrößen als Koeffizienten $q_{z,s}$, wobei die Zeilen z und Spalten s der Losgrößenmatrix genau den Zeilen und Spalten der Koeffizienten $w_{z,s}$ der Rüst- und Lagerungsmatrix (RV | LM) entsprechen.[1]

Die Losgrößenmatrix enthält die Beschaffungsmengen (bzw. Fertigungsauftragsmengen), die in den einzelnen Planungsperioden geordert werden müßten, wenn man sich

---

[1] Aufgrund der Ähnlichkeiten der Algorithmen zur Ermittlung der optimalen Losgrößen und zur Berechnung der Losgrößenmatrix kann hier auf weitere Erläuterungen des in Abbildung 49 dargestellten Programmablaufplans verzichtet werden.

für eine bestimmte Losgrößenkombination (Zeile der Losgrößenmatrix) entscheidet. Zur Ermittlung der optimalen Losgrößenkombination unter Berücksichtigung von Beschaffungsrestriktionen ist es erforderlich, zunächst mit dem Grundverfahren die Bestellkombination zu berechnen, die ohne Berücksichtigung dieser Beschränkungen optimal wäre. Mit Hilfe der Zeile z^*, in der das Minimum der relevanten Gesamtkosten im Gesamtkostenvektor enthalten ist, liest man anschließend aus der gleichen Zeile der Losgrößenmatrix die nach den Perioden differenzierten Bestellmengen heraus. Die Überprüfung der Zulässigkeit der entsprechenden Losgrößenkombination erfolgt mit Hilfe des Vektors der Mindestbeschaffungsmengen oder des Vektors der maximalen Beschaffungsmengen. Die Komponenten dieser Vektoren beinhalten die Bestellmengen, die im Fall der Beschaffungsuntergrenzen in den einzelnen Perioden mindestens realisiert werden müssen bzw. im Fall der Beschaffungsobergrenzen maximal geordert werden können.[1]

Abbildung 50 verdeutlicht die Vorgehensweise zur Ermittlung der optimalen Bestellkombination für den hier entwickelten Erweiterungsansatz zur Losgrößenplanung, der die Beschaffungsrestriktionen einbezieht. Dieser Algorithmus kann für folgende Fälle der Berücksichtigung von (dynamischen) Beschaffungsbeschränkungen genutzt werden:

• Die Losgrößen müssen (z.B. aufgrund einer Abnahmeverpflichtung) in jeder Periode die Mindestbestellmengen überschreiten (Fall 1: periodenorientierte Untergrenzen).[2]

---

[1] Durch die Anordnung der Beschaffungsober- und -untergrenzen nach den Perioden $t = \mu,...,T$ weisen diese Vektoren einen analogen Aufbau zu den Zeilen der Losgrößenmatrix auf.

[2] Dieser Fall ist dann gegeben, wenn sich das Unternehmen z.B. im Rahmen eines Lieferabrufvertrages zur Mindestabnahme einer bestimmten Menge pro Tag bzw. pro Periode verpflichtet hat. Zum Themenbereich der Lieferabrufsysteme bzw. der Just-in-Time-Belieferung siehe u.a. Dale, S., 1986, S. 47 ff.; Fandel, G., und François, P., 1993b, S. 23 ff.; Fandel, G., François, P., und May, E., 1988, S. 66 ff.; Fandel, G., und Reese, J., 1989, S. 55 ff.; Schulz, J., 1986, S. 49 ff.; Wildemann, H., 1983, S. 3 ff., 1995a, S. 41 ff., und 1995b, S. 3 ff.

- Falls Lose gebildet werden, dürfen diese nicht kleiner sein als die vorgegebenen Mindestbestellmengen (Fall 2: losgrößenorientierte Untergrenzen).[1]
- Die Losgrößen dürfen die Beschaffungshöchstmengen (maximale Bestellmengen) in keiner Periode überschreiten (Fall 3).
- Die drei Fälle der Beschaffungsmengenrestriktionen treten kombiniert auf.[2]

Der Entscheidungsträger soll mit Hilfe der Binärvariablen f_n, n = 1 bis 3, auswählen können, welche der 3 grundsätzlichen Fälle er hinsichtlich der Berücksichtigung von Beschaffungsrestriktionen in das Verfahren einbeziehen möchte, wobei f_n den Wert 1 annimmt, wenn die Beschränkung n für ein konkretes Losgrößenproblem gilt, und gleich 0, wenn dies nicht der Fall ist.[3]

---

[1] Während im ersten Fall die Mindestbestellgrenzen in keiner Periode unterschritten werden dürfen, besteht im zweiten Fall die Möglichkeit, entweder kein Los zu bilden oder die Mindestbestellgrenze zu realisieren bzw. zu überschreiten. Fall 2 tritt z.B. dann auf, wenn der Lieferant - aufgrund seiner Marktmacht bzw. aus technischen oder wirtschaftlichen Gründen - nur zu einer Bestellannahme (bzw. Lieferung) bereit ist, wenn die Mindestbestellmenge (pro Bestellung) überschritten wird.

[2] Meist dürfte im Kombinationsfall die Problematik der maximalen Bestellmengen (Fall 3) in Verbindung mit einem der beiden Fälle der Begrenzung der Mindestbestellmengen auftreten. Fall 1 könnte in Ausnahmefällen aber auch mit Fall 2 kombinierbar sein, wenn z.B. für bestimmte Perioden eine periodenorientierte Mindestbestellgrenze vereinbart wurde und für die verbleibenden Perioden eine generelle Mindestbestellgrenze gilt (losgrößenorientiert).

[3] Falls losgrößenorientierte und periodenorientierte Beschaffungsuntergrenzen nicht gemeinsam auftreten sollen, sind die Kombinationsmöglichkeiten mit Hilfe von $f_1 + f_2 \leq 1$ zu begrenzen.

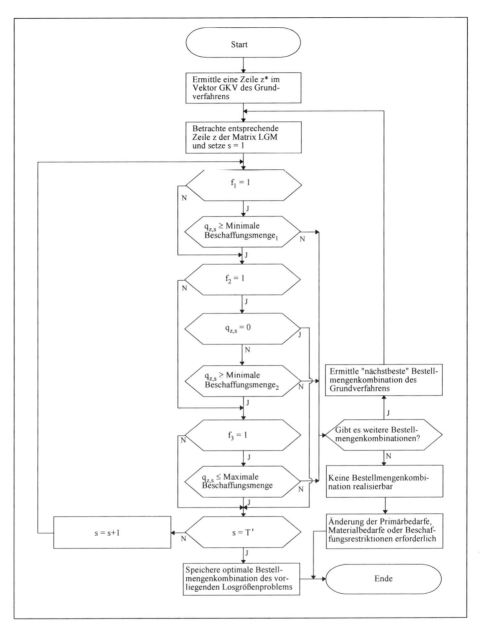

Abbildung 50: Vorgehensweise zur Ermittlung der optimalen Losgrößenkombination bei Berücksichtigung von Beschaffungsrestriktionen

Alle dargestellten Fälle zur Berücksichtigung von Beschaffungsrestriktionen können mit Hilfe des in Abbildung 50 enthaltenen Programmablaufplans gelöst werden. Zunächst erfolgt die Ermittlung der Zeile z* des Grundverfahrens, in der sich das

Minimum der relevanten Gesamtkosten im Vektor GKV befindet. Anschließend werden die Losgrößen, die sich in der entsprechenden Zeile der Losgrößenmatrix befinden, dahingehend untersucht, ob sie die Beschaffungsbeschränkungen erfüllen.

Wenn periodenorientierte Mindestbestellmengen beachtet werden müssen ($f_1 = 1$), wird für jede Periode abgefragt, ob die Bedingung "$q_{z,s} \geq$ Minimale Bestellmenge$_1$" gilt. Da die Bestelluntergrenzen in den Fällen 1 und 2 unterschiedlich hoch sein können, wurden diese mit einem zusätzlichen unteren Index 1 bzw. 2 gekennzeichnet.

Falls Bestellose nur dann gebildet werden dürfen, wenn sie mindestens die gleiche Größe aufweisen wie die vorgegebenen Mindestbestellmengen ($f_2 = 1$), wird zunächst in jeder Periode geprüft, ob $q_{z,s} = 0$ ist. Sobald dies der Fall ist, gilt die losgrößenbezogene Mindestbestellrestriktion als erfüllt. Darüber hinaus muß dann auch die gegebenenfalls zusätzlich erforderliche Einhaltung einer Beschaffungsobergrenze für diese Periode nicht mehr untersucht werden, so daß man unmittelbar mit der Überprüfung des nächsten Koeffizienten der Losgrößenmatrix beginnen kann. Falls $q_{z,s} \neq 0$ gilt, wird abgefragt, ob die Bestellmenge größer oder gleich der losgrößenorientierten Mindestbestellmenge ist.

In allen Fällen, in denen die Einhaltung der Bestellobergrenzen untersucht werden muß ($f_3 = 1$), erfolgt die Abfrage "$q_{z,s} \leq$ Maximale Beschaffungsmenge". Die Überprüfungen der Bestellober- und -untergrenzen werden in Abhängigkeit von den einzubeziehenden Fällen der Restriktionen jeweils für alle $q_{z,s}$ einer Losgrößenkombination durchgeführt.

Wenn die Bestellmengenkombination, die für das Grundverfahren optimal ist, die jeweiligen Restriktionen bezüglich der Beschaffungsunter- bzw. -obergrenzen für ein s, s = 1,...,T', nicht erfüllt, ist diese Lösung für das vorliegende Losgrößenproblem unzulässig. Man sucht dann im Vektor der relevanten Gesamtkosten die für das Grundproblem "nächstbeste" Losgrößenkombination heraus und überprüft deren Realisierbarkeit bezüglich der Beschaffungsbeschränkungen mit Hilfe der erläuterten Verfahrensweise.

Die Ermittlung der "nächstbesten" Lösung des Grundverfahrens im Gesamtkostenvektor und deren Überprüfung hinsichtlich der Beschaffungsbeschränkungen wird solange wiederholt, bis eine realisierbare Losgrößenkombination gefunden wird, die dann für das vorliegende Losgrößenproblem die bzw. eine optimale Lösung darstellt. Falls keine Bestellmengenkombination realisierbar ist, müssen entsprechende Anpassungsmaßnahmen, wie beispielsweise die Reduzierung der Primärbedarfsmengen, der geplanten Lagerzugänge, zeitliche Verschiebungen des Primärbedarfs oder Veränderungsmöglichkeiten der Beschaffungsbeschränkungen, geprüft werden.[1]

Hat man gemäß dieser Vorgehensweise die Zeile des Gesamtkostenvektors ermittelt, die bei einer Berücksichtigung von Beschaffungsrestriktionen zu den geringsten Rüst- und Lagerhaltungskosten führt, so stehen dem Disponenten die optimalen Losgrößen bzw. Bestellmengen unmittelbar in Form der entsprechenden Zeile der Losgrößenmatrix zur Verfügung.[2]

Auch eventuell bestehende Mehrfachlösungen lassen sich ermitteln. Zu diesem Zweck muß der in Abbildung 50 enthaltene Algorithmus so ergänzt werden, daß nach dem Auffinden einer optimalen Lösung überprüft wird, ob im Gesamtkostenvektor noch weitere Lösungen enthalten sind, die zu den gleichen relevanten Kosten der Losgrößenplanung führen und die ebenfalls zulässig sind.[3]

---

[1] Um den Umfang dieser Maßnahmen ermitteln zu können und um dem Disponenten weitere Flexibilitätspotentiale einzuräumen, muß bei der Umwandlung des Verfahrens in eine Losgrößensoftware darauf geachtet werden, daß der Entscheidungsträger zwar zunächst nur die zulässige(n) bzw. optimale(n) Lösungen sieht, dann aber darüber hinaus auch die Möglichkeit erhält, sich die nicht zulässigen Lösungen anzusehen bzw. zugänglich zu machen, um entweder selbst oder mit Hilfe von zusätzlichen Softwaremodulen, die den jeweiligen Anpassungsbedarf ermitteln und die dazugehörigen Kosten ausweisen, über die Art und den Umfang der oben angegebenen Anpassungsmaßnahmen entscheiden zu können.

[2] Falls erst nach der ersten Planungsperiode ein positiver Bedarf auftritt ($\mu > 1$), müssen die Bestellmengen der Spalten s den Planungsperioden mit Hilfe von $t = s+\mu-1$ zugeordnet werden.

[3] Die entsprechenden Programmschleifen wurden aus Gründen der Übersichtlichkeit nicht in die Abbildung 50 eingefügt.

Damit besteht für den Entscheidungsträger - ebenso wie beim Grundverfahren - auch bei der Berücksichtigung der Beschaffungsrestriktionen die Möglichkeit, auf gegebenenfalls vorhandene, weitere optimale Lösungen zuzugreifen. Darüber hinaus kann ihm bei Bedarf auch der Zugriff auf die jeweils für dieses Losgrößenproblem "nächstbesten" Lösungsalternativen ermöglicht werden, falls er weitere Aspekte in seine Entscheidung einbeziehen möchte.

Das nachfolgende Beispiel dient dazu, die Vorgehensweise zur Ermittlung der optimalen Losgrößen für die Planungssituationen zu verdeutlichen, in denen Beschaffungsrestriktionen zu berücksichtigen sind.

Tabelle 39: Ausgangsdaten für eine Losgrößenplanung mit Berücksichtigung von Restriktionen im Beschaffungsbereich

Bedarfsperiode	1	2	3	4	5	6
Nettobedarfsmenge (ME/Periode)	400	300	250	100	600	100
Maximale Bestellmenge (ME/Periode)	1700	1700	1000	800	400	400
Mindestbestellmenge (ME/Periode)	100	0	0	100	0	0
Lagerkostensatz	0,20 (GE/ME und Periode)					
Bestellfixer Kostensatz	90,00 (GE/Bestellvorgang)					

In dieser Tabelle werden sowohl Untergrenzen als auch Obergrenzen der Beschaffungsbeschränkungen berücksichtigt (f_1 und $f_3 = 1$, $f_2 = 0$). Auf der Basis der in diesem Beispiel angegebenen Nettobedarfsmengen erhält man bei Anwendung der in Abbildung 50 dargestellten Vorgehensweise die Losgrößenmatrix, die in Tabelle 40 enthalten ist.

Tabelle 40: Zulässigkeiten der Losgrößenkombinationen bei einer Berücksichtigung von Beschaffungsrestriktionen

Bestellmengen-kombinationen	Losgrößenmatrix (LGM)						Zulässige Lösungen
(1)	⌈ 1750	0	0	0	0	0 ⌉	
(1,2)	400	1350	0	0	0	0	
(1,3)	700	0	1050	0	0	0	
(1,2,3)	400	300	1050	0	0	0	
(1,4)	950	0	0	800	0	0	⇐
(1,2,4)	400	550	0	800	0	0	⇐
(1,3,4)	700	0	250	800	0	0	⇐
(1,2,3,4)	400	300	250	800	0	0	⇐
(1,5)	1050	0	0	0	700	0	
(1,2,5)	400	650	0	0	700	0	
(1,3,5)	700	0	350	0	700	0	
(1,2,3,5)	400	300	350	0	700	0	
(1,4,5)	950	0	0	100	700	0	
(1,2,4,5)	400	550	0	100	700	0	
(1,3,4,5)	700	0	250	100	700	0	
(1,2,3,4,5)	400	300	250	100	700	0	
(1,6)	1650	0	0	0	0	100	
(1,2,6)	400	1250	0	0	0	100	
(1,3,6)	700	0	950	0	0	100	
(1,2,3,6)	400	300	950	0	0	100	
(1,4,6)	950	0	0	700	0	100	⇐
(1,2,4,6)	400	550	0	700	0	100	⇐
(1,3,4,6)	700	0	250	700	0	100	⇐
(1,2,3,4,6)	400	300	250	700	0	100	⇐
(1,5,6)	1050	0	0	0	600	100	
(1,2,5,6)	400	650	0	0	600	100	
(1,3,5,6)	700	0	350	0	600	100	
(1,2,3,5,6)	400	300	350	0	600	100	
(1,4,5,6)	950	0	0	100	600	100	
(1,2,4,5,6)	400	550	0	100	600	100	
(1,3,4,5,6)	700	0	250	100	600	100	
(1,2,3,4,5,6)	⌊ 400	300	250	100	600	100 ⌋	

Mit Hilfe der Unterstreichungen, die sich in der Losgrößenmatrix befinden, soll für dieses Beispiel verdeutlicht werden, welche Losgrößen $q_{z,s}$ im Hinblick auf die Mindestbestellmengen und die Beschaffungsobergrenzen unzulässig sind.[1] Die verblei-

---

[1] Besonders restriktiv wirken beispielsweise die Bedingungen, daß in der vierten Periode mindestens 100 Mengeneinheiten beschafft werden müssen und daß in der fünften Periode eine maximale Bestellmenge von 400 Mengeneinheiten vorgegeben ist.

benden zulässigen Bestellkombinationen wurden mit Hilfe von Pfeilen in der rechten Spalte der Tabelle markiert.

Die Überprüfung der Zulässigkeit erfolgt bei dem hier entwickelten Verfahren nicht generell für alle Losgrößenkombinationen. Sie wird in der Reihenfolge der Zeilen durchgeführt, die sich aus den aufsteigenden Rüst- und Lagerhaltungskosten des Gesamtkostenvektors ergeben und wird abgebrochen, sobald eine zulässige und damit optimale Lösung gefunden und die Existenz von Mehrfachlösungen[1] untersucht ist.

Um den Gesamtkostenvektor zu erhalten, muß zunächst der Vektor der Lagerkosten bei einperiodiger Lagerung der Bedarfsmengen (LEV) durch die Multiplikation des Bedarfsmengenvektors mit dem Lagerkostensatz berechnet werden:

$$LEV = \begin{bmatrix} 300 \\ 250 \\ 100 \\ 600 \\ 100 \end{bmatrix} \cdot 0{,}20 = \begin{bmatrix} 60 \\ 50 \\ 20 \\ 120 \\ 20 \end{bmatrix}.$$

Der Gesamtkostenvektor (GKV) wird dann durch die Multiplikation der Rüst- und Lagerungsmatrix (RV | LM) mit dem Vektor $(k_R, LEV)'$ ermittelt.

---

[1] Bei entsprechender Erweiterung der in Abbildung 50 skizzierten Vorgehensweise.

$$\text{GKV} = \begin{bmatrix} 1 & 1 & 2 & 3 & 4 & 5 \\ 2 & 0 & 1 & 2 & 3 & 4 \\ 2 & 1 & 0 & 1 & 2 & 3 \\ 3 & 0 & 0 & 1 & 2 & 3 \\ 2 & 1 & 2 & 0 & 1 & 2 \\ 3 & 0 & 1 & 0 & 1 & 2 \\ 3 & 1 & 0 & 0 & 1 & 2 \\ 4 & 0 & 0 & 0 & 1 & 2 \\ 2 & 1 & 2 & 3 & 0 & 1 \\ 3 & 0 & 1 & 2 & 0 & 1 \\ 3 & 1 & 0 & 1 & 0 & 1 \\ 4 & 0 & 0 & 1 & 0 & 1 \\ 3 & 1 & 2 & 0 & 0 & 1 \\ 4 & 0 & 1 & 0 & 0 & 1 \\ 4 & 1 & 0 & 0 & 0 & 1 \\ 5 & 0 & 0 & 0 & 0 & 1 \\ 2 & 1 & 2 & 3 & 4 & 0 \\ 3 & 0 & 1 & 2 & 3 & 0 \\ 3 & 1 & 0 & 1 & 2 & 0 \\ 4 & 0 & 0 & 1 & 2 & 0 \\ 3 & 1 & 2 & 0 & 1 & 0 \\ 4 & 0 & 1 & 0 & 1 & 0 \\ 4 & 1 & 0 & 0 & 1 & 0 \\ 5 & 0 & 0 & 0 & 1 & 0 \\ 3 & 1 & 2 & 3 & 0 & 0 \\ 4 & 0 & 1 & 2 & 0 & 0 \\ 4 & 1 & 0 & 1 & 0 & 0 \\ 5 & 0 & 0 & 1 & 0 & 0 \\ 4 & 1 & 2 & 0 & 0 & 0 \\ 5 & 0 & 1 & 0 & 0 & 0 \\ 5 & 1 & 0 & 0 & 0 & 0 \\ 6 & 0 & 0 & 0 & 0 & 0 \end{bmatrix} \cdot \begin{bmatrix} 90 \\ 60 \\ 50 \\ 20 \\ 120 \\ 20 \end{bmatrix} = \begin{bmatrix} 890 \\ 710 \\ 560 \\ 590 \\ 500 \\ 480 \\ 490 \\ 520 \\ 420 \\ 380 \\ 370* \\ 400 \\ 450 \\ 430 \\ 440 \\ 470 \\ 880 \\ 720 \\ 590 \\ 620 \\ 550 \\ 530 \\ 540 \\ 570 \\ 490 \\ 450 \\ 440 \\ 470 \\ 520 \\ 500 \\ 510 \\ 540 \end{bmatrix}.$$

In dem Gesamtkostenvektor bestimmt man die Zeile z^*, die das Minimum der relevanten Gesamtkosten GK^* beinhaltet. Der geringste Wert der Rüst- und Lagerhaltungskosten des Grundproblems beträgt 370 Geldeinheiten. Er ist im Vektor GKV mit * gekennzeichnet. Aus der dazugehörigen Zeile $z^* = 11$ kann man die optimale Auflagepolitik (1,3,5) bzw. die dazugehörigen optimalen Losgrößen $q^*_1 = 700$, $q^*_3 = 350$ und $q^*_5 = 700$ aus der Losgrößenmatrix herauslesen.[1] Man erkennt, daß diese Losgrößenkombination nicht zulässig ist, da sie in der vierten Periode gegen die Mindestbestellmenge und in der fünften Periode gegen die Beschaffungsobergrenze verstößt.

---

[1] Eine Berechnung der Losgrößen anhand der in Kapitel 4.5 beschriebenen Vorgehensweise ist nicht mehr erforderlich, da die Losgrößen der verschiedenen Auflagekombinationen schon in der Losgrößenmatrix verfügbar sind.

Aufgrund der Beschaffungsrestriktionen scheiden gemäß dieser Vorgehensweise die elf besten Lösungen des Grundproblems als optimale Lösung des vorliegenden Losgrößenproblems aus. Erst die zwölftbeste Lösung des Grundproblems, die sich in Zeile 6 des Gesamtkostenvektors beziehungsweise der Losgrößenmatrix befindet, erweist sich als durchführbar und deshalb bei den vorliegenden Beschaffungsbeschränkungen als optimal. Diese Losgrößenkombination (1,2,4) führt zu Kosten in Höhe von 480 Geldeinheiten und zu Beschaffungsmengen von 400, 550 und 800 Mengeneinheiten in den Perioden 1, 2 und 4. Die durch die Beschaffungsrestriktionen verursachte Kostenerhöhung beträgt - im Vergleich zur optimalen Lösung bei unbegrenzten Beschaffungsmöglichkeiten - 110 Geldeinheiten beziehungsweise über 29 Prozent der relevanten Kosten der Losgrößenplanung.

Analog zu der in diesem Beispiel beschriebenen Vorgehensweise, bei der gleichzeitig periodenorientierte Mindest- und Maximalrestriktionen des Beschaffungsbereichs berücksichtigt wurden, ist es mit der in Abbildung 50 dargestellten Methode auch möglich, diese Beschränkungen einzeln zu beachten oder die Restriktionsfälle in einer anderen Zusammenstellung zu kombinieren.

5.5 Berücksichtigung von Transport- und Lagerrestriktionen

Nach der Einbeziehung der Beschaffungsrestriktionen in die Losgrößenplanung soll nun ein Erweiterungsansatz zur Berücksichtigung von Transport- und Lagerrestriktionen hergeleitet werden. Dabei gehen wir - in Analogie zu den Beschaffungsrestriktionen - davon aus, daß keine Verbundbeziehungen bei der Inanspruchnahme der Transport- und Lagerkapazitäten zwischen den verschiedenen Produkten bestehen, sondern daß die Beschaffungs- bzw. Produktionsmengen eines Produktes diese Kapazitäten alleine beanspruchen.

Als Maßeinheiten für die Transport- und Lagerkapazitäten kommen beispielsweise Flächen- und Volumenmaße in Frage, aber auch die Anzahl der Paletten- oder Containerplätze sowie Gewichte, falls diese einen Engpaß bezüglich der entsprechenden Kapazitäten darstellen.

In Ausnahmefällen wird die Kapazitätsbelastung bzw. das Kapazitätsangebot im Transport- und Lagerbereich auch in Mengeneinheiten der vorliegenden Produktart angegeben. Wenn dies der Fall ist, stimmt die Vorgehensweise zur Berücksichtigung von Transport- und Lagerkapazitäten in der Losgrößenplanung mit dem im vorangegangenen Kapitel entwickelten Erweiterungsansatz zur Integration von Beschaffungsrestriktionen überein.[1)]

In allen anderen Fällen besteht jedoch ein wesentlicher Unterschied bei der Einbeziehung von Transport- und Lagerrestriktionen im Vergleich zum Erweiterungsansatz mit Beschaffungsbeschränkungen. Die Einhaltung der Transport- und Lagerrestriktionen kann nicht anhand der Losgrößenmatrix überprüft werden, sondern es muß zu diesem Zweck eine Kapazitätsbelastungsmatrix (KBM') berechnet werden, die die Inanspruchnahme der Transport- und Lagerkapazitäten in Abhängigkeit von den verschiedenen Auflagemöglichkeiten beinhaltet.

Hier soll zunächst der Erweiterungsansatz zur Berücksichtigung von Transportrestriktionen entwickelt werden. Anschließend wird gezeigt, wie die Integration von Lagerbeschränkungen in die Losgrößenplanung erfolgen kann.

Bei vorliegenden Transportrestriktionen erhält man die Matrix KBM' durch eine Multiplikation der Losgrößenmatrix LGM mit dem Koeffizienten c_L, der die Belastung der Transportkapazität pro Mengeneinheit einer Produktart angibt. Die Vorgehensweise zur Ermittlung der optimalen Lösung läßt sich aus dem in Abbildung 50 (Seite 329) dargestellten Algorithmus ableiten, wenn man die Überprüfung der entsprechenden Restriktionen nicht anhand der Losgrößenmatrix, sondern mit Hilfe der Kapazitätsbelastungsmatrix KBM' vornimmt und die Bestellunter- und -obergrenzen durch die Mindestinanspruchnahme bzw. das maximale Kapazitätsangebot des Transportbereichs ersetzt. Auch gegebenenfalls erforderliche Anpassungsmaßnahmen müssen sich, falls keine zulässige Losgrößenkombination gefunden wird, auf den Transportbe-

---

[1)] In diesem Falle kann der in Abbildung 50 enthaltene Algorithmus verwendet werden. Die Bezeichnungen aus dem Beschaffungsbereich sind lediglich durch entsprechende Begriffe aus dem Transport- und Lagerbereich zu ersetzen.

reich beziehen. Nach diesen Veränderungen erhält man den in Abbildung 51 beschriebenen Programmablaufplan.

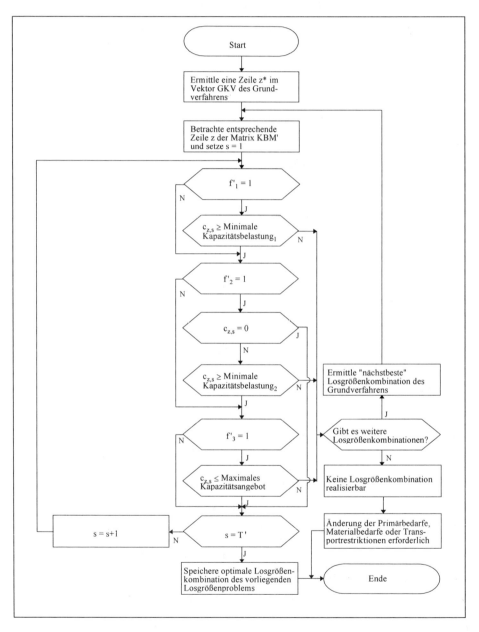

Abbildung 51: Vorgehensweise zur Ermittlung der optimalen Losgrößenkombination bei Berücksichtigung von Transportrestriktionen

Die Überprüfung, ob die jeweiligen Losgrößenkombinationen, die in der Reihenfolge der aufsteigenden relevanten Gesamtkosten untersucht werden, unter Berücksichtigung der Transportrestriktionen zulässig sind, erfolgt mit Hilfe der Koeffizienten $c_{z,s}$ der Kapazitätsbelastungsmatrix. Diese Koeffizienten geben an, wie hoch die Kapazitätsbelastung des Transportbereichs in den einzelnen Perioden ist, wenn die zur Zeile z gehörende Auflage- oder Bestellkombination realisiert wird.

Mit Hilfe des in Abbildung 51 dargestellten Algorithmus lassen sich folgende Transportbeschränkungen berücksichtigen:

* Bei der Losgrößenbildung ist zu beachten, daß die Untergrenzen der Inanspruchnahme der Transportkapazität in keiner Periode unterschritten werden dürfen (Fall 1: "$c_{z,s} \geq$ Minimale Kapazitätsbelastung$_1$" muß für s = 1,...,T' gelten).[1]

* Es dürfen nur Lose gebildet werden, wenn die daraus resultierenden Kapazitätsinanspruchnahmen größer sind als die jeweils vorgegebenen, minimalen Kapazitätsbelastungen des Transportbereichs (Fall 2: "$c_{z,s} = 0$" bzw. "$c_{z,s} \geq$ Minimale Kapazitätsbelastung$_2$" müssen abgefragt werden).[2]

* Die aus den Losgrößen resultierenden Kapazitätsbelastungen dürfen in keiner Periode größer als die verfügbaren Transportkapazitäten sein (Fall 3: "$c_{z,s} \leq$ Maximales Kapazitätsangebot" ist zu überprüfen).

---

[1] Dieser Fall ist beispielsweise relevant, wenn mit einem Transportunternehmen feste Vereinbarungen bezüglich einer periodenorientierten Inanspruchnahme von Transportkapazitäten getroffen wurden und diese Transporte aus Kostengründen oder aufgrund von Lieferverpflichtungen nicht storniert werden können. Falls nur für einige Perioden des Planungszeitraums solche Übereinkünfte oder Reservierungen bestehen, können die Mindestkapazitätsbelastungen in den anderen Perioden mit Null angesetzt werden.

[2] Die Notwendigkeit, in der Losgrößenplanung zu beachten, daß ein Transport nur ab einer Mindestlosgröße durchgeführt wird, kann zum Beispiel aus entsprechenden Bedingungen von Transportunternehmen resultieren. Der Disponent hat dann - sofern die Nettobedarfsmengen dies zulassen - die Möglichkeit, entweder kein Los zu bilden oder diese Kapazitätsuntergrenzen bei jeder Losbildung zu überschreiten.

- Die Restriktionen der Transportkapazitäten treten kombiniert auf.[1]

Die Abfrage, welche Restriktionen für ein konkretes Losgrößenproblem gelten, erfolgt für die Fälle 1 bis 3 mit Hilfe der Binärvariablen f'_n, n = 1,...,3.

Den mit Hilfe von Abbildung 51 erläuterten Erweiterungsansatz, der für den Transportbereich hergeleitet wurde, kann man auch analog für Losgrößenprobleme mit Restriktionen im Lagerbereich anwenden.[2] Hierzu müssen alle Begriffe aus dem Transportbereich (z.B. Transportrestriktionen, Transportkapazitäten) durch die analogen Begriffe aus dem Lagerbereich ersetzt werden. Falls alle Losgrößen komplett gelagert werden müssen,[3] kann die Berechnung der Kapazitätsbelastungsmatrix - wie oben dargestellt - durch eine Multiplikation der Losgrößenmatrix mit der Kapazitätsbeanspruchung pro Mengeneinheit (c_L) erfolgen.

Wenn jedoch nicht die gesamten Nettobedarfsmengen zu lagern sind, da ein Teil der Mengeneinheiten unmittelbar weiterverarbeitet oder verkauft werden kann, dürfen sich die Berechnungen nur auf die verbleibenden Mengeneinheiten beziehen, da nur sie im Hinblick auf die Kapazitätsbelastung des Lagers entscheidungsrelevant sind. Wendet man den in Abbildung 49 enthaltenen Algorithmus, der auf Seite 326 zur Berechnung der Losgrößenmatrix diente, nicht auf die Nettobedarfsmengen, sondern auf die einzulagernden Mengeneinheiten an und multipliziert die mit Hilfe dieser Vorgehensweise erzeugte Matrix mit dem Koeffizienten c_L, so erhält man die

---

[1] Die Kombinationsmöglichkeiten werden in der Regel in der Form vorkommen, daß der Fall 3 in Verbindung mit der Problematik der Mindestbelastung der Kapazitäten auftritt, und zwar entweder periodenorientiert (Fall 1) oder losgrößenorientiert (Fall 2). Es sind jedoch auch alle anderen Gruppierungen prinzipiell möglich.

[2] Wobei dort dann ebenfalls keine Verbundbeziehungen gelten dürfen. Im Lagerbereich müßte also eine fest vorgegebene Kapazität für die Produktart vorhanden sein (Festplatzsystem, bei dem keine Ausdehnungsmöglichkeiten für den Lagerbereich des betrachteten Produkts vorhanden sind).

[3] Dies kann zum Beispiel durch verfahrenstechnische Gegebenheiten erforderlich sein, wie zum Beispiel bei Trocknungsprozessen (Lackiererei) oder bei Reifeprozessen (Weinproduktion, Käserei usw.).

Kapazitätsbelastungsmatrix für den Fall, daß nur ein Teil des Nettobedarfs eingelagert werden muß. Hinsichtlich dieser (modifizierten) Kapazitätsbelastungsmatrix des Lagers kann dann die in Abbildung 51 dargestellte Vorgehensweise zur Ermittlung der optimalen Losgrößenkombination bei Berücksichtigung von Transportrestriktionen auf den Fall der Lagerrestriktionen analog angewendet werden.

Tabelle 41 enthält die Ausgangsdaten für ein Beispiel zur Berücksichtigung von Transportrestriktionen in der Losgrößenplanung. Das Beispiel kann allerdings auch zur Verdeutlichung der Losgrößenplanung bei Lagerbeschränkungen dienen.[1]

Das in dieser Tabelle enthaltene Zahlenbeispiel geht von Kapazitätsobergrenzen aus. Anschließend wird das Beispiel so abgewandelt, daß diese Kapazitätsbeschränkungen mit der Bedingung der Mindestinanspruchnahme von Transportkapazitäten kombiniert werden.

Tabelle 41: Ausgangsdaten für eine Losgrößenplanung mit Berücksichtigung von Kapazitätsrestriktionen im Transportbereich

Bedarfsperiode	1	2	3	4	5	6
Nettobedarfsmenge (ME/Periode)	400	300	250	100	600	100
Transportkapazität (Kapazitätseinheiten/ Periode)	1500	1000	1200	1200	500	500
Lagerkostensatz	0,20 (GE/ME und Periode)					
Rüstkostensatz	90,00 (GE/Rüstvorgang)					
Kapazitätsinanspruchnahme pro Mengeneinheit	0,80 (Kapazitätseinheiten/ME)					

Durch Multiplikation der Losgrößenmatrix mit der Kapazitätsinanspruchnahme pro Mengeneinheit ergibt sich die in Tabelle 42 enthaltene Kapazitätsbelastungsmatrix

---

[1] In diesem Fall geht man dann entweder davon aus, daß der gesamte Nettobedarf gelagert werden muß, oder der in dem Zahlenbeispiel enthaltene Nettobedarf wird als geplanter Lagerzugang interpretiert und ein entsprechend höherer Nettobedarf zugrunde gelegt.

KBM'. Mit Hilfe dieser Übersicht wird darüber hinaus verdeutlicht, welche der Kapazitätsbelastungen $c_{z,s}$ bezüglich der Restriktionen zu Unzulässigkeiten führen (unterstrichene Zahlenwerte) bzw. welche Losgrößenkombinationen bei den vorliegenden Begrenzungen der Kapazitätsinanspruchnahme weiterhin realisierbar sind (Pfeile). Auf der rechten Seite der Tabelle ist der Gesamtkostenvektor des Grundverfahrens dargestellt, um die Rüst- und Lagerhaltungskosten, die zu den verschiedenen Losgrößenkombinationen gehören, besser vergleichen zu können.

Tabelle 42: Gegenüberstellung der Kapazitätsbelastungsmatrix bei Transportrestriktionen und des Gesamtkostenvektors des Grundverfahrens

Auflage-kombinationen	Kapazitätsbelastungsmatrix (KBM')						Zulässige Lösungen	GKV
(1)	1400	0	0	0	0	0	⇐	890
(1,2)	320	1080	0	0	0	0		710
(1,3)	560	0	840	0	0	0	⇐	560
(1,2,3)	320	240	840	0	0	0	⇐	590
(1,4)	760	0	0	640	0	0	⇐	500
(1,2,4)	320	440	0	640	0	0	⇐	480
(1,3,4)	560	0	200	640	0	0	⇐	490
(1,2,3,4)	320	240	200	640	0	0	⇐	520
(1,5)	840	0	0	0	560	0		420
(1,2,5)	320	520	0	0	560	0		380
(1,3,5)	560	0	280	0	560	0		370
(1,2,3,5)	320	240	280	0	560	0		400
(1,4,5)	760	0	0	80	560	0		450
(1,2,4,5)	320	440	0	80	560	0		430
(1,3,4,5)	560	0	200	80	560	0		440
(1,2,3,4,5)	320	240	200	80	560	0		470
(1,6)	1320	0	0	0	0	80	⇐	880
(1,2,6)	320	1000	0	0	0	80	⇐	720
(1,3,6)	560	0	760	0	0	80	⇐	590
(1,2,3,6)	320	240	760	0	0	80	⇐	620
(1,4,6)	760	0	0	560	0	80	⇐	550
(1,2,4,6)	320	440	0	560	0	80	⇐	530
(1,3,4,6)	560	0	200	560	0	80	⇐	540
(1,2,3,4,6)	320	240	200	560	0	80	⇐	570
(1,5,6)	840	0	0	0	480	80	⇐	490
(1,2,5,6)	320	520	0	0	480	80	⇐	450
(1,3,5,6)	560	0	280	0	480	80	⇐	440*
(1,2,3,5,6)	320	240	280	0	480	80	⇐	470
(1,4,5,6)	760	0	0	80	480	80	⇐	520
(1,2,4,5,6)	320	440	0	80	480	80	⇐	500
(1,3,4,5,6)	560	0	200	80	480	80	⇐	510
(1,2,3,4,5,6)	320	240	200	80	480	80	⇐	540

Man erkennt in dieser Tabelle, daß es sich bei der Losgrößenkombination (1,3,5,6) mit 440 Geldeinheiten um die optimale Lösung des vorliegenden Losgrößenproblems handelt (Zeile 27). Die Transportbeschränkungen führen also dazu, daß die siebtbeste Lösung des Grundproblems zur optimalen Lösung des vorliegenden Losgrößenproblems wird bzw. Mehrkosten in Höhe von 70 Geldeinheiten oder etwa 19 Prozent der Rüst- und Lagerhaltungskosten im Vergleich zur optimalen Lösung (1,3,5) des Grundproblems entstehen. Die optimalen Bestell- oder Auflagemengen dieses Losgrößenproblems (700, 350, 600, 100) sind in der Zeile 27 der Losgrößenmatrix ersichtlich, die in Tabelle 40 auf Seite 333 enthalten ist.

Nachdem gezeigt wurde, wie man den Fall des beschränkten Kapazitätsangebots im Transportbereich mit einem Erweiterungsansatz der Losgrößenplanung berücksichtigen kann, könnte man zusätzlich Untergrenzen der Inanspruchnahme von Transportkapazitäten einbeziehen. Falls beispielsweise - ergänzend zu den oben angegebenen Transportbeschränkungen - eine Beförderung nur dann erfolgen kann, wenn mindestens 100 Einheiten der Transportkapazität ausgelastet werden, ist - aufgrund der dann noch vorhandenen Zulässigkeiten - die Losgrößenkombination (1,2,4) mit relevanten Gesamtkosten in Höhe von 480 Geldeinheiten und Auflage- oder Bestellmengen in Höhe von 400, 550 und 800 Mengeneinheiten die optimale Lösung.

5.6 Berücksichtigung von Fertigungsrestriktionen

Neben den bisher behandelten Restriktionen sind bei Losgrößenentscheidungen auch häufig Kapazitätsbeschränkungen im Fertigungsbereich zu berücksichtigen. Die Messung der vorhandenen Kapazität und der Kapazitätsbelastung erfolgt im Produktionsbereich in der Regel in Zeiteinheiten. Dabei sind bei der Inanspruchnahme der Kapazität Rüstzeiten und Bearbeitungszeiten zu unterscheiden.[1]

---

[1] Zum Kapazitätsbegriff in der Fertigung und zur Messung der Kapazität siehe u.a. Corsten, H., 1995, S. 14 ff.; Kilger, W., 1986, S. 372 ff.; Layer, M., 1979, S. 827 ff.; Seicht, G., 1994, S. 322 ff.

In Ausnahmefällen kann die Messung der Kapazität auch in Mengeneinheiten erfolgen. Dies ist zum Beispiel möglich, wenn das entsprechende Betriebsmittel oder der Betriebsbereich nur von einer Produktart belegt wird und keine Rüstzeiten erforderlich sind, um dieses Produkt zu fertigen. Bei einer Berechnung der Kapazität in Mengeneinheiten kann die Berücksichtigung von Kapazitätsrestriktionen aus dem Fertigungsbereich analog zu dem in Abbildung 50 dargestellten Erweiterungsansatz zur Integration von Beschaffungsrestriktionen erfolgen.[1]

Gelegentlich erfolgt die Messung der Fertigungskapazität auch in Flächen-, Volumen- oder Gewichtsmaßen, wenn diese Größen einen Engpaß im Produktionsprozeß darstellen und keine Rüstzeitproblematik vorhanden ist. Falls diese Dimensionen als Maßeinheiten verwendet werden, kann der in Abbildung 51 enthaltene Algorithmus, der die Transport- und Lagerrestriktionen in die Losgrößenplanung einbezieht, analog zur Lösung der Losgrößenprobleme mit Fertigungsrestriktionen angewendet werden.[2]

In der chargenverarbeitenden Industrie[3] ist die Benutzung von Mengeneinheiten bzw. Flächen-, Volumen- oder Gewichtsmaßen zur Kapazitätsmessung durchaus gebräuchlich, da diese Größen dort aufgrund der Begrenzungen der Behälter bzw. der Reaktionsräume häufig restriktiv wirken.

Bei den meisten Produktionsprozessen wird die Messung der Kapazität bzw. der Kapazitätsbelastung jedoch in Zeiteinheiten durchgeführt, da sich bei dieser Vorgehensweise die Rüstzeitproblematik einbeziehen läßt. Der dazu erforderliche Erweite-

---

[1] Die in dieser Abbildung und den dazugehörigen Erläuterungen enthaltenen Begriffe aus dem Beschaffungsbereich (z.B. Beschaffungsmenge, Beschaffungsrestriktion) sind in diesem Fall durch Bezeichnungen aus dem Produktionsbereich (z.B. Produktionsmenge, Produktionsmengenrestriktion) zu ersetzen.

[2] Die Kapazitätsbelastungsmatrix KBM' beinhaltet in diesem Fall die - in Flächen-, Volumen-, oder Gewichtsmaßen berechnete - Inanspruchnahme der Fertigungskapazität in Abhängigkeit von den verschiedenen Auflagemöglichkeiten. Der Begriff Transportrestriktion muß in Abbildung 51 durch die Bezeichnung Fertigungsrestriktion ersetzt werden.

[3] Zur chargenverarbeitenden Industrie siehe u.a. Aggteleky, B., 1990, S. 479 ff.; Hahn, D., und Laßmann, G., 1990, S. 46 f.; Uhlig, R. J., 1987, S. 17 f.

rungsansatz der Losgrößenplanung weist - aufgrund der Verwendung der Losgrößenmatrix und der Berechnung einer Kapazitätsbelastungsmatrix - einige Ähnlichkeiten zur Einbeziehung von Transport- und Lagerrestriktionen auf. Eine Besonderheit besteht allerdings im Fertigungsbereich - neben den Unterschieden in den Dimensionen - darin, daß die Rüstzeitproblematik eine gesonderte Berechnung der Rüstzeit und der Bearbeitungszeit erfordert, um die Kapazitätsbelastung der verschiedenen Losgrößenkombinationen ermitteln zu können.

Zur Berechnung der Bearbeitungszeitmatrix (BZM) benötigt man die Losgrößenmatrix (LGM), deren Koeffizienten $q_{z,s}$ die nach Perioden (Spalten) differenzierten Auflagemengen in Abhängigkeit von den Auflagekombinationen (Zeilen) beinhalten.[1] Wenn man die Losgrößenmatrix mit der Stückbearbeitungszeit (t_B) der Produktart multipliziert, erhält man die Matrix BZM

(75) $BZM = LGM \cdot t_B$.

Die Koeffizienten der Bearbeitungszeitmatrix veranschaulichen die nach Perioden (Spalten) differenzierten Bearbeitungszeiten, die zur Herstellung der Nettobedarfsmengen einer Produktart - in Abhängigkeit von den Losgrößenkombinationen (Zeilen) - erforderlich sind.[2]

Eine Möglichkeit, bei dem hier entwickelten Losgrößenverfahren die Rüstzeiten zu berücksichtigen, besteht darin, die Rüstzeitmatrix (RZM) zu berechnen. Die Koeffizienten der Matrix RZM geben an, welche Rüstzeitbelastung aufgrund der Losgrößenentscheidung in den einzelnen Perioden entsteht (Spaltenbetrachtung), wenn eine zu den entsprechenden Zeilen gehörende Auflagekombination realisiert wird.

---

[1] Die Berechnung der Losgrößenmatrix wurde mit Hilfe des in Abbildung 49 (Seite 326) dargestellten Programmablaufplans erläutert.

[2] Die Bearbeitungszeiten können sich - ebenso wie die im nachfolgenden erläuterten Rüstzeiten und Kapazitätsbelastungen - auf ein Betriebsmittel, einen Arbeitsplatz, einen Betriebsbereich oder den gesamten Betrieb beziehen.

Man berechnet die Rüstzeitmatrix durch Multiplikation der Rüstmatrix (RM) mit der Rüstzeit pro Rüstvorgang (t_R):

(76) $\quad$ RZM = RM $\cdot$ t_R .

Die Kapazitätsbelastungsmatrix (KBM) erhält man bei dieser Vorgehensweise durch die Addition der Bearbeitungszeitmatrix und der Rüstzeitmatrix:

(77) $\quad$ KBM = BZM + RZM .

Da die Koeffizienten der Kapazitätsbelastungsmatrix die nach Perioden (Spalten) eingeteilten Kapazitätsbelastungszeiten eines Betriebsmittels, Arbeitsplatzes, Betriebsbereichs oder Betriebes beinhalten, die in Abhängigkeit von den Auflagekombinationen (Zeilen) eines Produktes entstehen, erhält man für jede Losgrößenkombination, die mit Hilfe des Grundverfahrens ermittelt wird, die dazugehörige Kapazitätsnachfrage.

Den Rechenaufwand zur Ermittlung der Kapazitätsbelastungsmatrix kann man dadurch vermindern, daß man die Rüstzeitmatrix nicht gesondert berechnet, sondern die Rüstzeit während der Berechnung der Bearbeitungszeit berücksichtigt. Dazu ist bei der Multiplikation der Losgrößenmatrix (LGM) mit der Stückbearbeitungszeit t_B jeweils der Wert der Bearbeitungszeit ($q_{z,s} \cdot t_B$) um t_R zu erhöhen, falls eine Auflage erfolgt.[1] Diese um t_R erhöhte Bearbeitungszeit stellt die Kapazitätsbelastung der entsprechenden Periode dar, so daß die Berücksichtigung der Bearbeitungs- und Rüstzeit bei dieser Vorgehensweise in zwei unmittelbar hintereinander durchzuführenden Rechenschritten erfolgen kann.

Neben der Berechnung der Kapazitätsbelastungsmatrix ist es in dem Losgrößenansatz zur Berücksichtigung der Fertigungsrestriktionen erforderlich, daß man mit Hilfe des Grundverfahrens die relevanten Gesamtkosten der Auflagekombinationen ermittelt. Analog zur Integration der Beschaffungs-, Transport- und Lagerrestriktionen in die Losgrößenplanung überprüft man die kapazitätsmäßige Zulässigkeit der Auflagekom-

---

[1] $q_{z,s}$ weist dann in der Losgrößenmatrix einen positiven Wert auf.

binationen in der Reihenfolge, die sich aus der Höhe der relevanten Gesamtkosten im Vektor GKV ergibt. Man beginnt dabei mit dem Minimum der relevanten Gesamtkosten und untersucht, ob die zur gleichen Zeile gehörende Losgrößenkombination in der Kapazitätsbelastungsmatrix zulässige Werte aufweist.

Die Vorgehensweise, mit der man die Einhaltung der Kapazitätsrestriktionen überprüfen kann, wurde bereits für den Transportbereich anhand des in Abbildung 51 auf Seite 338 enthaltenen Programmablaufplans erläutert. Dieser Algorithmus kann hier für den Fertigungsbereich analog angewendet werden.[1]

Solange keine Auflagekombination gefunden wird, die im Hinblick auf die Belastung der Fertigungskapazität zulässig ist, wird mit Hilfe des Vektors GKV die Zeile mit den nächsthöheren Rüst- und Lagerhaltungskosten ermittelt und deren Realisierbarkeit unter Verwendung der Kapazitätsbelastungsmatrix und der vorliegenden Restriktionen geprüft. Wenn eine realisierbare Auflagekombination gefunden wird, stellt diese für das vorliegende Losgrößenproblem, das Kapazitätsrestriktionen im Fertigungsbereich berücksichtigt, die optimale Lösung dar. Anschließend muß untersucht werden, ob im Gesamtkostenvektor noch Ergebnisse enthalten sind, die zu den gleichen Kosten führen und im Hinblick auf die Fertigungsrestriktionen ebenfalls zulässig sind (Mehrfachlösungen).

Hat man mit dieser Vorgehensweise unter Beachtung der Restriktionen des Fertigungsbereichs eine optimale Zeile des Gesamtkostenvektors bzw. eine optimale Losgrößenkombination ermittelt, so ergeben sich die dazugehörigen Auflageperioden sowie die optimalen Fertigungslosgrößen aus der Losgrößenmatrix, die bereits berechnet wurde, um die Bearbeitungszeit- bzw. Kapazitätsbelastungsmatrix zu erhalten.

Falls für das vorliegende Losgrößenproblem keine zulässige Lösung besteht, sind entsprechende Anpassungsmaßnahmen der Produktionsplanung und -steuerung erforder-

---

[1] Dazu sind in diesem Programmablaufplan lediglich folgende Modifikationen vorzunehmen: KBM' wird durch KBM ersetzt und die "Anpassung der Transportrestriktionen" wird gegen "kapazitätsmäßige Anpassungsmaßnahmen im Fertigungsbereich" ausgetauscht.

lich. In Frage käme z.B. eine Reduzierung oder zeitliche Verschiebung der Primärbedarfsmengen oder der geplanten Lagerzugänge sowie kapazitätsmäßige Anpassungsmaßnahmen.[1]

Analog zur Verfahrensweise bei der Berücksichtigung von Transport- und Lagerrestriktionen können auch bei der Einbeziehung von Kapazitätsaspekten im Produktionsbereich Mindest- und Maximalrestriktionen in die Losgrößenplanung integriert werden, wobei die Untergrenzen der Kapazitätsbeanspruchung wiederum losgrößenorientiert oder periodenorientiert sein können.[2]

Das nachfolgende Beispiel veranschaulicht die Vorgehensweise zur Ermittlung der optimalen Losgrößen unter Berücksichtigung von Kapazitätsrestriktionen des Produktionsbereichs. Tabelle 43 geht zunächst von Kapazitätsobergrenzen aus. Anschließend wird dieses Beispiel so ergänzt, daß es auch die Untergrenzen der Kapazitätsbelastung berücksichtigt.

Tabelle 43: Ausgangsdaten für eine Losgrößenplanung mit Berücksichtigung von Kapazitätsrestriktionen im Fertigungsbereich

Bedarfsperiode	1	2	3	4	5	6
Nettobedarfsmenge (ME/Periode)	400	300	250	100	600	100
Kapazitätsangebot (Minuten/Periode)	2800	900	600	2000	1000	1000
Lagerkostensatz	0,20 (GE/ME und Periode)					
Rüstkostensatz	90,00 (GE/Rüstvorgang)					
Rüstzeit	85,00 (Minuten/Rüstvorgang)					
Stückbearbeitungszeit	1,50 (Minuten/ME)					

---

[1] Zur Thematik der kapazitätsmäßigen Anpassungsmaßnahmen siehe u.a. Kapitel 2.1 sowie die dort zitierte Literatur.

[2] Zur Erläuterung der Unterschiede soll auf die entsprechenden Ausführungen bei dem Erweiterungsansatz zur Einbeziehung von Transport- und Lagerrestriktionen in Kapitel 5.5 verwiesen werden.

Die Bearbeitungszeiten der verschiedenen Auflagekombinationen erhält man durch Multiplikation der Losgrößenmatrix (LGM) mit der Stückbearbeitungszeit (t_B) der Produktart:

$$BZM = \begin{bmatrix} 1750 & 0 & 0 & 0 & 0 & 0 \\ 400 & 1350 & 0 & 0 & 0 & 0 \\ 700 & 0 & 1050 & 0 & 0 & 0 \\ 400 & 300 & 1050 & 0 & 0 & 0 \\ 950 & 0 & 0 & 800 & 0 & 0 \\ 400 & 550 & 0 & 800 & 0 & 0 \\ 700 & 0 & 250 & 800 & 0 & 0 \\ 400 & 300 & 250 & 800 & 0 & 0 \\ 1050 & 0 & 0 & 0 & 700 & 0 \\ 400 & 650 & 0 & 0 & 700 & 0 \\ 700 & 0 & 350 & 0 & 700 & 0 \\ 400 & 300 & 350 & 0 & 700 & 0 \\ 950 & 0 & 0 & 100 & 700 & 0 \\ 400 & 550 & 0 & 100 & 700 & 0 \\ 700 & 0 & 250 & 100 & 700 & 0 \\ 400 & 300 & 250 & 100 & 700 & 0 \\ 1650 & 0 & 0 & 0 & 0 & 100 \\ 400 & 1250 & 0 & 0 & 0 & 100 \\ 700 & 0 & 950 & 0 & 0 & 100 \\ 400 & 300 & 950 & 0 & 0 & 100 \\ 950 & 0 & 0 & 700 & 0 & 100 \\ 400 & 550 & 0 & 700 & 0 & 100 \\ 700 & 0 & 250 & 700 & 0 & 100 \\ 400 & 300 & 250 & 700 & 0 & 100 \\ 1050 & 0 & 0 & 0 & 600 & 100 \\ 400 & 650 & 0 & 0 & 600 & 100 \\ 700 & 0 & 350 & 0 & 600 & 100 \\ 400 & 300 & 350 & 0 & 600 & 100 \\ 950 & 0 & 0 & 100 & 600 & 100 \\ 400 & 550 & 0 & 100 & 600 & 100 \\ 700 & 0 & 250 & 100 & 600 & 100 \\ 400 & 300 & 250 & 100 & 600 & 100 \end{bmatrix} \cdot 1{,}50 = \begin{bmatrix} 2625 & 0 & 0 & 0 & 0 & 0 \\ 600 & 2025 & 0 & 0 & 0 & 0 \\ 1050 & 0 & 1575 & 0 & 0 & 0 \\ 600 & 450 & 1575 & 0 & 0 & 0 \\ 1425 & 0 & 0 & 1200 & 0 & 0 \\ 600 & 825 & 0 & 1200 & 0 & 0 \\ 1050 & 0 & 375 & 1200 & 0 & 0 \\ 600 & 450 & 375 & 1200 & 0 & 0 \\ 1575 & 0 & 0 & 0 & 1050 & 0 \\ 600 & 975 & 0 & 0 & 1050 & 0 \\ 1050 & 0 & 525 & 0 & 1050 & 0 \\ 600 & 450 & 525 & 0 & 1050 & 0 \\ 1425 & 0 & 0 & 150 & 1050 & 0 \\ 600 & 825 & 0 & 150 & 1050 & 0 \\ 1050 & 0 & 375 & 150 & 1050 & 0 \\ 600 & 450 & 375 & 150 & 1050 & 0 \\ 2475 & 0 & 0 & 0 & 0 & 150 \\ 600 & 1875 & 0 & 0 & 0 & 150 \\ 1050 & 0 & 1425 & 0 & 0 & 150 \\ 600 & 450 & 1425 & 0 & 0 & 150 \\ 1425 & 0 & 0 & 1050 & 0 & 150 \\ 600 & 825 & 0 & 1050 & 0 & 150 \\ 1050 & 0 & 375 & 1050 & 0 & 150 \\ 600 & 450 & 375 & 1050 & 0 & 150 \\ 1575 & 0 & 0 & 0 & 900 & 150 \\ 600 & 975 & 0 & 0 & 900 & 150 \\ 1050 & 0 & 525 & 0 & 900 & 150 \\ 600 & 450 & 525 & 0 & 900 & 150 \\ 1450 & 0 & 0 & 150 & 900 & 150 \\ 600 & 825 & 0 & 150 & 900 & 150 \\ 1050 & 0 & 375 & 150 & 900 & 150 \\ 600 & 450 & 375 & 150 & 900 & 150 \end{bmatrix}.$$

Falls man zum Beispiel gemäß der zweiten Zeile der Bearbeitungszeitmatrix in der ersten und zweiten Periode auflegt, ergeben sich in der ersten Periode Bearbeitungszeiten von 600 Minuten und in der zweiten Periode Bearbeitungszeiten von 2025 Minuten.

Die Rüstzeitmatrix (RZM) wird berechnet, indem man die Rüstmatrix (RM) mit der Rüstzeit pro Rüstvorgang (t_R) multipliziert:

$$\text{RZM} = \begin{bmatrix} 1 & 0 & 0 & 0 & 0 & 0 \\ 1 & 1 & 0 & 0 & 0 & 0 \\ 1 & 0 & 1 & 0 & 0 & 0 \\ 1 & 1 & 1 & 0 & 0 & 0 \\ 1 & 0 & 0 & 1 & 0 & 0 \\ 1 & 1 & 0 & 1 & 0 & 0 \\ 1 & 0 & 1 & 1 & 0 & 0 \\ 1 & 1 & 1 & 1 & 0 & 0 \\ 1 & 0 & 0 & 0 & 1 & 0 \\ 1 & 1 & 0 & 0 & 1 & 0 \\ 1 & 0 & 1 & 0 & 1 & 0 \\ 1 & 1 & 1 & 0 & 1 & 0 \\ 1 & 0 & 0 & 1 & 1 & 0 \\ 1 & 1 & 0 & 1 & 1 & 0 \\ 1 & 0 & 1 & 1 & 1 & 0 \\ 1 & 1 & 1 & 1 & 1 & 0 \\ 1 & 0 & 0 & 0 & 0 & 1 \\ 1 & 1 & 0 & 0 & 0 & 1 \\ 1 & 0 & 1 & 0 & 0 & 1 \\ 1 & 1 & 1 & 0 & 0 & 1 \\ 1 & 0 & 0 & 1 & 0 & 1 \\ 1 & 1 & 0 & 1 & 0 & 1 \\ 1 & 0 & 1 & 1 & 0 & 1 \\ 1 & 1 & 1 & 1 & 0 & 1 \\ 1 & 0 & 0 & 0 & 1 & 1 \\ 1 & 1 & 0 & 0 & 1 & 1 \\ 1 & 0 & 1 & 0 & 1 & 1 \\ 1 & 1 & 1 & 0 & 1 & 1 \\ 1 & 0 & 0 & 1 & 1 & 1 \\ 1 & 1 & 0 & 1 & 1 & 1 \\ 1 & 0 & 1 & 1 & 1 & 1 \\ 1 & 1 & 1 & 1 & 1 & 1 \end{bmatrix} \cdot 85 = \begin{bmatrix} 85 & 0 & 0 & 0 & 0 & 0 \\ 85 & 85 & 0 & 0 & 0 & 0 \\ 85 & 0 & 85 & 0 & 0 & 0 \\ 85 & 85 & 85 & 0 & 0 & 0 \\ 85 & 0 & 0 & 85 & 0 & 0 \\ 85 & 85 & 0 & 85 & 0 & 0 \\ 85 & 0 & 85 & 85 & 0 & 0 \\ 85 & 85 & 85 & 85 & 0 & 0 \\ 85 & 0 & 0 & 0 & 85 & 0 \\ 85 & 85 & 0 & 0 & 85 & 0 \\ 85 & 0 & 85 & 0 & 85 & 0 \\ 85 & 85 & 85 & 0 & 85 & 0 \\ 85 & 0 & 0 & 85 & 85 & 0 \\ 85 & 85 & 0 & 85 & 85 & 0 \\ 85 & 0 & 85 & 85 & 85 & 0 \\ 85 & 85 & 85 & 85 & 85 & 0 \\ 85 & 0 & 0 & 0 & 0 & 85 \\ 85 & 85 & 0 & 0 & 0 & 85 \\ 85 & 0 & 85 & 0 & 0 & 85 \\ 85 & 85 & 85 & 0 & 0 & 85 \\ 85 & 0 & 0 & 85 & 0 & 85 \\ 85 & 85 & 0 & 85 & 0 & 85 \\ 85 & 0 & 85 & 85 & 0 & 85 \\ 85 & 85 & 85 & 85 & 0 & 85 \\ 85 & 0 & 0 & 0 & 85 & 85 \\ 85 & 85 & 0 & 0 & 85 & 85 \\ 85 & 0 & 85 & 0 & 85 & 85 \\ 85 & 85 & 85 & 0 & 85 & 85 \\ 85 & 0 & 0 & 85 & 85 & 85 \\ 85 & 85 & 0 & 85 & 85 & 85 \\ 85 & 0 & 85 & 85 & 85 & 85 \\ 85 & 85 & 85 & 85 & 85 & 85 \end{bmatrix}.$$

Durch Addition der Rüstzeitmatrix und der Bearbeitungszeitmatrix erhält man die in Tabelle 44 dargestellte Kapazitätsbelastungsmatrix.[1)]

[1)] Alternativ dazu kann man die Kapazitätsbelastungsmatrix auch in einem Schritt berechnen. Wenn man die Berücksichtigung der Rüstzeit und der Bearbeitungszeit integriert durchführt, muß man bei jeder Multiplikation einer positiven Losgröße $q_{z,s}$ (der Losgrößenmatrix) mit der Stückbearbeitungszeit $t_B = 1{,}50$ das Ergebnis (die Bearbeitungszeit) um $t_R = 85$ Zeiteinheiten erhöhen, um unmittelbar die Kapazitätsbelastung zu erhalten.

Tabelle 44: Gegenüberstellung der Kapazitätsbelastungsmatrix bei Fertigungsrestriktionen und des Gesamtkostenvektors des Grundverfahrens

Auflage-kombinationen	Kapazitätsbelastungsmatrix (KBM)						Zulässige Lösungen	GKV
(1)	2710	0	0	0	0	0	⇐	890
(1,2)	685	2110	0	0	0	0		710
(1,3)	1135	0	1660	0	0	0		560
(1,2,3)	685	535	1660	0	0	0		590
(1,4)	1510	0	0	1285	0	0	⇐	500
(1,2,4)	685	910	0	1285	0	0		480
(1,3,4)	1135	0	460	1285	0	0	⇐	490*
(1,2,3,4)	685	535	460	1285	0	0	⇐	520
(1,5)	1660	0	0	0	1135	0		420
(1,2,5)	685	1060	0	0	1135	0		380
(1,3,5)	1135	0	610	0	1135	0		370
(1,2,3,5)	685	535	610	0	1135	0		400
(1,4,5)	1510	0	0	235	1135	0		450
(1,2,4,5)	685	910	0	235	1135	0		430
(1,3,4,5)	1135	0	460	235	1135	0		440
(1,2,3,4,5)	685	535	460	235	1135	0		470
(1,6)	2560	0	0	0	0	235	⇐	880
(1,2,6)	685	1960	0	0	0	235		720
(1,3,6)	1135	0	1510	0	0	235		590
(1,2,3,6)	685	535	1510	0	0	235		620
(1,4,6)	1510	0	0	1135	0	235	⇐	550
(1,2,4,6)	685	910	0	1135	0	235		530
(1,3,4,6)	1135	0	460	1135	0	235	⇐	540
(1,2,3,4,6)	685	535	460	1135	0	235	⇐	570
(1,5,6)	1660	0	0	0	985	235	⇐	490*
(1,2,5,6)	685	1060	0	0	985	235		450
(1,3,5,6)	1135	0	610	0	985	235		440
(1,2,3,5,6)	685	535	610	0	985	235		470
(1,4,5,6)	1510	0	0	235	985	235	⇐	520
(1,2,4,5,6)	685	910	0	235	985	235		500
(1,3,4,5,6)	1135	0	460	235	985	235	⇐	510
(1,2,3,4,5,6)	685	535	460	235	985	235	⇐	540

Die Überprüfung der Zulässigkeiten erfolgt in der Reihenfolge der (aufsteigend sortierten) relevanten Gesamtkosten, die sich bei einer Realisierung der jeweiligen Auflagekombinationen ergeben würden, wenn keine Berücksichtigung von Kapazitätsrestriktionen erforderlich wäre. Aus der dreizehnten und vierzehnten Überprüfung der Realisierbarkeit ergibt sich, daß die entsprechenden Losgrößenkombinationen, die beide die gleichen Gesamtkosten aufweisen, im Hinblick auf die Kapazitätsbeschränkungen durchführbar sind.[1] Folglich liegt mit den Auflagekombinationen (1,3,4) und (1,5,6) eine Doppellösung vor. Die dazugehörigen relevanten Gesamtkosten in Höhe von 490 Geldeinheiten sind im Vektor GKV mit * markiert. Die Kostenerhöhungen betragen im Vergleich zur optimalen Lösung bei unbegrenzten Kapazitäten 120 Geldeinheiten bzw. über 32 Prozent der relevanten Kosten der Losgrößenplanung.

Als Kapazitätsbelastungen ergeben sich entweder 1135, 460 und 1285 Minuten in der ersten, dritten und vierten Periode, wenn man die Auflagekombination (1,3,4) realisiert, oder 1660, 985 und 235 Minuten, falls man gemäß Auflagekombination (1,5,6) in den dort angegebenen Perioden Lose bildet. Die dazugehörigen Losgrößen sind in der Losgrößenmatrix ersichtlich.[2]

Das vorliegende Beispiel soll nun so erweitert werden, daß neben den Kapazitätsobergrenzen auch Untergrenzen der Kapazitätsinanspruchnahme berücksichtigt werden. Zu diesem Zweck wird angenommen, daß die Kapazitätsbelastung - z.B. aus personalwirtschaftlichen Gründen - in den ersten vier Perioden mindestens 400 Kapazitätseinheiten betragen soll. In diesem Fall ist die Auflagekombination (1,2,3,4) mit relevanten Gesamtkosten in Höhe von 520 Geldeinheiten und Kapazitätsbelastungen von 685, 535, 460 und 1285 Minuten in den ersten vier Perioden die optimale Lösung. Sie entspricht der achten Zeile des Gesamtkostenvektors bzw. der Losgrößen- und Kapazitätsbelastungsmatrix. Bei einer Losgrößenplanung ohne Kapazitätsbeschränkungen existieren 17 Lösungen, die zu geringeren Rüst- und Lagerhaltungskosten führen. Die Kostenerhöhung im Vergleich zum Grundverfahren, bei dem überhaupt keine Restriktionen berücksichtigt werden, beträgt 150 Geldeinheiten.

---

[1] Während in Tabelle 44 aus Darstellungsgründen für alle Losgrößenkombinationen ersichtlich ist, ob diese kapazitätsmäßig zulässig sind, überprüft der hier entwickelte Erweiterungsansatz diese Bedingungen nur solange, bis die optimalen Lösungen gefunden werden. Für alle Auflagekombinationen mit höheren Gesamtkosten fällt also keine Überprüfung an, sofern der Disponent nicht zusätzlich den Wunsch hat, die "nächstbesten" Losgrößenkombinationen in seine Entscheidung einbeziehen zu können.

[2] Siehe dazu Tabelle 40, Seite 333.

5.7 Berücksichtigung von schwankenden Preisen und schwankenden variablen Stückherstellkosten

Schwankende Einstandspreise führen bei der Bestellmengenoptimierung dazu, daß die Lagerkostensätze in Abhängigkeit von den gewählten Einstandsperioden der Produkte in den nachfolgenden Perioden unterschiedlich hoch sind. Außerdem sind die Einstandskosten im Gegensatz zu dem Fall konstanter Preise - neben den bestellfixen Kosten und den Lagerhaltungskosten - entscheidungsrelevant.[1]

Ähnlichkeiten zu dem Fall schwankender Einstandspreise zeigen sich bei der Losgrößenoptimierung im Produktionsbereich, wenn sich die variablen Stückherstellkosten im Zeitablauf ändern.[2] Ursachen für zeitlich schwankende variable Stückherstellkosten können zum Beispiel konstruktive Änderungen der Produkte, Änderungen der Fertigungsverfahren, der Lohnhöhe, der staatlichen Gebühren und Abgaben, Gesetzesänderungen usw. sein. Falls sich diese Kostenschwankungen, wie beispielsweise im Falle der Änderung der Produktionskoeffizienten oder der Bearbeitungszeiten, nur auf die variablen Stückherstellkosten und nicht auf die Rüstkosten beziehen, können alle in diesem Kapitel zu der Problematik der schwankenden Preise getroffenen Aussagen unmittelbar auf den Fall der schwankenden variablen Stückherstellkosten übertragen werden.

Wenn sich diese Kostenschwankungen jedoch auch auf die Rüstkosten auswirken, wie beispielsweise bei Lohnänderungen oder bei solchen Änderungen der Produkte, Betriebsmittel oder Werkzeuge, die einen Einfluß auf die Rüstzeiten haben, müßte eine Losgrößenplanung durchgeführt werden, die sowohl schwankende Rüstkostensätze als auch schwankende variable Stückherstellkosten berücksichtigt. Dazu wäre es erforderlich, den in diesem Kapitel zu entwickelnden Optimierungsansatz mit der in

---

[1] Zur Problematik der schwankenden Preise in der Losgrößenplanung siehe u.a. Bogaschewsky, R., 1989, S. 543 f.; Glaser, H., 1973, S. 47 ff.; Schmidt, A., 1985, S. 58 ff.; Yanasse, H. H., 1990, S. 633 ff.

[2] Es sind nur die variablen Stückherstellkosten entscheidungsrelevant, da die fixen Kosten der Fertigung nicht durch die (kurzfristige) Losgrößenentscheidung beeinflußt werden können.

Kapitel 5.2 beschriebenen Vorgehensweise bei schwankenden Rüstkostensätzen zu kombinieren.[1]

Im folgenden sollen die Erweiterungsfälle der schwankenden Einstandspreise und der schwankenden variablen Stückherstellkosten am Beispiel der schwankenden Preise dargestellt werden. Um die getroffenen Aussagen auf den Fall der schwankenden variablen Stückherstellkosten zu übertragen, sind lediglich die verwendeten Begriffe zu ersetzen. So müssen zum Beispiel die Begriffe Preis (bzw. Einstandspreis), Einstandsperiode (bzw. Beschaffungsperiode), Bestellhäufigkeit (bzw. Beschaffungshäufigkeit) und Bestellkombination (bzw. Beschaffungskombination) gegen die Begriffe variable Stückherstellkosten, Auflageperiode, Auflagehäufigkeit und Auflagekombination ausgetauscht werden, wenn man die entsprechenden Aussagen für den Produktionsbereich erhalten möchte. Um nicht für die beiden analogen Erweiterungsfälle der schwankenden Einstandspreise und der schwankenden variablen Stückherstellkosten unterschiedliche Symbole einführen zu müssen und um zusätzlich die Bezüge zu dem Grundverfahren und zu den sonstigen Erweiterungen des Losgrößenverfahrens erkennen zu lassen, soll hier das Symbol des Rüstvektors (RV) weiter verwendet werden. Allerdings ist dieser Vektor für den Fall der schwankenden Preise als Vektor der Bestellhäufigkeiten zu interpretieren.

Berücksichtigt man bei der Losgrößenoptimierung schwankende Einstandspreise, so ist zu beachten, daß sich die daraus resultierenden Schwankungen bei den Lagerkostensätzen auf die Preise der Perioden beziehen, in denen das entsprechende Produkt gekauft wird. Folglich ist innerhalb der Lagerungszeit eines bestimmten Loses der dazugehörige Lagerkostensatz konstant. Dies ist ein Unterschied zu dem in Kapitel 5.3 dargestellten Problem schwankender Lagerkostensätze, die aus Zinsänderungen entstehen und sich deshalb unabhängig von der Einstandsperiode auf die Zinshöhe der Perioden beziehen, in der die entsprechenden Mengeneinheiten eines Loses gelagert werden.

---

[1] Zu den Möglichkeiten der Kombination der vorgestellten Erweiterungsmöglichkeiten siehe Kapitel 5.9.

Die Berechnung des Vektors der Lagerkosten bei einperiodiger Lagerung der Bedarfsmengen kann bei schwankenden Preisen so erfolgen, daß zunächst unterstellt wird, daß sämtliche Bedarfsmengen in der ersten Periode mit positivem Bedarf ($t = \mu$) gekauft bzw. aufgelegt werden. Deshalb wird der Bedarfsmengenvektor (BMV) mit dem Lagerkostensatz multipliziert, den man zugrunde legen müßte, wenn lediglich die Einstandsperiode μ für eine Beschaffung der Bedarfsmengen in Frage kommen würde.

(78) $LEV''' = BMV \cdot k_{L,\mu}$.

Im Gegensatz zu dem Fall der schwankenden Zinssätze sind die Komponenten l'''_t des Vektors der Lagerkosten bei einperiodiger Lagerung der Bedarfsmengen, für $t = \mu+1,...,T$, so zu interpretieren, daß sie die Lagerkosten angeben, die entstehen, wenn die Bedarfsmenge einer Periode t, mit $t = \mu+1,...,T$, die in Periode μ gekauft wurde, in einer beliebigen Periode gelagert wird.

Da man mit Hilfe des Vektors LEV''' nur die Lagerhaltungskosten berechnen kann, die bei einem Kauf der entsprechenden Mengeneinheiten in Periode μ entstehen, werden für Bedarfsmengen, die in den Perioden $t = \mu+1$ bis T-1 beschafft werden, die prozentualen Veränderungen des Lagerkostensatzes gegenüber dem aus der Einstandsperiode μ resultierenden Lagerkostensatz mit Hilfe des Quotienten i'_s berücksichtigt.

Der Index i'_s, mit s = 1 bis T'-2, gibt die Relation zwischen den Lagerkostensätzen der Bedarfsmengen, die in Periode $t = s+\mu$ beschafft werden, und den Lagerkostensätzen der Bedarfsmengen, die in der Basisperiode μ beschafft werden, an. Er entspricht dem Verhältnis der Einstandspreise dieser Perioden, sofern die Lagerkosten innerhalb einer Periode ausschließlich vom Wert der eingelagerten Produkte abhängig sind. Wenn zur Berechnung der Lagerkosten auch weitere Bezugsgrößen heranzuziehen sind[1], müssen die Lagerkostensätze zunächst explizit ermittelt und dann daraus die entsprechenden Quotienten gebildet werden.

---

[1] In Frage kämen zum Beispiel anteilige Mietkosten für das Volumen, den Flächenverbrauch oder der erforderliche Zeitbedarf für die laufende Pflege der gelagerten Produkte.

Wir gehen hier davon aus, daß entweder eine ausschließliche Abhängigkeit des Lagerkostensatzes von dem Wert des gelagerten Produktes besteht oder bereits eine Ermittlung des Lagerkostensatzes unter Berücksichtigung weiterer Bezugsgrößen erfolgt ist. In beiden Fällen gibt der Quotient i'_s an, wievielmal teurer oder billiger die Lagerung einer Mengeneinheit ist, wenn sie nicht in Periode μ, sondern in Periode $s+\mu$ gekauft wird. Für $s = T'-1$ ist keine Ermittlung des Quotienten i'_s notwendig, da in der letzten Periode des Planungszeitraums ($t = T$) keine Lagerung erfolgt. Der Einstandspreis der letzten Periode ist deshalb für die Ermittlung der Lagerkosten nicht entscheidungsrelevant, er wird aber zur Berechnung der Einstandskosten benötigt.

Die durch die Preisschwankungen hervorgerufenen Differenzen der Lagerhaltungskosten erfordern eine Modifikation der Lagerungsmatrix (LM). Die unterschiedlich hohen Lagerhaltungskosten werden dadurch berücksichtigt, daß man die Lagerungsdauer jeweils mit dem Quotienten i'_s der Periode multipliziert, in der die entsprechenden Mengeneinheiten gekauft werden. Diese Vorgehensweise stellt eine indirekte Einbeziehung der Lagerkostendifferenzen über die Lagerungszeiten dar, indem man unterstellt, daß die Lagerungsdauer für jede Bedarfsmenge, die in Periode $t = s+\mu$ mit $s = 1,...,T'-2$ erworben wurde, in allen Folgeperioden, in denen diese Mengeneinheiten gelagert werden, um den Faktor i'_s länger (oder kürzer) ist als bei konstanten Einstandspreisen.

Die Transformation der Lagerungsmatrix innerhalb der Matrix (RV | LM) für den Fall der schwankenden Einstandspreise wird mit Hilfe des in Abbildung 52 dargestellten Programmablaufplans erläutert. Die Matrix (RV | LM''') soll hier, um in Analogie zu dem Grundverfahren und zu den bisher entwickelten Erweiterungsansätzen die gleichen Begriffe und Symbole verwenden zu können, weiterhin als Rüst- und Lagerungsmatrix bezeichnet werden. Für den Erweiterungsfall der schwankenden variablen Stückherstellkosten beinhaltet der in dieser Blockmatrix enthaltene Vektor RV die Rüsthäufigkeiten in Abhängigkeit von den Auflagekombinationen, und für den Erweiterungsfall der schwankenden Preise enthält er die Bestellhäufigkeiten in Abhängigkeit von den Bestellkombinationen.

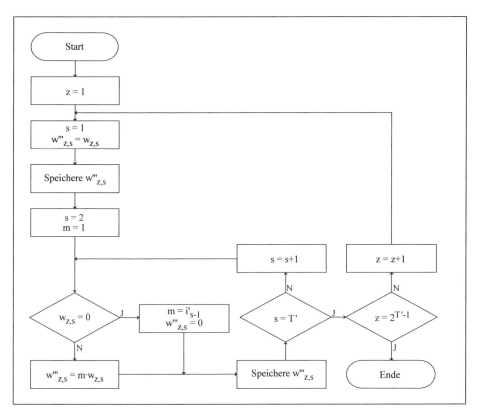

Abbildung 52: Algorithmus zur Transformation der Rüst- und Lagerungsmatrix (RV | LM) zur Rüst- und Lagerungsmatrix (RV | LM''') bei schwankenden Preisen bzw. schwankenden variablen Stückherstellkosten

Die Zeile z und die Spalte s werden mit 1 initialisiert. Für die Spalten $s = 1$ und $s = 2$ können die Koeffizienten $w_{z,s}$ der Matrix (RV | LM) unmittelbar als Koeffizienten $w'''_{z,s}$ in die Matrix (RV | LM''') übernommen werden. Die erste Spalte ändert sich nicht, da die zu den entsprechenden Zeilen bzw. Bestellkombinationen gehörenden Bestellhäufigkeiten nicht von den schwankenden Preisen beeinflußt werden. Die zweite Spalte bleibt unverändert, weil sich ihre Koeffizienten auf die Beschaffung und Lagerung der Bedarfsmenge von Periode $\mu+1$ in Periode μ beziehen, die im Falle der schwankenden Preise als Basisperiode herangezogen wird. Deshalb müssen lediglich die Spalten $s = 3$ bis T' der Matrix modifiziert werden.

Zunächst wird dazu für s = 2 das Merkfeld m mit 1 initialisiert. Anschließend wird überprüft, ob in der zur Zeile z gehörenden Bestell- bzw. Auflagekombination in der Spalte s (Periode t = s+μ-1) eine Bestellung erfolgt ($w_{z,s} = 0$). Falls dies der Fall ist, wird das Merkfeld m = i'_{s-1} gesetzt und $w'''_{z,s} = 0$ gespeichert. Wenn für die betrachtete Periode nicht bestellt wird ($w_{z,s} \neq 0$), wird $w'''_{z,s} = m \cdot w_{z,s}$ berechnet und gespeichert. Bei sukzessiver Erhöhung von s um 1 wiederholt sich die Ermittlung der Koeffizienten gemäß dieser Vorschrift solange, bis eine neue Bestellung in der zur Zeile z gehörenden Bestellkombination erfolgt ($w_{z,s} = 0$) oder eine neue Zeile bzw. Bestellkombination bearbeitet werden muß (s = T' und z < $2^{T'-1}$).

Im Falle einer neuen Bestell- bzw. Auflagekombination wird z um 1 erhöht, s = 1 gesetzt und die neue Zeile wie oben beschrieben erzeugt. Der Algorithmus endet, wenn alle Koeffizienten $w'''_{z,s}$ für die Zeilen z = 1 bis $2^{T'-1}$ und Spalten s = 1 bis T' auf diese Weise ermittelt wurden.

Nach der Berechnung der modifizierten Rüst- und Lagerungsmatrix (RV | LM'''), ergibt sich der Rüst- und Lagerkostenvektor (RLKV) als:

(79) $\quad$ RLKV = [RV | LM'''] $\cdot \begin{bmatrix} k_R \\ LEV''' \end{bmatrix}$.

Die Komponenten des Rüst- und Lagerkostenvektors geben die Summe der Rüstkosten (im Erweiterungsfall der schwankenden variablen Stückkosten) bzw. bestellfixen Kosten (im Erweiterungsfall der schwankenden Einstandspreise) und der Lagerhaltungskosten in Abhängigkeit von der Losgrößenkombination an. Beim Grundverfahren und bei den bisher vorgestellten Erweiterungen des Losgrößenverfahrens erhält man als Ergebnis dieser Multiplikation nicht den Vektor RLKV, sondern unmittelbar den Gesamtkostenvektor (GKV), der die relevanten Gesamtkosten in Abhängigkeit von den Auflage- bzw. Beschaffungskombinationen enthält. Dieser Unterschied resultiert daraus, daß im Falle der schwankenden Preise nicht nur die bestellfixen Kosten und Lagerhaltungskosten, sondern auch die Einstandskosten entscheidungsrelevant sind. Folglich ist bei zeitlich variablen Preisen neben der Berechnung des Rüst- und

Lagerkostenvektors auch die Ermittlung des Einstandskostenvektors (EKV) - der die Einstandspreise in Abhängigkeit von der Beschaffungskombination angibt - erforderlich, um den Gesamtkostenvektor zu bestimmen. Analog dazu sind bei schwankenden variablen Stückherstellkosten nicht nur die Rüst- und Lagerhaltungskosten, sondern auch die variablen Herstellkosten entscheidungsrelevant. Den Vektor EKV würde man in diesem Fall als Vektor der variablen Herstellkosten bezeichnen, der als Komponenten die variablen Herstellkosten in Abhängigkeit von den Auflageperioden enthält.

Für den Fall der schwankenden Preise erhält man den Einstandskostenvektor (EKV), indem man die Losgrößenmatrix (LGM), die die Auflage- bzw. Beschaffungsmengen in Abhängigkeit von den dazugehörigen Perioden angibt, mit dem Preisvektor (PV) multipliziert.

(80) $EKV = LGM \cdot PV$.

Der Preisvektor enthält als Komponenten die nach Perioden differenzierten Einstandspreise pro Mengeneinheit der Produktart (p_t), mit $t = \mu,...,T$. Im Falle der schwankenden variablen Kosten im Produktionsbereich beinhaltet der Vektor PV die nach Perioden differenzierten variablen Stückherstellkosten. Die Losgrößenmatrix (LGM) kann mit Hilfe der Matrix (RV | LM''') und der Bedarfsmengen x_t, mit $t = \mu,...,T$, berechnet werden. Der Algorithmus zur Berechnung dieser Matrix wurde bereits für den Erweiterungsfall der Beschaffungsrestriktionen in Kapitel 5.4 dargestellt.

Durch Addition des Rüst- und Lagerkostenvektors und des Einstandskostenvektors (bzw. des Vektors der variablen Herstellkosten) erhält man den Vektor der relevanten Gesamtkosten.

(81) $GKV = RLKV + EKV$.

Anschließend kann man - analog zum Grundverfahren und zu den bisher entwickelten Erweiterungen - aus dem Vektor der relevanten Gesamtkosten das Minimum der relevanten Gesamtkosten bestimmen. Ebenso könnte man wie beim Grundverfahren mit

Hilfe der Rüst- und Lagerungsmatrix (RV | LM''') die dazugehörigen Beschaffungs- bzw. Auflageperioden sowie die optimalen Losgrößen ermitteln. Da die Losgrößenmatrix (LGM) aber bereits erzeugt wurde, um den Einstandskostenvektor (EKV) zu berechnen, ist es zweckmäßiger, diese Informationen unmittelbar aus der optimalen Zeile z^* der Losgrößenmatrix herauszulesen. Dazu ist es lediglich erforderlich, die in der Zeile $z = z^*$ enthaltenen optimalen Losgrößen $q^*_{z,s}$ in die optimalen Losgrößen q^*_t zu transformieren, indem der Zeilenindex weggelassen wird und die Spalten s durch die dazugehörigen Planungsperioden $t = s+\mu-1$ ersetzt werden.

Das nachfolgende Beispiel soll dazu dienen, die Vorgehensweise des Losgrößenverfahrens bei schwankenden Preisen zu verdeutlichen.

Tabelle 45: Ausgangsdaten für eine Losgrößenplanung bei schwankenden Einstandspreisen

Bedarfsperiode	1	2	3	4	5	6
Nettobedarfsmenge (ME/Periode)	400	300	250	100	600	100
Einstandspreis (GE/ME)	20	21	22	22	21	20
Lagerkostensatz	1 Prozent des Einstandspreises/Periode					
Bestellfixe Kosten	90 GE/Bestellvorgang					

Aufgrund der schwankenden Preise wird der Lagerkostensatz in diesem Beispiel nicht in Geldeinheiten pro Mengeneinheit und Periode, sondern in Prozent angegeben. Bezogen auf die erste Periode ergibt sich daraus beispielsweise ein Lagerkostensatz von 0,20 Geldeinheiten pro Mengeneinheit und Periode. Der Lagerkostensatz der letzten Planungsperiode ist nicht entscheidungsrelevant, da die Bedarfsmengen der Periode 6 spätestens zu Beginn dieser Periode zur Verfügung stehen müssen und keine Bedarfe für nachfolgende Perioden vorliegen.

Durch Multiplikation des Bedarfsmengenvektors mit dem in Geldeinheiten gemessenen Lagerkostensatz der ersten Periode (Basisperiode $t = \mu$) erhält man den Vektor der Lagerkosten, die entstehen, wenn man die Bedarfsmengen der Perioden $t = 2,...,6$

($t = \mu+1,...,T$) in der Basisperiode $t = 1$ ($t = \mu$) erwirbt und in einer beliebigen Periode lagert:

$$LEV''' = \begin{bmatrix} 300 \\ 250 \\ 100 \\ 600 \\ 100 \end{bmatrix} \cdot 0{,}20 = \begin{bmatrix} 60 \\ 50 \\ 20 \\ 120 \\ 20 \end{bmatrix}.$$

Bei der Berechnung der Quotienten i'_s, die die Relationen zwischen den Einstandspreisen (bzw. Lagerkostensätzen) der Perioden $t = s+\mu$, für $s = 1,...,T'-2$, und der Basisperiode wiedergeben, erhält man für unser Beispiel:

$i'_1 = 1{,}05$, $i'_2 = 1{,}10$, $i'_3 = 1{,}10$ und $i'_4 = 1{,}05$.

Der Quotient $i'_2 = 1{,}1$ bedeutet beispielsweise, daß eine Lagerung einer Mengeneinheit, die in Periode 3 ($t = s+\mu = 3$) gekauft wird, in allen nachfolgenden Perioden um den Faktor 0,1 teurer ist als eine Lagerung einer Mengeneinheit, deren Beschaffung in Periode 1 ($t = \mu$) erfolgt.

Die neue Matrix (RV | LM'''), die die schwankenden Einstandspreise mit Hilfe von unterschiedlich langen Lagerungsperioden berücksichtigt, wird für den hier vorliegenden Planungszeitraum von $T' = 6$ Perioden in Tabelle 46 der Matrix (RV | LM) des Grundverfahrens gegenübergestellt.

Tabelle 46: Beispielhafte Gegenüberstellung der Rüst- und Lagerungsmatrizen bei konstanten Preisen (RV | LM) und schwankenden Preisen (RV | LM''')

Beschaffungs-kombinationen	(RV | LM)						(RV | LM''')					
(1)	1	1	2	3	4	5	1	1	2,00	3,00	4,00	5,00
(1,2)	2	0	1	2	3	4	2	0	1,05	2,10	3,15	4,20
(1,3)	2	1	0	1	2	3	2	1	0	1,10	2,20	3,30
(1,2,3)	3	0	0	1	2	3	3	0	0	1,10	2,20	3,30
(1,4)	2	1	2	0	1	2	2	1	2,00	0	1,10	2,20
(1,2,4)	3	0	1	0	1	2	3	0	1,05	0	1,10	2,20
(1,3,4)	3	1	0	0	1	2	3	1	0	0	1,10	2,20
(1,2,3,4)	4	0	0	0	1	2	4	0	0	0	1,10	2,20
(1,5)	2	1	2	3	0	1	2	1	2,00	3,00	0	1,05
(1,2,5)	3	0	1	2	0	1	3	0	1,05	2,10	0	1,05
(1,3,5)	3	1	0	1	0	1	3	1	0	1,10	0	1,05
(1,2,3,5)	4	0	0	1	0	1	4	0	0	1,10	0	1,05
(1,4,5)	3	1	2	0	0	1	3	1	2,00	0	0	1,05
(1,2,4,5)	4	0	1	0	0	1	4	0	1,05	0	0	1,05
(1,3,4,5)	4	1	0	0	0	1	4	1	0	0	0	1,05
(1,2,3,4,5)	5	0	0	0	0	1	5	0	0	0	0	1,05
(1,6)	2	1	2	3	4	0	2	1	2,00	3,00	4,00	0
(1,2,6)	3	0	1	2	3	0	3	0	1,05	2,10	3,15	0
(1,3,6)	3	1	0	1	2	0	3	1	0	1,10	2,20	0
(1,2,3,6)	4	0	0	1	2	0	4	0	0	1,10	2,20	0
(1,4,6)	3	1	2	0	1	0	3	1	2,00	0	1,10	0
(1,2,4,6)	4	0	1	0	1	0	4	0	1,05	0	1,10	0
(1,3,4,6)	4	1	0	0	1	0	4	1	0	0	1,10	0
(1,2,3,4,6)	5	0	0	0	1	0	5	0	0	0	1,10	0
(1,5,6)	3	1	2	3	0	0	3	1	2,00	3,00	0	0
(1,2,5,6)	4	0	1	2	0	0	4	0	1,05	2,10	0	0
(1,3,5,6)	4	1	0	1	0	0	4	1	0	1,10	0	0
(1,2,3,5,6)	5	0	0	1	0	0	5	0	0	1,10	0	0
(1,4,5,6)	4	1	2	0	0	0	4	1	2,00	0	0	0
(1,2,4,5,6)	5	0	1	0	0	0	5	0	1,05	0	0	0
(1,3,4,5,6)	5	1	0	0	0	0	5	1	0	0	0	0
(1,2,3,4,5,6)	6	0	0	0	0	0	6	0	0	0	0	0

Betrachtet man zum Beispiel die erste Zeile der Rüst- und Lagerungsmatrix, so erkennt man, daß nur in der ersten Periode aufgelegt beziehungsweise beschafft wird. Da die Beschaffung in der ersten Periode zum Basispreis erfolgt, bleiben alle Koeffizienten dieser Zeile unverändert. Bei der Losgrößenkombination der zweiten Zeile wird zusätzlich in der zweiten Periode beschafft. Die Preise sind in dieser Periode jedoch 1,05 mal so teurer wie in der ersten Periode. Da nach der zweiten Periode keine Auflage bzw. Bestellung mehr erfolgt, werden alle Koeffizienten der Lagerungsmatrix, die sich auf die nachfolgenden Perioden 3 bis 6 beziehen, mit 1,05 multipliziert.

Mit Hilfe der Rüst- und Lagerungsmatrix kann man den Rüst- und Lagerkostenvektor wie folgt berechnen:

$$\text{RLKV} = \begin{bmatrix} 1 & 1 & 2,00 & 3,00 & 4,00 & 5,00 \\ 2 & 0 & 1,05 & 2,10 & 3,15 & 4,20 \\ 2 & 1 & 0 & 1,10 & 2,20 & 3,30 \\ 3 & 0 & 0 & 1,10 & 2,20 & 3,30 \\ 2 & 1 & 2,00 & 0 & 1,10 & 2,20 \\ 3 & 0 & 1,05 & 0 & 1,10 & 2,20 \\ 3 & 1 & 0 & 0 & 1,10 & 2,20 \\ 4 & 0 & 0 & 0 & 1,10 & 2,20 \\ 2 & 1 & 2,00 & 3,00 & 0 & 1,05 \\ 3 & 0 & 1,05 & 2,10 & 0 & 1,05 \\ 3 & 1 & 0 & 1,10 & 0 & 1,05 \\ 4 & 0 & 0 & 1,10 & 0 & 1,05 \\ 3 & 1 & 2,00 & 0 & 0 & 1,05 \\ 4 & 0 & 1,05 & 0 & 0 & 1,05 \\ 4 & 1 & 0 & 0 & 0 & 1,05 \\ 5 & 0 & 0 & 0 & 0 & 1,05 \\ 2 & 1 & 2,00 & 3,00 & 4,00 & 0 \\ 3 & 0 & 1,05 & 2,10 & 3,15 & 0 \\ 3 & 1 & 0 & 1,10 & 2,20 & 0 \\ 4 & 0 & 0 & 1,10 & 2,20 & 0 \\ 3 & 1 & 2,00 & 0 & 1,10 & 0 \\ 4 & 0 & 1,05 & 0 & 1,10 & 0 \\ 4 & 1 & 0 & 0 & 1,10 & 0 \\ 5 & 0 & 0 & 0 & 1,10 & 0 \\ 3 & 1 & 2,00 & 3,00 & 0 & 0 \\ 4 & 0 & 1,05 & 2,10 & 0 & 0 \\ 4 & 1 & 0 & 1,10 & 0 & 0 \\ 5 & 0 & 0 & 1,10 & 0 & 0 \\ 4 & 1 & 2,00 & 0 & 0 & 0 \\ 5 & 0 & 1,05 & 0 & 0 & 0 \\ 5 & 1 & 0 & 0 & 0 & 0 \\ 6 & 0 & 0 & 0 & 0 & 0 \end{bmatrix} \cdot \begin{bmatrix} 90 \\ 60 \\ 50 \\ 20 \\ 120 \\ 20 \end{bmatrix} = \begin{bmatrix} 890,00 \\ 736,50 \\ 592,00 \\ 622,00 \\ 516,00 \\ 498,50 \\ 506,00 \\ 536,00 \\ 421,00 \\ 385,50 \\ 373,00 \\ 403,00 \\ 451,00 \\ 433,50 \\ 441,00 \\ 471,00 \\ 880,00 \\ 742,50 \\ 616,00 \\ 646,00 \\ 562,00 \\ 544,50 \\ 552,00 \\ 582,00 \\ 490,00 \\ 454,50 \\ 442,00 \\ 472,00 \\ 520,00 \\ 502,50 \\ 510,00 \\ 540,00 \end{bmatrix}.$$

Werden beispielsweise gemäß der ersten Zeile der Rüst- und Lagerungsmatrix alle Mengeneinheiten dieses Produktes in der ersten Periode beschafft, so beträgt die Summe der bestellfixen Kosten und der Lagerhaltungskosten 890 Geldeinheiten.

Nach der Ermittlung des Rüst- und Lagerkostenvektors berechnet man die Losgrößenmatrix (LGM) und erhält durch Multiplikation mit dem Preisvektor (PV) den Einstandskostenvektor (EKV).

$$EKV = \begin{bmatrix} 1750 & 0 & 0 & 0 & 0 & 0 \\ 400 & 1350 & 0 & 0 & 0 & 0 \\ 700 & 0 & 1050 & 0 & 0 & 0 \\ 400 & 300 & 1050 & 0 & 0 & 0 \\ 950 & 0 & 0 & 800 & 0 & 0 \\ 400 & 550 & 0 & 800 & 0 & 0 \\ 700 & 0 & 250 & 800 & 0 & 0 \\ 400 & 300 & 250 & 800 & 0 & 0 \\ 1050 & 0 & 0 & 0 & 700 & 0 \\ 400 & 650 & 0 & 0 & 700 & 0 \\ 700 & 0 & 350 & 0 & 700 & 0 \\ 400 & 300 & 350 & 0 & 700 & 0 \\ 950 & 0 & 0 & 100 & 700 & 0 \\ 400 & 550 & 0 & 100 & 700 & 0 \\ 700 & 0 & 250 & 100 & 700 & 0 \\ 400 & 300 & 250 & 100 & 700 & 0 \\ 1650 & 0 & 0 & 0 & 0 & 100 \\ 400 & 1250 & 0 & 0 & 0 & 100 \\ 700 & 0 & 950 & 0 & 0 & 100 \\ 400 & 300 & 950 & 0 & 0 & 100 \\ 950 & 0 & 0 & 700 & 0 & 100 \\ 400 & 550 & 0 & 700 & 0 & 100 \\ 700 & 0 & 250 & 700 & 0 & 100 \\ 400 & 300 & 250 & 700 & 0 & 100 \\ 1050 & 0 & 0 & 0 & 600 & 100 \\ 400 & 650 & 0 & 0 & 600 & 100 \\ 700 & 0 & 350 & 0 & 600 & 100 \\ 400 & 300 & 350 & 0 & 600 & 100 \\ 950 & 0 & 0 & 100 & 600 & 100 \\ 400 & 550 & 0 & 100 & 600 & 100 \\ 700 & 0 & 250 & 100 & 600 & 100 \\ 400 & 300 & 250 & 100 & 600 & 100 \end{bmatrix} \cdot \begin{bmatrix} 20 \\ 21 \\ 22 \\ 22 \\ 21 \\ 20 \end{bmatrix} = \begin{bmatrix} 35000,00 \\ 36350,00 \\ 37100,00 \\ 37400,00 \\ 36600,00 \\ 37150,00 \\ 37100,00 \\ 37400,00 \\ 35700,00 \\ 36350,00 \\ 36400,00 \\ 36700,00 \\ 35900,00 \\ 36450,00 \\ 36400,00 \\ 36700,00 \\ 35000,00 \\ 36250,00 \\ 36900,00 \\ 37200,00 \\ 36400,00 \\ 36950,00 \\ 36900,00 \\ 37200,00 \\ 35600,00 \\ 36250,00 \\ 36300,00 \\ 36600,00 \\ 35800,00 \\ 36350,00 \\ 36300,00 \\ 36600,00 \end{bmatrix}.$$

Falls man beispielsweise gemäß der ersten Zeile der Losgrößenmatrix alle Bedarfsmengen in Periode 1 beschafft, ergeben sich Einstandskosten in Höhe von 35000 Geldeinheiten. Durch Addition des Rüst- und Lagerkostenvektors und des Einstandskostenvektors erhält man als Gesamtkostenvektor:

$$\text{GKV} = \begin{bmatrix} 890{,}00 \\ 736{,}50 \\ 592{,}00 \\ 622{,}00 \\ 516{,}00 \\ 498{,}50 \\ 506{,}00 \\ 536{,}00 \\ 421{,}00 \\ 385{,}50 \\ 373{,}00 \\ 403{,}00 \\ 451{,}00 \\ 433{,}50 \\ 441{,}00 \\ 471{,}00 \\ 880{,}00 \\ 742{,}50 \\ 616{,}00 \\ 646{,}00 \\ 562{,}00 \\ 544{,}50 \\ 552{,}00 \\ 582{,}00 \\ 490{,}00 \\ 454{,}50 \\ 442{,}00 \\ 472{,}00 \\ 520{,}00 \\ 502{,}50 \\ 510{,}00 \\ 540{,}00 \end{bmatrix} + \begin{bmatrix} 35000{,}00 \\ 36350{,}00 \\ 37100{,}00 \\ 37400{,}00 \\ 36600{,}00 \\ 37150{,}00 \\ 37100{,}00 \\ 37400{,}00 \\ 35700{,}00 \\ 36350{,}00 \\ 36400{,}00 \\ 36700{,}00 \\ 35900{,}00 \\ 36450{,}00 \\ 36400{,}00 \\ 36700{,}00 \\ 35000{,}00 \\ 36250{,}00 \\ 36900{,}00 \\ 37200{,}00 \\ 36400{,}00 \\ 36950{,}00 \\ 36900{,}00 \\ 37200{,}00 \\ 35600{,}00 \\ 36250{,}00 \\ 36300{,}00 \\ 36600{,}00 \\ 35800{,}00 \\ 36350{,}00 \\ 36300{,}00 \\ 36600{,}00 \end{bmatrix} = \begin{bmatrix} 35890{,}00 \\ 37086{,}50 \\ 37692{,}00 \\ 38022{,}00 \\ 37116{,}00 \\ 37648{,}50 \\ 37606{,}00 \\ 37936{,}00 \\ 36121{,}00 \\ 36735{,}50 \\ 36773{,}00 \\ 37103{,}00 \\ 36351{,}00 \\ 36883{,}50 \\ 36841{,}00 \\ 37171{,}00 \\ 35880{,}00* \\ 36992{,}50 \\ 37516{,}00 \\ 37846{,}00 \\ 36962{,}00 \\ 37494{,}50 \\ 37452{,}00 \\ 37782{,}00 \\ 36090{,}00 \\ 36704{,}50 \\ 36742{,}00 \\ 37072{,}00 \\ 36320{,}00 \\ 36852{,}50 \\ 36810{,}00 \\ 37140{,}00 \end{bmatrix}.$$

Das Minimum der relevanten Gesamtkosten beträgt 35880 Geldeinheiten und wird im Vektor GKV mit * hervorgehoben. Mit Hilfe der dazugehörigen Zeile $z^* = 17$ kann man unmittelbar aus der Losgrößenmatrix die optimale Losgrößenkombination (1,6) mit den dazugehörigen Losgrößen $q^*_1 = 1650$ und $q^*_6 = 100$ Mengeneinheiten ermitteln. Die Berechnung der optimalen Beschaffungs- bzw. Auflagemengen mit Hilfe der Matrix (RV | LM''') und des beim Grundverfahren vorgestellten retrograden Verfahrens zur Berechnung der zu den Losgrößenkombinationen gehörenden Losgrößen entfällt deshalb. Aus dem Gesamtkostenvektor und der Losgrößenmatrix können bei Bedarf die jeweils "nächstbesten" Lösungen, zum Beispiel die Beschaffungspolitik (1) mit relevanten Gesamtkosten in Höhe von 35890 Geldeinheiten (Zeile 1) und die Beschaffungspolitik (1,5,6) mit relevanten Gesamtkosten in Höhe von 36090 Geldeinheiten (Zeile 25), herausgelesen werden, ohne daß eine Neuberechnung des Losgrößenproblems erforderlich ist.

5.8 Beliebige Kombinierbarkeit der Erweiterungsansätze zur Losgrößenplanung

Innerhalb der Losgrößenplanung lassen sich erweiterte Planungsansätze dadurch herleiten, daß man einzelne oder mehrere Prämissen des Grundverfahrens aufhebt. Auf diese Weise wurden in den Kapiteln 5.1 bis 5.7 zahlreiche Algorithmen zur Losgrößenplanung entwickelt, die folgende Rahmenbedingungen umfassen:

- Variable Periodenlängen (tagesgenaue Losgrößenplanung)
- Schwankende Rüstkostensätze bzw. schwankende bestellfixe Kostensätze
- Schwankende Lagerkostensätze[1]
- Schwankende Preise bzw. schwankende variable Stückherstellkosten
- Restriktionen im Beschaffungsbereich oder Kapazitätsrestriktionen im Produktionsbereich
- Kapazitätsrestriktionen im Transportbereich
- Kapazitätsrestriktionen im Lagerbereich.

Diese Auflistung wurde so vorgenommen, daß die einzelnen Punkte bzw. die darin enthaltenen Erweiterungsansätze sowohl für Losgrößenprobleme aus dem Beschaffungsbereich (Bestellmengenplanung) als auch für Losgrößensituationen aus dem Produktionsbereich (Auftragsgrößenplanung) angewendet werden können.

Alle dargestellten Erweiterungsverfahren sind bislang jeweils nur isoliert einsetzbar, sie können also nicht miteinander verbunden werden. Kombinationsmöglichkeiten sind zwar für die drei letztgenannten Ansätze, die die Problematik der Restriktionen in

---

[1] Diese Erweiterung des Grundverfahrens bezieht sich auf Schwankungen der Lagerkostensätze, die aus schwankenden Zinssätzen resultieren. Der Fall der schwankenden Lagerkostensätze, die bei unterschiedlich hohen Preisen auftreten, wurde gesondert behandelt, da er hierzu Unterschiede aufweist.

die Losgrößenplanung einbeziehen, in den Kapiteln 5.4 bis 5.6 entwickelt worden, sie beinhalten jedoch ausschließlich Verknüpfungen für verschiedene Arten von Restriktionen innerhalb dieser einzelnen Verfahren.[1]

Ziel des vorliegenden Kapitels ist es, einen integrierten Erweiterungsansatz zur Losgrößenplanung herzuleiten, bei dem alle oben aufgelisteten Erweiterungsansätze - bei einer Anwendung in der Bestell- oder Auftragsgrößenplanung - beliebig miteinander kombiniert werden können. Dabei sollen sämtliche Vorteile der isolierten Verfahren, die in Kapitel 4.9 erläutert wurden, auch im integrierten Gesamtkonzept der Losgrößenplanung erhalten bleiben.

Der Begriff "beliebige Kombinierbarkeit" bedeutet in diesem Zusammenhang, daß ein Gesamtsystem zur Losgrößenplanung entwickelt und auf einem Rechner implementiert werden soll, das zur Lösung aller Erweiterungsansätze geeignet ist und folgende Voraussetzungen erfüllt:

- Ein Anwender dieses Losgrößenkonzepts soll frei auswählen können, welche Erweiterungen des Grundmodells er für eine spezielle Planungssituation verwenden möchte und welche Erweiterungen für das Losgrößenproblem nicht relevant sind.[2]
- Auf der Basis dieser Auswahlentscheidung soll das hier zu entwickelnde Verfahren einen integrierten Erweiterungsansatz herleiten, der in der Lage ist, das vorliegende, spezielle Losgrößenproblem - unter Berücksichtigung aller Rahmenbedingungen, die darin enthalten sind - zu lösen.[3]

---

[1] Bei diesen Erweiterungsansätzen kann jeweils frei entschieden werden, ob Höchstrestriktionen oder losgrößen- bzw. periodenorientierte Mindestrestriktionen beachtet werden sollen.

[2] Die Auswahl einer Erweiterung erfordert natürlich auch die Bereitstellung der entsprechenden Daten (z.B. Angaben über die vorhandenen Kapazitätsrestriktionen).

[3] Alle nicht ausgewählten Erweiterungen sollen in dem kombinierten Losgrößenverfahren methodisch nicht berücksichtigt werden.

- Dabei soll es nicht erforderlich sein, daß der Anwender methodische Überlegungen hinsichtlich der Ausgestaltung des dazu benötigten Losgrößenverfahrens anstellen oder mögliche Interdependenzen der einzelnen Losgrößenansätze beachten muß.

In der betriebswirtschaftlichen Literatur sind bisher zwar zahlreiche Erweiterungen zu den dynamischen Losgrößenverfahren entwickelt worden, diese können jedoch entweder nur isoliert eingesetzt werden oder in einer fest vorgegebenen Erweiterungskombination, die jeweils von dem gewählten kombinierten Losgrößenverfahren abhängig ist und im allgemeinen nur eine geringe Anzahl von Erweiterungsmöglichkeiten umfaßt.[1] Das Ziel eines integrierten Gesamtkonzepts für Erweiterungsansätze oder einer beliebigen Kombinierbarkeit von einzelnen Ansätzen der Losgrößenplanung wurde jedoch bislang noch nicht erreicht. Alle in der Literatur bekannten dynamischen Losgrößenverfahren bzw. Erweiterungsansätze haben also die Eigenschaft, daß sie nur einzeln oder in einer vorher festgelegten Kombination angewendet werden können und nicht ohne weiteres durch den Entscheidungsträger miteinander verknüpfbar sind.

Die freie Kombinierbarkeit wäre aber erforderlich, um die vielen verschiedenen Arten von Problemstellungen der Losgrößenplanung, die aufgrund der jeweils zu berücksichtigenden Rahmenbedingungen auftreten können, abzubilden und problemspezifisch zu lösen. Eine Realisierung der beliebigen Kombinierbarkeit würde es ermöglichen, die - aus den Kombinationsmöglichkeiten der Erweiterungsfälle resultierende - Vielfalt und Komplexität der auftretenden Losgrößenprobleme zu bewältigen, ohne für jede Kombinationsvariante ein eigenes Losgrößenverfahren entwickeln zu müssen. Allein aus den 7 Erweiterungsfällen, die oben aufgelistet wurden, lassen sich nämlich

---

[1] Zu einzelnen Erweiterungsverfahren und zu kombinierten Erweiterungsansätzen der dynamischen Losgrößenplanung siehe u.a. Domschke, W., Scholl, A., und Voß, S., 1997, S. 130 ff.; Popp, W., 1979, Sp. 1053 ff.; Schenk, H. Y., 1991, S. 38 ff.; Schmidt, A., 1985, S. 130 ff.; Tempelmeier, H., 1995, S. 179 ff.; ter Haseborg, F., 1979, S. 88 ff., und 1990, S. 705 ff.

durch Kombination 128 unterschiedliche Planungsfälle der Losgrößenproblematik erzeugen, die in den Unternehmen auftreten können.[1]

Zusätzlich muß noch berücksichtigt werden, daß alle diese 128 Arten von Planungsproblemen sowohl bei der Bestellmengenoptimierung als auch bei der Auftragsgrößenplanung auftreten können und daß darüber hinaus im Beschaffungs- oder Produktionsbereich sowie im Transport- und Lagerbereich die verschiedenen Unter- und Obergrenzen der Restriktionen miteinander kombiniert werden können. Aus diesen Zusammenhängen wird deutlich, daß die Entwicklung eines integrierten Erweiterungsansatzes die Handhabbarkeit der Losgrößenplanung in den Unternehmen deutlich verbessern würde.

Basis für die Entwicklung eines kombinierten Verfahrens, das aus allen Erweiterungsansätzen besteht, die bisher in dieser Arbeit hergeleitet wurden, ist die Verwendung gleicher beziehungsweise ähnlich aufgebauter Matrizen und Vektoren. Darüber hinaus sind folgende weitere logische Gemeinsamkeiten der verschiedenen Methoden zur Losgrößenplanung vorhanden, die bei der Herleitung eines Ansatzes zur beliebigen

---

[1] Jede Ausprägung einer Erweiterung kann entweder auftreten oder nicht auftreten. Daraus ergeben sich - bezogen auf die hergeleiteten 7 Erweiterungen - $2^7 = 128$ verschiedene Ausgestaltungsmöglichkeiten der entsprechenden Losgrößenprobleme, wobei Unterfälle bei den Erweiterungen, die zur Berücksichtigung von Restriktionen dienen, nicht mitgerechnet wurden. Wenn kein Erweiterungsansatz ausgewählt wurde, liegt das Grundverfahren vor.

Zu beachten ist, daß alle Rahmenbedingungen der Erweiterungsansätze in der Praxis miteinander verknüpft werden können. So können beispielsweise auch die Fälle der schwankenden Preise und der schwankenden Lagerkostensätze kombiniert werden, wenn zum Beispiel innerhalb eines Planungszeitraums die Preise der Produkte und die Zinssätze gleichzeitig Schwankungen unterworfen sind. Die Erweiterung im Hinblick auf die schwankenden Preise beinhaltet zwar Lagerkostensätze, die aufgrund der Preise Schwankungen unterworfen sind, berücksichtigt aber nicht die Auswirkungen schwankender Zinsen auf die Lagerkostensätze. Während sich preisbedingt schwankende Lagerkostensätze auf die Einstandsperioden beziehen, ist bei den zinsbedingten Schwankungen lediglich die jeweilige Lagerungsperiode relevant. Deshalb unterscheiden sich diese beiden Erweiterungsmöglichkeiten nicht nur im Hinblick auf die Ursachen für die verschieden hohen Lagerkostensätze, sondern auch hinsichtlich ihrer algorithmischen Verarbeitung.

Kombinierbarkeit der Erweiterungsansätze genutzt werden können, um den Rechenaufwand des integrierten Verfahren möglichst gering zu halten:

- Die Erweiterungsansätze zur Einbeziehung der tagesgenauen Losgrößenplanung, der schwankenden Lagerkostensätze und der schwankenden Einstandspreise (bzw. variablen Stückherstellkosten) erfordern im Vergleich zum Grundverfahren eine Modifikation der Lagerungsmatrix.

- Die Fälle der tagesgenauen Losgrößenplanung und der schwankenden Lagerkostensätze besitzen darüber hinaus die Gemeinsamkeit, daß die Modifikation der Koeffizienten der Lagerungsmatrix im Hinblick auf die Perioden der Lagerung erfolgt, während bei dem Erweiterungsansatz der schwankenden Preise die Einstandsperioden ausschlaggebend sind.

- Zur Berücksichtigung von schwankenden Preisen und von Restriktionen aus dem Beschaffungs-, Transport-, Lager- und Fertigungsbereich ist die Berechnung einer Losgrößenmatrix erforderlich, während bei den übrigen Erweiterungsansätzen nur jeweils die Berechnung von Losgrößen bestimmter Auflagekombinationen notwendig ist.

Um den Rechenaufwand für die kombinierten Erweiterungsansätze möglichst gering zu halten, ist es sinnvoll, die Ermittlung der entsprechenden Matrizen und Vektoren möglichst in einem Rechenvorgang durchzuführen. Außerdem sollten Rechenoperationen mit solchen Matrizen und Vektoren, die von mehreren Erweiterungsansätzen genutzt werden, unmittelbar hintereinander erfolgen.[1] Diese beiden Anforderungen und die Vorgehensweise bei der Durchführung der einzelnen Erweiterungsansätze implizieren eine bestimmte Reihenfolge bei der Einbeziehung der Erweiterungen in den kombinierten Ansatz, die im folgenden hergeleitet werden soll.

---

[1] Dadurch entfallen die Rechenzeiten, die man für ein Zwischenspeichern dieser Matrizen bzw. Vektoren benötigen würde, sowie die Zugriffszeiten bei einer erneuten Verwendung.

Alle Erweiterungsansätze und das Grundverfahren verwenden die Rüst- und Lagerungsmatrix, die entweder mit dem Rüstvektor beginnt (RV | LM), wenn die Rüstkosten konstant sind, oder mit der Rüstmatrix (RM | LM), wenn schwankende Rüstkosten vorliegen. Daraus folgt, daß es auch bei kombinierten Erweiterungsansätzen zweckmäßig ist, mit der Berücksichtigung der Rüstkostensätze zu beginnen.

Unmittelbar nach der Einbeziehung der Rüstkostenproblematik sollten die Erweiterungsansätze der schwankenden Periodenlängen, Lagerkostensätze und Einstandspreise (bzw. variablen Stückherstellkosten) einbezogen werden, da diese sich auf den Aufbau der Lagerungsmatrix auswirken. Nach der Berücksichtigung dieser Ansätze stehen dann nämlich die Koeffizienten der Rüst- und Lagerungsmatrix fest. Bezüglich dieser drei Erweiterungsansätze sollte die Einbeziehung der schwankenden Periodenlängen und Lagerkostensätze zuerst erfolgen, da zwischen ihnen größere Gemeinsamkeiten bestehen. Außerdem ist für den Erweiterungsansatz der schwankenden Preise - nach der Berechnung der Rüst- und Lagerungsmatrix und des Vektors der relevanten Gesamtkosten - zusätzlich die Ermittlung einer Losgrößenmatrix erforderlich. Auf diese Losgrößenmatrix können dann wiederum die anschließend durchzuführenden Erweiterungen zur Berücksichtigung von Restriktionen aus dem Beschaffungs-, Transport-, Lager- und Fertigungsbereich zugreifen.

Nach der Festlegung der Reihenfolge, mit der die Erweiterungsansätze in den Ansatz zur beliebigen Kombinierbarkeit von Losgrößenverfahren einbezogen werden, soll im folgenden geklärt werden, welche Rechenschritte und Modifikationen bei den einzelnen Erweiterungsfällen durchzuführen sind. Bezüglich der genauen Erläuterungen der einzelnen Erweiterungsansätze, die in das Gesamtkonzept integriert werden, sei jeweils auf die entsprechenden Kapitel verwiesen, in denen diese Losgrößenverfahren hergeleitet wurden.

Das integrierte Gesamtkonzept soll so entwickelt werden, daß der Disponent später in einer konkreten Planungssituation frei entscheiden kann, ob Erweiterungen beziehungsweise welche der Erweiterungen jeweils in das kombinierte Verfahren aufgenommen werden. Dabei soll der Entscheidungsträger selbst keine methodischen

Abhängigkeiten und Wechselwirkungen der Losgrößenansätze beachten müssen. Ob der Disponent eine bestimmte Erweiterung verwenden möchte, soll mit Hilfe der Variablen a_n berücksichtigt werden, wobei a_n gleich 1 ist, wenn die entsprechende Rahmenbedingung für die Erweiterungen $n = 1,...,7$ in das kombinierte Losgrößenverfahren einbezogen wird, und gleich 0, wenn keine Berücksichtigung stattfindet.

a) Einbeziehung von schwankenden Rüstkostensätzen und schwankenden bestellfixen Kostensätzen

Falls der Entscheidungsträger den Fall der schwankenden losfixen Kostensätze in das kombinierte Losgrößenverfahren aufnehmen möchte ($a_1 = 1$), kann man die Rüst- und Lagerungsmatrix (RM | LM) für den vorgegebenen Planungszeitraum T' erzeugen. Wenn die Rüstkostensätze bzw. bestellfixen Kostensätze konstant sind ($a_1 = 0$), wird die Rüst- und Lagerungsmatrix (RV | LM) verwendet.

Für $a_1 = 0$ muß die Rüst- und Lagerungsmatrix mit dem Vektor $(k_R, LEV)'$ multipliziert werden und für $a_1 = 1$ mit dem Vektor $(RKSV, LEV)'$, um die Rüst- und Lagerhaltungskosten zu erhalten. Bevor man diese Berechnung der Rüst- und Lagerhaltungskosten in Abhängigkeit von den eventuell schwankenden losfixen Kostensätzen durchführt, müssen jedoch, wie im folgenden erläutert, die Lagerungsmatrix (LM) und der Vektor der einperiodigen Lagerung der Bedarfsmengen (LEV) in Abhängigkeit von der Einbeziehung variabler Periodenlängen, schwankender Lagerkostensätze und schwankender Preise (bzw. variabler Stückherstellkosten) ermittelt werden.

b) Einbeziehung von variablen Periodenlängen

Im Falle einer Einbeziehung von variablen Periodenlängen ($a_2 = 1$) ist es erforderlich, die unterschiedlich langen Lagerungszeiträume d'_s, mit $s = 1$ bis $\overline{T}-1$, zwischen den einzelnen Bedarfszeitpunkten $\bar{t}_s = 1,...,\overline{T}$ zu berechnen.[1]

---

[1] Siehe Kapitel 5.1.

Wenn gleichlange Periodenlängen für das Losgrößenproblem vorausgesetzt werden ($a_2 = 0$), nehmen die Lagerungszeiträume d'_s jeweils den Wert 1 an.[1] Es gilt:

$$(82) \quad d'_s = \begin{cases} 1 & \text{für } a_2 = 0 \text{ und } s = 1,...,\overline{T}-1, \\ \overline{t}_{s+1} - \overline{t}_s & \text{für } a_2 = 1 \text{ und } s = 1,...,\overline{T}-1. \end{cases}$$

Darüber hinaus erfordert die Möglichkeit der Einbeziehung variabler Periodenlängen eine veränderte Berechnung des Vektors der Lagerkosten bei einperiodiger Lagerung der Bedarfsmengen. Für $a_2 = 0$ ermittelt man den Vektor LEV, indem man den Bedarfsmengenvektor (BMV) mit dem Lagerkostensatz k_L multipliziert. Falls schwankende Periodenlängen vorliegen ($a_2 = 1$), muß die Multiplikation des Bedarfsmengenvektors mit dem tagesbezogenen Lagerkostensatz k'_L durchgeführt werden.[2]

c) Einbeziehung von schwankenden Lagerkostensätzen

Unter der Voraussetzung, daß man schwankende Lagerkostensätze in dem Ansatz zur kombinierten Losgrößenplanung berücksichtigen möchte ($a_3 = 1$), müssen die Quotienten i_s, mit s = 1 bis T'-2, die die Relation zwischen den Lagerkostensätzen der Perioden $t = s+\mu$ und dem Lagerkostensatz der Basisperiode μ angeben, ermittelt werden:[3]

$$(83) \quad i_s = \frac{k_{L,\mu+s}}{k_{L,\mu}} \qquad \text{für } s = 1,...,T'-2.$$

---

[1] Die Lagerungsmatrix hätte in diesem Fall den gleichen Aufbau wie im Grundverfahren.

[2] Der Vektor LEV entspricht dann, wie in Kapitel 5.1 erläutert, dem Vektor der Lagerkosten bei eintägiger Lagerung der Bedarfsmengen (LEV').

[3] Siehe Kapitel 5.3.

Die Erweiterungsfälle der tagesgenauen Losgrößenplanung und der schwankenden Lagerkostensätze können integriert werden, indem man aus den in Tagen angegebenen Lagerungszeiträumen d'_s und den Quotienten i_{s-1} eine mit der Relation der Lagerkostensätze gewichtete Lagerungsdauer d''_s berechnet.

Für den Fall der konstanten Lagerkostensätze ($a_3 = 0$) sei $d''_s = d'_s$. Damit gilt für die Möglichkeit der Einbeziehung von schwankenden Lagerkostensätzen:

$$(84) \quad d''_s = \begin{cases} d'_s & \text{für } a_3 = 0 \text{ und } s = 1,\ldots,T-1 \\ & \text{oder } a_3 = 1 \text{ und } s = 1, \\ d'_s \cdot i_{s-1} & \text{für } a_3 = 1 \text{ und } s = 2,\ldots,T-1. \end{cases}$$

d) Einbeziehung von schwankenden Einstandspreisen beziehungsweise schwankenden variablen Stückherstellkosten

Falls die Möglichkeit, schwankende Preise bzw. schwankende variable Stückherstellkosten in das kombinierte Verfahren zu integrieren, berücksichtigt werden soll ($a_4 = 1$), müssen die prozentualen Veränderungen des Lagerkostensatzes, die dann entstehen, wenn die Beschaffung bzw. Produktion der Bedarfsmengen nicht in der Basisperiode µ, sondern in nachfolgenden Perioden erfolgt, mit Hilfe des Quotienten i'_s erfaßt werden. Der Quotient i'_s, $s = 1,\ldots,T'-2$, gibt die Relation an, die zwischen den Preisen der Bedarfsmengen bestehen, wenn diese in Periode $t = s+\mu$ beziehungsweise in der Basisperiode µ beschafft bzw. produziert werden.

Die durch die Preisschwankungen hervorgerufenen Schwankungen der Lagerhaltungskosten werden dadurch berücksichtigt, daß man die Lagerungsdauer jeweils mit dem Quotienten i'_s der Periode multipliziert, in der die entsprechenden Bedarfsmengen erworben bzw. aufgelegt werden. Die Lagerungsdauer für jede Mengeneinheit, die in Periode $t = s+\mu$, mit $s = 1$ bis $T'-2$, gekauft bzw. produziert und in den nachfolgenden Perioden gelagert wird, muß also mit dem Quotienten i'_s gewichtet werden, was einer indirekten Einbeziehung der durch die Preisschwankungen bzw. Schwankungen der variablen Stückherstellkosten hervorgerufenen Differenzen - mit Hilfe der Lagerungszeiträume - entspricht. Der Index i'_s bezieht sich im Unterschied zu dem Index i_s des Erweiterungsfalls der schwankenden Lagerkostensätze nicht auf die Lagerungsperiode der entsprechenden Produkteinheiten, sondern auf deren Einstands- bzw. Herstellungsperiode. Falls die Einstandspreise bzw. variablen Stückherstellkosten konstant sind ($a_4 = 0$), wird der Quotient i'_s, für s = 1,...,T'-2, gleich 1 gesetzt. Es gilt:

$$(85) \quad i'_s = \begin{cases} 1 & \text{für } a_4 = 0 \text{ und } s = 1,...,T-2, \\ \dfrac{p_{\mu+s}}{p_\mu} & \text{für } a_4 = 1 \text{ und } s = 1,...,T-2. \end{cases}$$

Durch die Einbeziehung der Erweiterungsansätze zur Berücksichtigung variabler Periodenlängen, schwankender Lagerkostensätze und schwankender Preise bzw. schwankender variabler Stückherstellkosten sind alle Losgrößenansätze berücksichtigt worden, die sich auf die Anzahl und die Werte der Koeffizienten der Rüst- und Lagerungsmatrix auswirken.

Mit Hilfe von Abbildung 53 wird deshalb erläutert, wie der Algorithmus zur Erzeugung der Rüst- und Lagerungsmatrix (RV | LM'''') bzw. (RM | LM'''') bei einer beliebigen Kombination der bisher entwickelten Erweiterungsansätze zur Losgrößenplanung strukturiert werden muß. Basis der Berechnungen bilden dabei entweder die Matrix (RV | LM) des Grundverfahrens, wenn keine schwankenden losfixen Kostensätze vorliegen, oder die Matrix (RM | LM), wenn schwankende Rüstkostensätze bzw. bestellfixe Kostensätze berücksichtigt werden sollen.

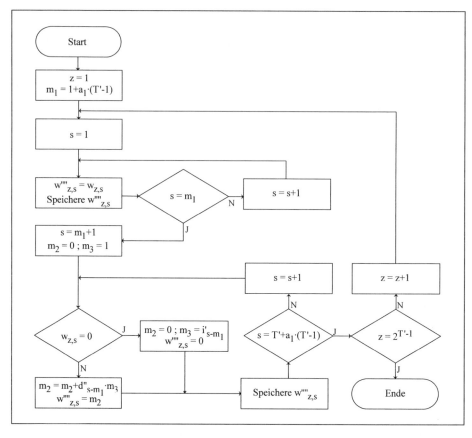

Abbildung 53: Algorithmus zur Transformation der Rüst- und Lagerungsmatrix bei beliebiger Kombinierbarkeit der Erweiterungsansätze zur Losgrößenplanung

Die Variable m_1 dient dazu, die Anzahl der Spalten der Rüst- und Lagerungsmatrix zwischenzuspeichern, die im Falle konstanter bestellfixer Kostensätze oder konstanter Rüstkostensätze ($a_1 = 0$) für den Rüstvektor benötigt werden ($m_1 = 1$) oder bei schwankenden losfixen Kostensätzen ($a_1 = 1$) für die Rüstmatrix ($m_1 = T'$) erforderlich sind. Für die Spalten $s = 1,...,m_1$ können die Koeffizienten unverändert aus der Matrix (RV | LM) bzw. (RM | LM) übernommen werden.

Ab der Spalte $s = m_1+1$ ist die Einführung von zwei weiteren Variablen - m_2 und m_3 - erforderlich, um die Lagerungsmatrix berechnen zu können. Das Merkfeld m_2 hat die Aufgabe, die kumulierte und gewichtete Lagerungsdauer zwischenzuspeichern, wobei die Gewichtung mit dem Index i_s zur Berücksichtigung von schwankenden Lagerkostensätzen und mit dem Index i'_s zur Einbeziehung von schwankenden Preisen bzw. schwankenden variablen Stückherstellkosten durchgeführt wird.[1] Die kumulierte, gewichtete Lagerungsdauer m_2 wird zunächst mit 0 initialisiert, d.h. es werden anfänglich noch keine Lagerungszeiträume aufsummiert.

Die Variable m_3 ist erforderlich, um den Preisindex der Einstandsperiode (bzw. den Index der variablen Stückherstellkosten) zwischenzuspeichern. Sie dient dazu, die kumulierte und gewichtete Lagerungsdauer m_2 zu berechnen. m_3 wird zunächst mit 1 initialisiert. Dieser Preisindex bedeutet, daß die kumulierte Lagerungsdauer m_2 nicht verändert wird, da es sich bei $m_3 = 1$ um den Index der Basisperiode handelt.

Sobald eine neue Auflage- bzw. Beschaffungsperiode vorliegt ($w_{z,s} = 0$), wird der Variablen m_2 der Wert 0 zugewiesen, mit der Berechnung der kumulierten Lagerungsdauer muß folglich bei einem neuen Los wiederum von vorne begonnen werden. Die Variable m_3 nimmt dagegen für $w_{z,s} = 0$ den Wert des Preisindexes i'_{s-m_1} an. Das Merkfeld m_3 wird also für jedes Los neu festgelegt bzw. zwischengespeichert, denn eine neue Auflage- bzw. Beschaffungsperiode bedingt bei schwankenden Preisen bzw. schwankenden variablen Stückherstellkosten in den nachfolgenden Perioden preisbedingte Änderungen der Lagerkostensätze, die bei der hier entwickelten Vorgehensweise eine entsprechende Gewichtung der Lagerungszeiträume erfordern.

In jeder Periode, in der keine neue Auflage bzw. Beschaffung durchgeführt wird ($w_{z,s} \neq 0$), erhöht sich die kumulierte, gewichtete Lagerungsdauer m_2 um $d''_{s-m_1} \cdot m_3$. Mit Hilfe von d''_{s-m_1} werden dabei, wie in Gleichung (84) angegeben, mögliche variable Periodenlängen sowie zinsbedingte Schwankungen der Lagerkostensätze berück-

---

[1] Falls schwankende Lagerkostensätze bzw. schwankende Preise (oder schwankende variable Stückherstellkosten) in dem kombinierten Losgrößenverfahren nicht berücksichtigt werden ($a_2 = 0$ bzw. $a_3 = 0$), findet eine Gewichtung mit dem Faktor 1 statt, wie aus Gleichung (84) bzw. Gleichung (85) ersichtlich ist ($d''_s = d'_s$ bzw. $i'_s = 1$).

sichtigt und mit Hilfe der Variablen m_3 mögliche preisbedingte Schwankungen der Lagerkostensätze.

Die neuen Koeffizienten der Rüst- und Lagerungsmatrix nehmen den Wert der kumulierten, gewichteten Lagerungsdauer m_2 an, wenn eine Lagerungsperiode vorliegt ($w_{z,s} \neq 0$),[1] bzw. den Wert 0, wenn eine neue Auflage bzw. Beschaffung erfolgt ($w_{z,s} = 0$). Das Abbruchkriterium bezüglich der Spalten der neuen Matrix lautet $s = T'+a_1 \cdot (T'-1)$. Falls schwankende losfixe Kostensätze vorliegen, verfügt die neue Matrix also über $2 \cdot T'-1$ Spalten, bei konstanten Rüstkostensätzen bzw. bestellfixen Kostensätzen sind es T' Spalten. Die Anzahl der zu berücksichtigenden Zeilen beträgt in beiden Fällen $2T'-1$.

Nach der Berechnung der Rüst- und Lagerungsmatrix erhält man - in Abhängigkeit davon, ob die Erweiterungsmöglichkeit der schwankenden losfixen Kostensätze von dem Disponenten in der konkreten Planungssituation einbezogen wurde - den Vektor der Rüst- und Lagerhaltungskosten als:

(86) $\quad RLKV = \begin{cases} [RM \mid LM''''] \cdot \begin{bmatrix} RKSV \\ LEV \end{bmatrix} & \text{für } a_1 = 1 \\[2ex] [RV \mid LM''''] \cdot \begin{bmatrix} k_R \\ LEV \end{bmatrix} & \text{für } a_1 = 0 \end{cases}$

Falls schwankende Preise bzw. schwankende variable Stückherstellkosten in dem kombinierten Losgrößenansatz berücksichtigt werden, muß der Einstandskostenvektor

---

[1] Alternativ dazu könnte man die Koeffizienten $w''''_{z,s}$ der neuen Rüst- und Lagerungsmatrix auch berechnen, indem man m_2 mit m_3 multipliziert, wobei in diesem Fall m_2 jeweils nur um d''_{s-m_1} erhöht würde, falls $w_{z,s} \neq 0$ gilt. Die Variable m_2 wäre bei dieser Vorgehensweise die kumulierte Lagerungsdauer, die mit dem Index der Lagerkostensätze gewichtet wird, und durch die Multiplikation mit m_3 würde der Index der Einstandspreise im Hinblick auf die kumulierte Lagerungsdauer berücksichtigt.

(EKV) zu dem Rüst- und Lagerkostenvektor (RLKV) addiert werden, um den Vektor der relevanten Gesamtkosten (GKV) zu erhalten. Es gilt:

$$(87) \quad GKV = \begin{cases} RLKV & \text{für } a_4 = 0, \\ RLKV + EKV & \text{für } a_4 = 1. \end{cases}$$

Der Einstandskostenvektor wird - wie in Kapitel 5.7 beschrieben - durch Multiplikation der Losgrößenmatrix (LGM) mit dem Preisvektor (PV) berechnet.

e) Einbeziehung von Restriktionen im Beschaffungsbereich oder von Kapazitätsrestriktionen im Produktionsbereich

Die nächsten Erweiterungsmöglichkeiten, die in das integrierte Losgrößenverfahren einbezogen werden sollen, betreffen die Berücksichtigung von Restriktionen des Beschaffungs-, Lager-, Transport- und Fertigungsbereichs. Da solche Beschränkungen keinen Einfluß auf die Rüst- und Lagerungsmatrix beziehungsweise auf den Vektor der relevanten Gesamtkosten haben, sind diese Berechnungen des kombinierten Verfahrens - nach der Möglichkeit der Einbeziehung der schwankenden Preise bzw. schwankenden variablen Stückherstellkosten - abgeschlossen.

Als unterschiedliche Arten von Beschränkungen kann man in den Funktionsbereichen, in denen die Restriktionen wirken, Maximalrestriktionen, periodenorientierte Untergrenzen und losgrößenorientierte Untergrenzen berücksichtigen, wobei diese Fälle - innerhalb der einzelnen Anwendungsbereiche - ebenfalls in Kombination zueinander auftreten können.[1]

---

[1] Im Hinblick auf eine genaue Erläuterung dieser Kombinationsmöglichkeiten sei auf die Kapitel 5.4 bis 5.6 verwiesen, in denen die Erweiterungsansätze behandelt werden, die die entsprechenden Rahmenbedingungen in die Losgrößenplanung einbeziehen.

Wenn man Beschaffungsbeschränkungen in das integrierte Losgrößenkonzept einbeziehen möchte, erfolgt die Überprüfung der Restriktionen mit Hilfe der Bestellmengen $q_{z,s}$, die in der Losgrößenmatrix enthalten sind.[1)]

Eine Beachtung von möglichen Kapazitätsengpässen des Fertigungsbereichs in dem kombinierten Losgrößenansatz vollzieht sich in Abhängigkeit von der Messung der Kapazität. Sofern die Kapazitätsbetrachtung im Fertigungsbereich Rüstzeitaspekte beinhaltet, wird die Kapazitätsbelastungsmatrix KBM zur Beachtung der Restriktionen verwendet. Sie wird mit Hilfe der Losgrößenmatrix (LGM), der Rüstzeit pro Rüstvorgang (t_R) und der Bearbeitungszeit pro Mengeneinheit (t_B) ermittelt.[2)] Falls die Messung der Kapazität und der Kapazitätsbelastung in Mengeneinheiten der Produktart erfolgt, stimmt die Vorgehensweise mit der Berücksichtigung von Beschaffungsrestriktionen überein, die Überprüfung der Restriktionen kann dann unter Verwendung der Losgrößenmatrix durchgeführt werden.

Bei einer Angabe der Fertigungskapazität in Flächen-, Volumen-, Gewichtsmaßen etc. wird die Kapazitätsbelastungsmatrix KBM' berechnet, um die Einhaltung der Restriktionen zu überprüfen. Man erhält die Matrix KBM' durch Multiplikation der Losgrößenmatrix LGM mit dem Koeffizienten c_L, der die Belastung der Kapazität pro Mengeneinheit der Produktart angibt.

Da eine Losgrößenoptimierung generell entweder im Beschaffungssektor (Bestellmengenplanung) oder im Produktionssektor (Auftragsgrößenplanung) durchzuführen ist, muß man - im Hinblick auf das integrierte Gesamtkonzept - den Fall der Beschaffungsrestriktionen und den Fall der Kapazitätsrestriktionen im Produktionsbereich gemeinsam behandeln, obwohl sie - aufgrund des Rüstzeitaspekts - im allgemeinen methodische Unterschiede aufweisen. Eine Kombination dieser beiden Beschränkun-

---

[1)] Die Ermittlung der Losgrößenmatrix unter Verwendung der Rüst- und Lagerungsmatrix und der Bedarfsmengen x_t, $t = \mu,...,T$, wurde in Kapitel 5.4 gezeigt.

[2)] Zur genauen Vorgehensweise sei auf Kapitel 5.6 verwiesen.

gen würde nicht in Frage kommen, da sich ein einstufiges Losgrößenproblem nur auf einen der beiden Bereiche beziehen kann.

Unter der Voraussetzung, daß Beschaffungsrestriktionen für ein konkretes Losgrößenproblem vorliegen, sei die Binärvariable $a'_5 = 1$. Wenn Kapazitätsbeschränkungen in das integrierte Verfahren aufgenommen werden sollen, gilt $a''_5 = 1$. Um den Sachverhalt zu berücksichtigen, daß nur einer der beiden Erweiterungsmöglichkeiten für ein Losgrößenproblem gültig sein kann, muß für die Binärvariable a_5 die Bedingung $a_5 = a'_5 + a''_5 \leq 1$ gelten.

f) Einbeziehung von Kapazitätsrestriktionen im Transportbereich

Bei der Einbeziehung der Transportrestriktionen in den integrierten Ansatz ($a_6 = 1$) ist die Vorgehensweise - ebenso wie bei dem Ansatz zur Beachtung der Fertigungsbeschränkungen - von der Dimension abhängig, in der man die entsprechende Kapazität mißt. Erfolgt die Bewertung der Kapazität in Mengeneinheiten der Produktart, so wird die Einhaltung anhand der Losgrößenmatrix untersucht. Wenn die Dimensionen der Transportkapazitäten in Gewichts-, Volumen-, Flächenmaßen etc. angegeben werden, berechnet man zur Überprüfung der Beschränkungen die Kapazitätsbelastungsmatrix KBM'.

g) Einbeziehung von Kapazitätsrestriktionen im Lagerbereich

Die Berücksichtigung von Lagerkapazitätsrestriktionen ($a_7 = 1$) erfolgt - unter der Voraussetzung, daß der gesamte Nettobedarf eingelagert werden muß - analog zu der Ergänzungsmöglichkeit der Transportbeschränkungen. Falls der Nettobedarf jedoch nur zum Teil zu lagern ist, da z.B. einige Mengeneinheiten unmittelbar weiterverarbeitet oder verkauft werden, ist auf der Basis der zu lagernden Mengeneinheiten eine entsprechend geänderte Matrix KBM' bzw. LGM zu berechnen. Bezüglich der dazu erforderlichen Modifikationen sei auf Kapitel 5.5 verwiesen.

Sofern das vorliegende Losgrößenproblem mindestens eine Restriktion aus den Bereichen Beschaffung oder Produktion ($a_5 = 1$) sowie Transport ($a_6 = 1$) bzw. Lager ($a_7 = 1$) erfordert, berechnet man mit Hilfe des Gesamtkostenvektors zunächst die Losgrößenkombination, die ohne Berücksichtigung von Beschränkungen optimal wäre. Mit Hilfe der Zeile z^*, die das Minimum der relevanten Gesamtkosten im Vektor GKV enthält, untersucht man anschließend in der gleichen Zeile der Losgrößenmatrix bzw. der Kapazitätsbelastungsmatrizen, ob alle Restriktionen für diese Losgrößenkombination erfüllt sind.

Die Überprüfung, ob die jeweiligen Zeilen, die in der Reihenfolge der aufsteigend sortierten relevanten Gesamtkosten des Vektors GKV untersucht werden, unter Berücksichtigung der Restriktionen zulässig sind, erfolgt solange, bis eine zulässige und damit optimale Lösung gefunden wird und die Existenz einer Mehrfachlösung untersucht ist. Die entsprechenden Losgrößen bzw. Bestellmengen der optimalen Lösungen sind dann unmittelbar in den dazugehörigen Zeilen der Losgrößenmatrix ersichtlich.

Falls das vorliegende Losgrößenproblem keine Einbeziehung von Restriktionen aus dem Beschaffungs-, Fertigungs-, Lager- oder Transportbereich erfordert (a_5, a_6 und $a_7 = 0$), sind im kombinierten Losgrößenverfahren nur noch die minimalen Gesamtkosten im Vektor GKV sowie die optimale(n) Losgrößenkombination(en) und Bestellmengen zu ermitteln. Unter der Voraussetzung, daß schwankende Einstandspreise vorliegen ($a_4 = 1$), erhält man die entsprechenden Bestellmengen in Form der Losgrößenmatrix, anderenfalls wendet man die bei dem Grundverfahren beschriebene retrograde Vorgehensweise zur Berechnung der Losgrößen an, die im Kapitel 4.5 hergeleitet wurde.

Das Verfahren zur beliebigen Kombinierbarkeit der Erweiterungsansätze soll mit Hilfe des nachfolgenden Beispiels verdeutlicht werden.[1]

---

[1] Da das Beispiel eine tagesgenaue Losgrößenplanung beinhaltet, soll unter einer Periode die Zeitspanne (Anzahl der Tage) zwischen zwei Bedarfszeitpunkten verstanden werden.

Tabelle 47: Ausgangsdaten für eine Losgrößenplanung mit beliebiger Kombinierbarkeit der Erweiterungsansätze

Bedarfszeitpunkt (Tag)	23.08.	24.09.	01.10.	28.11.	03.12.	14.01.
Nettobedarfsmenge (Mengeneinheiten)	400	300	250	100	600	100
Einstandspreis (Geldeinheiten pro Mengeneinheit)	20	21	22	22	21	20
Lagerkostensatz (Geldeinheiten pro Mengeneinheit und Tag bei einer Beschaffung zum ersten Bedarfszeitpunkt)	$0{,}00\overline{6}$	$0{,}006\overline{9}$	$0{,}007\overline{3}$	$0{,}007\overline{3}$	$0{,}006\overline{9}$	----
Bestellfixer Kostensatz (Geldeinheiten pro Bestellvorgang)	70	80	90	60	60	60
Maximale Bestellmenge (Mengeneinheiten pro Periode)	1700	1700	1000	800	400	400
Mindestbestellmenge (Mengeneinheiten pro Periode)	100	0	0	100	0	0
Transportkapazität (Kapazitätseinheiten pro Periode)	1500	1000	1200	1200	500	500
Mindestinanspruchnahme der Transportkapazität	50 (Kapazitätseinheiten pro Los)					
Erforderliche Transportkapazität pro Mengeneinheit	0,80 (Kapazitätseinheiten pro Mengeneinheit)					
Lagerkapazität (Kapazitätseinheiten pro Periode)	1000	1000	1500	2000	2000	2500
Erforderliche Lagerkapazität pro Mengeneinheit	0,80 (Kapazitätseinheiten pro Mengeneinheit)					

Da man eine Losgrößenplanung entweder zur Ermittlung der Bestellmengen oder der Auftragsgrößen verwenden kann, ist für das vorliegende Beispiel eine Festlegung erforderlich, auf welchen Bereich sich die Beispieldaten beziehen sollen. Hier wurden die Bezeichnungen bzw. die Daten aus dem Beschaffungsbereich gewählt. Analog dazu könnte man diese Vorgehensweise natürlich auch auf Losgrößenprobleme der Auftragsgrößenplanung anwenden.

Bei den in Tabelle 47 enthaltenen Ausgangsdaten wurden im wesentlichen die Beispieldaten der oben vorgestellten, isolierten Erweiterungsverfahren verwendet. Die Daten, die in den Beispielen der entsprechenden Kapitel innerhalb des Planungszeitraums variierbar waren, weisen auch in diesem kombinierten Beispiel die gleiche numerische Struktur auf. Im Unterschied zur bisherigen Vorgehensweise wurden allerdings die Lagerkostensätze nicht in der Dimension Geldeinheiten pro Mengeneinheit und Periode sondern - wegen den unterschiedlich langen Perioden - unmittelbar auf Tagesbasis angegeben. Außerdem ist zu berücksichtigen, daß sich die Lagerkostensätze hier auf eine Beschaffung des Produktes in der ersten Periode (bzw. zum ersten Bedarfszeitpunkt) beziehen. Dies ist erforderlich, da die Einstandspreise schwanken und die Lagerkostensätze deshalb nicht nur von der Zinshöhe, sondern auch von den Einstandszeitpunkten beziehungsweise den dort vorliegenden Preisen abhängig sind. Deshalb kann die Höhe der Lagerkostensätze - bei schwankenden Preisen - nicht allgemein für eine Lagerungsperiode angegeben werden, sondern nur für eine Kombination der Lagerungsperiode mit einer bestimmten Auflage- bzw. Einstandsperiode. Die beschriebenen Abhängigkeiten des Lagerkostensatzes von den Zinsschwankungen und (gegebenenfalls) gleichzeitig von den Schwankungen der Einstandspreise werden - wie im folgenden dargestellt - bei der Berechnung der Koeffizienten der Rüst- und Lagerungsmatrix berücksichtigt.

Zu den bisher verwendeten Angaben der Beispiele wurden in Tabelle 47 zusätzlich einige Daten neu hinzugefügt. Es wird eine Mindestbeanspruchung der Transportkapazität in Höhe von 50 Kapazitätseinheiten pro Los unterstellt, d.h. der erforderliche Transport der bestellten Ware kann erst erfolgen, wenn diese Kapazitätseinheiten mindestens in Anspruch genommen werden. Außerdem wird davon ausgegangen, daß die bestellten Mengeneinheiten unmittelbar eingelagert werden müssen.[1] Deshalb wurden die Beispieldaten um die maximale Lagerkapazität, die für diese Produktart zur Verfügung steht, und die Kapazitätsbelastung pro Mengeneinheit der Produktart ergänzt.

Auf der Basis des vorliegenden Zahlenbeispiels weisen alle Variablen a_n, für n=1,...,7, den Wert 1 auf. Damit liegt mit diesem Beispiel - wenn man einmal von den zusätzlichen Varianten absieht, die aufgrund der Unter- und Obergrenzen der Restriktionen möglich sind - eine von 128 möglichen Ausgangssituationen vor, die bei Verwendung der bisherigen Erweiterungsfälle erzeugt werden können und zu deren Lösung der hier entwickelte Ansatz der kombinierten Losgrößenplanung geeignet ist.

Durch die Integration der schwankenden bestellfixen Kosten bzw. Rüstkosten in unser Beispiel muß das kombinierte Verfahren die Matrix (RM | LM) verwenden, um die benötigten Koeffizienten der Rüst- und Lagerungsmatrix zu erhalten. Außerdem ist zur Berechnung der relevanten Gesamtkosten der Rüstkostensatzvektor RKSV erforderlich, der die Koeffizienten 70, 80, 90, 60, 60 und 60 beinhaltet.

Den Vektor der Lagerkosten bei eintägiger Lagerung der Bedarfsmengen, der sich - ebenso wie der Lagerkostensatz k'_L - auf die erste relevante Planungsperiode bezieht, erhält man in unserem Beispiel als:

$$LEV' = \begin{bmatrix} 300 \\ 250 \\ 100 \\ 600 \\ 100 \end{bmatrix} \cdot 0{,}00\overline{6} = \begin{bmatrix} 2{,}0 \\ 1{,}\overline{6} \\ 0{,}\overline{6} \\ 4{,}0 \\ 0{,}\overline{6} \end{bmatrix}.$$

Eine Lagerung der Bedarfsmenge der dritten Periode (250 Mengeneinheiten) kostet also beispielsweise $1{,}\overline{6}$ Geldeinheiten pro Tag und eine Lagerung der Bedarfsmenge der vierten Periode (100 Mengeneinheiten) $0{,}\overline{6}$ Geldeinheiten pro Tag, wenn die ent-

---

[1] Falls nicht die gesamten Bestellmengen eingelagert werden müssen, wäre zusätzlich (zum Nettobedarf) die Angabe der geplanten Lagerzugänge erforderlich, um die daraus resultierenden Kapazitätsbelastungen des Lagerbereichs zu berechnen.

sprechenden Mengeneinheiten am ersten Tag des Planungszeitraums beschafft werden.

Die durch die variablen Periodenlängen bedingten Lagerungszeiträume, die in Tagen gemessen werden, betragen:

$d'_1 = 32$, $d'_2 = 7$, $d'_3 = 58$, $d'_4 = 5$ und $d'_5 = 42$.

Als Quotienten i_s, die die Relationen zwischen den Lagerkostensätzen der verschiedenen Perioden und dem Lagerkostensatz der Basisperiode angeben, erhält man:

$i_1 = 1,05$, $i_2 = 1,10$, $i_3 = 1,10$ und $i_4 = 1,05$.

Um die gewichteten Lagerungszeiträume d''_s zu berechnen, muß man die Zeitdifferenzen d'_s ab dem zweiten Lagerungszeitraum mit dem Index der Lagerkostensätze i_{s-1} multiplizieren. Die gewichteten Lagerungsdauern betragen:

$d''_1 = 32$, $d''_2 = 7,35$, $d''_3 = 63,8$, $d''_4 = 5,5$ und $d''_5 = 44,1$.

Die aufgrund der schwankenden Einstandspreise erforderlichen Preisindizes lauten:

$i'_1 = 1,05$, $i'_2 = 1,10$, $i'_3 = 1,10$ und $i'_4 = 1,05$.

Die Übereinstimmung der Indizes zur Berücksichtigung der schwankenden Lagerkostensätze und der schwankenden Preise ist darauf zurückzuführen, daß in Kapitel 5.3 und in Kapitel 5.7 jeweils die gleichen Relationen zwischen den entsprechenden Beispieldaten der Lagerkostensätze und der Preise gewählt wurden, um zu verdeutlichen, daß die gleichen Werte der Indizes i_s und i'_s - trotz sonst ebenfalls gleicher Beispieldaten - zu unterschiedlichen Ergebnissen der Losgrößenplanung führen.

Mit Hilfe von Tabelle 48 soll verdeutlicht werden, wie der oben beschriebene Algorithmus die Koeffizienten der Matrix (RV | LM) bzw. (RM | LM) im Bereich der Lagerungsmatrix verändert.

Tabelle 48: Lagerungsmatrix bei variablen Periodenlängen, schwankenden Lagerkostensätzen und schwankenden Einstandspreisen

Zeile	Lagerungsmatrix bei variablen Periodenlängen und schwankenden Lagerkostensätzen					Lagerungsmatrix bei variablen Periodenlängen, schwankenden Lagerkostensätzen und schwankenden Einstandspreisen				
1	32	39,35	103,15	108,65	152,75	32	39,3500	103,1500	108,6500	152,7500
2	0	7,35	71,15	76,65	120,75	0	7,7175	74,7075	80,4825	126,7875
3	32	0	63,80	69,30	113,40	32	0	70,1800	76,2300	124,7400
4	0	0	63,80	69,30	113,40	0	0	70,1800	76,2300	124,7400
5	32	39,35	0	5,50	49,60	32	39,3500	0	6,0500	54,5600
6	0	7,35	0	5,50	49,60	0	7,7175	0	6,0500	54,5600
7	32	0	0	5,50	49,60	32	0	0	6,0500	54,5600
8	0	0	0	5,50	49,60	0	0	0	6,0500	54,5600
9	32	39,35	103,15	0	44,10	32	39,3500	103,1500	0	46,3050
10	0	7,35	71,15	0	44,10	0	7,7175	74,7075	0	46,3050
11	32	0	63,80	0	44,10	32	0	70,1800	0	46,3050
12	0	0	63,80	0	44,10	0	0	70,1800	0	46,3050
13	32	39,35	0	0	44,10	32	39,3500	0	0	46,3050
14	0	7,35	0	0	44,10	0	7,7175	0	0	46,3050
15	32	0	0	0	44,10	32	0	0	0	46,3050
16	0	0	0	0	44,10	0	0	0	0	46,3050
17	32	39,35	103,15	108,65	0	32	39,3500	103,1500	108,6500	0
18	0	7,35	71,15	76,65	0	0	7,7175	74,7075	80,4825	0
19	32	0	63,80	69,30	0	32	0	70,1800	76,2300	0
20	0	0	63,80	69,30	0	0	0	70,1800	76,2300	0
21	32	39,35	0	5,50	0	32	39,3500	0	6,0500	0
22	0	7,35	0	5,50	0	0	7,7175	0	6,0500	0
23	32	0	0	5,50	0	32	0	0	6,0500	0
24	0	0	0	5,50	0	0	0	0	6,0500	0
25	32	39,35	103,15	0	0	32	39,3500	103,1500	0	0
26	0	7,35	71,15	0	0	0	7,7175	74,7075	0	0
27	32	0	63,80	0	0	32	0	70,1800	0	0
28	0	0	63,80	0	0	0	0	70,1800	0	0
29	32	39,35	0	0	0	32	39,3500	0	0	0
30	0	7,35	0	0	0	0	7,7175	0	0	0
31	32	0	0	0	0	32	0	0	0	0
32	0	0	0	0	0	0	0	0	0	0

In der zweiten Tabellenspalte kann man erkennen, welche Auswirkungen variable Periodenlängen und schwankende Lagerkostensätze auf die Koeffizienten der Lagerungsmatrix haben. Die Koeffizienten der erste Spalte der Lagerungsmatrix beinhalten den Lagerungszeitraum $d'_1 = 32$ oder die Lagerungsdauer von null Tagen, falls eine Auflage in der zweiten Periode erfolgt. Eine Gewichtung mit dem Index i_S der schwankenden Lagerkostensätze findet in der ersten Spalte der Lagerungsmatrix nicht statt, da der Lagerkostensatz, der die Lagerung zwischen dem ersten und zweiten

Bedarfszeitpunkt berücksichtigt, als Basis zur Berechnung der Relation i_s dient. Die zweite Spalte beinhaltet die kumulierten und gewichteten Lagerungszeiträume von $32+1,05\cdot 7 = 39,35$ Tagen für die Auflagekombination (1) - Zeile 1 - und $1,05\cdot 7 = 7,35$ für die Auflagekombination (1,2) - Zeile 2 - usw. Alle Lagerungszeiträume, die ab Spalte 2 der Lagerungsmatrix zusätzlich zu berücksichtigen sind, werden also spaltenorientiert (lagerzeitraumorientiert) mit dem Index der Lagerkostensätze i_{s-1} (1,05, 1,1, 1,1 und 1,05) gewichtet.

Die rechte Seite der Tabelle 48 dient dazu, die Vorgehensweise des kombinierten Verfahrens zu verdeutlichen, wenn neben den variablen Periodenlängen und den schwankenden Lagerkostensätzen zusätzlich schwankende Preise zu berücksichtigen sind. Die Gewichtung der Lagerungszeiträume erfolgt bei den schwankenden Einstandspreisen nicht spalten- bzw. lagerzeitraumorientiert wie bei der Einbeziehung der schwankenden Lagerkostensätze, sondern in Abhängigkeit von der jeweils letzten Auflage- oder Beschaffungsperiode.

In der ersten Zeile der Lagerungsmatrix finden durch die Einbeziehung der schwankenden Einstandspreise keine Veränderungen statt, da diese Koeffizienten eine Auflage in der Basisperiode berücksichtigen. In der zweiten Zeile sind alle Koeffizienten aufgrund der Auflage in Periode 2 mit dem Preisindex 1,05 zu multiplizieren, denn die Preise und damit auch die daraus resultierenden Lagerhaltungskosten sind in der zweiten Periode 1,05 mal so teuer wie bei einer Beschaffung in der ersten Periode. In allen Zeilen wird jeweils ein neuer Gewichtungsfaktor verwendet, sobald eine neue Auflage bzw. Beschaffung durchgeführt wird ($w_{z,s} = 0$).

In Tabelle 48 erkennt man außerdem, daß auch bei der Berücksichtigung der schwankenden Preise - analog zur Einbeziehung der schwankenden Lagerkostensätze - die Koeffizienten in der ersten Spalte der Lagerungsmatrix unverändert bleiben, da durch

389

die Beschaffung in der Basisperiode der zugrunde gelegte Basispreis bzw. Basis-Lagerkostensatz für diese Koeffizienten gilt.[1]

Mit Hilfe der so ermittelten Rüst- und Lagerungsmatrix (RM | LM'''') für die kombinierten Erweiterungen, des Rüstkostensatzvektors (RKSV) und des Vektors der Lagerkosten bei eintägiger Lagerung der Bedarfsmengen (LEV') kann man den Rüst- und Lagerkostenvektor wie folgt berechnen:

$$
\text{RLKV} = \begin{bmatrix}
1 & 0 & 0 & 0 & 0 & 0 & 32 & 39{,}3500 & 103{,}1500 & 108{,}6500 & 152{,}7500 \\
1 & 1 & 0 & 0 & 0 & 0 & 0 & 7{,}7175 & 74{,}7075 & 80{,}4825 & 126{,}7875 \\
1 & 0 & 1 & 0 & 0 & 0 & 32 & 0 & 70{,}1800 & 76{,}2300 & 124{,}7400 \\
1 & 1 & 1 & 0 & 0 & 0 & 0 & 0 & 70{,}1800 & 76{,}2300 & 124{,}7400 \\
1 & 0 & 0 & 1 & 0 & 0 & 32 & 39{,}3500 & 0 & 6{,}0500 & 54{,}5600 \\
1 & 1 & 0 & 1 & 0 & 0 & 0 & 7{,}7175 & 0 & 6{,}0500 & 54{,}5600 \\
1 & 0 & 1 & 1 & 0 & 0 & 32 & 0 & 0 & 6{,}0500 & 54{,}5600 \\
1 & 1 & 1 & 1 & 0 & 0 & 0 & 0 & 0 & 6{,}0500 & 54{,}5600 \\
1 & 0 & 0 & 0 & 1 & 0 & 32 & 39{,}3500 & 103{,}1500 & 0 & 46{,}3050 \\
1 & 1 & 0 & 0 & 1 & 0 & 0 & 7{,}7175 & 74{,}7075 & 0 & 46{,}3050 \\
1 & 0 & 1 & 0 & 1 & 0 & 32 & 0 & 70{,}1800 & 0 & 46{,}3050 \\
1 & 1 & 1 & 0 & 1 & 0 & 0 & 0 & 70{,}1800 & 0 & 46{,}3050 \\
1 & 0 & 0 & 1 & 1 & 0 & 32 & 39{,}3500 & 0 & 0 & 46{,}3050 \\
1 & 1 & 0 & 1 & 1 & 0 & 0 & 7{,}7175 & 0 & 0 & 46{,}3050 \\
1 & 0 & 1 & 1 & 1 & 0 & 32 & 0 & 0 & 0 & 46{,}3050 \\
1 & 1 & 1 & 1 & 1 & 0 & 0 & 0 & 0 & 0 & 46{,}3050 \\
1 & 0 & 0 & 0 & 0 & 1 & 32 & 39{,}3500 & 103{,}1500 & 108{,}6500 & 0 \\
1 & 1 & 0 & 0 & 0 & 1 & 0 & 7{,}7175 & 74{,}7075 & 80{,}4825 & 0 \\
1 & 0 & 1 & 0 & 0 & 1 & 32 & 0 & 70{,}1800 & 76{,}2300 & 0 \\
1 & 1 & 1 & 0 & 0 & 1 & 0 & 0 & 70{,}1800 & 76{,}2300 & 0 \\
1 & 0 & 0 & 1 & 0 & 1 & 32 & 39{,}3500 & 0 & 6{,}0500 & 0 \\
1 & 1 & 0 & 1 & 0 & 1 & 0 & 7{,}7175 & 0 & 6{,}0500 & 0 \\
1 & 0 & 1 & 1 & 0 & 1 & 32 & 0 & 0 & 6{,}0500 & 0 \\
1 & 1 & 1 & 1 & 0 & 1 & 0 & 0 & 0 & 6{,}0500 & 0 \\
1 & 0 & 0 & 0 & 1 & 1 & 32 & 39{,}3500 & 103{,}1500 & 0 & 0 \\
1 & 1 & 0 & 0 & 1 & 1 & 0 & 7{,}7175 & 74{,}7075 & 0 & 0 \\
1 & 0 & 1 & 0 & 1 & 1 & 32 & 0 & 70{,}1800 & 0 & 0 \\
1 & 1 & 1 & 0 & 1 & 1 & 0 & 0 & 70{,}1800 & 0 & 0 \\
1 & 0 & 0 & 1 & 1 & 1 & 32 & 39{,}3500 & 0 & 0 & 0 \\
1 & 1 & 0 & 1 & 1 & 1 & 0 & 7{,}7175 & 0 & 0 & 0 \\
1 & 0 & 1 & 1 & 1 & 1 & 32 & 0 & 0 & 0 & 0 \\
1 & 1 & 1 & 1 & 1 & 1 & 0 & 0 & 0 & 0 & 0
\end{bmatrix} \cdot \begin{bmatrix} 70{,}0 \\ 80{,}0 \\ 90{,}0 \\ 60{,}0 \\ 60{,}0 \\ 60{,}0 \\ 2{,}0 \\ 1{,}6 \\ 0{,}6 \\ 4{,}0 \\ 0{,}6 \end{bmatrix} = \begin{bmatrix} 804{,}78 \\ 619{,}12 \\ 658{,}87 \\ 674{,}87 \\ 320{,}16 \\ 283{,}44 \\ 344{,}57 \\ 360{,}57 \\ 359{,}22 \\ 303{,}54 \\ 361{,}66 \\ 377{,}66 \\ 350{,}45 \\ 313{,}73 \\ 374{,}87 \\ 390{,}87 \\ 762{,}95 \\ 594{,}60 \\ 635{,}71 \\ 651{,}71 \\ 343{,}78 \\ 307{,}06 \\ 368{,}20 \\ 384{,}20 \\ 388{,}35 \\ 332{,}67 \\ 390{,}79 \\ 406{,}79 \\ 379{,}58 \\ 342{,}86 \\ 404{,}00 \\ 420{,}00 \end{bmatrix}.
$$

---

[1] Die Berechnung der Lagerungsmatrix, die mit Hilfe von Tabelle 48 in zwei Teilschritten erläutert wurde, um die Unterschiede in der Berücksichtigung der verschiedenen Erweiterungsansätze zu verdeutlichen, erfolgt mit Hilfe des in Abbildung 53 dargestellten Algorithmus für jeden Koeffizienten in einem Rechenschritt.

Werden beispielsweise gemäß der ersten Zeile der Rüst- und Lagerungsmatrix alle Mengeneinheiten dieses Produktes in der ersten Periode aufgelegt, so beträgt die Summe der Rüst- und Lagerhaltungskosten 804,78 Geldeinheiten.

Nach der Ermittlung des Rüst- und Lagerkostenvektors berechnet man mit Hilfe des in Kapitel 5.4 erläuterten Verfahrens die Losgrößenmatrix (LGM). Durch Multiplikation der Losgrößenmatrix mit dem Preisvektor (PV) erhält man den Einstandskostenvektor (EKV).

$$EKV = \begin{bmatrix} 1750 & 0 & 0 & 0 & 0 & 0 \\ 400 & 1350 & 0 & 0 & 0 & 0 \\ 700 & 0 & 1050 & 0 & 0 & 0 \\ 400 & 300 & 1050 & 0 & 0 & 0 \\ 950 & 0 & 0 & 800 & 0 & 0 \\ 400 & 550 & 0 & 800 & 0 & 0 \\ 700 & 0 & 250 & 800 & 0 & 0 \\ 400 & 300 & 250 & 800 & 0 & 0 \\ 1050 & 0 & 0 & 0 & 700 & 0 \\ 400 & 650 & 0 & 0 & 700 & 0 \\ 700 & 0 & 350 & 0 & 700 & 0 \\ 400 & 300 & 350 & 0 & 700 & 0 \\ 950 & 0 & 0 & 100 & 700 & 0 \\ 400 & 550 & 0 & 100 & 700 & 0 \\ 700 & 0 & 250 & 100 & 700 & 0 \\ 400 & 300 & 250 & 100 & 700 & 0 \\ 1650 & 0 & 0 & 0 & 0 & 100 \\ 400 & 1250 & 0 & 0 & 0 & 100 \\ 700 & 0 & 950 & 0 & 0 & 100 \\ 400 & 300 & 950 & 0 & 0 & 100 \\ 950 & 0 & 0 & 700 & 0 & 100 \\ 400 & 550 & 0 & 700 & 0 & 100 \\ 700 & 0 & 250 & 700 & 0 & 100 \\ 400 & 300 & 250 & 700 & 0 & 100 \\ 1050 & 0 & 0 & 0 & 600 & 100 \\ 400 & 650 & 0 & 0 & 600 & 100 \\ 700 & 0 & 350 & 0 & 600 & 100 \\ 400 & 300 & 350 & 0 & 600 & 100 \\ 950 & 0 & 0 & 100 & 600 & 100 \\ 400 & 550 & 0 & 100 & 600 & 100 \\ 700 & 0 & 250 & 100 & 600 & 100 \\ 400 & 300 & 250 & 100 & 600 & 100 \end{bmatrix} \cdot \begin{bmatrix} 20 \\ 21 \\ 22 \\ 22 \\ 21 \\ 20 \end{bmatrix} = \begin{bmatrix} 35000{,}00 \\ 36350{,}00 \\ 37100{,}00 \\ 37400{,}00 \\ 36600{,}00 \\ 37150{,}00 \\ 37100{,}00 \\ 37400{,}00 \\ 35700{,}00 \\ 36350{,}00 \\ 36400{,}00 \\ 36700{,}00 \\ 35900{,}00 \\ 36450{,}00 \\ 36400{,}00 \\ 36700{,}00 \\ 35000{,}00 \\ 36250{,}00 \\ 36900{,}00 \\ 37200{,}00 \\ 36400{,}00 \\ 36950{,}00 \\ 36900{,}00 \\ 37200{,}00 \\ 35600{,}00 \\ 36250{,}00 \\ 36300{,}00 \\ 36600{,}00 \\ 35800{,}00 \\ 36350{,}00 \\ 36300{,}00 \\ 36600{,}00 \end{bmatrix}.$$

Wenn man zum Beispiel - wie in der zweiten Zeile der Losgrößenmatrix angegeben - 400 Mengeneinheiten in der ersten Periode und 1350 Mengeneinheiten in der zweiten

Periode auflegt, ergeben sich - für alle Mengeneinheiten, die innerhalb des Planungszeitraums benötigt werden - Einstandskosten in Höhe von 36350 Geldeinheiten.

Den Gesamtkostenvektor erhält man durch Addition des Rüst- und Lagerkostenvektors und des Einstandskostenvektors.

$$
GKV = \begin{bmatrix} 804{,}78 \\ 619{,}12 \\ 658{,}87 \\ 674{,}87 \\ 320{,}16 \\ 283{,}44 \\ 344{,}57 \\ 360{,}57 \\ 359{,}22 \\ 303{,}54 \\ 361{,}66 \\ 377{,}66 \\ 350{,}45 \\ 313{,}73 \\ 374{,}87 \\ 390{,}87 \\ 762{,}95 \\ 594{,}60 \\ 635{,}71 \\ 651{,}71 \\ 343{,}78 \\ 307{,}06 \\ 368{,}20 \\ 384{,}20 \\ 388{,}35 \\ 332{,}67 \\ 390{,}79 \\ 406{,}79 \\ 379{,}58 \\ 342{,}86 \\ 404{,}00 \\ 420{,}00 \end{bmatrix} + \begin{bmatrix} 35000{,}00 \\ 36350{,}00 \\ 37100{,}00 \\ 37400{,}00 \\ 36600{,}00 \\ 37150{,}00 \\ 37100{,}00 \\ 37400{,}00 \\ 35700{,}00 \\ 36350{,}00 \\ 36400{,}00 \\ 36700{,}00 \\ 35900{,}00 \\ 36450{,}00 \\ 36400{,}00 \\ 36700{,}00 \\ 35000{,}00 \\ 36250{,}00 \\ 36900{,}00 \\ 37200{,}00 \\ 36400{,}00 \\ 36950{,}00 \\ 36900{,}00 \\ 37200{,}00 \\ 35600{,}00 \\ 36250{,}00 \\ 36300{,}00 \\ 36600{,}00 \\ 35800{,}00 \\ 36350{,}00 \\ 36300{,}00 \\ 36600{,}00 \end{bmatrix} = \begin{bmatrix} 35804{,}78 \\ 36969{,}12 \\ 37758{,}87 \\ 38074{,}87 \\ 36920{,}16 \\ 37433{,}44 \\ 37444{,}57 \\ 37760{,}57 \\ 36059{,}22 \\ 36653{,}54 \\ 36761{,}66 \\ 37077{,}66 \\ 36250{,}45 \\ 36763{,}73 \\ 36774{,}87 \\ 37090{,}87 \\ 35762{,}95 \, * \\ 36844{,}60 \\ 37535{,}71 \\ 37851{,}71 \\ 36743{,}78 \\ 37257{,}06 \\ 37268{,}20 \\ 37584{,}20 \\ 35988{,}35 \\ 36582{,}67 \\ 36690{,}79 \\ 37006{,}79 \\ 36179{,}58 \\ 36692{,}86 \\ 36704{,}00 \\ 37020{,}00 \end{bmatrix}.
$$

Das Minimum der relevanten Gesamtkosten ist im Vektor GKV mit * markiert und beträgt 35762,95 Geldeinheiten. Falls man keine Beschaffungs-, Transport- bzw. Lagerbegrenzungen berücksichtigen müßte, wären aus der entsprechenden Zeile $z^* = 17$ der Losgrößenmatrix unmittelbar die optimalen Losgrößen $q^*_1 = 1650$ und $q^*_6 = 100$ Mengeneinheiten ersichtlich.

Als nächstes ist also zu prüfen, ob diese Lösung unter Berücksichtigung der entsprechenden Restriktionen zulässig ist. Diese Untersuchung soll mit Hilfe von Tabelle 49 erläutert werden.

Tabelle 49: Zulässigkeiten der Losgrößenkombinationen bei einer Berücksichtigung von Beschaffungs-, Transport- und Lagerrestriktionen

Losgrößenmatrix (LGM)						Kapazitätsbelastungsmatrix (KBM')						Gesamt-kostenvektor (GKV)	[1]
1750	0	0	<u>0</u>	0	0	1400	0	0	0	0	0	35804,78	2
400	1350	0	<u>0</u>	0	0	320	<u>1080</u>	0	0	0	0	36969,12	
700	0	<u>1050</u>	<u>0</u>	0	0	560	0	840	0	0	0	37758,87	
400	300	<u>1050</u>	<u>0</u>	0	0	320	240	840	0	0	0	38074,87	
950	0	0	800	0	0	760	0	0	640	0	0	36920,16	
400	550	0	800	0	0	320	440	0	640	0	0	37433,44	
700	0	250	800	0	0	560	0	200	640	0	0	37444,57	
400	300	250	800	0	0	320	240	200	640	0	0	37760,57	
1050	0	0	<u>0</u>	700	0	840	0	0	0	<u>560</u>	0	36059,22	4
400	650	0	<u>0</u>	700	0	320	520	0	0	<u>560</u>	0	36653,54	8
700	0	350	<u>0</u>	700	0	560	0	280	0	<u>560</u>	0	36761,66	
400	300	350	<u>0</u>	700	0	320	240	280	0	<u>560</u>	0	37077,66	
950	0	0	100	700	0	760	0	0	80	<u>560</u>	0	36250,45	6
400	550	0	100	700	0	320	440	0	80	<u>560</u>	0	36763,73	
700	0	250	100	700	0	560	0	200	80	<u>560</u>	0	36774,87	
400	300	250	100	700	0	320	240	200	80	<u>560</u>	0	37090,87	
1650	0	0	<u>0</u>	0	100	<u>1320</u>	0	0	0	0	80	35762,95	1
400	1250	0	<u>0</u>	0	100	320	1000	0	0	0	80	36844,60	
700	0	950	<u>0</u>	0	100	560	0	760	0	0	80	37535,71	
400	300	950	<u>0</u>	0	100	320	240	760	0	0	80	37851,71	
950	0	0	700	0	100	760	0	0	560	0	80	36743,78*	12
400	550	0	700	0	100	320	440	0	560	0	80	37257,06	
700	0	250	700	0	100	560	0	200	560	0	80	37268,20	
400	300	250	700	0	100	320	240	200	560	0	80	37584,20	
1050	0	0	<u>0</u>	<u>600</u>	100	840	0	0	0	480	80	35988,35	3
400	650	0	<u>0</u>	<u>600</u>	100	320	520	0	0	480	80	36582,67	7
700	0	350	<u>0</u>	<u>600</u>	100	560	0	280	0	480	80	36690,79	9
400	300	350	<u>0</u>	<u>600</u>	100	320	240	280	0	480	80	37006,79	
950	0	0	100	<u>600</u>	100	760	0	0	80	480	80	36179,58	5
400	550	0	100	<u>600</u>	100	320	440	0	80	480	80	36692,86	10
700	0	250	100	<u>600</u>	100	560	0	200	80	480	80	36704,00	11
400	300	250	100	<u>600</u>	100	320	240	200	80	480	80	37020,00	

---

[1] Reihenfolge der Untersuchung der Losgrößenkombinationen hinsichtlich ihrer Zulässigkeit.

Die linke Blockmatrix LGM stellt die Losgrößenmatrix dar, die man zur Berücksichtigung der Restriktionen "maximale Bestellmenge" und "Mindestbestellmenge" benötigt. Die Losgrößen $q_{z,s}$, die sich aufgrund dieser Beschränkungen nicht realisieren lassen, sind zur Verdeutlichung unterstrichen worden.

Die zweite Blockmatrix ist die Kapazitätsbelastungsmatrix KBM', die in diesem Beispiel sowohl für den Transportsektor als auch für den Lagerbereich gilt. Man ermittelt sie durch Multiplikation der Losgrößenmatrix mit der Kapazitätsinanspruchnahme pro Mengeneinheit der Produktart (0,8 Kapazitätseinheiten pro Mengeneinheit). Die Gleichheit der Kapazitätsbelastungen dieser Bereiche resultiert daraus, daß wir in dem Zahlenbeispiel unterstellt haben, daß die gesamten Bestellmengen einzulagern sind, daß die gleichen Dimensionen zur Kapazitätsmessung benutzt werden und daß als erforderliche Transport- bzw. Lagerkapazität pro Mengeneinheit der gleiche Zahlenwert verwendet wurde.

Falls nicht alle Mengeneinheiten, sondern nur ein Teil davon einzulagern wäre, müßte man zur Berechnung der Kapazitätsbelastungsmatrix des Lagers nicht die Nettobedarfsmengen, sondern die geplanten Lagerzugänge verwenden.[1] Außerdem wäre eine gesonderte Berechnung der Kapazitätsbelastungsmatrix erforderlich, wenn im Lagerbereich bezüglich der Art (Dimension) oder bezüglich der Quantität andere Kapazitätsbelastungen pro Mengeneinheit als im Transportbereich vorliegen würden.[2]

Unterstreichungen verdeutlichen in der Matrix KBM' der Tabelle 49, welche Bestellmengen aufgrund der bestehenden Transport- und Lagerrestriktionen nicht realisiert

---

[1] Hierzu müßte man den Algorithmus zur Berechnung der Losgrößenmatrix auf die geplanten Lagerzugänge anwenden. Wenn man diese modifizierte Matrix dann mit dem Koeffizienten c_L multiplizieren würde, der die Kapazitätsbelastung pro Mengeneinheit angibt, würde man als Ergebnis die Kapazitätsbelastungsmatrix für den Fall erhalten, daß nur ein Teil des Nettobedarfs gelagert werden muß.

[2] Wenn für einen dieser Bereiche die Messung der Kapazität bzw. der Kapazitätsbelastung unmittelbar in Mengeneinheiten erfolgen würde, könnte man - analog zum Beschaffungsbereich - die Losgrößenmatrix zur Berücksichtigung der entsprechenden Restriktionen verwenden.

werden können. Rechts neben der Kapazitätsbelastungsmatrix ist der Vektor der relevanten Gesamtkosten dargestellt. Dort wird ebenfalls hervorgehoben, welche Losgrößenkombinationen nicht durchführbar sind, da sie entweder aufgrund der Berücksichtigung der Bestellmengenrestriktionen in der Losgrößenmatrix oder aufgrund der Beachtung der Transport- und Lagerrestriktionen in der Kapazitätsbelastungsmatrix ausgeschlossen werden müssen.

Die Überprüfung der Zulässigkeiten erstreckt sich allerdings bei dem integrierten Losgrößenverfahren nicht auf alle Bestellmengenkombinationen bzw. Zeilen der oben dargestellten Matrizen, sondern wird in der Reihenfolge der aufsteigenden relevanten Gesamtkosten solange durchgeführt, bis eine realisierbare und damit optimale Bestellmengenkombination für das vorhandene Losgrößenproblem gefunden und die Existenz einer Mehrfachlösung untersucht wurde. Diese Vorgehensweise wird mit Hilfe der rechten Spalte der Tabelle 49 verdeutlicht. Begonnen wird mit der Losgrößenkombination (1,6), die mit 35762,95 Geldeinheiten zu den geringsten relevanten Gesamtkosten führen würde, falls keine Restriktionen zu berücksichtigen wären. Man erkennt in der Kapazitätsbelastungsmatrix, daß diese Losgrößenkombination nicht zulässig ist, da sie in der ersten Periode gegen die Lagerkapazitätsrestriktion verstößt ($c_{z,s} \leq 1000$). Außerdem ist die Mindestbestellmengenrestriktion in der vierten Periode nicht erfüllt ($q_{z,s} \geq 100$). Aufgrund der vorhandenen Beschränkungen scheiden gemäß dieser Vorgehensweise zehn weitere Lösungsalternativen als unzulässig aus.

Die Bestellmengenkombination (1,4,6), die bei unbeschränkten Möglichkeiten die zwölftbeste Losgrößenkombination darstellen würde, erweist sich schließlich als durchführbar und ist deshalb für das hier vorliegende Losgrößenproblem optimal. Diese Lösung ist im Gesamtkostenvektor mit * gekennzeichnet. Sie verursacht Kosten in Höhe von 36743,78 Geldeinheiten und liegt damit rund 981 Geldeinheiten bzw. 2,7 Prozent über den relevanten Gesamtkosten, die ohne Restriktionen entstehen würden.[1] Aus der dazugehörigen Zeile der Losgrößenmatrix kann man die optimalen Bestellmengen $q^*_1 = 950$, $q^*_4 = 700$ und $q^*_6 = 100$ erkennen. Eine Mehrfachlösung liegt in diesem Beispiel nicht vor.

Obwohl sich durch die beliebige Kombinierbarkeit der Erweiterungsansätze bereits zahlreiche Problemstellungen der betrieblichen Losgrößenplanung abbilden lassen, besteht auch bei diesem integrierten Gesamtkonzept immer noch zusätzlich die Möglichkeit, dem Entscheidungsträger bei Bedarf auch die weiteren zulässigen Losgrößenkombinationen - in der Reihenfolge ihrer relevanten Gesamtkosten - zugänglich zu machen, damit er selbst Besonderheiten einer speziellen Losgrößensituation, die noch nicht berücksichtigt wurden, mit in die Entscheidung einbeziehen kann.[2]

Deshalb ist es die Aufgabe der Losgrößensoftware, dem Disponenten diese weiteren Lösungen - falls erforderlich - anzuzeigen. Zusätzlich könnten dem Benutzer die Angaben über die Mehrkosten, die mit diesen Bestellmengenkombinationen verbunden sind, zur Verfügung gestellt werden, damit er bei der Berücksichtigung weiterer Aspekte in der Losgrößenplanung über die erforderlichen Kosteninformationen verfügt.

---

[1] Diese Zusatzinformationen, die man mit Hilfe des hier entwickelten Losgrößenverfahrens gewinnen kann, könnte man beispielsweise dazu verwenden, zu überprüfen, ob sich die entsprechenden Restriktionen nicht mit einem geringeren Geldbetrag aufheben lassen. Diese Aufgabe, die sicherlich in zahlreichen Fällen zu Kosteneinsparungen führen würde, wäre dann allerdings nicht mehr einer Losgrößenplanung im engeren Sinne zuzuordnen. Analysiert werden müßten in diesen Fällen sowohl kurzfristige als auch langfristige Möglichkeiten zur Veränderung der Restriktionen. Langfristige Maßnahmen, die im einzelnen mit Hilfe der Investitionsrechnung geprüft werden müßten oder zu denen Verhandlungen mit den Zulieferern oder Spediteuren erforderlich wären, müßten insbesondere dann in Erwägung gezogen werden, wenn die entsprechenden Engpässe häufiger auftreten würden.

[2] Die Notwendig einer solchen Einbeziehung besteht zum Beispiel für alle Erweiterungsmöglichkeiten, die bislang noch nicht für dieses Losgrößenverfahren verfügbar sind, wie beispielsweise für die Problemstellungen der Losgrößenplanung mit Mengenrabatten, Verbundbeziehungen zwischen verschiedenen Produkten usw.

Um den Flexibilitätsspielraum des Disponenten weiter zu erhöhen, sollte ihm bei Bedarf auch der Zugriff auf die Informationen der unzulässigen Bestellmengenkombinationen gewährt werden, falls er Möglichkeiten zur Veränderung der Restriktionen in seine weitere Planung einbeziehen möchte.[1] Analog dazu können diese Zusatzinformationen und die Angaben über die weiteren Lösungen der Losgrößenprobleme nicht nur für den Entscheidungsträger selbst, sondern auch für entsprechend verbesserte Lösungsansätze anderer Planungsbereiche sehr nützlich sein, wie dies in Kapitel 4.8.2 gezeigt wurde.

---

[1] In Frage kämen zum Beispiel Überlegungen hinsichtlich der Nutzung weiterer Lager- oder Transportmöglichkeiten, nach denen dann ggf. noch zu suchen wäre, oder Rücksprachen mit dem Lieferanten bzw. Spediteur im Hinblick auf eine Lockerung der Beschaffungs- oder Transportrestriktionen usw.

6 Zusammenfassung und Ausblick

In diesem Kapitel werden die wesentlichen Ergebnisse der Arbeit zusammengefaßt. Anschließend werden einige Perspektiven für zukünftige Forschungsaktivitäten im Bereich des neuen dynamischen Losgrößenverfahrens aufgezeigt.

Nach der Darstellung der Grundlagen der Losgrößenplanung und deren Einbettung in den Themenbereich der Produktionsplanung und -steuerung wurden in dieser Arbeit die Probleme behandelt, die mit der Ermittlung der relevanten Kosten in der Losgrößenplanung verbunden sind. Bei der darauf folgenden Klassifizierung der Losgrößenverfahren wurde jeweils angegeben, in welchem Umfang diese Verfahren in den Standard-Softwaresystemen zur Produktionsplanung und -steuerung und zur Materialdisposition im Beschaffungsbereich eingesetzt werden.

Anschließend wurden die Losgrößenverfahren, die bisher in den Standard-Softwaresystemen und in den Unternehmen zur Lösung von dynamischen Losgrößenproblemen verwendet werden, genauer untersucht und hinsichtlich ihrer Eignung bewertet. Es konnte festgestellt werden, daß die bisher eingesetzten Verfahren einige Schwachstellen aufweisen bzw. bei praktischen Problemstellungen häufig zu unbefriedigenden Ergebnissen führen.

Obwohl das Harris-Verfahren für die statische Losgrößenplanung konzipiert wurde, wird es in den Standard-Softwaresystemen zur Produktionsplanung und -steuerung und zur Materialdisposition im Beschaffungsbereich - mit gleicher Anzahl wie das Stückkostenverfahren - am häufigsten als Losgrößenverfahren zur Lösung von dynamischen Problemstellungen angeboten. Als Gründe für die Anwendung des klassischen Losgrößenverfahrens werden meist die "geringe Sensitivität des Losgrößenproblems im Optimalbereich" bzw. die "hinreichend gute Approximation realer Gegebenheiten durch das Verfahren", die "einfache Berechnung" bzw. "leichte Verständlichkeit" sowie die "geringe Rechenzeit" des Verfahrens genannt.

Da das klassische Losgrößenverfahren jedoch für statische Probleme entwickelt wurde, ist es gemäß seinen Prämissen nicht für feste Bedarfszeitpunkte und variable Bedarfsmengen geeignet. Es konnte gezeigt werden, daß die Verwendung des Harris-Verfahrens bei dynamischen Problemstellungen zu erheblichen Mehrkosten und zu (vermeidbaren) Fehlmengen führt. Außerdem konnte mit Hilfe eines Zahlenbeispiels nachgewiesen werden, daß innerhalb eines Planungszeitraums sogar gleichzeitig Fehlmengen und deutlich erhöhte Rüst- und Lagerhaltungskosten auftreten können, wenn man das klassische Losgrößenverfahren für dynamische Probleme einsetzt. Selbst für Fälle mit konstanten Bedarfsverläufen konnte festgestellt werden, daß - aufgrund der fest vorgegebenen Bereitstellungstermine der dynamischen Losgrößenprobleme - erhebliche Mehrkosten aus der Anwendung des Harris-Verfahrens resultieren können.

Ebenso wurde gezeigt, daß Aussagen bezüglich einer geringen Sensitivität des Harris-Verfahrens, die mit Hilfe von statischen Sensitivitätsanalysen gewonnen werden, bei einer Anwendung dieses Losgrößenverfahrens auf dynamische Problemstellungen nicht übertragbar sind, wie dies von Befürwortern dieser Vorgehensweise in der Regel getan wird. In diesem Zusammenhang wurde auch erläutert, daß es zu weiteren Fehlern bzw. Fehlinterpretationen führt, wenn man bei dynamischen Losgrößenproblemen neben dem Harris-Verfahren auch die Formel zur Berechnung der relevanten Gesamtkosten von Harris verwendet, da in diesem Fall die aus der Losgrößenentscheidung resultierenden relevanten Kosten falsch berechnet und (in der Regel) in unzutreffender Höhe ausgewiesen werden. Das Argument der nur "geringfügigen Kostenunterschiede" im Vergleich zur optimalen Lösung, das von den Befürwortern dieser Vorgehensweise häufig genannt wird, konnte ebenfalls mit Hilfe dieser Untersuchungen widerlegt werden.

Außerdem wurde gezeigt, daß die häufig genannte Begründung der "geringen Komplexität" des klassischen Losgrößenverfahrens auch nur für statische Problemstellungen gilt. Bei einer Anwendung des Harris-Verfahrens auf dynamische Probleme sind weitere Rechenschritte erforderlich, um über die Ermittlung der Losgrößen hinaus auch die Auflageperioden zu berechnen. Dadurch besitzt diese Vorgehensweise im

Hinblick auf eine "einfache Berechnung" bzw. eine "leichte Verständlichkeit" des Verfahrens zumindest gegenüber den dynamischen Losgrößenheuristiken keine nennenswerten Vorteile. Durch Programmierung des Harris-Verfahrens und Anwendung auf dynamische Probleme sowie entsprechende Zeitmessungen konnte nachgewiesen werden, daß auch das Rechenzeitargument bei der heutigen Leistungsfähigkeit der Rechner nicht (mehr) stichhaltig ist. Insgesamt konnte deshalb festgestellt werden, daß die Verwendung des klassischen Losgrößenverfahrens bei dynamischen Problemen nicht gerechtfertigt werden kann bzw. eine ungeeignete Vorgehensweise darstellt.

Um eine kritische Analyse der Heuristiken zur dynamischen Losgrößenplanung durchführen zu können, wurden das Stückkostenverfahren, das Kostenausgleichsverfahren, das Silver-Meal- und das Groff-Verfahren mit dem exakten Losgrößenverfahren von Wagner und Whitin verglichen. Durch Programmierung dieser Verfahren und Messung der Rechenzeiten konnte gezeigt werden, daß die in der Literatur häufig genannte Kritik der "zu hohen Rechenzeiten des Wagner-Whitin-Verfahrens" bei dem heutigen Stand der Computertechnologie - selbst bei Personal-Computern - nicht (mehr) zutreffend ist. Die ebenfalls häufig genannte Begründung der leichteren Verständlichkeit der Näherungsverfahren ist kein hinreichendes Argument für deren Anwendung, denn die Tatsache, daß das Wagner-Whitin-Verfahren schwieriger zu verstehen ist, darf nicht dazu führen, daß man sich deshalb von vornherein mit den suboptimalen Lösungen der Heuristiken zufrieden gibt. Als Ergebnis der kritischen Untersuchung der dynamischen Losgrößenverfahren konnte festgestellt werden, daß es keine stichhaltigen Gründe gibt, zugunsten von Näherungsverfahren auf das exakte Wagner-Whitin-Verfahren zu verzichten.

Allen bisher bekannten dynamischen Losgrößenverfahren ist allerdings gemeinsam, daß sie im Hinblick auf einen praktischen Einsatz in den Unternehmen zu inflexibel sind. Da bei ihnen keine Möglichkeit besteht, die Mehrfachlösungen sowie die jeweils "nächstbesten" Lösungen des isolierten Losgrößenproblems zu erhalten, ist eine interaktive Losgrößenplanung mit diesen Verfahren nicht durchführbar. Eine interaktive Vorgehensweise ist jedoch bei der Losgrößenplanung häufig erforderlich, da man im allgemeinen nicht alle Rahmenbedingungen und Sonderfälle von vornherein berücksichtigen kann, die in der betrieblichen Praxis möglich sind.

Anhand von konkreten Entscheidungsfällen wurde gezeigt, daß es zahlreiche Situationen gibt, in denen es notwendig ist, auf alternative optimale Lösungen (Mehrfachlösungen) auszuweichen oder sogenannte "nächstbeste" Lösungen des isolierten Losgrößenproblems als weitere Alternativen einzubeziehen, um bei Sonderfällen bzw. bei fehlenden Erweiterungsansätzen überhaupt eine realisierbare Lösung zu erhalten oder unter Berücksichtigung der vorliegenden Rahmenbedingungen insgesamt zu geringeren Kosten zu gelangen. Wenn - wie bei den bisherigen Verfahren - nur eine "optimale" Lösung des (isolierten) Losgrößenproblems ermittelt werden kann, ist dies nicht möglich. Der Entscheidungsträger ist dann nicht in der Lage, Sonderfälle der Losgrößenplanung (fehlende Erweiterungsansätze) oder Sonderaspekte aus anderen Planungsbereichen mit methodischer Unterstützung des Losgrößenverfahrens in die Losgrößenentscheidung bzw. in die Auswahl einer Lösung einzubeziehen. Dadurch verzichtet man für den Bereich der Losgrößenplanung auf die Möglichkeit, die Stärken der EDV und des Disponenten durch eine dialogorientierte Vorgehensweise miteinander zu verknüpfen. Außerdem können die alternativen Auflagekombinationen im Bedarfsfall nicht in nachfolgenden Planungsstufen als weitere Entscheidungsalternativen bzw. Anpassungsmaßnahmen genutzt werden.

Eine weitere Ausprägung der mangelnden Flexibilität der bisher eingesetzten dynamischen Losgrößenverfahren besteht darin, daß der Disponent nicht die Möglichkeit hat, praxisrelevante Restriktionen oder Erweiterungsmöglichkeiten nach den jeweiligen Erfordernissen des Losgrößenproblems frei auszuwählen und beliebig miteinander zu kombinieren.

Zur Vermeidung der aufgezeigten Defizite wurde in dieser Arbeit ein neues dynamisches Losgrößenverfahren mit folgenden Zielsetzungen entwickelt:

– Das Losgrößenverfahren soll alle optimalen Lösungen (Mehrfachlösungen) des dynamischen Losgrößenproblems ermitteln.

- Es soll durch die Bereitstellung der weiteren optimalen Lösungen und der jeweils "nächstbesten" Lösungen des (isolierten) Losgrößenproblems - im Vergleich zu den bisherigen Verfahren - eine höhere Flexibilität bei Losgrößenentscheidungen ermöglichen (flexible bzw. interaktive Losgrößenplanung).

- Es sollen Flexibilitätspotentiale durch das Losgrößenverfahren bereitgestellt werden, die in nachfolgenden Planungs- und Steuerungsmodulen oder bei Störungen in der Realisierungsphase der Losgrößenentscheidung (interaktiv oder mit Hilfe spezieller Algorithmen) genutzt werden können.

- Die benötigten Ergebnisse sollen in akzeptabler (möglichst geringer) Rechenzeit bereitgestellt werden.

Methodisch basiert das neue Losgrößenverfahren auf der Matrizenrechnung und der begrenzten Enumeration. Zunächst wurde die Ermittlung der Anzahl der relevanten Auflagekombinationen und deren Darstellung bei einer Anwendung der Matrizen- bzw. Vektorenschreibweise untersucht. Anschließend wurde die Berechnung der Lagerhaltungskosten bei einperiodiger Lagerung der Bedarfsmengen erläutert. Ebenso wurde gezeigt, wie sich die Rüsthäufigkeiten der Auflagekombinationen und die dazugehörigen Lagerungszeiträume der Nettobedarfsmengen mit Hilfe von Matrizen in einer möglichst komprimierten Darstellungsweise verarbeiten lassen und wie man durch die Multiplikation der Rüst- und Lagerungsmatrix mit dem Vektor der Lagerhaltungskosten bei einperiodiger Lagerung der Bedarfsmengen den Vektor der relevanten Gesamtkosten ermittelt. Aus dem Minimum (den Minima) der relevanten Gesamtkosten wurden die optimale(n) Auflagekombination(en) und die dazugehörigen Losgrößen sowie deren Auflage- bzw. Beschaffungszeitpunkte abgeleitet.

Durch eine systematische Erzeugung der benötigten Matrizen und Vektoren wurde bereits bei der Konstruktion des Verfahrens darauf geachtet, den Rechenzeit- und Speicherplatzbedarf möglichst gering zu halten (z.B. komprimierte Darstellung bzw. Verarbeitung der Rüsthäufigkeiten im Rüstvektor sowie der Lagerungsdauern in der Lagerungsmatrix, Vorabermittlung der Lagerkosten bei einperiodiger Lagerung der Bedarfsmengen). Zusätzlich wurden spezielle computergestützte Verarbeitungstechniken entwickelt, um den Rechenzeit- und Speicherplatzbedarf des neuen Verfahrens weiter zu reduzieren. Dazu wurden:

- Ansätze aus dem Bereich der dünn besetzten Matrizen (Sparse-Matrizen) angewendet (Transformation der Rüst- und Lagerungsmatrix in eine Koordinaten- und Listentechnik, die jeweils spalten- und zeilenorientiert hergeleitet wurden),

- im Hinblick auf die spezielle Struktur der benötigten Matrizen weiterentwickelt (planungszeitraumorientierte Koordinatentechnik) sowie darüber hinaus auch

- neue, speziell auf die Problemstellung angepaßte Verarbeitungstechniken hergeleitet (Anlegen einer Rüst- und Lagerungsmatrix für einen maximalen Planungszeitraum und Herauslesen einer entsprechenden Untermatrix für jeweils vorliegende Planungshorizonte sowie als weitere Verarbeitungstechnik die integrierte Ermittlung der Rüst- und Lagerungsmatrix und der relevanten Gesamtkosten, die ebenfalls spalten- und zeilenorientiert hergeleitet wurde).

Die Auswahl der Verarbeitungstechnik erfolgte gemäß ihrem Speicherplatz- und Rechenzeitbedarf. Bei der Koordinatentechnik entfällt die Speicherung aller Nullelemente der Rüst- und Lagerungsmatrix, während bei der Listentechnik durch Weglassen der Zeilen- bzw. Spaltenangaben ein weiteres Drittel der benötigten Datenfelder eingespart werden kann. Der Vorteil der integrierten Ermittlung besteht darin, daß auf eine Speicherung der Rüst- und Lagerungsmatrix vollständig verzichtet wird.

Durch Programmierung der verschiedenen Techniken und Messung ihrer Verarbeitungszeiten konnte festgestellt werden, daß die spaltenorientierte integrierte Ermittlung der Rüst- und Lagerungsmatrix und der relevanten Gesamtkosten zu den geringsten Rechenzeiten führt. Gegenüber der Verwendung einer jeweils gesondert berechneten Rüst- und Lagerungsmatrix wurden beispielsweise für Planungszeiträume von 6 bis 12 Perioden Einsparungen von ca. 90 Prozent der Rechenzeit erzielt. Die spaltenorientierte integrierte Ermittlung wurde deshalb als allgemeine Verarbeitungstechnik für das neue Losgrößenverfahren ausgewählt.

Nach der Entwicklung des Losgrößenverfahrens und der Herleitung einer geeigneten Verarbeitungstechnik wurde untersucht, wie die Flexibilitätspotentiale, die sich durch die Bereitstellung der weiteren optimalen Lösungen bzw. der jeweils "nächstbesten" Lösungen des isolierten Losgrößenproblems ergeben, genutzt werden können. Die Anwendungsmöglichkeiten der flexiblen Losgrößenplanung wurden im Hinblick auf die eigentliche Losgrößenentscheidung, die nachfolgenden Produktionsplanungs- und -steuerungsmodule und in bezug auf Störungen in der Realisierungsphase der Losgrößenentscheidung (Störungen im Produktions- oder Beschaffungsvollzug) untersucht.

Die Flexibilität bei der Losgrößenentscheidung ist vor allem dann von großem Nutzen, wenn keine speziellen Lösungsansätze für die vorliegenden, spezifischen Problemstellungen verfügbar sind. In diesem Fall kann man die zusätzlichen Entscheidungsalternativen, die das Losgrößenverfahren bereitstellt, durch eine interaktive Beteiligung des Entscheidungsträgers nutzen. Es wurden konkrete Fälle erläutert, bei denen eine interaktive bzw. dialogorientierte Vorgehensweise für die Bestellmengen- und Auftragsgrößenplanung vorteilhaft ist.

In den nachfolgenden Produktionsplanungs- und -steuerungsmodulen können die zusätzlichen Handlungsspielräume wie folgt genutzt werden: Bei den PPS-Systemen werden mit Hilfe des Sukzessivplanungskonzeptes schrittweise isolierte Entscheidungen erzeugt, die im allgemeinen nicht optimal sind und in den nachgelagerten Planungsstufen häufig zu Engpässen führen oder dort sogar nicht durchführbar sind, obwohl alle zur Verfügung stehenden Anpassungsmaßnahmen ausgeschöpft werden. Bei einer Verwendung des neuen Losgrößenverfahrens besteht die Möglichkeit, auf alternative Losgrößenkombinationen auszuweichen, um auf diese Weise oder ggf. auch in Kombination mit den Anpassungsmöglichkeiten der jeweiligen Planungsstufen eine durchführbare oder insgesamt kostengünstigere Lösung zu erzielen.

Als Ergänzung zu der interaktiven Nutzungsmöglichkeit der zusätzlichen Entscheidungsalternativen wurden für die nachfolgenden Planungsstufen spezielle Vorgehensweisen entwickelt, um dort die Flexibilitätspotentiale mit Hilfe einer methodischen

Unterstützung nutzen zu können. Die entwickelten Methoden zur Auswahl von Losgrößenkombinationen und Anpassungsmaßnahmen wurden mit Hilfe von Programmablaufplänen sowie unter Verwendung von Beispielen für die Module Durchlaufterminierung, Kapazitätsabgleich, Auftragsfreigabe sowie Feintermin- und Reihenfolgeplanung erläutert.

Außerdem wurde gezeigt, wie die Flexibilitätspotentiale des neuen Losgrößenverfahrens bei Situationsänderungen bzw. Störungen in der Realisierungsphase der Losgrößenentscheidung verwendet werden können bzw. wie nach der Durchführung der Produktionsplanung und -steuerung durch den direkten Zugriff auf die alternativen Losgrößenkombinationen die Reaktionsfähigkeit und Reaktionsgeschwindigkeit der Disposition erhöht werden können, wenn kurzfristig während der Realisierung der Losgrößenentscheidung Probleme bezüglich der Durchlaufzeiten, der Kapazitäten oder der Materialbereitstellung auftreten.

Nach der Erläuterung des Losgrößenverfahrens sowie seiner Nutzungsmöglichkeiten wurde das neue Verfahren gegenüber den bisherigen dynamischen Losgrößenverfahren bewertet. Als Kriterien dienten dabei die "Optimalität der Lösung(en)" sowie die Flexibilität und der Rechenaufwand, der mit den verschiedenen Lösungsverfahren verbunden ist. Es wurde dargelegt, daß das neue Verfahren ebenso wie das Wagner-Whitin-Verfahren "die optimale Lösung" des Losgrößenproblems ermittelt, daß aber darüber hinaus (bei Mehrfachlösungen) auch alle weiteren optimalen Lösungen berechnet werden. Durch Zeitmessungen konnte nachgewiesen werden, daß die Rechenzeiten des neuen Losgrößenverfahrens zwar höher sind als die des Wagner-Whitin-Verfahrens, daß sie aber bei praxisrelevanten Planungszeiträumen (bereits bei der heutigen PC-Rechnertechnologie) ebenfalls im Millisekundenbereich liegen und deshalb vernachlässigbar sind. Da das neue Losgrößenverfahren im Gegensatz zu den bisher verwendeten dynamischen Verfahren alle optimalen Lösungen ermittelt und die beschriebenen Flexibilitätsmöglichkeiten bietet, sollte man in Anbetracht der kurzen Rechenzeiten nicht auf die Vorteile verzichten, die der Einsatz dieses Verfahren in der Produktionsplanung und -steuerung und im Beschaffungsbereich bietet.

Ein zusätzlicher Vorteil des neuen Losgrößenverfahrens besteht darin, daß es sich in besonderer Weise für praxisrelevante Erweiterungen eignet. Durch Aufhebung verschiedener Prämissen des Grundverfahrens wurden Erweiterungsansätze für folgende Problemstellungen entwickelt:

- Berücksichtigung von variablen Periodenlängen (tagesgenaue Losgrößenplanung)
- Berücksichtigung von schwankenden Rüstkostensätzen bzw. schwankenden bestellfixen Kostensätzen
- Berücksichtigung von schwankenden Lagerkostensätzen
- Berücksichtigung von Beschaffungsrestriktionen
- Berücksichtigung von Transport- und Lagerrestriktionen
- Berücksichtigung von Fertigungsrestriktionen
- Berücksichtigung von schwankenden Preisen und schwankenden variablen Stückherstellkosten.

Zusätzlich wurde eine Vorgehensweise entwickelt, mit der alle hergeleiteten Erweiterungen des Losgrößenverfahrens beliebig miteinander kombiniert werden können. Der Disponent kann in einer konkreten Entscheidungssituation spontan und frei nach seinen Anforderungen entscheiden, welche Erweiterung er in das kombinierte Verfahren aufnehmen möchte und welche Erweiterungsmöglichkeit nach den Erfordernissen des Losgrößenproblems nicht relevant ist. Die beliebige Kombinierbarkeit wird ermöglicht, ohne daß der Entscheidungsträger methodische Abhängigkeiten und Wechselwirkungen zwischen den verschiedenen Erweiterungsansätzen beachten muß. Durch die freie Auswahl der Erweiterungsmöglichkeiten bzw. durch deren beliebige Kombinierbarkeit lassen sich zahlreiche verschiedene Arten von Problemstellungen der Losgrößenplanung, die aufgrund der jeweils zu berücksichtigenden Rahmenbedingungen auftreten können, abbilden und problemspezifisch lösen.

Sowohl bei den einzelnen Erweiterungen als auch bei ihrer beliebigen Kombinierbarkeit bleiben die oben erläuterten Vorteile des Grundverfahrens erhalten, denn es werden weiterhin alle optimalen Lösungen und bei Bedarf die "nächstbesten" Lösungen ermittelt. Damit können auch bei den Erweiterungsansätzen die Flexibilitätspotentiale des neuen Losgrößenverfahrens ohne Einschränkung genutzt werden.

Perspektiven für zukünftige Forschungsaktivitäten im Bereich des neuen dynamischen Losgrößenverfahrens liegen in der Entwicklung von zusätzlichen Erweiterungsansätzen, um damit weitere praxisrelevante Gegebenheiten oder Besonderheiten berücksichtigen bzw. methodisch unterstützen zu können. Dabei könnten beispielsweise folgende Aspekte der Losgrößenplanung einbezogen werden:

- Reihenfolgeabhängige Rüstkosten (rüstkostenbedingte Sequenzprobleme)

- Verbundbeziehungen und Chargenaspekte bei der Nutzung der Kapazitäten

- Interdependenzen der Rüst- und Lagerhaltungskosten bei mehrstufiger Mehrproduktfertigung

- Sammelbestellungen

- Quantenlosgrößen (Chargenaspekte im Beschaffungsbereich)

- Begrenzte Haltbarkeit der Produkte

- Rabatte (angestoßene Rabatte, durchgerechnete Rabatte, Verbundbeziehungen bei den Rabatten)

- Eingeschränkte Liquidität.

Die Fülle der hier beispielhaft aufgezeigten Erweiterungsmöglichkeiten zeigt, daß es hinsichtlich des neuen Losgrößenverfahrens - trotz der Erweiterungen, die bereits in dieser Arbeit entwickelt wurden - ein breites Spektrum für weitere Forschungsmöglichkeiten gibt.

Die Erweiterungsmöglichkeiten bilden jedoch andererseits auch - ebenso wie die in Kapitel 4.8 erläuterten Beispiele - einen deutlichen Beleg dafür, daß es in einer konkreten Entscheidungssituation vorteilhaft sein kann, die Flexibilitätspotentiale des neuen Losgrößenverfahrens interaktiv zu nutzen, wenn Sonderfälle der Losgrößenplanung bei praktischen Problemstellungen zu berücksichtigen sind, für die keine entsprechenden Erweiterungsansätze zur Verfügung stehen.

Symbolverzeichnis

a	Adresse eines Datensatzes innerhalb einer Datei.
a_n	Binärvariable, die für die Erweiterungsansätze der Losgrößenplanung $n = 1,...,N$ angibt, ob der Entscheidungsträger die Erweiterung in das kombinierte Losgrößenverfahren aufnehmen möchte ($a_n = 1$) oder nicht ($a_n = 0$).
APV	Vektor der Auflageperioden, Beschaffungsperioden bzw. Losgrößenperioden.
APV_z	Vektor der Auflageperioden, der aus der Zeile z der Rüst- und Lagerungsmatrix hergeleitet werden kann (Losgrößenkombination, die der Zeile z entspricht).
B	Besetzungsdichte eines Vektors oder einer Matrix (Relation zwischen der Anzahl der Nichtnullelemente und der Anzahl der Gesamtkomponenten).
BMV	Bedarfsmengenvektor.
b_t	Lagerbestand am Ende der Periode t.
BZM	Bearbeitungszeitmatrix.
c_L	Kapazitätsbelastung pro Mengeneinheit einer Produktart (Produktions-, Lager- oder Transportkapazität).
$c_{z,s}$	Kapazitätsbelastung (Produktions-, Lager- oder Transportkapazität), die in Periode $t = s+\mu-1$ beansprucht wird, wenn die zur Zeile z gehörende Losgrößenkombination (Auflagekombination oder Bestellkombination) realisiert wird.
d'	In Tagen gemessene Zeitdifferenz zwischen zwei Bedarfszeitpunkten.
d"	Lagerungsdauer, die mit der Relation der (schwankenden) Lagerkostensätze gewichtet wurde.
$d_{z,s}$	Lagerungsdauer, die sich für die Bedarfsmenge von Planungsperiode $t = s+\mu$ ergibt, wenn die zur Zeile z gehörende Losgrößenkombination (Auflagekombination oder Bestellkombination) realisiert wird.
EKV	Einstandskostenvektor (Vektor der variablen Herstellkosten).
f_n	Binärvariable, die für die Erweiterungsansätze zur Berücksichtigung von Beschaffungs-, Transport-, Lager- oder Fertigungsrestriktionen in der Losgrößenplanung angibt, ob eine periodenorientierte Mindestrestriktion ($n = 1$), eine losgrößenorientierte Mindestrestriktion ($n = 2$) bzw. eine Höchstrestrik-

	tion (n = 3) berücksichtigt werden soll ($f_n = 1$) oder nicht berücksichtigt werden soll ($f_n = 0$).
GK	Relevante Gesamtkosten der Losgrößenplanung.
GK'	Relevante Gesamtkosten der Losgrößenplanung und der Durchlaufterminierung (Summe).
GK''	Relevante Gesamtkosten der Losgrößenplanung, der Durchlaufterminierung und des Kapazitätsabgleichs (Summe).
$GK_{z,s}$	Relevante Gesamtkosten der Losgrößenkombination APV_z bis einschließlich Spalte s der Rüst- und Lagerungsmatrix.
GKV	Gesamtkostenvektor (Vektor der relevanten Gesamtkosten).
h	Auflage- oder Bestellhäufigkeit.
h_t	Auflage- oder Bestellhäufigkeit in Periode t.
h'_z	Auflage- oder Bestellhäufigkeit der zur Zeile z (des Rüstvektors) gehörenden Losgrößenkombination (Auflagekombination oder Bestellkombination).
$h_{z,s}$	Auflage- oder Bestellhäufigkeit der zur Zeile z (der Rüst- und Lagerungsmatrix) gehörenden Losgrößenkombinationen in Periode $t = s+\mu-1$.
i_s	Quotient zwischen dem Lagerkostensatz der Periode $t = s+\mu$ und dem Lagerkostensatz der Periode $t = \mu$.
i'_s	Quotient zwischen dem Lagerkostensatz der Bedarfsmengen, die in Periode $t = s+\mu$ beschafft (bzw. aufgelegt) werden, und dem Lagerkostensatz der Bedarfsmengen, die in Periode $t = \mu$ beschafft (bzw. aufgelegt) werden.
KA_t	Kapazitätsangebot in Periode t.
KB_t	Kapazitätsbelastung in Periode t.
KBM	Kapazitätsbelastungsmatrix des Produktionsbereichs.
KBM'	Kapazitätsbelastungsmatrix des Lager- und Transportbereichs.
$K_{j,t}$	Minimale relevante Kosten aller Losgrößenentscheidungen innerhalb eines Betrachtungszeitraums von t Perioden, bei denen in der Periode j zum letzten Mal auflegt wird
k_L	Lagerkostensatz pro Periode (gemessen in Geldeinheiten pro gelagerter Mengeneinheit und Periode).
k'_L	Lagerkostensatz pro Tag (gemessen in Geldeinheiten pro gelagerter Mengeneinheit und Tag).
K_L	Lagerhaltungskosten (Lagerkosten) im Planungszeitraum.

K_{Lt}	Lagerhaltungskosten (Lagerkosten) in Periode t.
k_M	Relevante Stückkosten der Materialwirtschaft im Planungszeitraum.
K_M	Relevante Kosten der Materialwirtschaft im Planungszeitraum.
k_R	Rüstkostensatz (Kosten für einen Umrüstvorgang), bestellfixer Kostensatz (Kosten für einen Bestellvorgang) bzw. (allgemein formuliert) losfixer Kostensatz.
K_R	Rüstkosten, bestellfixe Kosten bzw. losfixe Kosten im Planungszeitraum.
K_{Rt}	Rüstkosten, bestellfixe Kosten bzw. losfixe Kosten in Periode t.
K^*_t	Minimale relevante Kosten der Materialwirtschaft innerhalb eines Betrachtungszeitraums von t Perioden.
$k_{t,t'}$	Stückkosten eines Loses, das in Periode t aufgelegt (beschafft) wird und die Bedarfsmengen von t bis einschließlich Periode t' deckt.
$k_{t,t'}^{Per}$	Durchschnittliche Kosten pro Periode für ein Los, das in Periode t aufgelegt (beschafft) wird und die Bedarfsmengen von t bis einschließlich Periode t' deckt.
$KÜ_t$	Kapazitätsüberlastung in Periode t.
l_t	Lagerhaltungskosten (Lagerkosten) bei einperiodiger Lagerung der zur Periode t gehörenden Bedarfsmenge.
LEV	Vektor der Lagerhaltungskosten (Lagerkosten) bei einperiodiger Lagerung der Bedarfsmengen.
LEV'	Vektor der Lagerhaltungskosten (Lagerkosten) bei eintägiger Lagerung der Bedarfsmengen.
LEV"	Vektor der Lagerhaltungskosten (Lagerkosten) bei einperiodiger Lagerung der Bedarfsmengen in der Basisperiode $t = \mu$.
LEV'''	Vektor der Lagerhaltungskosten (Lagerkosten) bei einperiodiger Lagerung der Bedarfsmengen, die in der Basisperiode $t = \mu$ aufgelegt bzw. beschafft werden.
LGM	Losgrößenmatrix.
LKV	Lagerhaltungskostenvektor (Lagerkostenvektor).
LM	Lagerungsmatrix.
LM'	Lagerungsmatrix bei variablen Periodenlängen bzw. tagesgenauer Losgrößenplanung.
LM"	Lagerungsmatrix bei schwankenden Lagerkostensätzen.

LM'''	Lagerungsmatrix bei schwankenden Preisen bzw. schwankenden Stückherstellkosten.
LM''''	Lagerungsmatrix bei Anwendung einer kombinierten Erweiterung des Losgrößenverfahrens.
m	Merkfeld (mit wechselnden Bedeutungen).
M	Anzahl der Maschinen (bzw. Betriebsmittel).
N	Anzahl der Aufträge.
$\mathbb{N}$	Menge der natürlichen Zahlen.
O	Landausches Ordnungssymbol zur Messung der Komplexität von Algorithmen (O-Notation).
p_t	Beschaffungspreis (variable Herstellkosten) pro Mengeneinheit der Produktart in Periode t.
PV	Preisvektor (Vektor der variablen Stückherstellkosten).
q	Losgröße (Auflagemenge oder Beschaffungsmenge).
q_t	Losgröße in Periode t.
q^*	Optimale Losgröße.
q^*_t	Optimale Losgröße in Periode t.
Q	Feste oder optimierte Losgröße bei stochastischen Losgrößenverfahren (Q entspricht q*, wenn eine Optimierung mit Hilfe von deterministischen Losgrößenverfahren durchgeführt wurde).
r	Bedarfsrate. Anzahl der benötigten Mengeneinheiten pro Planungsperiode (r = x/T).
R	Anzahl der Reihenfolgemöglichkeiten (bei der Reihenfolgeplanung).
$\mathbb{R}$	Menge der reellen Zahlen.
$\mathbb{R}_+$	Menge der nichtnegativen reellen Zahlen.
$\mathbb{R}_{++}$	Menge der positiven reellen Zahlen.
RKV	Rüstkostenvektor (Vektor der bestellfixen Kosten).
RLKV	Rüst- und Lagerhaltungskostenvektor (Rüst- und Lagerkostenvektor).
RKSV	Rüstkostensatzvektor.
RM	Rüstmatrix (Matrix der Auflage- oder Bestellperioden).
RV	Rüstvektor (Vektor der Auflage- oder Bestellhäufigkeiten).
RZM	Rüstzeitmatrix.

s	Bestellpunkt (Kontrollpunkt, Warnmenge, Bestellgrenze, Meldebestand, Bestellbestand) bei stochastischen Losgrößenverfahren. Sonst: Spaltenindex einer beliebigen Matrix.
s'	Größter Spaltenindex, für den innerhalb einer Zeile der Matrix (RV $\vert$ LM) ein positiver Koeffizient $w_{z,s}$ auftritt.
s_a	Zum Datensatz a gehörende Spalte s der Rüst- und Lagerungsmatrix.
S	Höchstlagermenge (Sollbestand, Grundbestand) bei stochastischen Losgrößenverfahren.
t	Index zur Kennzeichnung der Planungsperioden (t = 1,...,T).
t'	Letzte Periode, deren Bedarfsmenge zu einem Los in Periode $t \leq t'$ zusammengefaßt wird.
t"	Letzte Auflage- bzw. Bestellperiode einer Losgrößenkombination.
$\bar{t}_s$	Bedarfszeitpunkt, Bedarfstag (s = 1,...,$\bar{T}$).
T	Länge des Planungszeitraums (gemessen in Zeiteinheiten bzw. Perioden). Auch: Bestellzeitpunkt (Kontrollzeitpunkt) bei stochastischen Losgrößenverfahren.
T'	Anzahl der - für die Losgrößenplanung - entscheidungsrelevanten Planungsperioden (T' = T-µ+1).
$\bar{T}$	Anzahl der Bedarfszeitpunkte.
t_B	Bearbeitungszeit pro Produktmengeneinheit (Stückbearbeitungszeit).
t_R	Rüstzeit pro Rüstvorgang.
ü	Um 1 erhöhte Anzahl der zu überspringenden Datensätze einer Datei.
w	Koeffizient einer beliebigen Matrix oder eines beliebigen Vektors.
w_a	Zum Datensatz a gehörender Koeffizient der Rüst- und Lagerungsmatrix.
w_s	Koeffizient des Vektors (k_R,LEV)'.
$w_{z,s}$	Koeffizient der Rüst- und Lagerungsmatrix (RV $\vert$ LM).
$w'_{z,s}$	Koeffizient der Rüst- und Lagerungsmatrix (RV $\vert$ LM') bei variablen Periodenlängen bzw. tagesgenauer Losgrößenplanung.
$w''_{z,s}$	Koeffizient der Rüst- und Lagerungsmatrix (RV $\vert$ LM") bei schwankenden Lagerkostensätzen.
$w'''_{z,s}$	Koeffizient der Rüst- und Lagerungsmatrix (RV $\vert$ LM''') bei schwankenden Preisen bzw. schwankenden Stückherstellkosten.

$w''''_{z,s}$	Koeffizient der Rüst- und Lagerungsmatrix (RV | LM'''') bzw. (RM | LM'''') bei Anwendung einer kombinierten Erweiterung des Losgrößenverfahrens.
x	Summe der Nettobedarfsmengen (gesamter Nettobedarf einer Produktart innerhalb des Planungszeitraums T).
x_t	Nettobedarf einer Produktart in Periode t.
z	Zeilenindex einer beliebigen Matrix oder eines beliebigen Vektors.
z_a	Zum Datensatz a gehörende Zeile z der Rüst- und Lagerungsmatrix.

α^*	Anzahl der optimalen Lösungen.
µ	Periode, in der erstmals ein positiver Nettobedarf auftritt.
$\wp$	Potenzmenge.
τ	Laufvariable mit wechselnden Bedeutungen.

Abbildungsverzeichnis

Abbildung 1: Stufenplanungskonzept der Produktionsplanungs- und -steuerungssysteme 9

Abbildung 2: Auswahl geeigneter Prognoseverfahren in Abhängigkeit von dem Datenverlauf 14

Abbildung 3: ABC-Analyse der Materialarten 24

Abbildung 4: Festlegung der Dispositionsart der Materialbedarfsplanung 25

Abbildung 5: Zusammenhänge zwischen der Produktart und dem Bruttobedarf 29

Abbildung 6: Zusammenhänge zwischen der Brutto- und Nettobedarfsrechnung sowie dem disponierbaren Lagerbestand 31

Abbildung 7: Analogie von Losgrößenentscheidungen in Produktion und Beschaffung 34

Abbildung 8: Klassifizierung der Fehlmengenkosten 54

Abbildung 9: Implementierungen der Lagerhaltungspolitiken und der deterministischen Losgrößenplanung in PPS-Systemen 59

Abbildung 10: Implementierte Verfahren zur deterministischen Losgrößenplanung in PPS-Systemen 64

Abbildung 11: Klassifizierung der deterministischen Losgrößenverfahren 70

Abbildung 12: Einsatz von deterministischen Losgrößenverfahren mit Kostenminimierungsvorschrift zur dynamischen Losgrößenplanung in PPS-Systemen 72

Abbildung 13: Implementierungen des Harris-Verfahrens und der dynamischen Losgrößenverfahren in PPS-Systemen 74

Abbildung 14: Kostenfunktionen und optimale Losgröße im Harris-Modell 80

Abbildung 15: Rechenzeiten der Näherungsverfahren und des Harris-Verfahrens bei dynamischen Losgrößenproblemen (Prozessor: Pentium II, 300 MHz) 143

Abbildung 16: Minimale, "durchschnittliche" und maximale Rechenzeiten des Wagner-Whitin-Verfahrens (Prozessor: Pentium II, 300 MHz) 148

Abbildung 17: Anzahl der Losgrößenprobleme, die pro Sekunde "durchschnittlich" mit Hilfe des Wagner-Whitin-Verfahrens gelöst werden können (Prozessor: Pentium II, 300 MHz) 149

Abbildung 18: Programmlogik zur Ermittlung der ersten Periode µ mit positivem Nettobedarf 162

Abbildung 19: Spaltenorientierte Ermittlung der Rüstmatrix 170

Abbildung 20: Zeilenorientierte Ermittlung der Rüstmatrix 175

Abbildung 21: Programmlogik zur direkten Erzeugung des Rüstvektors (RV) 179

Abbildung 22: Programmlogik zur Transformation der Rüstmatrix (RM) in eine Lagerungsmatrix (LM) 183

Abbildung 23: Programmlogik zur Bestimmung der Minima der relevanten Gesamtkosten GK^*, der dazugehörigen Zeile(n) z^* und der Anzahl der optimalen Lösungen α^* 189

Abbildung 24: Programmlogik zur Ermittlung der optimalen Losgrößen aus einer Zeile z^* 191

Abbildung 25: Relevante Gesamtkosten in Abhängigkeit von den Auflagekombinationen (entsprechend der Reihenfolge der Berechnung) 196

Abbildung 26: Relevante Gesamtkosten in Abhängigkeit von den Auflagekombinationen (sortiert nach der Höhe der Kosten) 197

Abbildung 27: Unmittelbare, spaltenorientierte Ermittlung der relevanten Gesamtkosten GK_Z bei nicht vorliegender Rüst- und Lagerungsmatrix (Programmteil 1) 211

Abbildung 28: Unmittelbare, spaltenorientierte Ermittlung der relevanten Gesamtkosten GK_Z bei nicht vorliegender Rüst- und Lagerungsmatrix (Programmteil 2) 213

Abbildung 29: Reihenfolge der Berechnung der Koeffizienten $w_{Z,S}$ der Rüst- und Lagerungsmatrix bei der integrierten, spaltenorientierten Vorgehensweise und einem Planungszeitraum von $T' = 6$ Perioden 214

Abbildung 30: Unmittelbare, zeilenorientierte Ermittlung der relevanten Gesamtkosten GK_Z bei nicht vorliegender Rüst- und Lagerungsmatrix (RV | LM) 219

Abbildung 31: Berücksichtigung der Koeffizienten $w_{Z,S}$ für $T' = 6$ in der zeilenorientierten Koordinatenschreibweise 227

Abbildung 32: Speicherung der Rüst- und Lagerungsmatrix mit Hilfe der zeilenorientierten Koordinatentechnik für T' = 6 228

Abbildung 33: Berechnung des Gesamtkostenvektors mit Hilfe der zeilenorientierten Koordinatentechnik für T'^{max} 229

Abbildung 34: Berechnung des Gesamtkostenvektors mit Hilfe der zeilenorientierten Listentechnik für T'^{max} 233

Abbildung 35: Speicherung der Rüst- und Lagerungsmatrix mit Hilfe der spaltenorientierten Koordinatentechnik für T' = 6 235

Abbildung 36: Berechnung des Gesamtkostenvektors mit Hilfe der spaltenorientierten Listentechnik für T'^{max} 236

Abbildung 37: Berücksichtigung der Koeffizienten $w_{z,s}$ für T' = 6 in der planungszeitraumorientierten Koordinatenschreibweise 239

Abbildung 38: Koordinatenspeicherung der Rüst- und Lagerungsmatrix bei planungszeitraumorientierter Anordnung der Auflagekombinationen für T' = 6 240

Abbildung 39: Berechnung des Gesamtkostenvektors mit Hilfe der planungszeitraumorientierten Koordinatentechnik für T'^{max} 241

Abbildung 40: Koordinaten- und Listenverarbeitungsmöglichkeiten der Rüst- und Lagerungsmatrix 242

Abbildung 41: Benutzerführung bei einer flexiblen Losgrößenplanung 254

Abbildung 42: Erweiterung des Entscheidungsraums in den nachfolgenden PPS-Planungsstufen durch Verwendung alternativer Auflagekombinationen 262

Abbildung 43: Untersuchung der zusätzlichen Lösungsalternativen der nachfolgenden Planungsstufen nach Kostengesichtspunkten 264

Abbildung 44: Empfehlung zur Strukturierung der Durchlaufterminierung 270

Abbildung 45: Relevante Gesamtkosten ausgewählter Auflagekombinationen bei einer Variation der Bedarfsmenge der dritten Periode 292

Abbildung 46: Rechenzeiten des Losgrößenverfahrens auf Basis der Matrizenrechnung und der begrenzten Enumeration bei einer Verwendung verschiedener PC- bzw. Prozessor-Generationen (in Sekunden) 299

Abbildung 47: Algorithmus zur Transformation der Rüst- und Lagerungsmatrix (RV | LM) zur Rüst- und Lagerungsmatrix (RV | LM') bei tagesgenauer Losgrößenplanung 304

Abbildung 48: Algorithmus zur Transformation der Rüst- und Lagerungsmatrix (RV | LM) zur Rüst- und Lagerungsmatrix (RV | LM") bei schwankenden Lagerkostensätzen.................... 319

Abbildung 49: Algorithmus zur Erzeugung der Losgrößenmatrix......................... 326

Abbildung 50: Vorgehensweise zur Ermittlung der optimalen Losgrößenkombination bei Berücksichtigung von Beschaffungsrestriktionen.................... 329

Abbildung 51: Vorgehensweise zur Ermittlung der optimalen Losgrößenkombination bei Berücksichtigung von Transportrestriktionen.................... 338

Abbildung 52: Algorithmus zur Transformation der Rüst- und Lagerungsmatrix (RV | LM) zur Rüst- und Lagerungsmatrix (RV | LM''') bei schwankenden Preisen bzw. schwankenden variablen Stückherstellkosten.................... 357

Abbildung 53: Algorithmus zur Transformation der Rüst- und Lagerungsmatrix bei beliebiger Kombinierbarkeit der Erweiterungsansätze zur Losgrößenplanung.................... 376

Tabellenverzeichnis

Tabelle 1:	Beispiel für die Vorgehensweise des Wagner-Whitin-Verfahrens	98
Tabelle 2:	Anwendung des Harris-Verfahrens auf ein dynamisches Losgrößenproblem (Beispiel 1)	118
Tabelle 3:	Anwendung des Harris-Verfahrens auf ein dynamisches Losgrößenproblem (Beispiel 2)	119
Tabelle 4:	Anwendung des Harris-Verfahrens auf ein dynamisches Losgrößenproblem (Beispiel 3)	121
Tabelle 5:	Anwendung des Harris-Verfahrens auf ein dynamisches Losgrößenproblem (Beispiel 4)	122
Tabelle 6:	Anwendung des Harris-Verfahrens auf ein dynamisches Losgrößenproblem (Beispiel 5)	128
Tabelle 7:	Anwendung des Harris-Verfahrens auf ein dynamisches Losgrößenproblem (Beispiel 6)	129
Tabelle 8:	Rechenzeiten der Losgrößenverfahren (in Millisekunden) für $T = 6,...,12$ Perioden auf einem Personal-Computer, Prozessor: Intel Pentium II, Taktfrequenz: 300 MHz	142
Tabelle 9:	Beispiel für die Anzahl der Auflagekombinationen APV^- bei vollständiger und bei begrenzter Enumeration für $\mu = 1$ und $T = 2, 3$ und 4	160
Tabelle 10:	Reduzierung der Anzahl der entscheidungsrelevanten Auflagekombinationen APV^- für $\mu = 1,...,6$ und $T = 2,...,12$	161
Tabelle 11:	Anordnung der Auflagekombinationen nach sukzessiver Erweiterung des Planungszeitraums	166
Tabelle 12:	Rüstmatrix $RM(T')$ für einen Planungszeitraum von $T' > 5$	169
Tabelle 13:	Berechnungsmöglichkeiten der Auflagekombinationen APV_Z für $T' = 6$ aus Dezimalzahlen	174
Tabelle 14:	Gegenüberstellung des Rüstvektors und der Rüstmatrix für $T' > 5$	177
Tabelle 15:	Beispiel für die direkte Ermittlung des Rüstvektors ($T' = 4$)	180

Tabelle 16:	Lagerungsmatrix für einen Planungszeitraum von T' > 5	182
Tabelle 17:	Ausgangsdaten für ein Beispiel zur Losgrößenplanung	192
Tabelle 18:	Beispiel für die Ermittlung des Vektors der Lagerkosten bei einperiodiger Lagerung der Bedarfsmengen (LEV)	193
Tabelle 19:	Beispiel für die Ermittlung des Vektors der relevanten Gesamtkosten (GKV)	194
Tabelle 20:	Anzahl der zu speichernden Zahlen bei Anwendung des hier entwickelten neuen Losgrößenverfahrens	202
Tabelle 21:	Besetzungsdichte der Rüst- und Lagerungsmatrix für $T' = 2,...,10$ Perioden	204
Tabelle 22:	Anzahl der benötigten Rechenschritte des neuen Losgrößenverfahrens bei getrennter Berechnung der Matrix (RV | LM) und des Vektors GKV	205
Tabelle 23:	Beispiel für die Ermittlung der Rüst- und Lagerungsmatrix (RV | LM) für $T' = 2$ bis 5 aus der Matrix (RV(T'^{max}) | LM(T'^{max}))	224
Tabelle 24:	Rechenzeiten (in Sekunden) des Losgrößenverfahrens bei einer Verwendung der matrizenbasierten Verarbeitungstechniken	246
Tabelle 25:	Rechenzeiten (in Sekunden) des Losgrößenverfahrens bei einer integrierten Berechnung der Rüst- und Lagerungsmatrix und des Gesamtkostenvektors	246
Tabelle 26:	Rechenzeiten (in Sekunden) des Losgrößenverfahrens bei einer Verwendung der Koordinatentechnik	247
Tabelle 27:	Rechenzeiten (in Sekunden) des Losgrößenverfahrens bei einer Verwendung der Listentechnik	247
Tabelle 28:	Rechenzeitersparnisse der verschiedenen Verarbeitungstechniken im Vergleich zur gesonderten Berechnung der Rüst- und Lagerungsmatrix für jedes Losgrößenproblem	249
Tabelle 29:	Beispiel für die Verwendung alternativer Auflagekombinationen bei Engpässen in der Durchlaufterminierung und im Kapazitätsabgleich	278
Tabelle 30:	Beispiele für Mehrfachlösungen bei einer Variation des Rüstkostensatzes	288
Tabelle 31:	Parameterausprägungen, die im vorliegenden Beispiel zu Mehrfachlösungen führen	290

Tabelle 32:	Rechenzeiten des Losgrößenverfahrens auf Basis der Matrizenrechnung und der begrenzten Enumeration bei einer Verwendung verschiedener PC- bzw. Prozessor-Generationen (in Sekunden)	297
Tabelle 33:	Ausgangsdaten für eine Losgrößenplanung bei variablen Periodenlängen	306
Tabelle 34:	Gegenüberstellung der Rüst- und Lagerungsmatrizen bei konstanter Periodenlänge (RV | LM) und bei tagesgenauer Verrechnung der Lagerungsdauer (RV | LM')	308
Tabelle 35:	Ausgangsdaten für eine Losgrößenplanung bei schwankenden Rüstkostensätzen	312
Tabelle 36:	Rüst- und Lagerungsmatrix (RM | LM) bei einem Planungszeitraum von T' = 6 Perioden	314
Tabelle 37:	Ausgangsdaten für eine Losgrößenplanung bei schwankenden Lagerkostensätzen	321
Tabelle 38:	Beispielhafte Gegenüberstellung der Rüst- und Lagerungsmatrizen bei konstanten Lagerkostensätzen (RV | LM) und schwankenden Lagerkostensätzen (RV | LM")	323
Tabelle 39:	Ausgangsdaten für eine Losgrößenplanung mit Berücksichtigung von Restriktionen im Beschaffungsbereich	332
Tabelle 40:	Zulässigkeiten der Losgrößenkombinationen bei einer Berücksichtigung von Beschaffungsrestriktionen	333
Tabelle 41:	Ausgangsdaten für eine Losgrößenplanung mit Berücksichtigung von Kapazitätsrestriktionen im Transportbereich	341
Tabelle 42:	Gegenüberstellung der Kapazitätsbelastungsmatrix bei Transportrestriktionen und des Gesamtkostenvektors des Grundverfahrens	342
Tabelle 43:	Ausgangsdaten für eine Losgrößenplanung mit Berücksichtigung von Kapazitätsrestriktionen im Fertigungsbereich	348
Tabelle 44:	Gegenüberstellung der Kapazitätsbelastungsmatrix bei Fertigungsrestriktionen und des Gesamtkostenvektors des Grundverfahrens	351
Tabelle 45:	Ausgangsdaten für eine Losgrößenplanung bei schwankenden Einstandspreisen	360

Tabelle 46:	Beispielhafte Gegenüberstellung der Rüst- und Lagerungsmatrizen bei konstanten Preisen (RV | LM) und schwankenden Preisen (RV | LM''')	362
Tabelle 47:	Ausgangsdaten für eine Losgrößenplanung mit beliebiger Kombinierbarkeit der Erweiterungsansätze	383
Tabelle 48:	Lagerungsmatrix bei variablen Periodenlängen, schwankenden Lagerkostensätzen und schwankenden Einstandspreisen	387
Tabelle 49:	Zulässigkeiten der Losgrößenkombinationen bei einer Berücksichtigung von Beschaffungs-, Transport- und Lagerrestriktionen	392

Literaturverzeichnis

Adam, D.: Losgröße, optimale, in: Grochla, E., und Wittmann, W. (Hrsg.): Handwörterbuch der Betriebswirtschaft, 4. Auflage, Stuttgart 1975, Sp. 2549-2559.

Adam, D.: Produktions-Management, 8. Auflage, Wiesbaden 1997.

Adam, D.: Produktionsdurchführungsplanung, in: Jacob, H. (Hrsg.): Industriebetriebslehre, 4. Auflage, Wiesbaden 1990, S. 673-918.

Adam, D.: Produktionsplanung bei Sortenfertigung, Wiesbaden 1969.

Aggteleky, B.: Fabrikplanung, Bd. 2, 2. Auflage, München, Wien 1990.

Aigner, M.: Diskrete Mathematik, 2. Auflage, Braunschweig, Wiesbaden 1996.

Albach, H. (Hrsg.): Industrielles Management: Beschaffung - Produktion - Qualität - Innovation - Umwelt; Reader zur Industriebetriebslehre, Wiesbaden 1993.

Albach, H.: Maschinenbelegung bei Einzelfertigung, in: Landesamt für Forschung des Landes Nordrhein-Westfalen, Jahrbuch 1965, Köln, Opladen 1965, S. 11-49.

Alt, D., und Heuser, S.: Schlanke Lose, Losgrößen auf dem PC optimieren, in: Arbeitsvorbereitung, Heft 2, 1993, S. 57-59.

Altrogge, G.: Netzplantechnik, 3. Auflage, Wiesbaden 1996.

Andler, K.: Rationalisierung der Fabrikation und optimale Losgröße, München, Berlin 1929.

Arnold, U.: Beschaffungsmanagement, 2. Auflage, Stuttgart 1997.

Arnolds, H., Heege, F., und Tussing, W.: Materialwirtschaft und Einkauf, 9. Auflage, Wiesbaden 1996.

Aucamp, D. C.: A Variable Demand Lot-Sizing Procedure and a Comparison with Various Well-known Strategies, in: Production and Inventory Management, Heft 2, 1985, S. 1-20.

Axsäter, S.: Economic Lot-Sizes and Vehicle Scheduling, in: European Journal of Operational Research, Heft 6, 1980, S. 395-398.

Axsäter, S.: Worst Case Performance for Lot-Sizing heuristics, in: European Journal of Operational Research, Heft 9, 1982, S. 339-343.

Bachem, D.: Komplexitätstheorie im Operations Research, in: Zeitschrift für Betriebswirtschaftslehre, Heft 7, 1980, S. 812-844.

Becker, J.: CIM-Integrationsmodell, EDV-gestützte Verbindung betrieblicher Bereiche, Berlin, Heidelberg, New York et al. 1991.

Bedworth, D. D., und Bailey, J. E.: Integrated Production Control Systems, Management, Analysis, Design, New York 1987.

Bellman, R.: Dynamic Programming, Princeton 1957.

Bellman, R.: Dynamische Programmierung und selbstlernende Regelprozesse, München 1967.

Berens, W.: Die Berücksichtigung begrenzten Lieferverzugs im klassischen Bestellmengen-Modell bei zeitunabhängigen Verzugsmengenkosten, in: Zeitschrift für Betriebswirtschaft, Heft 3, 1982, S. 354-369.

Berens, W., und Delfmann, W.: Quantitative Planung: Konzeption, Methoden und Anwendungen, 2. Auflage, Stuttgart 1995.

Berg, C. C.: Materialwirtschaft, Stuttgart 1979a.

Berg, C. C.: Prioritätsregeln in der Reihenfolgeplanung, in: Kern, W. (Hrsg.): Enzyklopädie der Betriebswirtschaftslehre, Band 7: Handwörterbuch der Produktionswirtschaft, Stuttgart 1979b, Sp. 1425-1433.

Betge, P.: Kapazität und Beschäftigung, in: Kern, W., Schröder, H.-H., und Weber, J. (Hrsg.): Enzyklopädie der Betriebswirtschaftslehre, Band 7: Handwörterbuch der Produktionswirtschaft, 2. Auflage, Stuttgart 1996, Sp. 852-861.

Bichler, K.: Beschaffungs- und Lagerwirtschaft: praxisorientierte Darstellung mit Aufgaben und Lösungen, 7. Auflage, Wiesbaden 1997.

Biendl, P.: Ablaufsteuerung von Montagefertigungen, Stuttgart, Bern 1984.

Bitz, M.: Entscheidungstheorie, München 1981.

Bitz, M.: Investition, in: Bitz, M., Dellmann, K., Domsch, M., et al. (Hrsg.): Vahlens Kompendium der Betriebswirtschaftslehre, Band 1, 3. Auflage, München 1993, S. 457-519.

Bitz, M.: Strukturierung ökonomischer Entscheidungsmodelle, 2. Auflage, Wiesbaden 1984.

Bitz, M., Dellmann, K., Domsch, M., et al. (Hrsg.): Vahlens Kompendium der Betriebswirtschaftslehre, Band 1, 3. Auflage, München 1993.

Blackburn, J. D., und Millen, R. A.: Heuristic Lot-Sizing Performance in a Rolling-schedule Environment, in: Decision Sciences, Heft 10, 1980, S. 691-701.

Blohm, H., Beer, T., Seidenberg, U., und Silber, H.: Produktionswirtschaft, 3. Auflage, Herne, Berlin 1997.

Bogaschewsky, R.: Dynamische Materialdisposition im Beschaffungsbereich, Simulation und Ergebnisanalyse, BME-Schriftenreihe für das Materialmanagement, Frankfurt/Main 1988.

Bogaschewsky, R.: Losgröße, in: Kern, W., Schröder, H.-H., und Weber, J. (Hrsg.): Enzyklopädie der Betriebswirtschaftslehre, Band 7: Handwörterbuch der Produktionswirtschaft, 2. Auflage, Stuttgart 1996, Sp. 1141-1158.

Bogaschewsky, R.: Statische Materialdisposition im Beschaffungsbereich, in: Wirtschaftswissenschaftliches Studium, Heft 11, 1989, S. 542-548.

Bourier, G., und Schwab, H.: Lagerhaltung bei Preiserhöhung, Zeitschrift für Operations Research, Heft 2, 1978, S. 81-93.

Brankamp, K.: BDE steigert die Produktivität der Produktion, in: Der Betriebsleiter, Heft 3, 1996, S. 26-28.

Brankamp, K., und Poestges, A.: Produktionsdatenerfassung, in: Arbeitsvorbereitung, Heft 1, 1985, S. 7-9.

Bretschneider, H. (Hrsg.): Einkaufsleiter-Handbuch, München 1974.

Brink, A.: Operative Lager- und Bestellmengenplanung unter besonderer Berücksichtigung von Lagerkapazitätsrestriktionen, Bergisch Gladbach, Köln 1988.

Brink, A., und Büchter, D.: Zur Berücksichtigung von Kapitalbindungskosten in ausgewählten Entscheidungsmodellen, in: Zeitschrift für betriebswirtschaftliche Forschung, Heft 3, 1990, S. 216-241.

Brunnberg, J.: Optimale Lagerhaltung bei ungenauen Daten, Wiesbaden 1970.

Bücker, R.: Mathematik für Wirtschaftswissenschaftler, 4. Auflage, München, Wien 1996.

Buffa, E. S., und Taubert, W. H.: Production-Inventory Systems: Planning and Control, 2. Auflage, Homewood, Illinois 1972.

Busse von Colbe, W.: Bereitstellungsplanung - Einkaufs- und Lagerpolitik - in: Jacob, H. (Hrsg.): Industriebetriebslehre, 4. Auflage, Wiesbaden 1990, S. 591-671.

Buzacott, J. A.: Economic Order Quantities with Inflation, in: Operational Research Quarterly, Heft 4, 1975, S. 553-558.

Churchman, C. W., Ackoff, R., und Arnoff, E. L.: Operations Research, 3. Aufl., München, Wien 1966.

Clark, W. W. Jr.: Buick Saves $ 3.500.000 in Nine Months, in: Manufacturing Industries, Heft 2, 1926, S. 85-88.

Cooper, B.: How to Determine Economical Manufacturing Quantities, in: Industrial Management, Heft 4, 1926, S. 228-233.

Corsten, H.: Beschaffung, in: Corsten, H., und Reiß, M. (Hrsg.): Betriebswirtschaftslehre, München, Wien 1994, S. 609-736.

Corsten, H.: Produktionswirtschaft: Einführung in das industrielle Produktionsmanagement, 5. Auflage, München, Wien 1995.

Corsten, H., und Reiß, M. (Hrsg.): Betriebswirtschaftslehre, München, Wien 1994.

Crowston, W. B., und Wagner, M. H.: Dynamic Lot Size Models for Multi-Stage Assembly Systems, in: Management Science, Heft 1, 1973, S. 14-21.

Czeguhn, K., und Franzen, H.: Die rechnergestützte Integration betrieblicher Informationssysteme auf der Basis der Betriebsdatenerfassung, in: Zeitschrift für betriebswirtschaftliche Forschung, Heft 2, 1987, S. 169-181.

Czeranowsky, G.: Die Bedeutung optimaler Losgrößen - Beurteilung auf der Grundlage von Sensibilitätsüberlegungen, in: Wirtschaftswissenschaftliches Studium, Heft 1, 1989, S. 2-7.

Dale, S.: JIT and its Impact on the Supplier Chain, in: Mortimer, J. (Hrsg.): Just-In-Time, An Executive Briefing, Berlin, Heidelberg, New York et al. 1986, S. 47-49.

Davis, R. C.: Methods of Finding Minimum-Cost Quantity in Manufacturing, in: Manufacturing Industries, Heft 9, 1925, S. 353-356.

De Bodt, M. A., Gelders, L. F., und van Wassenhove, L. N.: Lot-Sizing Under Dynamic Demand Conditions: A Review, in: Engineering Costs and Productions Economics, Heft 3, 1984, S. 165-187.

Dellmann, K.: Seriengrößen- und Seriensequenzplanung, in: Wirtschaftswissenschaftliches Studium, Heft 4, 1975, S. 209-214.

DeMatteis, J. J.: An Economic Lot-Sizing Technique I - The Part-period Algorithm, in: IBM Systems Journal, Heft 1, 1968, S. 30-39.

Dickie, H. F.: ABC Inventory Analysis Shoots for Dollars, not Pennies, in: Factory Management and Maintenance, Heft 7, 1951, S. 92-94.

Dinkelbach, W.: Operations Research, Berlin, Heidelberg, New York et al. 1992.

Dobbeler, C. v.: Berechnung der wirtschaftlichsten Fertigungseinheit bei der Aufstellung eines Fertigungsplanes, in: Der Betrieb, Heft 9, 1920, Seite 213-215.

Domschke, W., Scholl, A., und Voß, S.: Produktionsplanung, Ablauforganisatorische Aspekte, 2. Auflage, Berlin, Heidelberg, New York et al. 1997.

Dorninger, C., Janschek, O., Olearczick, E., und Röhrenbacher, H.: PPS - Produktionsplanung und -steuerung, Konzepte, Methoden und Kritik, Wien 1990.

Duff, I. S.: A Survey of Sparse Matrix Research, Proceedings of the IEEE 65, 1977, S. 500-535.

Ehlers, J. D.: Die dynamische Produktion: Kundenorientierung von Fertigung und Beschaffung - der Weg zur Partnerschaft, Stuttgart 1997.

Eilon, S.: Elements of Production Planning and Control, New York, London, Tokyo 1962.

Eisenhut, P. S.: A Dynamic Lot-Sizing Algorithm with Capacity Constraints, in: AIIE Transactions, Heft 6, 1975, S. 170-176.

Elsayed, A. E., und Boucher, T. O.: Analysis and Control of Production Systems, New Jersey 1985.

Endler, D.: Produktteile als Mittel der Produktgestaltung, Band 21 der Schriftenreihe "Beiträge zum Beschaffungsmarketing", Köln 1992.

Erlenkotter, D.: An Early Classic Misplaced: Ford W. Harris's Economic Order Quantity Model of 1915, in: Management Science, Heft 7, 1989, S. 898-900.

Eversheim, W., Bochtler, W., Humburger, R., und Lenhart, M.: Die Arbeitsplanung im geänderten produktionstechnischen Umfeld, Teil 1: Integration von Arbeitsplanung und Konstruktion, in: VDI-Zeitschrift, Heft 3/4, 1995a, S. 88-91.

Eversheim, W., Bochtler, W., Humburger, R., und Lenhart, M.: Die Arbeitsplanung im geänderten produktionstechnischen Umfeld, Teil 1: Integration von Arbeitsplanung und Fertigung, in: VDI-Zeitschrift, Heft 5, 1995b, S. 54-57.

Eversheim, W., und Schneidewind, J.: Integrierte Arbeitsplanung und Fertigungsfeinsteuerung, in: Zeitschrift für wirtschaftliche Fertigung, Heft 7, 1992, S. 411-414.

Fandel, G.: Produktion I - Produktions- und Kostentheorie, 5. Auflage, Berlin, Heidelberg, New York et al. 1996.

Fandel, G., Dyckhoff, H., und Reese, J. (Hrsg.): Essays on Production Theory and Planning, Berlin, Heidelberg, New York et al. 1988.

Fandel, G., und François, P.: Activity Analysis of Dynamic Lot-Sizing, in: System Analysis Modelling Simulations, Heft 12, 1993a, S. 239-251.

Fandel, G., und François, P.: Aktivitätsanalyse der Datenverarbeitung, in: OR Spektrum, Heft 2, 1994, S. 95-100.

Fandel, G., und François, P.: Just-in-Time-Produktion und -Beschaffung, Funktionsweise, Einsatzvoraussetzungen und Grenzen, in: Zeitschrift für Betriebswirtschaft, Heft 5, 1989, S. 531-544.

Fandel, G., und François, P.: Just-in-Time-Produktion und -Beschaffung; Funktionsweise, Einsatzvoraussetzungen und Grenzen, in: Albach, H. (Hrsg.): Industrielles Management: Beschaffung - Produktion - Qualität - Innovation - Umwelt; Reader zur Industriebetriebslehre, Wiesbaden 1993b, S. 23-37.

Fandel, G., und François, P.: Rational Material Flow Planning with MRP and Kanban, in: Fandel, G., Dyckhoff, H., und Reese, J. (Hrsg.): Essays on Production Theory and Planning, Berlin, Heidelberg, New York et al. 1988, S. 43-65.

Fandel, G., François, P., und Gubitz, K.-M.: CAD-Marktstudie, Grundlagen, Methoden, Software, Marktanalyse, Hagen 1995.

Fandel, G., François, P., und Gubitz, K.-M.: PPS- und integrierte betriebliche Softwaresysteme, Grundlagen, Methoden, Marktanalyse, 2. Auflage, Berlin, Heidelberg, New York et al. 1997.

Fandel, G., François, P., und May, E.: Effects of Call-Forward Delivery Systems on Supplier's Serial per Unit Costs, in: Fandel, G., Dyckhoff, H., und Reese, J. (Hrsg.): Essays on Production Theory and Planning, Berlin, Heidelberg, New York et al. 1988, S. 66-84.

Fandel, G., und Reese, J.: "Just-In-Time"-Logistik am Beispiel eines Zulieferbetriebes in der Automobilindustrie, in: Zeitschrift für Betriebswirtschaft, Heft 1, 1989, S. 55-69.

Fleischmann, B.: Operations-Research-Modelle und -Verfahren in der Produktionsplanung, in: Zeitschrift für Betriebswirtschaft, Heft 3, 1988, S. 347-372.

Florian, M., Lenstra, J. K., und Rinnooy Kan, A. H. G.: Deterministic Production Planning: Algorithms and Complexity, in: Management Science, Heft 7, 1980, S. 669-679.

Fogarty, D. W., und Hoffmann, T. R.: Production and Inventory Management, Cincinnati 1983.

Franken, R.: Materialwirtschaft, Stuttgart, Berlin, Köln et al. 1984.

Freeland, J. R., und Colley, J. L.: A Simple Heuristic Method for Lot Sizing in a Time-Phased Reorder System, in: Production and Inventory Management, Heft 1, 1982, S. 15-22.

Fries, H.-P.: Betriebswirtschaftslehre des Industriebetriebes, 2. Auflage, München 1987.

Gahse, S.: Lagerdisposition mit elektronischen Datenverarbeitungsanlagen, in: Neue Betriebswirtschaft, Heft 1, 1965, S. 4-8.

Gaither, N.: A Near-optimal Lot-Sizing Model for Material Requirements Planning, in: Production and Inventory Management, Heft 4, 1981, S. 75-89.

Gaither, N.: An Improved Lot-Sizing Model for MRP Systems, in: Production and Inventory Management, Heft 3, 1983, S. 10-20.

Gal, T. (Hrsg.): Grundlagen des Operations Research, Band 1, 3. Auflage, Berlin, Heidelberg, New York et al. 1991.

Gal, T. (Hrsg.): Grundlagen des Operations Research, Band 2, 3. Auflage, Berlin, Heidelberg, New York et al. 1992.

Gal, T.: Lineare Optimierung, in: Gal T. (Hrsg.): Grundlagen des Operations Research, Band 1, 3. Auflage, Berlin, Heidelberg, New York et al. 1991, S. 56-254.

Gal, T., und Gehring, H.: Betriebswirtschaftliche Planungs- und Entscheidungstechniken, Berlin, Heidelberg, New York et al. 1981.

Gehring, H.: Projekt-Informationssysteme, Berlin, New York 1975.

Geitner, U. W.: Betriebsinformatik für Produktionsbetriebe, Teil 1: Betriebsorganisation, 2. Auflage, München 1987.

Geitner, U. W.: Betriebsinformatik für Produktionsbetriebe, Teil 3: Methoden der Produktionsplanung und -steuerung, 3. Auflage, München 1995.

Geitner, U. W.: Betriebsinformatik für Produktionsbetriebe, Teil 4: Systeme der Produktionsplanung und -steuerung, 3. Auflage, München 1996.

Geitner, U. W. (Hrsg.): CIM-Handbuch, 2. Auflage, Braunschweig 1991.

Glaser, H.: Material- und Produktionswirtschaft, 3. Auflage, Düsseldorf 1986.

Glaser, H.: Materialbedarfsvorhersagen, in: Kern, W. (Hrsg.): Enzyklopädie der Betriebswirtschaftslehre, Band 7: Handwörterbuch der Produktionswirtschaft, Stuttgart 1979, Sp. 1202-1210.

Glaser, H.: Verfahren zur Bestimmung wirtschaftlicher Bestellmengen bei schwankendem Materialbedarf, in: Angewandte Informatik, Heft 12, 1975, S. 534-542.

Glaser, H.: Zum Stand der betriebswirtschaftlichen Beschaffungstheorie, in: Zeitschrift für Betriebswirtschaft, Heft 11, 1981, S. 1150-1172.

Glaser, H.: Zur Bestimmung kostenoptimaler Bestellmengen bei deterministisch gleichbleibendem und deterministisch schwankendem Bedarf, Dissertation, Köln 1973.

Glaser, H., Geiger, W., und Rohde, V.: Produktionsplanung und -steuerung, Grundlagen - Konzepte - Anwendungen, 2. Auflage, Wiesbaden 1992.

Goebel, G., und Kleinsteuber, W.: Rabatte und optimale Losgröße bei der Beschaffung, in: Zeitschrift für Betriebswirtschaft, Heft 7, 1966, S. 578-586.

Gottschalk, E.: Rechnergestützte Produktionsplanung und -steuerung, Berlin 1989.

Greene, J. H.: Production and Inventory Control, Illinois 1974.

Grochla, E.: Grundlagen der Materialwirtschaft - Das materialwirtschaftliche Optimum im Betrieb, Nachdruck der 3. Auflage, Wiesbaden 1992.

Grochla, E., und Wittmann, W. (Hrsg.): Handwörterbuch der Betriebswirtschaft, 4. Auflage, Stuttgart 1975.

Groff, G. K.: A Lot-Sizing Rule for Time-phased Component Demand, in: Production and Inventory Management, Heft 1, 1979, S. 47-53.

Grün, O.: Industrielle Materialwirtschaft, in: Schweitzer, M. (Hrsg.): Industriebetriebslehre - Das Wirtschaften in Industrieunternehmungen, 2. Auflage, München 1994, S. 447-568.

Grupp, B.: Materialwirtschaft mit Bildschirmeinsatz, Wiesbaden 1983.

Gubitz, K.-M.: Computergestützte Produktionsplanung, Datenmanagement und Informationsverarbeitung in PPS-Systemen, Heidelberg 1994.

Günther, H.-O., und Tempelmeier, H.: Produktion und Logistik, 2. Auflage, Berlin, Heidelberg, New York et al. 1997.

Gutenberg, E.: Grundlagen der Betriebswirtschaftslehre - Band I: Die Produktion, 24. Auflage, Berlin, Heidelberg, New York et al. 1983.

Güting, R. H.: Datenstrukturen und Algorithmen, Stuttgart 1992.

Hackstein, R.: Produktionsplanung und -steuerung (PPS), Ein Handbuch für die Betriebspraxis, 2. Auflage, Düsseldorf 1989.

Hadley, G., und Whitin, T. M.: Analysis of Inventory Systems, Eaglewood Cliffs, New Jersey 1963.

Hahn, D., und Laßmann, G.: Produktionswirtschaft - Controlling industrieller Produktion, Band 1, 2. Auflage, Heidelberg, Wien 1990.

Hammann, P.: Fehlmengen in der Lagerhaltung - Zum gegenwärtigen Stand der Theorie, in: Ablauf- und Planungsforschung, Heft 10, 1969, S. 373-388.

Hammer, E.: Industriebetriebslehre, 2. Auflage, München 1977.

Hansen, H. R.: Wirtschaftsinformatik I, Einführung in die betriebliche Datenverarbeitung, 6. Auflage, Stuttgart 1992.

Hansmann, K.-W.: Industriebetriebslehre, 2. Auflage, München, Wien 1987.

Harlander, N. A., und Platz, G.: Beschaffungsmarketing und Materialwirtschaft: Einkaufsmärkte erforschen und gestalten, 5. Auflage, Stuttgart 1991.

Harris, F. W.: How Many Parts to Make at Once, in: Factory, The Magazine of Management, Heft 2, 1913, S. 135-136 und S. 152.

Harris, F. W.: What Quantity to Make at Once, in: The Library of Factory Management, Vol. 5, Operation and Costs, Chicago 1915, S. 47-52.

Hartmann, H.: Materialwirtschaft - Organisation, Planung, Durchführung, Kontrolle, 6. Auflage, Gernsbach 1993.

Hauke, W., und Opitz, O.: Mathematische Unternehmensplanung, Landsberg am Lech 1996.

Haupt, R.: A Survey of Priority Rule-Based Scheduling, in: OR Spektrum, Heft 1, 1989, S. 3-16.

Haupt, R.: ABC-Analyse, in: Kern, W. (Hrsg.): Enzyklopädie der Betriebswirtschaftslehre, Band 7: Handwörterbuch der Produktionswirtschaft, Stuttgart 1979, Sp. 1-5.

Haupt, R.: Prioritätsregeln für die Reihenfolgeplanung, in: Kern, W., Schröder, H.-H., und Weber, J. (Hrsg.): Enzyklopädie der Betriebswirtschaftslehre, Band 7: Handwörterbuch der Produktionswirtschaft, 2. Auflage, Stuttgart 1996, Sp. 1418-1426.

Hax, A. C., und Candea, D.: Production and Inventory Management, Eaglewood Cliffs, New Jersey 1984.

Hechtfischer, R.: Kapazitätsorientierte Verfahren der Losgrößenplanung, Wiesbaden 1991.

Heinen, E. (Hrsg.): Industriebetriebslehre - Entscheidungen im Industriebetrieb, 9. Auflage, Wiesbaden 1991.

Heinrich, C. E.: Mehrstufige Losgrößenplanung in hierarchisch strukturierten Produktionsplanungssystemen, Berlin, Heidelberg, New York et al. 1987.

Hertel, J.: Warenwirtschaftssysteme: Grundlagen und Konzepte, 2. Auflage, Heidelberg 1997.

Heß-Kinzer, D.: Termingrobplanung, in: Kern, W. (Hrsg.): Enzyklopädie der Betriebswirtschaftslehre, Band 7: Handwörterbuch der Produktionswirtschaft, Stuttgart 1979, Sp. 1979-1992.

Hillier, F. S., und Liebermann, G. J.: Operations Research, 5. Auflage, München 1997.

Hoitsch, H.-J.: Produktionswirtschaft, 2. Auflage, München 1993.

Hollander, R.: Zur Losgrößenplanung bei mehrstufigen Produktionsprozessen, Göttingen 1981.

Holzer, R. v.: Die wissenschaftliche Bestimmung der Größe der Werkstattaufträge, in: Organisation, Buchhaltung, Betrieb, Heft 12, 1927, S. 548-552.

Homburg, C.: Quantitative Betriebswirtschaftslehre. Entscheidungsunterstützung durch Modelle, 2. Auflage, Wiesbaden 1998.

Hopfenbeck, W.: Allgemeine Betriebswirtschafts- und Managementlehre: Das Unternehmen im Spannungsfeld zwischen ökonomischen, sozialen und ökologischen Interessen, 11. Auflage, Landsberg am Lech 1997.

Horn, C., und Kerner, I. O. (Hrsg.): Lehr- und Übungsbuch Informatik, Band 3, Praktische Informatik, München, Wien 1997.

Horváth, P.: Controlling, 6. Auflage, München 1996.

Horváth, P., und Mayer, R.: Produktionswirtschaftliche Flexibilität, in: Wirtschaftswissenschaftliches Studium, Heft 2, 1986, S. 69-76.

Inderfurth, K.: Lagerhaltungsmodelle, in: Kern, W., Schröder, H.-H., und Weber, J. (Hrsg.): Enzyklopädie der Betriebswirtschaftslehre, Band 7: Handwörterbuch der Produktionswirtschaft, 2. Auflage, Stuttgart 1996, Sp. 1024-1037.

Jacob, H.: Die Planung des Produktions- und des Absatzprogramms, in: Jacob, H. (Hrsg.): Industriebetriebslehre, 4. Auflage, Wiesbaden 1990, S. 401-590.

Jacob, H. (Hrsg.): Industriebetriebslehre, 4. Auflage, Wiesbaden 1990.

Kahle, E.: Produktion, 4. Auflage, München, Wien 1996.

Kargl, H.: Industrielle Datenverarbeitung, in: Schweitzer, M. (Hrsg.): Industriebetriebslehre - Das Wirtschaften in Industrieunternehmungen, 2. Auflage, München 1994, S. 961-1104.

Kaspi, M., und Rosenblatt, M. J.: An Improvement of Silver's Algorithm for the Joint Replenishment Problem, IEE Transactions, Heft 6, 1983, S. 264-266.

Kaspi, M., und Rosenblatt, M. J.: On the Economic Ordering Quantity for Jointly Replenished Items, in: International Journal of Production Research, Heft 2, 1991, S. 107-114.

Kern, W.: Die Messung industrieller Fertigungskapazitäten und ihre Ausnutzung, Köln, Opladen 1962.

Kern, W. (Hrsg.): Enzyklopädie der Betriebswirtschaftslehre, Band 7: Handwörterbuch der Produktionswirtschaft, Stuttgart 1979.

Kern, W.: Industrielle Produktionswirtschaft, 5. Auflage, Stuttgart 1992.

Kern, W.: Zeit als Gestaltungsdimension, in: Kern, W., Schröder, H.-H., und Weber, J. (Hrsg.): Enzyklopädie der Betriebswirtschaftslehre, Band 7: Handwörterbuch der Produktionswirtschaft, 2. Auflage, Stuttgart 1996, Sp. 2277-2288.

Kern, W., Schröder, H.-H., und Weber, J. (Hrsg.): Enzyklopädie der Betriebswirtschaftslehre, Band 7: Handwörterbuch der Produktionswirtschaft, 2. Auflage, Stuttgart 1996.

Kernler, H.: PPS der 3. Generation, Grundlagen, Methoden, Anregungen, 3. Auflage, Heidelberg 1995.

Kiener, S.: Produktions-Management: Grundlagen der Produktionsplanung und -steuerung, 4. Auflage, München, Wien 1993.

Kilger, W.: Industriebetriebslehre, Band 1, Wiesbaden 1986.

Kilger, W.: Optimale Produktions- und Absatzplanung, Opladen 1973.

Kistner, K.-P., und Steven, M.: Produktionsplanung, 2. Auflage, Heidelberg 1993.

Klingst, A.: Optimale Lagerhaltung - Wann und wieviel bestellen? - Würzburg, Wien 1971.

Knolmayer, G.: Ein Vergleich von 30 praxisnahen Lagerhaltungsheuristiken, in: Ohse, D., Esprester, A. C., Küpper, H.-U., et al. (Hrsg.): Operations Research Proceedings 1984, Berlin, Heidelberg, New York et al. 1985a, S. 223-230.

Knolmayer, G.: Zur Bedeutung des Kostenausgleichsprinzips für die Bedarfsplanung in PPS-Systemen, in: Zeitschrift für betriebswirtschaftliche Forschung, Heft 5, 1985b, S. 411-427.

Koppelmann, U.: Beschaffungsmarketing für die Praxis: Ein strategisches Handlungskonzept, Berlin, Heidelberg, New York et al. 1997.

Kosiol, E. (Hrsg.): Handwörterbuch des Rechnungswesens, Stuttgart 1970.

Kottke, E.: Die optimale Beschaffungsmenge, Berlin 1966.

Kropp, D. H., und Carlson, R. C.: A Lot-Sizing Algorithm for Reducing Nervousness in MRP Systems, in: Management Science, Heft 2, 1984, S. 240-244.

Kunz, J.: Voraussetzungen einer erfolgreichen BDE-Einführung, in: Zeitschrift für wirtschaftliche Fertigung, Heft 7, 1992, S. 387-390.

Küpper, H.-U.: Beschaffung, in: Bitz, M., Dellmann, K., Domsch, M., et al. (Hrsg.): Vahlens Kompendium der Betriebswirtschaftslehre, Band 1, 3. Auflage, München 1993, S. 203-262.

Küpper, H.-U.: Industrielles Controlling, in: Schweitzer, M. (Hrsg.): Industriebetriebslehre - Das Wirtschaften in Industrieunternehmungen, 2. Auflage, München 1994, S. 849-959.

Küpper, W.: Netzplantechnik, Erweiterungen der, in: Kern, W., Schröder, H.-H., und Weber, J. (Hrsg.): Enzyklopädie der Betriebswirtschaftslehre, Band 7: Handwörterbuch der Produktionswirtschaft, 2. Auflage, Stuttgart 1996, Sp. 1263-1275.

Küpper, W., Lüder, K., und Streitferdt, L.: Netzplantechnik, Würzburg, Wien 1975.

Kurbel, K.: Produktionsplanung und -steuerung, Methodische Grundlagen von PPS-Systemen und Erweiterungen, 3. Auflage, München, Wien 1998.

Kurbel, K.: Software Engineering im Produktionsbereich, Wiesbaden 1983.

Kurbel, K., und Meynert, J.: Materialwirtschaft, in: Geitner, U. W. (Hrsg.): CIM-Handbuch, 2. Auflage, Braunschweig 1991, S. 64-74.

Lackes, R.: Aufbau und Funktionsweise von Produktionsplanungs- und Produktionssteuerungssystemen, in: Das Wirtschaftsstudium, Heft 11, 1988, S. 591-593.

Lackes, R.: Das Kanban-System zur Materialflußsteuerung, in: Das Wirtschaftsstudium, Heft 1, 1990a, S. 23-26.

Lackes, R.: Just-in-Time-Produktion, Systemarchitektur - wissensbasierte Planungsunterstützung - Informationssysteme, Wiesbaden 1995.

Lackes, R.: Optimale Bestellpolitik bei sinkenden Beschaffungspreisen, in: Diskussionsbeitrag des Fachbereichs Wirtschaftswissenschaft der FernUniversität Hagen, Nr. 158, Hagen 1990b.

Lambert, D. M.: The Development of an Inventory Costing Methodology: A Study of the Costs Associated with Holding Inventory, Chicago 1975.

Landis, W., und Herriger, H.: Ein vereinfachtes Verfahren zur Bestimmung der wirtschaftlichen gleitenden Losgröße, in: Ablauf- und Planungsforschung, Heft 8, 1969, S. 425-432.

Layer, M.: Kapazität: Begriff, Arten und Messung, in: Kern W. (Hrsg.): Enzyklopädie der Betriebswirtschaftslehre, Band 7: Handwörterbuch der Produktionswirtschaft, Stuttgart 1979, Sp. 871-882.

Lewis, C. D.: Demand Analysis and Inventory Control, Saxon House, Westmead 1975.

Link, E.: Betriebsdatenerfassung - Grundlegende Kennzeichnung und Gestaltungsmerkmale im Rahmen der zeitlichen und qualitativen Lenkung der industriellen Produktion, Pfaffenweiler 1990.

Loos, P.: Produktionslogistik in der chemischen Industrie: Betriebstypologische Merkmale und Informationsstrukturen, Wiesbaden 1997.

Love, S. F.: Inventory Control, New York 1979.

Lorscheider, U.: Dialogorientierte Verfahren zur kurzfristigen Unternehmensplanung unter Unsicherheit, Heidelberg, Wien 1986.

Magee, J. F., und Boodman, D. M.: Production Planning an Inventory Control, 2. Auflage, New Dehli 1986.

Mellen, G. F.: Practical Lot Quantity Formula, in: Management and Administration, Heft 10, 1925, S. 155-156.

Melzer-Ridinger, R.: Materialwirtschaft und Einkauf, 3. Auflage, München, Wien 1994.

Mendoza, A. G.: An Economic Lot-Sizing Technique, II, Mathematical Analysis of the Part-Period Algorithm, in: IBM Systems Journal, Heft 2, 1968, S. 39-46.

Mentzel, K.: Optimale Lagerhaltung, in: Bretschneider, H. (Hrsg.): Einkaufsleiter-Handbuch, München 1974, S. 743-790.

Mertens, P.: Integrierte Informationsverarbeitung, Band 1: Administrations- und Distributionssysteme in der Industrie, 9. Auflage, Wiesbaden 1993.

Mertens, P. (Hrsg.): Prognoserechnung, 5. Auflage, Heidelberg 1994.

Mertens, P.: Prognoserechnung - Ein Überblick, in: Betriebswirtschaftliche Forschung und Praxis, Heft 6, 1983, S. 469-483.

Mertens, P., Back, A., Becker, J., et al. (Hrsg.): Lexikon der Wirtschaftsinformatik, 3. Auflage, Berlin, Heidelberg, New York et al. 1997.

Mertens, P., Bodendorf, F., König, W., et al.: Grundzüge der Wirtschaftsinformatik, 4. Auflage, Berlin, Heidelberg, New York et al. 1996.

Meyer, M., und Hansen, K.: Planungsverfahren des Operations Research: für Wirtschaftswissenschaftler, Informatiker und Ingenieure, 4. Auflage, München 1996.

Missbauer, H.: Rüst- und Vorbereitungsprozesse, in: Kern, W., Schröder, H.-H., und Weber, J. (Hrsg.): Enzyklopädie der Betriebswirtschaftslehre, Band 7: Handwörterbuch der Produktionswirtschaft, 2. Auflage, Stuttgart 1996, Sp. 1806-1816.

Mitra, A., Cox, J. F., Blackstone, J. H., und Jesse, R. R.: A Re-examination of Lot-Sizing Procedures for Requirements Planning Systems: some Modified Rules, in: International Journal of Production Research, Heft 4, 1983, S. 471-478.

Mortimer, J. (Hrsg.): Just-In-Time, An Executive Briefing, Berlin, Heidelberg, New York et al. 1986.

Mülder, W., und Strömer, W.: Personalzeit- und Betriebsdatenerfassung. Richtig planen, auswählen und einführen, 2. Auflage, Neuwied, Kriftel, Berlin 1995.

Müller-Manzke, U.: Optimale Bestellmenge und Mengenrabatt, in: Zeitschrift für Betriebswirtschaft, Heft 5/6, 1987, S. 503-521.

Müller-Merbach, H.: Operations Research, Methoden und Modelle der Optimalplanung, Nachdruck der 3. Auflage, München 1992.

Müller-Merbach, H.: Optimale Einkaufsmengen, in: Ablauf- und Planungsforschung, Heft 5, 1963, S. 226-237.

Müller-Merbach, H.: Sensibilitätsanalyse der Losgrößenbestimmung, in: Unternehmensforschung, Heft 2, 1962, S. 79-88.

Naddor, E.: Inventory Systems, New York, London, Sydney 1966.

Naddor, E.: Lagerhaltungssysteme, Frankfurt am Main, Zürich 1971.

Nebl, T.: Einführung in die Produktionswirtschaft, 2. Auflage, München, Wien 1997.

Neumann, K.: Graphen und Netzwerke, in: Gal T. (Hrsg.): Grundlagen des Operations Research, Band 2, 3. Auflage, Berlin, Heidelberg, New York et al. 1992a, S. 1-164.

Neumann, K.: Netzplantechnik, in: Gal T. (Hrsg.): Grundlagen des Operations Research, Band 2, 3. Auflage, Berlin, Heidelberg, New York et al. 1992b, S. 165-260.

Neumann, K.: Produktions- und Operationsmanagement, Berlin, Heidelberg, New York et al. 1996.

Nydick, R. L., und Weiss, H. J.: An Evaluation of Variable-demand Lot-Sizing Techniques, in: Production and Inventory Management Journal, Heft 1, 1989, S. 41-44.

O.V.: Berechnung der Stückzahl für Fabrikationsserien, in: Technik und Betrieb, Zeitschrift für Maschinentechnik und Betriebsführung, Heft 4, 1924, S. 81-83.

Oeldorf, G., und Olfert, K.: Materialwirtschaft, 5. Auflage, Ludwigshafen 1987.

Ohse, D.: Lagerhaltungsmodelle für deterministisch schwankenden Absatz, in: Ablauf- und Planungsforschung, Heft 10, 1969, S. 309-322.

Ohse, D.: Mathematik für Wirtschaftswissenschaftler, Band 2, Lineare Wirtschaftsalgebra, 2. Auflage, München 1990.

Ohse, D.: Näherungsverfahren zur Bestimmung der wirtschaftlichen Bestellmenge bei schwankendem Bedarf, in: Elektronische Datenverarbeitung, Heft 2, 1970, S. 83-88.

Ohse, D., Esprester, A. C., Küpper, H.-U., et al. (Hrsg.): Operations Research Proceedings 1984, Berlin, Heidelberg, New York et al. 1985.

Olivier, G.: Material- und Teiledisposition - die mathematischen Methoden für ein Programmsystem, Bonn 1977.

Orlicky, J.: Material Requirements Planning, New York 1975.

Ossadnik, W.: Planung und Entscheidung, in: Corsten, H., und Reiß, M. (Hrsg.): Betriebswirtschaftslehre, München, Wien 1994, S. 141-232.

Overfeld, J.: Produktionsplanung bei mehrstufiger Kampagnenfertigung, Frankfurt am Main et al. 1990.

Owen, H. S.: How to Maintain Proper Inventory Control, in: Industrial Management, Heft 2, 1925, S. 83-85.

Pabst, H.-J.: Analyse der betriebswirtschaftlichen Effizienz einer computergestützten Fertigungssteuerung mit CAPOSS-E, Frankfurt am Main 1985.

Pack, L.: Der Einfluß von Preisänderungen auf optimale Bestellmenge und optimale Losgröße, in: Kostenrechnungspraxis, Heft 6, 1975, S. 247-255.

Pack, L.: Modelle der Beschaffung und Lagerhaltung, in: Kosiol, E. (Hrsg.): Handwörterbuch des Rechnungswesens, Stuttgart 1970, Sp. 1129-1145.

Pack, L.: Optimale Bestellmenge und optimale Losgröße - Zu einigen Problemen ihrer Ermittlung, Wiesbaden 1964.

Papageorgiou, M.: Optimierung. Statische, dynamische, stochastische Verfahren für die Anwendung, 2. Auflage, München, Wien 1996.

Pfohl, H.-C.: Ermittlung von Lagerbestandskosten, in: Kostenrechnungspraxis, Heft 3, 1977, S. 105-110.

Picot, A.: Ein neuer Ansatz zur Gestaltung der Leistungstiefe, in: Zeitschrift für betriebswirtschaftliche Forschung, Heft 4, 1991, S. 336-348.

Picot, A., und Reichwald, R.: Informationswirtschaft, in: Heinen, E. (Hrsg.): Industriebetriebslehre - Entscheidungen im Industriebetrieb, 9. Auflage, Wiesbaden 1991, S. 241-393.

Popp, T.: Kapazitätsorientierte dynamische Losgrößen- und Ablaufplanung bei Sortenproduktion, Dissertation, Hamburg 1992.

Popp, W.: Lagerhaltungsplanung, in: Kern, W. (Hrsg.): Enzyklopädie der Betriebswirtschaftslehre, Band 7: Handwörterbuch der Produktionswirtschaft, Stuttgart 1979, Sp. 1045-1060.

Pressmar, D. B.: Stücklisten und Rezepturen, in: Kern, W., Schröder, H.-H., und Weber, J. (Hrsg.): Enzyklopädie der Betriebswirtschaftslehre, Band 7: Handwörterbuch der Produktionswirtschaft, 2. Auflage, Stuttgart 1996, Sp. 1923-1930.

Reese, J.: Kapazitätsbelegungsplanung, in: Kern, W., Schröder, H.-H., und Weber, J. (Hrsg.): Enzyklopädie der Betriebswirtschaftslehre, Band 7: Handwörterbuch der Produktionswirtschaft, 2. Auflage, Stuttgart 1996, Sp. 862-873.

Reese, J.: Produktion, in: Corsten, H., und Reiß, M. (Hrsg.): Betriebswirtschaftslehre, München, Wien 1994, S. 737-835.

Reichwald, R., und Dietel, B.: Produktionswirtschaft, in: Heinen, E. (Hrsg.): Industriebetriebslehre - Entscheidungen im Industriebetrieb, 9. Auflage, Wiesbaden 1991, S. 395-622.

Reichwald, R., und Sachenbacher, H.: Durchlaufzeiten, in: Kern, W., Schröder, H.-H., und Weber, J. (Hrsg.): Enzyklopädie der Betriebswirtschaftslehre, Band 7: Handwörterbuch der Produktionswirtschaft, 2. Auflage, Stuttgart 1996, Sp. 362-374.

Riedelbauch, H.: Die fertigungswirtschaftliche Problematik der Partie- und Chargenfertigung, Dissertation, Frankfurt am Main 1956.

Ritchie, E., und Tsado, A. K.: A Review of Lot-Sizing Techniques for Deterministic Time-varying Demand, in: Production and Inventory Management, Heft 3, 1986, S. 65-79.

Robrade, A. D.: Dynamische Einprodukt-Lagerhaltungsmodelle bei periodischer Bestandsüberwachung, Heidelberg 1990.

Rödder, W.: Wirtschaftsmathematik für Studium und Praxis, Band 1, Lineare Algebra, Berlin, Heidelberg, New York et al. 1996.

Rödder, W., und Sommer, G.: Lineare Planungsrechnung, (Teil 1 bis Teil 9), in: Zeitschrift für Betriebswirtschaft, Heft 3, 1975, S. 51-58, Heft 4, 1975, S. 73-80, Heft 5, 1975, S. 97-194, Heft 6, 1975, S. 123-128, Heft 7/8, 1975, S. 147-154, Heft 9, 1975, S. 171-178, Heft 10, 1975, S. 195-202, Heft 11, 1975, S. 219-226, Heft 12, 1975, S. 243-250.

Rohde, V. F.: MRP II und Kanban als Bestandteile eines kombinierten PPS-Systems, Fuchsstadt 1991.

Roschmann, K.: BDE (Betriebsdatenerfassung), in: Kern, W., Schröder, H.-H., und Weber, J. (Hrsg.): Enzyklopädie der Betriebswirtschaftslehre, Band 7: Handwörterbuch der Produktionswirtschaft, 2. Auflage, Stuttgart 1996, Sp. 219-232.

Roschmann, K.: Betriebsdatenerfassung, in: Kern W. (Hrsg.): Enzyklopädie der Betriebswirtschaftslehre, Band 7: Handwörterbuch der Produktionswirtschaft, Stuttgart 1979, Sp. 330-340.

Roschmann, K., und Müller, P. E.: BDE/mdE/Ident-Report. Edition der "FB/IE, Zeitschrift für Unternehmensentwicklung und Industrial Engineering", Darmstadt 1997.

Rössle, W.: Selbstanfertigung oder Fremdbezug, in: Bretschneider, H. (Hrsg.): Einkaufsleiter-Handbuch, München 1974, S. 905-922.

Roth, M.: Materialbedarf und Bestellmenge, 2. Auflage, Wiesbaden 1993.

Salomon, M.: Deterministic Lot-Sizing Models for Production Planning, Berlin 1991.

Scheer, A.-W.: CIM, Computer Integrated Manufacturing, 4. Auflage, Berlin, Heidelberg, New York et al. 1990a.

Scheer, A.-W.: Wirtschafts- und Betriebsinformatik, München 1978.

Scheer, A.-W.: Wirtschaftsinformatik, Referenzmodelle für industrielle Geschäftsprozesse, 6. Auflage, Berlin, Heidelberg, New York et al. 1995.

Schenk, H. Y.: Entscheidungshorizonte in deterministischen, dynamischen Lagerhaltungsmodellen, Heidelberg 1991.

Schläger, W.: Einführung in die Zeitreihenprognose bei saisonalen Bedarfsschwankungen und Vergleich der Verfahren von Winters und Harrison, in: Mertens, P. (Hrsg.): Prognoserechnung, 5. Auflage, Heidelberg 1994, S. 41-55.

Schmidt, A.: Operative Beschaffungsplanung und -steuerung: Konzepte und Entscheidungskalküle, Bergisch Gladbach, Köln 1985.

Schneeweiß, C.: Dynamisches Programmieren, Würzburg, Wien 1974.

Schneeweiß, C.: Einführung in die Produktionswirtschaft, 6. Auflage, Berlin, Heidelberg, New York et al. 1997.

Schneeweiß, C.: Modellierung industrieller Lagerhaltungssysteme, Einführung und Fallstudien, Berlin, Heidelberg, New York 1981.

Schneeweiß, C.: Planung 2, Konzepte der Prozeß- und Modellgestaltung, Berlin, Heidelberg, New York et al. 1992.

Schneider, H.-J. (Hrsg.): Lexikon der Informatik und Datenverarbeitung, 3. Auflage, München, Wien 1991.

Schröder, M.: Einführung in die kurzfristige Zeitreihenprognose und Vergleich der einzelnen Verfahren, in: Mertens, P. (Hrsg.): Prognoserechnung, 5. Auflage, Heidelberg 1994, S. 7-39.

Schulte, C.: Logistik. Wege zur Optimierung des Material- und Informationsflusses, 2. Auflage, München 1995.

Schulz, J.: Disposition von Zulieferteilen der Automobilindustrie in Bandbreiten, in: VDI-Zeitschrift, Heft 6, 1986, S. 49-52.

Schuhmacher, G.: Zur Berücksichtigung des Lernprozesses bei der Ermittlung der optimalen Werkstattlosgröße, in: Zeitschrift für Betriebswirtschaft, Heft 5, 1969, S. 391-400.

Schwarze, J.: Netzplantechnik, Grundlagen der, in: Kern, W., Schröder, H.-H., und Weber, J. (Hrsg.): Enzyklopädie der Betriebswirtschaftslehre, Band 7: Handwörterbuch der Produktionswirtschaft, 2. Auflage, Stuttgart 1996, Sp. 1275-1290.

Schwarze, J.: Netzplantechnik. Eine Einführung in das Projektmanagement, 7. Auflage, Herne, Berlin 1994.

Schweitzer, M. (Hrsg.): Industriebetriebslehre - Das Wirtschaften in Industrieunternehmungen, 2. Auflage, München 1994.

Schweitzer, M.: Industrielle Fertigungswirtschaft, in: Schweitzer, M. (Hrsg.): Industriebetriebslehre - Das Wirtschaften in Industrieunternehmungen, 2. Auflage, München 1994, S. 569-746.

Sedgewick, R.: Algorithmen in C++, Bonn, München, Paris et al. 1992.

Seelbach, H.: Ablaufplanung bei Einzel- und Serienproduktion, in: Kern, W. (Hrsg.): Enzyklopädie der Betriebswirtschaftslehre, Band 7: Handwörterbuch der Produktionswirtschaft, Stuttgart 1979, Sp. 12-28.

Seelbach, H.: Ablaufplanung, Würzburg, Wien 1975.

Seelbach, H.: Termingrobplanung, in: Kern, W., Schröder, H.-H., und Weber, J. (Hrsg.): Enzyklopädie der Betriebswirtschaftslehre, Band 7: Handwörterbuch der Produktionswirtschaft, 2. Auflage, Stuttgart 1996, Sp. 2060-2072.

Seicht, G.: Industrielle Anlagenwirtschaft, in: Schweitzer, M. (Hrsg.): Industriebetriebslehre - Das Wirtschaften in Industrieunternehmungen, 2. Auflage, München 1994, S. 327-445.

Siegel, T.: Optimale Maschinenbelegungsplanung, Berlin 1974.

Siepert, H. M.: Der Einfluß der Losgröße auf die Produktionsplanung in Walzwerken, Köln 1958.

Silver, E. A.: Comments on "A Near-Optimal Lot-Sizing Model", in: Production and Inventory Management, Heft 3, 1983, S. 115-116.

Silver, E. A., und Meal, H. C.: A Heuristic for Selecting Lot Size Quantities for the Case of a Deterministic Time-Varying Demand Rate and Discrete Opportunities for Replenishment, in: Production and Inventory Management, Heft 2, 1973, S. 64-74.

Silver, E. A., und Meal, H. C.: A Simple Modification of the EOQ for the Case of a Varying Demand Rate, in: Production and Inventory Management, Heft 4, 1969, S. 51-55.

Silver, E. A., und Peterson, R.: Decision Systems for Inventory Management and Production Planning, 2. Auflage, New York, Chichester, Brisbane et al. 1985.

Singer, P.: Bewertung von Bestell- bzw. Fertigungsmengenverfahren, in: PPS Management, Heft 1, 1998, S. 71-74.

Soom, E.: Optimale Lagerbewirtschaftung in Industrie, Gewerbe und Handel, Bern 1976.

Stadtler, H.: Hierarchische Produktionsplanung bei losweiser Fertigung, Heidelberg 1988.

Stahlknecht, P., und Hasenkamp, U.: Einführung in die Wirtschaftsinformatik, 8. Auflage, Berlin, Heidelberg, New York et al. 1997.

Stefanic-Allmayer, K.: Die günstige Bestellmenge beim Einkauf, in: Sparwirtschaft, Zeitschrift für den wirtschaftlichen Betrieb, Heft 10, 1927, S. 504-508.

Steinbuch, P. A., und Olfert, K.: Fertigungswirtschaft, 6. Auflage, Ludwigshafen 1995.

Steiner, J.: Optimale Bestellmengen bei variablem Bedarfsverlauf, Wiesbaden 1975.

Steven, M.: Kapazitätsgestaltung und -optimierung, in: Kern, W., Schröder, H.-H., und Weber, J. (Hrsg.): Enzyklopädie der Betriebswirtschaftslehre, Band 7: Handwörterbuch der Produktionswirtschaft, 2. Auflage, Stuttgart 1996, Sp. 874-883.

Stevenson, W. J.: Production / Operations Management, 2. Auflage, Homewood, Illinois 1986.

Stommel, H. J.: Betriebliche Terminplanung, Berlin, New York 1976.

Strebel, H.: Industriebetriebslehre, Stuttgart, Berlin, Köln et al. 1984.

Suchowizki, S. I., und Radtschik, I. A.: Mathematische Methoden der Netzplantechnik, Leipzig 1969.

Taft, E. W.: The Most Economical Production Lot (Formulas for Exact and Approximate Evaluation Handling Cost of Jigs and Interest Charges of Product Manufactured), in: The Iron Age, Heft 5, 1918, S. 1410-1412.

Tempelmeier, H.: Material-Logistik, Grundlagen der Bedarfs- und Losgrößenplanung in PPS-Systemen, 3. Auflage, Berlin, Heidelberg, New York et al. 1995.

ter Haseborg, F.: Dynamische Materialdisposition im Beschaffungsbereich, in: Zeitschrift für Betriebswirtschaft, Heft 10, 1990, S. 705-730.

ter Haseborg, F.: Optimale Lagerhaltungspolitiken für Ein- und Mehrproduktläger: Strukturen, Algorithmen und Planungshorizonte bei verschiedenen Mengenrabatten und deterministisch schwankendem Bedarf, Göttingen 1979.

Tersine, R. J.: Principles of Inventory and Materials Management, 2. Auflage, New York, Amsterdam, London 1982.

Tersine, R. J.: Production/Operations Management: Concepts, Structure and Analysis, 2. Auflage, New York, Amsterdam, Oxford 1985.

Tersine, R. J., und Toelle, R. A.: Lot Size Determination With Quantity Discounts, in: Production and Inventory Management, Heft 3, 1985, S. 1-23.

Thuy, N. H. C., und Schnupp, P.: Wissensverarbeitung und Expertensysteme, München, Wien 1989.

Trux, W. R.: Einkaufs- und Lagerdisposition mit Datenverarbeitung - Bedarf, Bestand, Bestellung, Wirtschaftlichkeit, 2. Auflage, München 1972.

Trux, W. R.: Elektronische Datenverarbeitung in der Materialwirtschaft des Industriebetriebes, in: Zeitschrift für Datenverarbeitung, Heft 2, 1966, S. 94-106.

Uhlig, R. J.: Erstellen von Ablaufsteuerungen für Chargenprozesse mit wechselnden Rezepturen, in: Automatisierungstechnische Praxis, Heft 1, 1987, S. 17-23.

Vahrenkamp, R.: Produktionsmanagement, 3. Auflage, München, Wien 1998.

Voigt, G.: Optimale Lagerbestände - Andler ist nicht tot, in: Beschaffung aktuell, Heft 2, 1993, S. 23-25.

Vossebein, U.: Intensivtraining Materialwirtschaft und Produktionstheorie, Wiesbaden 1997.

Wagner, G.: Netzplantechnik in der Fertigung, Planung und Steuerung industrieller Projekte und deren Projektablauf, Zeit-, Kapazitäts- und Kostenplanung, München 1968.

Wagner, H. M., und Whitin, T. M.: A Dynamic Version of the Economic Lot Size Model, in: Management Science, Heft 10, 1958a, S. 89-96.

Wagner, H. M., und Whitin, T. M.: Dynamic Problems in the Theory of the Firm, in: Naval Research Logistics Quaterly, Heft 11, 1958b, S. 53-74.

Wandmacher, J.: Software-Ergonomie, Mensch, Computer, Kommunikation, Grundwissen 2, Berlin, New York 1993.

Warnecke, H. J.: Der Produktionsbetrieb 1 - Organisation, Produkt, Planung, 3. Auflage, Berlin, Heidelberg, New York et al. 1995.

Warnecke, H. J.: Der Produktionsbetrieb. Eine Industriebetriebslehre für Ingenieure, Berlin, Heidelberg, New York et al. 1984.

Wäscher, G.: Zeitkomponenten, faktor- und auftragsbezogene, in: Kern, W., Schröder, H.-H., und Weber, J. (Hrsg.): Enzyklopädie der Betriebswirtschaftslehre, Band 7: Handwörterbuch der Produktionswirtschaft, 2. Auflage, Stuttgart 1996, Sp. 2288-2306.

Weber, A.: Strategien der Sammelbestellung bei der Lagerhaltung, Saarbrücken 1968.

Weber, H. K.: Industriebetriebslehre, 2. Auflage, Wiesbaden 1996.

Weber, J.: Fehlmengenkosten, in: Kostenrechnungspraxis, Heft 1, 1987, S. 13-18.

Weber, J.: Logistik-Controlling, 4. Auflage, Stuttgart 1995.

Weber, K.: Prognosemethoden und -Software, Wissenschaftliche Schriften: Reihe 2, Betriebswirtschaftliche Beiträge, Bd. 127, Idstein 1991.

Weber, R.: Zeitgemäße Materialwirtschaft mit Lagerhaltung: Flexibilität, Lieferbereitschaft, Bestandsreduzierung, Kostensenkung - Das deutsche Kanban, 2. Auflage, Ehningen 1992.

Weiss, K.: Die wirtschaftliche Bestellmenge, in: Zeitschrift für betriebswirtschaftliche Forschung, Heft 6, 1967, S. 381-389.

Wemmerlöv, U.: A Comparison of Discrete, Single Stage Lot-Sizing Heuristics with Special Emphasis on Rules Based on the Marginal Cost Principle, in: Engineering Costs and Production Economics, Heft 1, 1982, S. 45-53.

Wemmerlöv, U.: Comments on "A Near-optimal Lot-Sizing Model", in: Production and Inventory Management, Heft 3, 1983, S. 117-121.

Wemmerlöv, U.: The Ubiquitous EOQ - Its Relation to Discrete Lot-Sizing Heuristics, in: International Journal of Operations and Production Management, Heft 3, 1981, S. 161-179.

Whitin, T. M.: The Theory of Inventory Management, New York 1953.

Wiendahl, H.-P.: Betriebsorganisation für Ingenieure, 4. Auflage, München, Wien 1997.

Wight, O. W.: Production and Inventory Management in the Computer Age, Boston, Massachusetts 1974.

Wildemann, H.: Das JIT-Konzept als Wettbewerbsfaktor, in: Fortschrittliche Betriebsführung und Industrial Engineering, Heft 2, 1987, S. 52-58.

Wildemann, H.: Das Just-In-time Konzept, Produktion und Zulieferung auf Abruf, 4. Auflage, München 1995a.

Wildemann, H.: Produktion auf Abruf - Werkstattsteuerung nach japanischen Kanban-Prinzipien, in: Arbeitsvorbereitung, Heft 1, 1983, S. 3-8.

Wildemann, H.: Produktionssynchrone Beschaffung, Einführungsleitfaden, 3. Auflage, München 1995b.

Wille, H., Gewald, K., und Weber, H. D.: Netzplantechnik, Band 1: Zeitplanung, München, Wien 1972.

Wissebach, B.: Beschaffung und Materialwirtschaft, Herne, Berlin 1977.

Würkert, M.: Software-Engineering, in: Horn, C., und Kerner, I. O. (Hrsg.): Lehr- und Übungsbuch Informatik, Band 3, Praktische Informatik, München, Wien 1997, S. 43-106.

Yanasse, H. H.: EOQ Systems: the Case of an Increase in Purchase Cost. Journal of the Operational Research Society, Heft 12, 1990, S. 633-637.

Zäpfel, G.: Grundzüge des Produktions- und Logistikmanagements, Berlin, New York 1996.

Zäpfel, G.: Produktionswirtschaft - Operatives Produktions-Management, Berlin, New York 1982.

Zeile, H.: Zur Bestimmung der optimalen Losgröße, Teil 2: Produktionsarten und Varianten von Lagerbeständen, in: Zeitschrift für wirtschaftliche Fertigung, Heft 3, 1992, S. 116-118.

Zelewski, S.: Komplexitätstheorie als Instrument zur Klassifizierung und Beurteilung von Problemen des Operations Research, Braunschweig, Wiesbaden 1989.

Zelewski, S.: Komplexitätstheorie, in: Mertens, P., Back, A., Becker, J., et al. (Hrsg.): Lexikon der Wirtschaftsinformatik, 3. Auflage, Berlin, Heidelberg, New York et al. 1997, S. 230-232.

Zibell, R. M.: Just-In-Time, Philosophie, Grundlagen, Wirtschaftlichkeit, München 1990.

Zilahi-Szabó, M. G.: Grundzüge der Wirtschaftsinformatik, München, Wien 1998.

Zimmermann, W.: Lagerhaltungs- und Beschaffungsprobleme, in: Zeitschrift für wirtschaftliche Fertigung, Heft 6, 1973, S. 200-207.

Zimmermann, W.: Operations Research. Quantitative Methoden zur Entscheidungsvorbereitung, 8. Auflage, München, Wien 1997.

Zoller, K., und Robrade, A.: Dynamische Bestellmengen- und Losgrößenplanung, Verfahrensübersicht und Vergleich, in: OR Spektrum, Heft 4, 1987, S. 219-233.

Zwehl, W. v.: Kostentheoretische Analyse des Modells der optimalen Bestellmenge, Wiesbaden 1973.

Zwehl, W. v.: Losgrößen, wirtschaftliche, in: Kern, W. (Hrsg.): Enzyklopädie der Betriebswirtschaftslehre, Band 7: Handwörterbuch der Produktionswirtschaft, Stuttgart 1979, Sp. 1163-1182.

Stichwortverzeichnis

A

ABC-Analyse 21
Absatzprogramm 12
Adaptionsverfahren 65
Aggregation von Daten 17
Akzeptanz der Software 16
Alternativ optimale Lösungen 261
Alternativarbeitsplänen, Nutzung von ... 37
Alternativen, zusätzliche, in nachfolgenden PPS-Modulen 265
Alternativenmenge, Erweiterung der ... 263
A-Materialien 22
Andler-Verfahren 75
Anlaufkosten 46
Anpassung, intensitätsmäßige 38
Anpassung, quantitative 38
Anpassung, zeitliche 38
Anpassungsalgorithmen 295
Anpassungsfähigkeit 250
Anpassungsmöglichkeiten, zusätzliche, in nachfolgenden PPS-Modulen 265
Antwortzeit des Rechners 296
Anzahl der optimalen Auflagekombinationen 189
Arbeitsgängen, Splitten von 38
Arbeitspläne 37
Arbeitsplanung, computergestützte .. 37; 41
Artefakt 15
Assoziationsfähigkeit 294
Aufbau, modulweiser 8
Auflagehäufigkeit 81
Auflagekombination 154
Auflagekombinationen, Anordnung 165
Auflagekombinationen, Anzahl der 155; 158; 198
Auflagekombinationen, Anzahl der optimalen 189
Auflagekombinationen, Ausweichen auf alternative 261
Auflagekombinationen, nächstbeste 275
Auflagekombinationen, optimale 188; 272
Auflagekombinationen, Planungsaufwand bei Verwendung alternativer .. 283
Auflagekombinationen, Reduzierung der möglichen 159

Auflagekombinationen, Speicherung der 168; 202
Auflagekombinationen, Verwendung von alternativen, Beispiel 278
Auflageperioden, Vektor der 154
Auflagepolitik 154
Auflagevariante 154
Auflagezyklus 81
Auflösungsvermögen, zeitliches, des Menschen 296
Aufträge, freigegebene 39
Aufträgen, Splitten von 38
Auftragsannahme, Auftragsbearbeitung 11
Auftragsfreigabe 9; 280
Auftragsfreigabe, zusätzliche Entscheidungsspielräume 280
Auftragsgröße 33
Auftragsgrößenplanung 44
Ausgangsdaten, Änderung der 15
Ausschuß, Zusatzbedarf für 31
Ausschußanteil 32
Ausschußprozentsatz 30
Ausweichbetriebsmittel 38
Axsäter-Saving-Verfahren 111

B

Back order-Fall 52
BDE 40
Bearbeitungsreihenfolge, optimale 39
Bearbeitungszeitmatrix 345
Bedarf, regelmäßiger 24
Bedarf, schwankender 24
Bedarf, unregelmäßiger 24
Bedarfsdeckung, ständige 55
Bedarfsermittlung, programmgebundene 19
Bedarfsermittlung, verbrauchsgebundene 20
Bedarfsmengen, zeitliche Differenzierung 84; 131
Bedarfsmengenvektor 163
Bedarfsplanung, ungenaue 25
Bedarfsverlauf, konstanter 78
Bedarfsverlauf, sporadischer 15
Bedarfsverlauf, unregelmäßiger 15
Bedarfsverlauf, variabler 85
Bellmansche Funktionalgleichung 88

Benutzerführung, flexible Losgrößen-
 planung..254
Beschaffung, Konditionen der................42
Beschaffungsbereich...............................41
Beschaffungshöchstmengen 325; 328
Beschaffungslosgröße..............................33
Beschaffungsobergrenzen.............325; 328
Beschaffungsprogramm..........................12
Besetzungsdichte...................................203
Besetzungsdichte, Grenzwert...............204
Bestandsführung.....................................30
Bestellauftrag..34
Bestellbestand..59
Bestellfixe Kostensätze, schwan-
 kende..310
Bestellgrenze..59
Bestellhäufigkeit....................................81
Bestellmenge..33
Bestellmengen, maximale....................328
Bestellmengenoptimierung, gleitende ..104
Bestellmengenverfahren, dyna-
 misches..104
Bestellpolitiken......................................58
Bestellpunkt...59
Bestellpunktverfahren...........................59
Bestellrhythmusverfahren.....................59
Bestellrhythmusverfahren, modifi-
 ziertes..60
Bestellrhythmusverfahren, unmodi-
 fiziertes..60
Bestellsysteme.......................................58
Bestellzyklus..81
Beteiligung, interaktive.......................152
Betrachtungsweise, diskrete..........69; 117
Betrachtungsweise, kontinuier-
 liche..68; 117
Betrachtungszeitraum.......................9; 95
Betriebsdatenerfassung.....................9; 40
Betriebsdatenkontrolle......................9; 40
Betriebsmittel..33
Betriebsstoffe..20
Bewältigung von Modellierungs-
 lücken..253
Bewertung des neuen Losgrößen-
 verfahrens...285
Bewertung hinsichtlich der Flexi-
 bilität..293
Bewertung hinsichtlich der Opti-
 malität..286
Bewertung hinsichtlich der Rechen-
 zeit..296

Bezugskosten, mengenvariable.............43
B-Materialien..22
Bruttobedarf, Bruttobedarfsmengen.......28
Bruttobedarfsermittlung, Bruttobe-
 darfsrechnung.......................................28
Brutto-Einkaufspreis.............................43
Brutto-Netto-Rechnung.........................30

C

CAD...41
CAM..41
CAP...41
CAQ..41
CAx-Bereich, CAx-Funktionen.............41
Chargenaspekte in der Losgrößen-
 planung..67
Chargengröße..67
CIM-Konzept..41
C-Materialien..22
Computer Aided Design.......................41
Computer Aided Manufacturing...........41
Computer Aided Planning....................41
Computer Aided Quality Assurance.....41
Computer Integrated Manufacturing....41
Cost-Balancing-Verfahren..................106

D

Daten, Aggregation von........................17
Daten, valide...15
Datenverlauf, regelmäßiger..................13
Datenverlauf, trendförmiger.................13
Datenverlaufs, Änderung des...............16
Deckungsbeitragsgesichtspunkte....17; 18
Dekomposition................................17; 89
Detaillierungsgrad der Losgrößen-
 planung..302
Detaillierungsgrad der Produktions-
 planung und -steuerung..........................9
Deterministische Losgrößenverfahren
 mit Kostenminimierungsvor-
 schrift...64; 68
Deterministische Losgrößenverfahren
 ohne Kostenminimierungsvor-
 schrift...63; 64
Deterministische Losgrößenverfahren,
 Implementierungshäufig-
 keiten.....................................59; 64; 72
Deterministische Losgrößenverfahren,
 Klassifizierung....................................69
Dialogkomponente, Integration der....253
Dialogorientierte Losgrößenplanung...294

Disponenten, Stärken des 294
Dispositionen, bestandsgesteuerte 58
Dispositionsart, Festlegung der 19; 25
Dispositionsspielraum, erweiterter,
   in nachfolgenden PPS-Modulen 265
Dispositionsspielräume, zusätzliche 261
Doppellösung 316
Durchlaufterminierung 36; 268
Durchlaufterminierung, Strukturie-
   rung bei Verwendung alternativer
   Losgrößenkombinationen 269
Durchlaufterminierung, zusätzliche
   Entscheidungsspielräume 269
Durchlaufzeit.. 36
Durchlaufzeitverkürzung, Methoden
   zur 37
Dynamische Losgrößenheuristiken 103
Dynamische Losgrößenheuristiken,
   Akzeptanz in der Praxis 140
Dynamische Losgrößenheuristiken,
   Bewertung 132; 138
Dynamische Losgrößenheuristiken,
   Kurzsichtigkeit 133
Dynamische Losgrößenheuristiken,
   Rechenzeiten 139; 142; 144
Dynamische Losgrößenverfahren,
   Bewertung 152
Dynamische Losgrößenverfahren,
   Implementierungshäufigkeiten 74
Dynamische Losgrößenverfahren,
   Modellklasse 87
Dynamische Losgrößenverfahren,
   Nachteile 150
Dynamische Optimierung, Dynamische
   Programmierung 88
Dynamisches Bestellmengenverfahren 104
Dynamisches Losgrößenproblem,
   Monotonieeigenschaft 96

E

EDV, Stärken der 294
Eigenerstellung, Eigenfertigung 33
Einordnung der Losgrößenplanung 7
Einprodukt-Losgrößenproblem,
   einstufiges 87
Einprodukt-Losgrößenverfahren,
   Einprodukt-Modell 78
Einstandskostenvektor 359
Einstandspreis 43
Einstandspreise, schwankende 353
Einzelbeschaffung im Bedarfsfall 66

Einzelproduktion im Bedarfsfall............ 66
Endprodukte 11
Entscheidungsalternativen, zusätz-
   liche 263
Entscheidungsbaumverfahren 88
Entscheidungshorizont 95; 101; 135
Entscheidungshorizont-
   theorem 95; 101; 135; 137
Entscheidungsprozeß, interaktiver 294
Entscheidungsraum, Erweiterung 262
Entscheidungsspielraum, erweiterter,
   in nachfolgenden PPS-Modulen 265
Entscheidungsunterstützung, inter-
   aktive 253
Enumeration, begrenzte 157
Enumeration, vollständige 154; 156
Erfahrungswerte 15
Ersatzziele, zeitliche oder mengen-
   orientierte 7
Erweiterungsansatz zur Losgrößen-
   planung, Definition 251
Erweiterungsansatz, integrierter, zur
   Losgrößenplanung 367
Erweiterungsansätze für das Harris-
   Verfahren 81
Erweiterungsmöglichkeiten, zukünftige,
   des neuen Losgrößenverfahren 406
Exponentielle Glättung erster Ord-
   nung 13
Exponentielle Glättung zweiter Ord-
   nung 13

F

Fehlmengen 127
Fehlmengen, Berücksichtigung von 55
Fehlmengenkosten 51
Fehlmengenkosten, direkte 52
Fehlmengenkosten, Einbeziehung von... 55
Fehlmengenkosten, indirekte 52
Fehlmengenkosten, Klassifizierung 54
Fehlmengenkosten, Quantifizierbarkeit. 56
Fehlmengenkostensatz 56
Feintermin- und Reihenfolgeplanung,
   zusätzliche Entscheidungsspiel-
   räume 282
Feinterminplanung 10; 39; 282
Fertigstellungszeitpunkte 36
Fertigung, automatisierte bzw.
   computerintegrierte 41
Fertigung, intermittierende 33
Fertigungsaufträge, freigegebene 39

Fertigungsbeginn 36
Fertigungseinzelkosten 44
Fertigungsgemeinkosten 44
Fertigungslosgröße 33
Fertigungsrestriktionen 343
Fertigungssteuerung 9; 39
Flexibilisierung 251
Flexibilisierung der Losgrößen-
  planung 250
Flexibilisierung, Grundlage der 151
Flexibilität 151; 250; 285; 293
Flexibilität bei Situationsänderungen
  bzw. Störungen 284
Flexibilität bei Störungen 284
Flexibilität der Losgrößenent-
  scheidung 250
Flexibilität, Erhöhung der, in der
  Produktionsplanung und -steue-
  rung 250; 258
Flexibilitätspotentiale 152; 294
Flexibilitätspotentiale, Voraus-
  setzungen der Nutzung 252
Flexibilitätsspielraum bei unzuläs-
  sigen Losgrößenkombinationen 396
Flexible Losgrößenplanung 253
Flexible Losgrößenplanung, Benutzer-
  führung 254
Freeland-Colley-Verfahren 111
Fremdbezug 33
Funktionalgleichung, Bellmansche 88

G

Gaither-Verfahren 111
Gebrauchsgüter 33
Gesamtkostenvektor, Beispiel 194
Gesamtoptimum 8
Gewinngesichtspunkte 18
Gewinnmaximierend 7
Gewinnmaximum 18
Glättungsparameter 16
Gleitende Bestellmengenoptimie-
  rung 104
Gleitende wirtschaftliche Losgröße 104
Goodwill-Verluste 52
Groff-Heuristik 109
Groff-Verfahren 109; 133; 142
Groff-Verfahren, Implementierungs-
  häufigkeit 72
Grundbestand 61
Grundmodell, dynamisches 84
Grundmodell, statisches 75

H

Handelsprodukte, Handelsware 11
Handlungsalternativen, zusätzliche ... 263
Handlungsalternativen, zusätzliche,
  in nachfolgenden PPS-Modulen 265
Harris-Verfahren 75; 142
Harris-Verfahren bei dynamischen
  Losgrößenproblemen 83; 112
Harris-Verfahren, Akzeptanz in der
  Praxis 116
Harris-Verfahren, Bewertung 112
Harris-Verfahren, Erweiterungsan-
  sätze 81
Harris-Verfahren, Implementierungs-
  häufigkeit 72; 74; 131
Harris-Verfahren, Kostenermittlung ... 125
Harris-Verfahren, Kritik 117
Harris-Verfahren, Prämissen 78
Harris-Verfahren, relevante Gesamt-
  kosten 125
Harris-Verfahren, Sensitivitäts-
  aussagen 113; 123
Herstellkosten 44
Heuristische Losgrößenverfahren 103
Heuristische Losgrößenverfahren,
  Akzeptanz in der Praxis 140
Heuristische Losgrößenverfahren,
  Bewertung 132; 138
Heuristische Losgrößenverfahren,
  Implementierungshäufigkeiten 72
Heuristische Losgrößenverfahren,
  Kurzsichtigkeit 133
Heuristische Losgrößenverfahren,
  Rechenzeiten 139; 142; 144
Hilfsstoffe 20
Höchstlagermenge 61
Horest-Verfahren 111

I

Incremental Part-Period-Verfahren ... 111
Incremental-Order-Algorithmus 111
Input-Output-Relationen 18
Integration der Dialogkomponente ... 253
Integrierte Ermittlung der relevanten
  Gesamtkosten 206
Integrierte, spaltenorientierte Ermitt-
  lung der relevanten Gesamtkosten ... 207
Integrierte, zeilenorientierte Ermitt-
  lung der relevanten Gesamtkosten ... 217

Integrierter Erweiterungsansatz zur Losgrößenplanung 367
Interaktiv 152; 253; 294
Interaktive Beteiligung des Entscheidungsträgers 152; 252
Interaktive Entscheidungsunterstützung 253
Interaktive Losgrößenentscheidung, Beispiele 255
Interaktive Losgrößenplanung 253
Interaktiver Entscheidungsprozeß 152; 255; 294
Interdependenzen, sachliche und zeitliche 8

J

Just-in-Time-Belieferung 327

K

Kapazität, verfügbare 38
Kapazitätsabgleich 9; 37; 275
Kapazitätsabgleich, Strukturierung bei Verwendung alternativer Losgrößenkombinationen 276
Kapazitätsabgleich, zusätzliche Entscheidungsspielräume 276
Kapazitätsabgleichs, Methoden des 38
Kapazitätsangebot 37
Kapazitätsbelastung, Ober- und Untergrenzen 348
Kapazitätsbelastungsmatrix 337
Kapazitätsgrobplanung 18
Kapazitätsnachfrage 38
Kapazitätsnivellierungsproblem 38
Kapazitätsplanung, kurzfristige 37
Kapazitätsrestriktionen 18; 38
Kapazitätsrestriktionen im Fertigungsbereich 343
Kapazitätsrestriktionen im Lager- und Transportbereich 336
Kapitalbindungskosten 51
Klassisches Losgrößenmodell, Prämissen 78
Kleinste-Quadrate-Methode 13
Kombinationsmöglichkeiten der Erweiterungsansätze 368
Kombinierbarkeit, beliebige, der Erweiterungsansätze 366
Kombinierbarkeit, beliebige, der Erweiterungsansätze, Beispiel 383
Komplexität 198

Komplexitätsklassen 198
Komplexitätstheorie 198
Kontrollpunkt 59
Kontrollpunktverfahren 59
Kontrollrhythmusverfahren 59
Koordinaten- und Listenverarbeitungsmöglichkeiten 242
Koordinatentechnik 225
Koordinatentechnik, planungszeitraumorientierte 238
Koordinatentechnik, spaltenorientierte 234
Koordinatentechnik, zeilenorientierte 226
Kosten der Materialwirtschaft, relevante 79
Kosten in der Losgrößenplanung 42
Kosten, auftragsgrößenunabhängige 44
Kosten, bestellfixe 45
Kosten, bestellmengenunabhängige 44
Kosten, entscheidungsunabhängige 42
Kosten, fixe 42
Kosten, kalenderzeitproportionale 42
Kosten, losfixe 45
Kosten, losvariable 44
Kostenausgleichsverfahren 106; 142
Kostenausgleichsverfahren, Implementierungshäufigkeit 72
Kosteneinsparungspotentiale durch tagesgenaue Losgrößenplanung 310
Kostensatz, bestellfixer 45
Kreativität des Disponenten 294

L

Lagerabgangsrate 78
Lagerbestand, disponierbarer 31
Lagerbestand, durchschnittlicher 81
Lagerbestand, frei verfügbarer 31
Lagerbestandsveränderungen 12
Lagerbilanzgleichung 86
Lagerdispositionen, verbrauchsorientierte 58
Lagerhaltungskosten 48
Lagerhaltungskosten in Abhängigkeit von den Auflagekombinationen 180
Lagerhaltungskosten, Ermittlung der 125
Lagerhaltungskosten, mengen- und zeitabhängige 48
Lagerhaltungskosten, tagesgenaue 303
Lagerhaltungskosten, wert- und zeitabhängige 48

Lagerhaltungsmodell, dynamisches 84
Lagerhaltungsmodelle, stochastische 57
Lagerhaltungspolitiken 58
Lagerhaltungspolitiken, Beurteilung 62
Lagerhaltungspolitiken, Implementierungshäufigkeiten 59
Lagerhaltungsstrategien 58
Lagerkosten 49
Lagerkosten in Abhängigkeit von den Auflagekombinationen 187
Lagerkostensatz 49
Lagerkostensatz auf Tagesbasis 303
Lagerkostensätze, schwankende 317
Lagerrestriktionen 336
Lagerschwund, Zuschlag für 31
Lagerungsdauer 180
Lagerungsdauer, tagesgenaue 303
Lagerungskosten 49
Lagerungsmatrix bei schwankenden Lagerkostensätzen 318
Lagerungsmatrix bei schwankenden Preisen 356
Lagerungsmatrix bei tagesgenauer Losgrößenplanung 303
Lagerungsmatrix, Beispiel 182
Lagerungsmatrix, Ermittlung der 180
Lagerzugänge, geplante 31
Lagerzugangsrate 78
Laufzeit 198
Least-Unit-Cost-Verfahren 104
Lieferabrufsysteme 327
Lieferbereitschaft, ständige 55
Lineare Optimierung, Lineare Programmierung 17
Listentechnik, spaltenorientierte 235
Listentechnik, zeilenorientierte 231
Los für Los-Verfahren 65
Losgröße 33
Losgröße nach Harris, optimale 79
Losgrößen, Vorgabe von festen 66
Losgrößenentscheidung, interaktive, Beispiele 255
Losgrößenentscheidung, optimale 286
Losgrößenentscheidungen, Analogie von 34
Losgrößenfestlegung ohne Berücksichtigung von Kostenaspekten 65
Losgrößenfestlegung, intuitive 65
Losgrößenformel, klassische 75
Losgrößenheuristiken, Akzeptanz in der Praxis 140

Losgrößenheuristiken, Bewertung 132; 138
Losgrößenheuristiken, dynamische 103
Losgrößenheuristiken, Implementierungshäufigkeiten 72
Losgrößenheuristiken, Kurzsichtigkeit 133
Losgrößenheuristiken, Rechenzeiten 139; 142; 144
Losgrößenkombination, optimale 295
Losgrößenkombinationen, Ausweichen auf alternative 261
Losgrößenkombinationen, nächstbeste 261; 275
Losgrößenkombinationen, unzulässige, Zusatzinformationen über ... 396
Losgrößenmatrix 325
Losgrößenoptimierung 35
Losgrößenoptimierung, Aufgabe der 50
Losgrößenoptimierung, Notwendigkeit der 49
Losgrößenplanung bei Beschaffungsrestriktionen 325
Losgrößenplanung bei Beschaffungsrestriktionen, Beispiel 332
Losgrößenplanung bei Fertigungsrestriktionen 343
Losgrößenplanung bei Fertigungsrestriktionen, Beispiel 348
Losgrößenplanung bei Lagerrestriktionen 336
Losgrößenplanung bei Lagerrestriktionen, Beispiel 341
Losgrößenplanung bei schwankenden bestellfixen Kostensätzen 310
Losgrößenplanung bei schwankenden Lagerkostensätzen 317
Losgrößenplanung bei schwankenden Lagerkostensätzen, Beispiel 321
Losgrößenplanung bei schwankenden Preisen 353
Losgrößenplanung bei schwankenden Preisen, Beispiel 360
Losgrößenplanung bei schwankenden Rüstkostensätzen 310
Losgrößenplanung bei schwankenden Rüstkostensätzen, Beispiel 312
Losgrößenplanung bei schwankenden variablen Stückherstellkosten 353
Losgrößenplanung bei Transportrestriktionen 336

Losgrößenplanung bei Transportrestriktionen, Beispiel 341
Losgrößenplanung bei variablen Periodenlängen 301
Losgrößenplanung bei variablen Periodenlängen, Beispiel 306
Losgrößenplanung in der betrieblichen Praxis 1
Losgrößenplanung mit beliebiger Kombinierbarkeit der Erweiterungsansätze 366
Losgrößenplanung mit beliebiger Kombinierbarkeit der Erweiterungsansätze, Beispiel 383
Losgrößenplanung, Aufgabe der 33
Losgrößenplanung, Chargenaspekte 67
Losgrößenplanung, deterministische 63
Losgrößenplanung, dialogorientierte ... 294
Losgrößenplanung, dynamische 68
Losgrößenplanung, Einbettung der 10
Losgrößenplanung, einstufige 78
Losgrößenplanung, flexible 253
Losgrößenplanung, flexible, Benutzerführung 254
Losgrößenplanung, Grundmodell der 75
Losgrößenplanung, interaktive............. 253
Losgrößenplanung, statische............ 68; 75
Losgrößenplanung, tagesgenaue 302
Losgrößenplanung, Ziel der 79
Losgrößenpolitiken, stochastische 57
Losgrößen-Saving-Verfahren................ 111
Losgrößenverfahren mit Kostenminimierungsvorschrift............... 64; 68
Losgrößenverfahren ohne Kostenminimierungsvorschrift........... 63
Losgrößenverfahren, bisherige, Nachteile 150
Losgrößenverfahren, deterministische ... 57
Losgrößenverfahren, dynamische 69
Losgrößenverfahren, dynamische, Bewertung....................... 150; 152
Losgrößenverfahren, einstufiges........... 78
Losgrößenverfahren, Flexibilität 151
Losgrößenverfahren, heuristische 103
Losgrößenverfahren, Klassifizierung der 57
Losgrößenverfahren, klassisches 75
Losgrößenverfahren, neues, Beispiel ... 192
Losgrößenverfahren, neues, Bewertung 285

Losgrößenverfahren, neues, Entwicklung 151
Losgrößenverfahren, neues, Erweiterungen 301
Losgrößenverfahren, neues, Grundlagen................ 153
Losgrößenverfahren, neues, Prämissen................ 152
Losgrößenverfahren, neues, Rechenzeiten................ 297
Losgrößenverfahren, neues, Ziel......... 151
Losgrößenverfahren, statisches............ 75
Losgrößenverfahren, stochastische 57
Losgrößenverfahren, verbrauchsorientierte 58
Losgrößenverfahren, Zeitmessungen ... 142
Lossplitting, Losspplittung 37
Lost sales-Fall 52
Lösung, (modell-)optimale................ 150
Lösungen, alternativ optimale............ 261
Lösungszeitbedarf, Aufwandsabschätzung 198
Loszyklen, nicht-ganzzahlige....... 120; 125

M

Make-or-Buy-Entscheidung................ 35
Master Production Schedule 11
Material Requirements Planning............ 18
Materialarten................ 22
Materialarten, Zuordnung der 24
Materialbedarfsermittlung, Dispositionsart der................ 22
Materialbedarfsplanung 18
Materialbedarfsplanung, programmgebundene 19
Materialbedarfsplanung, ungenaue 25
Materialbedarfsplanung, verbrauchsgebundene 19
Materialbereitstellung, einsatzsynchrone 65
Materialeinzelkosten................ 44
Materialgemeinkosten................ 44
Materialien mit regelmäßigen Bedarfsverläufen................ 26
Materialien mit schwankenden Bedarfsverläufen................ 26
Materialien mit unregelmäßigen Bedarfsverläufen................ 26
Materialien, Reservierungen der............ 31
Materialkosten................ 43
Materialpositionen, zu disponierende 24

Maximale Losgröße, Maximallosgröße 67
Mehrfachlösungen 287; 316
Mehrfachlösungen, Beispiele 288; 290
Mehrfachlösungen, Parameterausprägungen für 290
Meldebestand 59
Meldebestandsverfahren 58
Mengentheorem 91
Menschliche Wahrnehmungszeit 298
Mensch-Maschine-Dialog 253
Methode der kleinsten Quadrate 13
Mindestabnahme 327
Mindestbestellmengen 325
Mindestbestellmengen, losgrößenorientierte 328
Mindestbestellmengen, periodenorientierte 327
Mindestlosgröße 67
Minimum der relevanten Gesamtkosten 188
Mittelwertbildung, gleitende 13
Modell, diskretes 117
Modell, einstufiges 78
Modell, kontinuierliches 117
Modellierungslücken, Bewältigung von 253
modelloptimal 150
Modellverdichtung 17
Modellvereinfachung 251
Modularisierung 8
Modulbegriff 8
Module der PPS-Systeme 9
Modulunabhängigkeit 8
Monotonieeigenschaft des dynamischen Losgrößenproblems 96; 100
MPS 11
MRP I 18

N

Nächstbeste Losgrößenkombinationen 261; 275
Näherungsverfahren, Akzeptanz in der Praxis 140
Näherungsverfahren, Bewertung der 132; 138
Näherungsverfahren, dynamische 103
Näherungsverfahren, Implementierungshäufigkeiten 72
Näherungsverfahren, Kurzsichtigkeit ... 133

Näherungsverfahren, Rechenzeiten 139; 142; 144
Nervosität der Planung 134; 136
Nettobedarf, Nettobedarfsmengen 30; 32
Nettobedarfsermittlung, Nettobedarfsrechnung 19; 30
Netto-Einkaufspreis 43
Nichtnullelemente, Anzahl der 203
Nullelemente, Anzahl der 202
Nullelemente, prozentualer Anteil 204

O

O-Notation 199
Optimale Losgrößenentscheidung 286
Optimale Losgrößenkombination 295
Optimale Lösung des isolierten Losgrößenproblems 259
Optimalität der Lösungen 286
Optimierung, Dynamische 88
Optimierung, Lineare 17
Optimierung, sequentielle 89

P

Part-Period-Verfahren 106
Periodeneinteilung des Planungszeitraums 78; 85; 131
Periodeneinteilung, starre 302
Periodenlängen, variable 301
Planning Horizon Theorem 95
Planung 7
Planung, Detaillierungsgrad der 9; 10
Planung, Nervosität der 134; 136
Planung, rollende bzw. rollierende 10; 97; 133
Planung, simultane 17
Planungs- und Steuerungsmodule 12
Planungsaufwand bei Verwendung alternativer Auflagekombinationen 283
Planungsfensters, Verschiebung des 10; 134
Planungsflexibilität 152
Planungshorizont 95
Planungshorizonttheorem 95
Planungsstufen der PPS-Systeme 7; 8
Planungsstufen, Abhängigkeiten zwischen 8
Planungsstufen, Erläuterung der 10
Planungszeitraum 95
Planungszeitraum, starre Einteilung 302

Planungszeitraumorientierte Koordinatentechnik 238
Potentialfaktoren 33
PPS-Systeme, PPS-Konzept 7; 10
Praktikerregeln 63
Preise, schwankende 353
Preisvektor 359
Primärbedarfsmengen 11
Primärbedarfsplanung 9; 11
Primärbedarfsprognosen, Qualität der ... 16
Problemkomplexität 198
Produkt 11
Produktart 11
Produkte, eigenerstellte 11
Produkte, fremdbezogene 11
Produktion, losweise 33
Produktionsauftrag 34
Produktionskoeffizienten 18
Produktionskosten 44
Produktionsplanung 9
Produktionsplanung und -steuerung,
    Stufen der 10
Produktionsplanungs- und -steuerungssysteme, Aufgabe 7
Produktionsprogramm 12
Produktionssteuerung 9
Prognose, Berücksichtigung von
    Sondereffekten 16
Prognose, Zuverlässigkeit der 17
Prognoseergebnisse, nachträgliche
    Veränderbarkeit der 16
Prognosefehlers, Höhe des 16
Prognosefehlers, Streuung des 17
Prognosemethoden 13
Prognosequalität, Messung der 16
Prognoseverfahren 13
Prognoseverfahren, Auswahl geeigneter 14
Prognoseverfahrens, Qualität eines 17
Programmierung, Dynamische 88
Programmierung, Lineare 17
Prozeß, interaktiver 152; 255

Q

Qualitätssicherung, computergestützte 41
Quantengrößen, Quantenlosgrößen 67

R

Reagibilität 284
Reaktionsfähigkeit 252; 284

Reaktionsgeschwindigkeit 284
Rechenaufwand 198
Rechenschritte, Anzahl der 199
Rechenzeit, Verarbeitungstechniken
    zur Reduzierung 197
Rechenzeitanalyse 142
Rechenzeitargument 298
Rechenzeitbedarf 144; 198
Rechenzeiten bei verschiedenen
    Rechnergenerationen 297
Rechenzeiten bei verschiedenen
    Verarbeitungstechniken 246
Rechenzeiten des neuen Losgrößenverfahrens 297
Rechenzeiten, Bewertung
    der 143; 296; 300
Rechenzeitersparnisse bei verschiedenen Verarbeitungstechniken 249
Rechenzeitvergleiche 142
Regression, multiple lineare 13
Reichweite, feste 65
Reihenfolgeplanung 10; 39
Reihenfolgeplanung, zusätzliche
    Entscheidungsspielräume 282
Rekursionsgleichung, Rekursionsformel 92
Relaxation 251
Relevante Gesamtkosten in Abhängigkeit von den Auflagekombinationen 187
Relevante Gesamtkosten, Minimum 188
Ressourcen, Reservierungen der 39
Ressourcen, verfügbare 18
Restriktionen, Berücksichtigung
    von 18; 325; 336; 343
Rezepturen 18; 20
R-Materialien 26
Rollende bzw. rollierende Planung 10; 97; 133
RSU-Analyse 21; 24
Rückkopplungen bei Verwendung
    alternativer Auflagekombinationen . 283
Rückwärtsrekursion, Rückwärtsrechnung 89
Rüst- und Lagerkostenvektor 358
Rüst- und Lagerkostenvektor bei
    beliebiger Kombination der
    Erweiterungsansätze 378
Rüst- und Lagerungsmatrix bei beliebiger Kombination der Erweiterungsansätze 375

Rüst- und Lagerungsmatrix bei
  schwankenden Lagerkostensätzen....323
Rüst- und Lagerungsmatrix bei
  schwankenden Preisen 362
Rüst- und Lagerungsmatrix bei
  schwankenden Rüstkostensätzen...... 314
Rüst- und Lagerungsmatrix bei
  tagesgenauer Losgrößenplanung 308
Rüst- und Lagerungsmatrix für einen
  maximalen Planungszeitraum........... 222
Rüst- und Lagerungsmatrix, Ermitt-
  lung der 185
Rüsthäufigkeiten in Abhängigkeit
  von den Auflagekombinationen 164
Rüstkosten 45
Rüstkosten in Abhängigkeit von
  den Auflagekombinationen 164; 187
Rüstkosten, betriebsmittelorientierte...... 47
Rüstkosten, direkte 46
Rüstkosten, Ermittlung der 125
Rüstkosten, indirekte 46
Rüstkosten, lossequenzabhängige 48
Rüstkosten, reihenfolgeabhängige 48
Rüstkosten, teile- bzw. produktorien-
  tierte 47
Rüstkostensatz 46
Rüstkostensätze, schwankende 310
Rüstkostensatzvektor 311
Rüstleerzeiten 46
Rüstmatrix, Beispiel 169
Rüstmatrix, Ermittlung der ... 164; 170; 172
Rüstvektor, Beispiel 177
Rüstvektors, Ermittlung des 176
Rüstzeitmatrix 345

S

Saisonverlauf 13
Schwankende Preise 353
Schwankende variable Stückherstell-
  kosten 353
Sekundärbedarf, Sekundärbedarfs-
  mengen 20
Selim-Verfahren 111
Sensitivität 196
Sensitivitätsanalyse beim Harris-
  Verfahren 113
Sensitivitätsanalyse beim neuen
  Losgrößenverfahren 287; 292
Sicherheitsbestand 21; 31; 55
Silver-Meal-Verfahren 108; 133; 142

Silver-Meal-Verfahren, Implementie-
  rungshäufigkeit 72
Simulationsmodul zur Rechenzeit-
  ermittlung 142
Simultanplanung 8; 260
S-Materialien 26
Sollbestand 61
Sondereinzelkosten der Fertigung 44
Spaltenorientierte Koordinaten-
  technik 234
Spaltenorientierte Listentechnik 235
Sparse-Matrizen 202
Speicherplatzbedarf, Aufwandsab-
  schätzung 198
Speichertechniken für dünn besetzte
  Matrizen 202; 225
Speicherungstechniken, spezielle 222
Stärken der EDV 294
Stärken des Disponenten 294
Statische Losgrößenverfahren,
  Implementierungshäufigkeiten 74
Steuerung 7
Strukturbrüche bei Bedarfsverläufen 16
Stückherstellkosten, schwankende
  variable 353
Stückkosten der Materialwirtschaft,
  relevante 105
Stückkostenverfahren 104; 142
Stückkostenverfahren, Implementie-
  rungshäufigkeit 72
Stücklisten 18; 20
Stückperiodenausgleichsverfahren 106
Stufen-Optimierung 89
Stufenplanungskonzept 8
Sukzessivplanung 7; 260
System Nervousness 134

T

Teilprobleme, Zerlegung in 8
Teilprogramm, stabiles 95
Terminierung, grobe 35
Tertiärbedarf, Tertiärbedarfsmengen 20
Time phasing 302
Trade-off 267
Transportrestriktionen 336
Trendfaktoren 16
Trendverlauf 13

U

Übergangszeiten, Reduzierung von 37
Überlappung 37

U-Materialien 26
Umrüstkosten 46
Unmittelbare, spaltenorientierte
 Ermittlung der relevanten
 Gesamtkosten 207
Unmittelbare, zeilenorientierte
 Ermittlung der relevanten
 Gesamtkosten 217

V

Vektor der Auflageperioden 154
Vektor der Lagerkosten bei
 einperiodiger Lagerung der
 Bedarfsmengen 164; 193
Vektor der Lagerkosten bei ein-
 tägiger Lagerung der Bedarfs-
 mengen 303
Vektor der relevanten Gesamt-
 kosten 187; 194
Verarbeitungstechnik, Auswahl der 244
Verarbeitungstechniken zur Redu-
 zierung der Rechenzeit 197
Verbrauchsgüter 33
Verbundbeziehungen 50; 68; 78
Verfahren der selektiven Bestell-
 menge 111
Verfügbarkeitsprüfung 39
Verlust-Fall 52
Verwendung von alternativen Auf-
 lagekombinationen, Beispiel 278
Vielfache, technische 67
Vorgabe von maximalen Losgrößen 67
Vorgabe von Mindestlosgrößen 67
Vorlaufzeitverschiebung 19; 35
Vormerk-Fall 52
Vorprodukte 11
Vorwärtsrekursion, Vorwärtsrech-
 nung 89; 93

W

Wagner-Whitin-Modell.......................... 84
Wagner-Whitin-Probleme, Wagner-
 Whitin-Losgrößenprobleme......... 69; 87
Wagner-Whitin-Verfahren 88; 138; 142
Wagner-Whitin-Verfahren,
 Akzeptanz in der Praxis 140
Wagner-Whitin-Verfahren,
 Bewertung 138
Wagner-Whitin-Verfahren, Länge
 des Planungszeitraums 136
Wagner-Whitin-Verfahren, Rechen-
 zeitargument 148
Wagner-Whitin-Verfahren, Rechen-
 zeiten 102; 139; 145; 148
Wagner-Within-Verfahren, Imple-
 mentierungshäufigkeit 72
Wahrnehmungszeit des Men-
 schen 149; 298
Warnmenge 59
Wiederbeschaffungszeit 60
Winters, Verfahren von 13

Z

Zeilenorientierte Koordinaten-
 technik 226
Zeilenorientierte Listentechnik 231
Zeithorizont 9
Zeitkomplexität 198
Zeitliches Auflösungsvermögen des
 Menschen 296
Zeitmessungen bei Losgrößenver-
 fahren 142
Zeitpunkttheorem 90
Zeitreihenanalyse 13
Zentralbereiche, betriebswirtschaft-
 liche 41
Zusatzbedarf 32
Zwischenprodukte 11